A B C
des Molkereilaboratoriums

Anleitung zur Durchführung der gebräuchlichsten Untersuchungsverfahren für Milch und Milcherzeugnisse

Von

Dr. E. Mundinger

Zweite verbesserte und erweiterte Auflage
des früher vom Laboratorium der Paul Funke & Co GmbH, Berlin-West herausgegebenen Buches

Mit 243 Abbildungen

Springer-Verlag
Berlin/Göttingen/Heidelberg
1957

ISBN 978-3-642-92709-6 ISBN 978-3-642-92708-9 (eBook)
DOI 10.1007/978-3-642-92708-9

Softcover reprint of the hardcover 2nd edition 1957

Vorwort zur zweiten Auflage

Die Untersuchung von Milch und Milcherzeugnissen in der Molkerei, beim Landwirt und in den staatlichen Überwachungsstellen ist von besonderer Bedeutung, um hygienische Beschaffenheit und Qualität der Erzeugnisse, gerechte Bezahlung und Wirtschaftlichkeit des Betriebs zu garantieren. Auch schützt Kenntnis und Befolgung der gesetzlichen Bestimmungen vor strafbaren Verstößen.

Viele Millionen von Bestimmungen des Fettgehalts, des Reinheits- und des Säuregrades (p_H-Wert) der Milch werden heute bereits in fast allen Ländern der Erde durchgeführt. Hinzu kommen Untersuchungen der bakteriologischen Beschaffenheit von Milch und Milcherzeugnissen, die Ermittlung des Wasser- und Fettgehaltes insbesondere bei Butter, Käse, Trockenmilch und viele andere Untersuchungen auf Gehalt und Qualität der Milch und Milcherzeugnisse.

Das vorliegende Buch gibt einen Überblick über das Aufgabengebiet und die Arbeitsverfahren des Molkereilaboratoriums. In ihm sind die Erfahrungen verwertet, die der Verfasser während vieler Jahre im persönlichen und schriftlichen Verkehr mit Molkereifachleuten und Laboratoriumsleitern gesammelt hat.

Da eine möglichst breite Grundlage erstrebt wurde, sind die gebräuchlichsten Untersuchungsverfahren ausführlich und elementar behandelt worden. Mit Rücksicht auf die immer mehr zunehmende Bedeutung der mikroskopischen und bakteriologischen Betriebskontrollen wurden auch solche Verfahren aufgenommen. Die mikrophotographischen Aufnahmen sollen zum Mikroskopieren anregen, die kurzen Gebrauchsanweisungen am Schluß des Buches eine Stütze für das Gedächtnis bilden.

Um das Zustandekommen der ersten Auflage dieses Buches, das ich als Laboratoriumsleiter der Firma Paul Funke & Co (1929 bis 1938) mit Unterstützung meiner damaligen Mitarbeiter verfaßt habe, hat sich die Firma Funke besonders verdient gemacht. Das Buch hat in der Praxis volle Anerkennung gefunden.

Zu danken habe ich Herrn Dr. F. Lingens und Herrn Dr. H. Roth für fördernde Diskussion bei der Bearbeitung der 2. Auflage, zahlreichen Firmen für die Überlassung von Bildmaterial.

Besonderen Dank schulde ich dem Springer-Verlag für die Sorgfalt und Mühe, vor allem aber für die Geduld bei der Bearbeitung der 2. Auflage.

Tübingen, Sommer 1956

E. Mundinger

Inhaltsverzeichnis

Bau und Einrichtung eines Molkereilaboratoriums

Milchwirtschaftlicher Teil

Elektronische Geräte im Laboratorium

Bau und Einrichtung eines Molkereilaboratoriums

Ein Molkereilaboratorium unterscheidet sich bezüglich Raum und Grundausrüstung nicht von einem gewöhnlichen Laboratorium. Bei der Anlage der Räume werden die üblichen Anforderungen an Lage, Fenster, Türen, Böden und Anstriche gestellt. Eine besondere Note erhält aber das Molkereilaboratorium dadurch, daß in ihm chemische, physikalisch-chemische und mikrobiologische Untersuchungen durchgeführt werden müssen. Wenn es irgendwie möglich ist, sollten für diese Arbeitsgebiete verschiedene Räume vorgesehen werden, selbst wenn diese Räume recht bescheidene Ausmaße haben. Es ist z.B. nicht angebracht, physikalisch-chemische Untersuchungsverfahren, die oft sehr feine Geräte erfordern, im chemischen Arbeitsraum durchzuführen, wo mit Säuren gearbeitet wird, aggressive Dämpfe und Wasserdampf auftreten. Natürlich richten sich Größe und Ausrüstung eines Laboratoriums nach der Betriebsgröße und den vorhandenen Mitteln. Wo Serienuntersuchungen auf Fettgehalt durchgeführt werden, empfiehlt sich die Einrichtung eines speziellen Raumes, in dem Geräte wie Zentrifuge, Serienabmeßgeräte für Schwefelsäure, Milch und Amylalkohol untergebracht sind.

I. Planung eines Laboratoriums

Am besten wählt man für das Laboratorium Süd-, West- oder Nordseite. Die Räume müssen möglichst gegen Lärm, Erschütterungen, Rauch und Dämpfe geschützt sein. Mehr als eine Tür sollte nicht in einen Laboratoriumsraum führen. Wie bereits erwähnt, ist eine Dreiteilung erwünscht. Lieber nimmt man zwei kleine Räume als einen großen Raum. Für den Laboratoriumsleiter sollte ein kleiner Arbeitsraum mit Bibliothek geschaffen werden. Ein Raum für chemische Arbeiten, ein Raum für physikalisch-chemische Arbeiten und ein Raum für die Mikrobiologie sind erwünscht. Stehen nur drei Räume zur Verfügung, so kann evtl. der physikalisch-chemische mit dem mikrobiologischen Raum vereinigt werden. Wenn nur zwei Räume in Frage kommen, kann das Arbeitszimmer mit der Bibliothek

Abb. 1. Abzugsschrank Godei

gleichzeitig dazu verwendet werden, Mikroskope und physikalisch-chemische Meßgeräte aufzunehmen. Ein Spül- oder Abwaschbecken

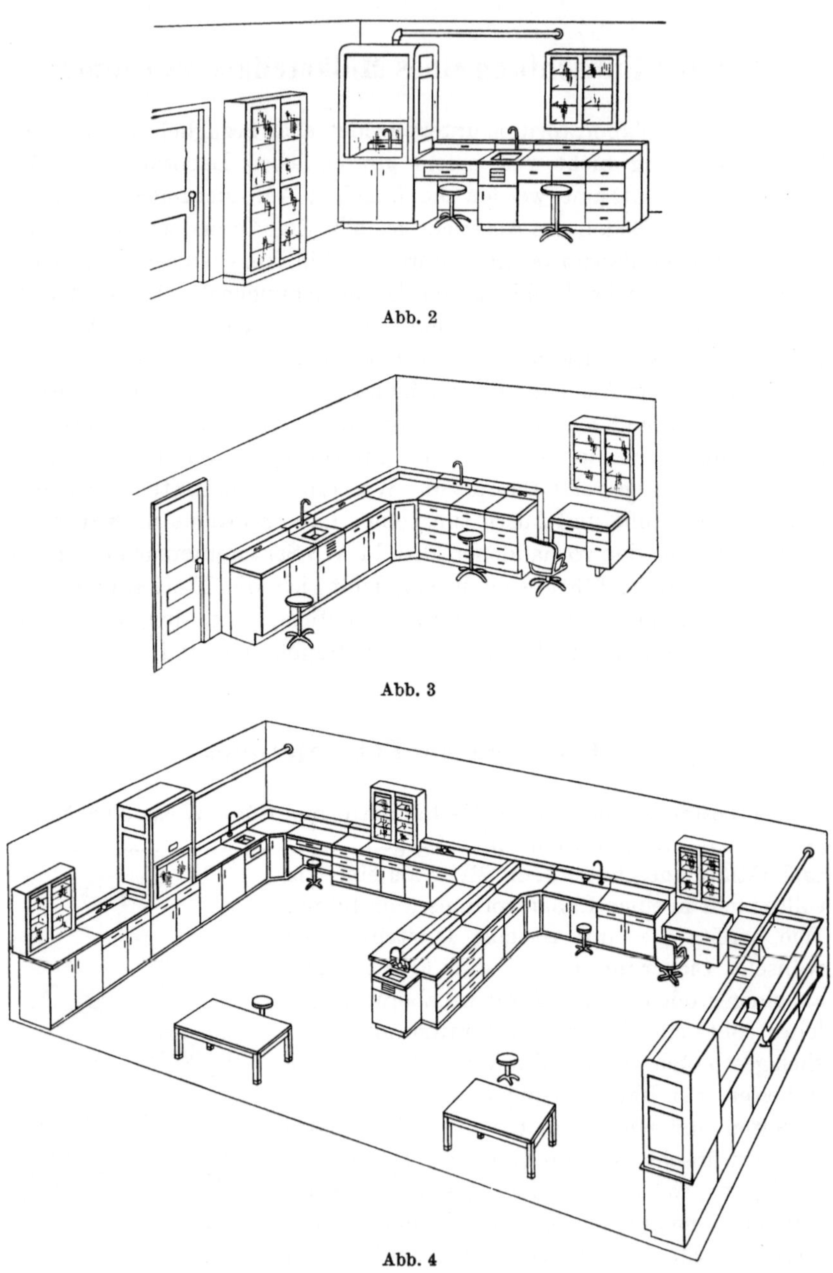

Abb. 2

Abb. 3

Abb. 4

Abb. 2–4. Laboratoriumstische verschiedener Größe

sollte in allen Räumen vorhanden sein. Ein Boiler für Warmwasser im chemischen Laboratorium für die Reinigung von Glas- und Porzellangeräten ist sehr erwünscht. Ein Abwaschtisch mit Abtropfgestell darf im chemischen Raum nicht fehlen. Für Arbeiten, bei denen schädliche Dämpfe oder Gase auftreten, ist unbedingt ein Abzug im chemischen Laboratorium erforderlich und amtlich vorgeschrieben. Für kleinere Laboratorien soll sich der Abzugsschrank (Godei) gut bewährt haben (Abb. 1). Für alle Räume sind große Fenster erwünscht. Gegen Einflüsse von elektrischen Anlagen im Betrieb müssen die Räume geschützt sein, da bei ungenügender Abschirmung an elektrischen Meßgeräten Störungen durch Fremdfelder auftreten können. Als Bodenbelag ist Linoleum, Parkett oder säurebeständiger Kunststoff zu empfehlen. Die Wände können besonders in bakteriologischen Räumen gekachelt werden; auch Leim- oder Ölanstrich ist empfehlenswert. Zur Steigerung der Arbeitsfreude sorge man für eine hübsche Ausstattung der Räume.

Die Auswahl der Laboratoriumstische erfolgt nach Größe und Art der Räume. Spezialfirmen liefern solche Arbeitstische in unterschiedlicher Größe und verschiedener Ausführung (Abb. 2–4). Anschluß von Gas und Wasser, zahlreiche Steckdosen und ein Abflußbecken gehören zu einem chemischen Arbeitstisch. Die Ausgußbecken sollen aus Porzellan oder einem anderen säurebeständigen Material mit Bleiröhren für den Abfluß hergestellt sein. Im folgenden wird für die verschiedenen Räume die Grundausrüstung aufgezählt; die einzelnen Geräte werden kurz beschrieben.

II. Das chemische Laboratorium

Verfahren und Apparate

Nach Behre[1] sind die wichtigsten Verfahren, die im Laboratorium Anwendung finden: Wägen, Lösen, Erhitzen, Veraschen, Fällen, Filtrieren (auch Ultrafiltration), Destillieren (auch Vakuumdestillation), Sublimieren, Schütteln und Zentrifugieren.

Folgende Aufstellung enthält im wesentlichen die Ausrüstungsgegenstände, die zur Grundausrüstung eines Laboratoriums jeglicher Fachrichtung erforderlich sind:

Glasgeräte: Reagenzgläser, Trichter, Bechergläser, Erlenmeyerkolben, Rundkolben, Saugflaschen, Woulffsche Flaschen, Uhrgläser, Kristallisierschalen, Pipetten, Spritzflaschen, Standflaschen mit Beschriftung für die Chemikalien, Wägegläschen, Büretten, Meßzylinder, Meßkolben,

[1] Behre, A.: Chemisch-physikalische Laboratorien. 4. Aufl. Leipzig: Akademische Verlagsanstalt.

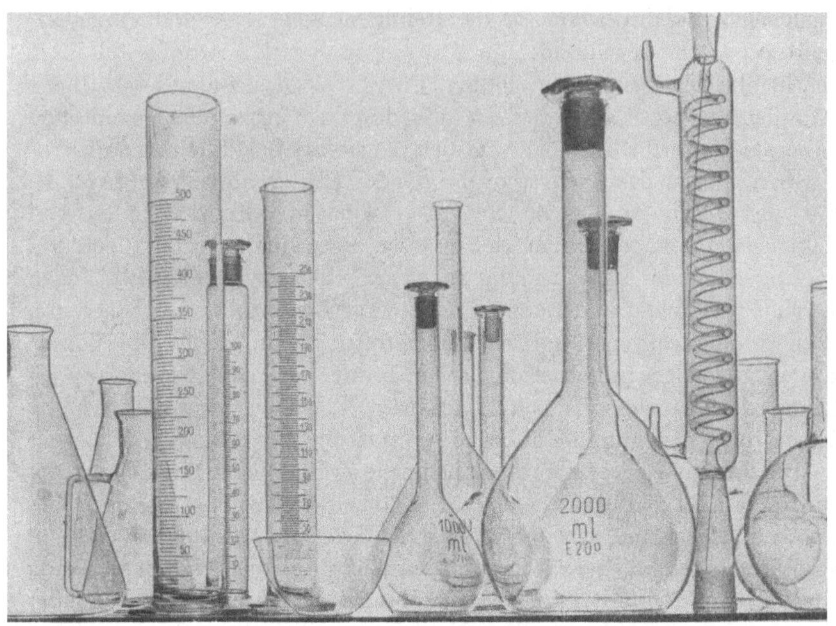

Abb. 5. Geräte aus Glas

Abb. 6. Geräte aus Glas

Tropftrichter, Schütteltrichter, Fraktionierkolben, CLAISEN-Kolben (für Vakuumdestillation), Kühler der verschiedensten Art, KJELDAHL-Kolben (s. Abb. 5 u. 6).

Geräte aus Porzellan: Abdampfschalen, Nutschen, Schiffchen, Glühtiegel, Filtertiegel, Reibschale mit Pistill, Bunsenbrenner (s. Abb. 7).

Geräte aus Holz: Reagenzglasgestelle, Tropfgestelle, Pipettenstativ, Filtrierstativ, Reagenzglashalter.

Geräte aus Metall: Tiegelzange, Dreifuß, Stative mit Klammern und Ringen (zum Zusammenstellen von Apparaten), Bürettenstative, Bunsenbrenner, Teklubrenner, Gebläsebrenner, Bohrer für Korken und Gummistopfen, Tiegel und Schalen aus Eisen, Nickel und Platin.

Abb. 7. Geräte aus Porzellan

Weitere Hilfsmittel: Asbestdrahtnetz, Tondreiecke, Korkringe, Korkstopfen und Gummistopfen, Reagenzpapiere, Filtrierpapiere, Spatel aus verschiedenem Material, Schere, Quetschhähne, Gummischläuche, Fettstifte, Behälter für destilliertes Wasser, Kasten mit Handwerkszeug.

Meßinstrumente: Thermometer, Aräometer, Manometer, Vakuummeter, Rechenschieber (Abb. 8).

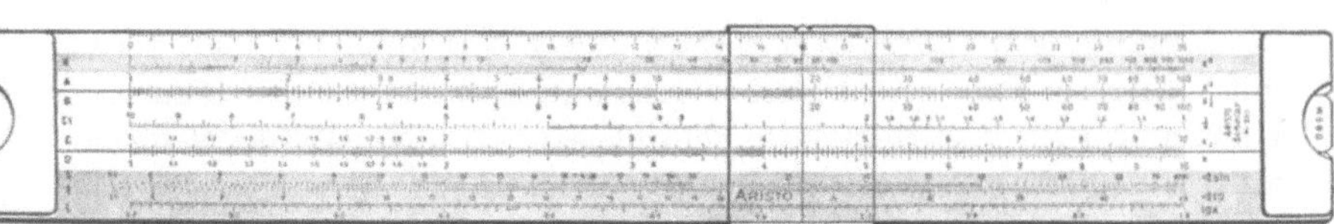

Abb. 8. Rechenschieber

1. Geräte zum Abmessen von Flüssigkeiten

Zur groben Abmessung von Flüssigkeiten dienen Meßzylinder. Es handelt sich um Standzylinder, die mit einer Volumeinteilung versehen sind. Die Meßzylinder sind auf Einguß justiert, d.h. die Messung gilt für die eingegossene Flüssigkeit.

Mit Hilfe von Vollpipetten kann ein bestimmtes Volumen genau abgemessen werden. Eine Pipette besteht aus einem in der Mitte aufgebauchten Glasrohr. Durch Ansaugen mit dem Mund wird die Pipette mit der Flüssigkeit bis zur Marke gefüllt. Beim Auslaufen der Flüssigkeit darf nicht zur Beschleunigung hineingeblasen werden und nach dem Auslauf wird die Spitze der Pipette nur am Gefäß abgestrichen, da die Pipette auf Ausfluß geeicht ist, d.h. der Flüssigkeitsrest in der Spitze wurde bei der Eichung nicht berücksichtigt. Neben den Vollpipetten werden noch Meßpipetten verwendet, die durch eine fortlaufende Graduierung die Entnahme beliebiger Mengen gestatten.

Büretten werden vor allem zu titrimetrischen Bestimmungen benutzt. Die Bürette besteht aus einem kalibrierten Meßrohr, das am Auslauf mit einem Quetschhahn oder Glashahn versehen ist. Soll mit Hilfe einer Bürette z.B. der Gehalt einer Säure bestimmt werden, so wird die Bürette bis zur Nullmarke mit einer eingestellten Lauge, d.h. einer Lauge von bekanntem Gehalt, gefüllt. Man läßt nun so viel Lauge zur Säure fließen, bis ein zugesetzter Indikator gerade umschlägt. Die verbrauchte Laugenmenge kann an der Bürette abgelesen werden. Zum Halten der Büretten dienen geeignete Bürettenklemmen und Stative. Es sind Büretten konstruiert worden, die direkt mit Vorratsgefäßen zur Aufnahme der Titrierflüssigkeit verbunden sind (Säuregradbestimmer, s. S. 81).

Für Serienuntersuchungen finden Abmeßgeräte Verwendung, bei denen gleichzeitig mehrere Proben in einem Arbeitsgang abgemessen werden können. Sie sind besonders für die Fettgehaltsbestimmung der Milch gebräuchlich und werden dort ausführlich behandelt (s. S. 156).

Bei allen Meßgeräten ist es wichtig, daß die Flüssigkeiten glatt von der Glaswand abfließen, sonst wird die Messung ungenau. Tropfenbildung beruht auf einer Verunreinigung der Glasoberfläche mit Fett; sie kann behoben werden durch Reinigung mit Chromschwefelsäure, die längere Zeit in den Geräten stehen muß. Vorsicht, sehr aggressive Flüssigkeit!

Bereitung von Chromschwefelsäure. 100 g Natriumdichromat werden mit Wasser zu einer gesättigten Lösung aufgelöst. Hierzu gibt man unter Umrühren 1 Liter konzentrierte Schwefelsäure. Die Zugabe der Schwefelsäure soll möglichst schnell erfolgen, da durch die Erwärmung die Flüssigkeit ins Sieden geraten kann; durch schnelle Zugabe der gesamten Flüssigkeit wird die Wärme auf ein größeres Volumen verteilt. Das Mischgefäß kann außerdem von außen mit Wasser gekühlt werden. Bei diesem Rezept kristallisiert aus der Flüssigkeit Chromsäure aus; dadurch wird die Reinigungswirkung der Flüssigkeit erhöht, und gleichzeitig wird die Chromschwefelsäure beim Gebrauch nicht so leicht erschöpft. Die Erschöpfung der Flüssigkeit ist dann eingetreten, wenn die rotbraune Farbe der Lösung in Grün umgeschlagen ist.

Abb. 9. Einfache analytische Waage

2. Die Waage

Ein wichtiges Gerät im chemischen Laboratorium ist die analytische Waage. Es handelt sich im Prinzip um einen zweiarmigen Hebel, auf dem auf der einen Seite die Last und auf der anderen Seite die Kraft oder das Gewicht bzw. die Gewichte untergebracht werden. Eine Waage besteht aus einem Stativ mit Grundplatte, dem Waagebalken mit Teilung und Zunge, den Waagschalen mit Gehänge, der Skala, der Arretiervorrichtung, mit der die Waagschalen festgelegt werden. Der Waagebalken und die Gehänge der Waagschalen ruhen auf Schneiden und Lagern aus Achat oder aus anderem sehr widerstandsfähigen Material. Die Waage selbst – soweit es sich um analytische Waagen handelt – ist in einem Glaskasten untergebracht, der vorn und an der Seite geöffnet werden kann. Unter einer analytischen Waage versteht man eine Waage, die Wägungen zwischen 200 g und $^1/_{10}$ mg gestattet. Die zu verwendenden Gewichte sind in einem mit Samt ausgeschlagenen Kästchen, das Vertiefungen verschiedener Größe enthält, untergebracht. Die Gewichte sind vergoldet, platiniert oder vernickelt; die Bruchgramme sind aus Metallblech hergestellt. Wie alle Geräte hat auch die analytische Waage eine Entwicklung durchgemacht. Vor allem ist die Art der Auflage der Gewichte verbessert worden. Die einzelnen Gewichte können durch einen

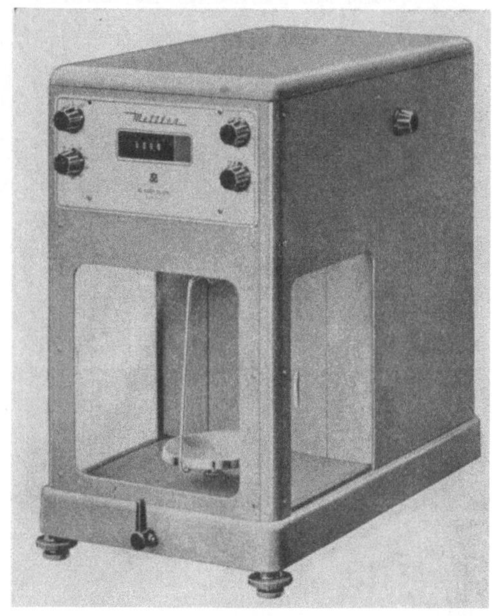

Abb. 10. Analysenwaage, einschalig, mit Ableseskala, mechanischer Gewichtsauflage bis 200 g

Mechanismus, der von außen bedient wird, aufgelegt werden. So fällt das Öffnen der Türen weg, was immer eine Störung der Wägung mit sich bringt. Bruchgramme (etwa 100 mg) werden an einer erleuchteten Skala abgelesen. Neuerdings bringen verschiedene Firmen auch einschalige Waagen in den Handel. Waagen verschiedener Bauart und Feinheit s. Abb. 9–11.

Eine Waage muß im Lot stehen und an einem erschütterungsfreien Ort aufgestellt werden. Wird nicht mit ihr gewogen, so müssen die Schalen arretiert sein. Ein Trocknungsmittel im Innern hält schädliche Feuchtigkeit fern.

Die technischen Waagen arbeiten nach dem gleichen Prinzip wie die analytischen. Bei ihnen genügt eine Empfindlichkeit von 10–100 mg.

Eine Waage ist charakterisiert durch die Tragkraft, d.h. die größte Belastung, die man ihr zumuten kann, und die Empfindlichkeit, die durch das Gewicht bestimmt ist, auf welches die Waage noch einen Ausschlag gibt. Technische Waagen finden dort Anwendung, wo es auf die Empfindlichkeit nicht so sehr ankommt und eine größere Tragkraft erwünscht ist. Handwaagen oder Apothekerwaagen, die zum raschen Abwägen von Chemikalien in kleineren Mengen Verwendung finden, sind zweischalige

Abb. 11. Präzisions-Analysenwaage mit automatischer Gewichtsauflage

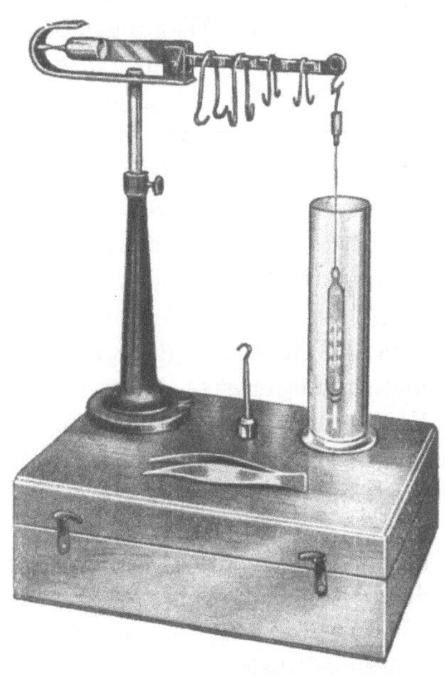

Abb. 12. MOHR-WESTPHALSCHE Waage

Hebelwaagen, bei denen der Aufhängepunkt nach oben verlegt ist. Ihre Genauigkeit beträgt etwa 5 mg, während ihre Tragkraft bei größeren Ausführungen 200–500 g beträgt.

Bei der MOHR-WESTPHALschen Waage, die zur Bestimmung des spezifischen Gewichtes von Flüssigkeiten dient, handelt es sich um eine Anwendung des archimedischen Prinzips (s. S. 10). Auch sie ist eine zweiarmige Waage. Auf der einen Seite werden die Gewichte in Form von Reitern auf den geeichten und mit Kerben versehenen Waagebalken gesetzt. Auf der gleichen Seite des Waagebalkens ist an einer Öse mit Hilfe eines dünnen Platindrahtes ein Senkkörper aus Glas befestigt, der in die zu untersuchende Flüssigkeit eintaucht. Auf der anderen Seite befindet sich ein

Gegengewicht, das den Senkkörper kompensiert. Dem spezifischen Gewicht der zu prüfenden Flüssigkeit entsprechend erleidet der Senkkörper einen Auftrieb. Durch die Verschiebung der Reiter auf der Skala wird die Waage wieder ins Gleichgewicht gebracht. Nun kann man das spezifische Gewicht der Flüssigkeit unter Berücksichtigung des Gewichtes der einzelnen Reiter direkt ablesen (Abb. 12).

Man kann das spezifische Gewicht auch mit Hilfe eines Pyknometers bestimmen. Pyknometer gibt es in verschiedener Ausführung. Ein Pyknometer ist ein Glasgefäß mit genau definiertem Volumen. Dieses Volumen, das durch eine Ringmarke oder eine andere Vorrichtung festgelegt ist, muß durch eine Wägung mit Wasser bei der auf dem Pyknometer angegebenen Temperatur (15 oder 20° C) festgestellt werden. Zu diesem Zweck bestimmt man erst das Gewicht des leeren, trocknen Pyknometers und dann das Gewicht des Pyknometers mit Wasser. Bei sehr genauen Bestimmungen muß vor jeder Messung eine neue Eichung vorgenommen werden. Nun füllt man die zu untersuchende Flüssigkeit in das Pyknometer, wobei darauf zu achten ist, daß keine Luftblasen im Pyknometerhals hängen bleiben oder, falls Pyknometer mit seitlicher Kapillare verwendet werden, an der Aufsatzstelle der Kapillare entstehen. Teilweise sind die Pyknometer auch mit eingeschliffenen Thermometern ausgerüstet. Meist finden heute Pyknometer ohne Thermometer Verwendung. Die Einstellung der Untersuchungsflüssigkeit im Pyknometer auf die Ringmarke erfolgt im temperierten Wasserbad (Ultrathermostat). Ist bei längerem Verweilen der Flüssigkeitsmeniskus unter der Ringmarke, so gibt man aus einer feinen Pipette eine kleine Menge hinzu; geringe Flüssigkeitsmengen über der Ringmarke entnimmt man durch Eintauchen eines gerollten Filtrierpapier-Streifens. Mit seiner Hilfe wird auch der Pyknometerhals über dem Meniskus von anhaftender Flüssigkeit befreit. Die Pyknometer müssen mindestens eine halbe Stunde im Temperierbad verweilen, bevor sie eingestellt werden.

Eine dritte Möglichkeit der Bestimmung des spezifischen Gewichts von Flüssigkeiten bietet die Verwendung von Aräometern. Dem Aräometer liegt das archimedische Prinzip zugrunde, das besagt, daß die von einem schwimmenden Körper verdrängte Flüssigkeitsmenge gleich dem Gewichte des Körpers ist. Der Auftrieb ist demnach abhängig vom spezifischen Gewicht der Flüssigkeit. Es besteht also eine Beziehung zwischen Eintauchtiefe und dem spezifischen Gewicht. Die auf dem Schwimmkörper aufgesetzte zylindrische Röhre ist deshalb mit einer Skala versehen, die es ermöglicht, die Eintauchtiefe und damit das spezifische Gewicht zu bestimmen. Es gibt zahlreiche Aräometer oder Spindeln für die verschiedenen Flüssigkeiten, so z. B. für Schwefelsäure, Alkohol, Milch usw. Letztere nennt man Laktodensimeter. Sie sind eingehend auf S. 175 beschrieben.

3. Heizbäder

Empfindliche Substanzen erhitzt der Chemiker in einem Bad. Bis 100° findet als Badflüssigkeit Wasser Verwendung; für höhere Temperaturen kommen Öl-, Sand- oder Metallbäder (mit niedrig schmelzender Metallegierung) in Frage. Außerdem kommen noch Luftbäder zur Anwendung, in einfacher Form als sog. Baboblech. Als Wasserbad genügt für einfache Ansprüche ein mit Wasser gefüllter Emailletopf. Spezialwasserbäder haben kontinuierlichen Wasserzufluß und Überlauf zur Einhaltung eines konstanten Wasserspiegels; ihre Öffnung kann durch abnehmbare Ringe dem verwendeten Gefäß angepaßt werden. Wasserbäder, die auf konstanter Temperatur gehalten werden können, sind für verschiedene Zwecke erforderlich. Sie finden bei der Fettgehaltsbestimmung, bei der Reduktase-, teilweise auch bei der Katalase- und der Gär- und Labgärprobe Verwendung. Sie werden in Sonderausführungen bei der Schilderung der betreffenden Untersuchungsverfahren beschrieben (s. S. 122). Solche Wasserbäder sind häufig elektrisch beheizt und werden mit einem Temperaturregler auf konstanter Temperatur gehalten. Der Regler schaltet bei Erreichung der gewünschten Temperatur die Heizung aus. Solche Regler arbeiten nach verschiedenen Prinzipien. Weit verbreitet ist das Prinzip des Bimetallreglers, das darauf beruht, daß zwei Metallstreifen aus verschiedenen Metallen, die aufeinander geschweißt sind, sich beim Erwärmen durch die verschiedene Ausdehnung der beiden Metalle krümmen. Eine bekannte Anwendung dieses Prinzips stellen die BIRKA-Regler dar, die im Vakuum arbeiten und deshalb in einer Glasröhre untergebracht sind (Abb. 13). Bei diesem Regler wird vermieden, daß durch den auftretenden Schaltfunken die Kontakte verschmoren. Diese Regler gibt es in unterschiedlicher Größe und für verschiedene Schaltleistungen. Sie finden Verwendung in Brutschränken, Wasserbädern, Zentrifugen mit Heizvorrichtung, in Bügeleisen und vielen anderen Geräten. Ein Wasserbad, das die Temperatur bis auf $^1/_{100}$ oder gar bis auf $^1/_{1000}{}^\circ$ genau hält, ist der Ultrathermostat nach HOEPPLER (Abb. 14). In einem solchen Wasserbad können Pyknometer sehr genau eingestellt werden. Durch eine Schlauchverbindung ist man in der Lage, auch andere Geräte mit diesem temperierten Wasser zu versorgen, beispielsweise ein Butterrefraktometer, mit dem Messungen genau bei 40° durchgeführt werden müssen. Wie alle automatisch temperierten Wasserbäder verwendet der

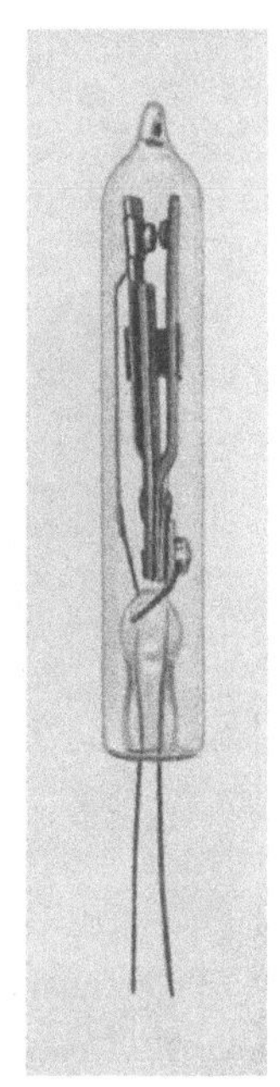

Abb. 13. Vakuum-Temperaturregler

Ultrathermostat eine selbsttätig regulierte Heizung. Als Regler für die Steuerung der Heizung dient hier ein Kontaktthermometer. Eine Rührvorrichtung mit Motor wälzt die Badflüssigkeit laufend um.

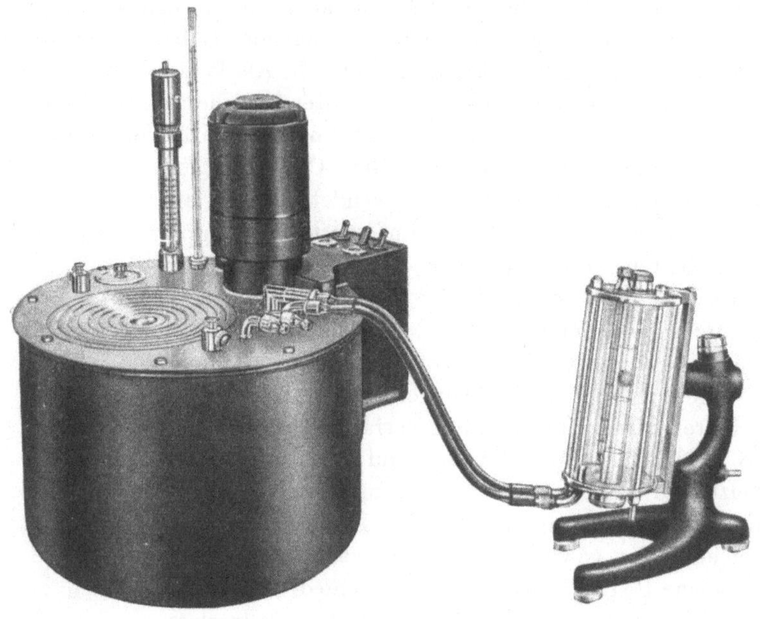

Abb. 14. Ultrathermostat mit Viscosimeter

4. Trockenschränke und Exsikkatoren

Trockenschränke dienen u.a. zum Trocknen von Tiegelinhalten und Niederschlägen auf Filtern. Sie werden meist elektrisch beheizt und können auf verschiedene Temperaturen eingestellt werden (Abb. 15).

Ein Exsikkator dient, wie sein Name sagt, zum Trocknen bzw. zum Trockenhalten. So werden Substanzen, die im Trockenschrank von ihrem Wassergehalt befreit wurden, in den Exsikkator gestellt, damit sie ohne Neuaufnahme von Wasser abkühlen können, worauf sie gewogen werden. Ein Exsikkator besteht aus einem Glasbehälter mit eingeschliffenem Deckel. In dem Exsikkator befindet sich ein Trocknungsmittel. Als Trocknungsmittel finden konzentrierte Schwefelsäure, Calciumchlorid, Phosphorpentoxyd und Kieselgel (Silicagel) Verwendung. Letzteres ist mit Kobalt(II)-chlorid getränkt. Im trocknen Zustand ist diese Substanz blau, im feuchten rosa gefärbt. Hierdurch kann man erkennen, wann das Trocknungsmittel erschöpft ist. Als Dichtungsmittel für den eingeschliffenen Deckel dient Hahnfett. Soll der Exsikkator evakuierbar sein, muß der Deckel mit einem Tubus und eingeschliffenen Glashahn ausgerüstet sein (Abb. 16).

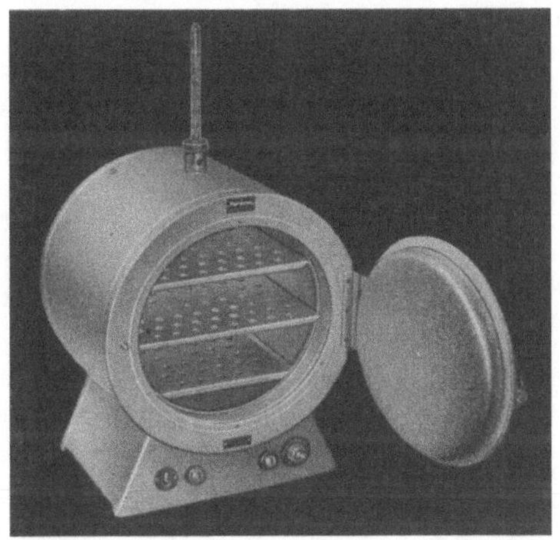

Abb. 15. Elektrischer Trockenschrank (runde Form)

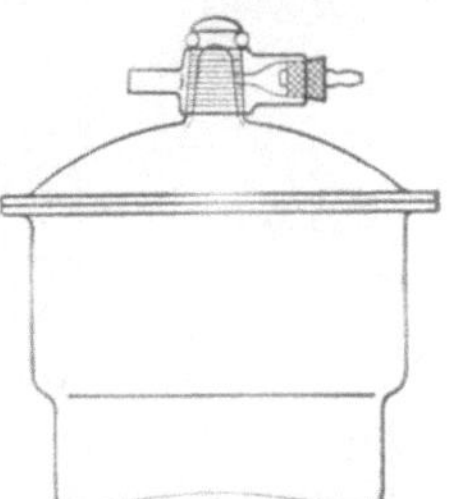

Abb. 16. Vakuum-Exsikkator (nach F. FRIEDRICHS)

5. Eisschrank

Ein Eisschrank ist für das Molkereilaboratorium sehr nützlich Man benötigt ihn zur Eisbereitung für die Gefrierpunktsbestimmung und für die Aufbewahrung von Proben (für chemische, physikalisch-chemische und mikrobiologische Untersuchungen). Zahlreiche Firmen liefern solche elektrisch betriebenen Schränke in besonderer Ausführung für Laboratoriumszwecke in verschiedenen Größen und Preislagen (Abb. 17).

Abb. 17. Laboratoriums-Kühlschrank

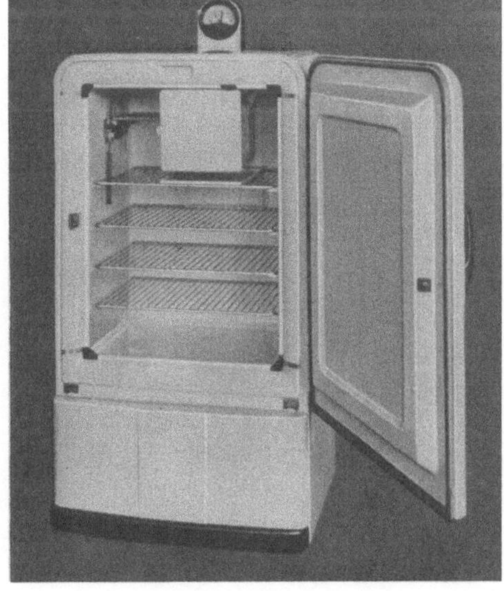

6. Filtration

Die Filtration dient zur Trennung fester Stoffe von Flüssigkeiten. Eine Flüssigkeit, die einen Bodensatz hat, kann zur Reinigung durch ein Papierfilter filtriert werden, welches sich in einem Glastrichter befindet. Zur Beschleunigung der Filtration kann die Oberfläche des Filters durch Anwendung eines Faltenfilters vergrößert werden. Die Filtration kann aber auch durch Erzeugung eines Unterdrucks beschleunigt werden. Zur Erzeugung des Unterdrucks dient im Laboratorium die Wasserstrahlpumpe (Abb. 18).

Wasserstrahlpumpen gibt es in verschiedener Ausführung aus Glas und Metall. Prinzip der Pumpe: Der Strahl aus der Wasserleitung tritt durch ein enges Rohr in ein erweitertes Rohr. Hierdurch entstehen an den Seiten rings um die Austrittsstelle luftverdünnte Räume, wodurch in einem angeschlossenen System ein Unterdruck erzeugt wird. Bei der Filtration wird die Wasserstrahlpumpe an ein abgeschlossenes System, welches aus einer dickwandigen Saugflasche und einer sog. Nutsche (BÜCHNER-Trichter, s. Abb. 7) besteht, angeschlossen. Diese Nutsche verleiht dem Filtrierpapier einen besseren Halt als ein Glastrichter; so kann das Filter nicht durch den Unterdruck zerrissen werden. Zur quantitativen Bestimmung von Niederschlägen verwendet man Spezialpapierfilter, die beim Veraschen eine zu vernachlässigende Menge an Asche hinterlassen. Bei schlecht filtrierbaren Niederschlägen finden in Verbindung mit der Saugflasche Porzellanfiltertiegel Anwendung. Diese Filtertiegel haben am Boden eine poröse Porzellanschicht, die in verschiedener Porenweite geliefert wird. Der Filtertiegel wird vor und nach Filtration gewogen; er kann geglüht werden und hat deshalb den früher verwendeten GOOCH-Tiegel verdrängt. Auch aus Jenaer Glas werden entsprechend Glasfiltertiegel hergestellt; sie können erhitzt, aber nicht geglüht werden. Diese Glasfiltertiegel sind in der Porenweite G5 bakteriendicht und können deshalb zur Sterilfiltration einer Flüssigkeit verwendet werden.

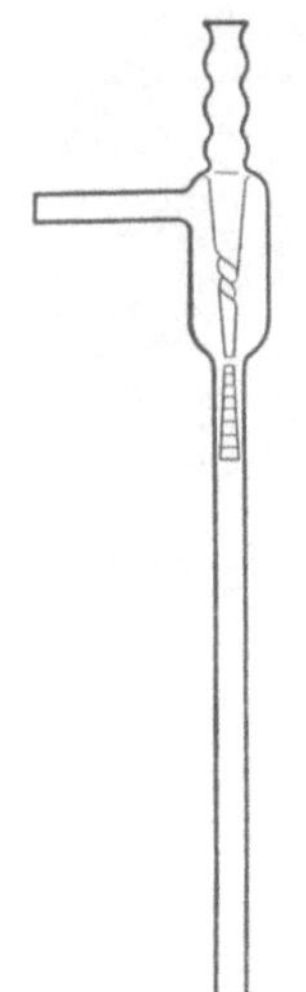

Abb. 18. Wasserstrahlpumpe aus Glas (nach F. FRIEDRICHS)

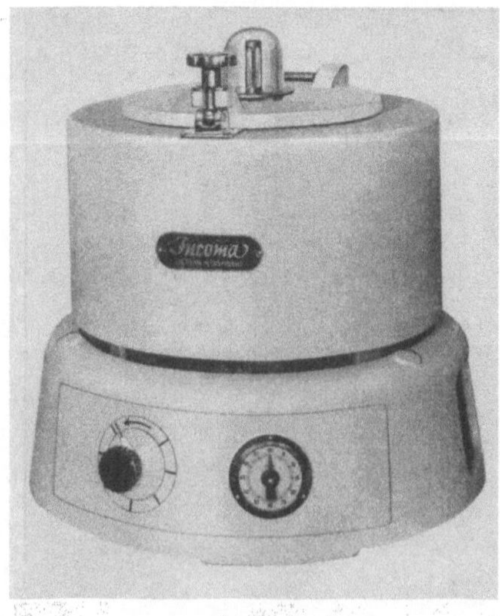

Abb. 19. Zentrifuge für hohe Geschwindigkeiten

7. Zentrifugieren, Rühren, Schütteln

An Stelle der Filtration kommt man häufig durch Zentrifugieren zu einer rascheren Trennung von Niederschlag und Lösung. Durch die Zentrifugalkraft ist man in der Lage, Niederschläge von suspendierten Substanzen zu erhalten. Flüssigkeiten von verschiedenem spezifischen Gewicht können mit der Zentrifuge getrennt werden.

Auch für die Fettbestimmung in der Milch und für bakteriologische Zwecke werden Zentrifugen verwendet. Diese

Art Zentrifugen sind auf S. 162 beschrieben. Bei der Fettbestimmung finden Zentrifugen Verwendung, die eine Umdrehungszahl von 1200 Touren je Minute aufweisen, für bakteriologische Zwecke solche mit 3–5000 Touren.

Bei gleichem Radius ist die Trennwirkung einer Zentrifuge von der Umdrehungszahl abhängig. Will man die Trennwirkung von Zentrifugen mit verschiedenem Durchmesser vergleichen, so kommt man nur zu richtigen Werten, wenn man zum Vergleich die Umfangsgeschwindigkeit heranzieht. Die Umfangs- oder Winkelgeschwindigkeit ist eine Größe, die neben der Tourenzahl auch den Durchmesser der Zentrifuge berücksichtigt (Abb. 19, 20 u. 20 a).

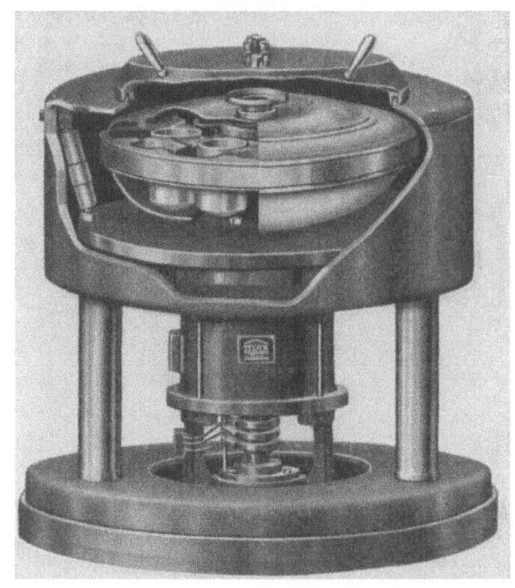

Abb. 20. Hochtourige Zentrifuge

Es gibt auch Zentrifugen für sehr hohe Tourenzahlen. Eine Ultrazentrifuge hat eine Tourenzahl von 50000/Minute; mit ihr ist man in der Lage, Eiweißstoffe zu trennen.

Bei der Durchführung von Reaktionen in den verschiedensten Behältern muß häufig gerührt werden. Eine Vielzahl von brauchbaren Rührvorrichtungen wird von der Industrie geliefert. Eine Neuheit auf diesem Gebiet ist der Magnetrührer. Es handelt sich um eine elektrisch beheizbare Platte, die mit einem rotierenden Magneten versehen ist. In den Behälter, in dem gerührt wird, wird ein in Glas eingeschmolzenes Metallstück gegeben, das durch den Magneten in Bewegung gesetzt wird. Das Gerät ermöglicht das Rühren in abgeschlossenen Gefäßen (auch im Vakuum), in Reagenzgläsern, in

Abb. 20 a. Zentrifuge im Kühlschrank

beheizten Wasser- und Luftbädern, vermeidet Siedeverzug und bietet große Vorteile beim Filtrieren und bei potentiometrischen Messungen. Beim Vibromischer erfolgt die Durchmischung durch Vibration eines Metallstabes (Abb. 21 u. 22).

Geräte zum Schütteln, Rütteln und Mischen dienen dazu, verschiedene Phasen in innige Berührung zu bringen zum Zwecke der Lösung z.B. oder zur Beschleunigung einer Reaktion.

8. Destillation, Sublimation

Bei der Destillation wird ein Stoff durch Erhitzen in den gasförmigen Zustand übergeführt, der Dampf wird an einer anderen Stelle durch Kühlung in den flüssigen oder festen Zustand gebracht. Die Destillation kann zur Trennung flüchtiger von nichtflüchtigen Stoffen dienen. So wird das Wasser von seinen Salzen befreit, und wir erhalten destilliertes Wasser (Abb. 23). Die Destillation kann aber auch zur Trennung von verschieden flüchtigen Stoffen dienen. So kann aus einer Alkohol-Wasser-Mischung durch Destillation der Alkohol im Destillat angereichert werden. Wenn die zu trennenden Stoffe

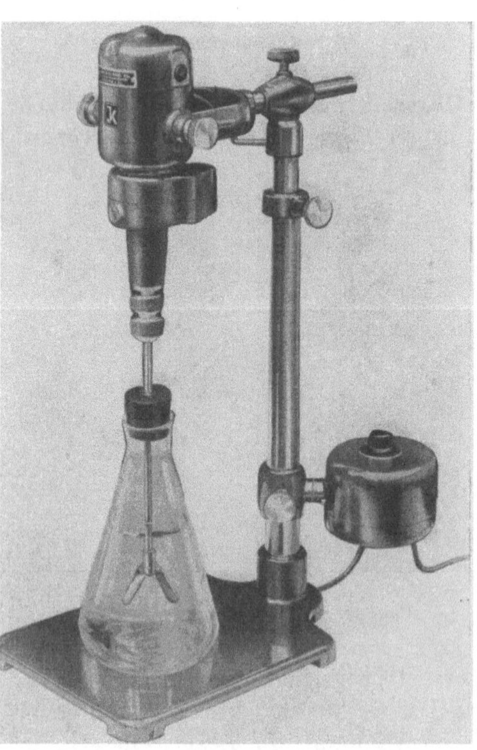

Abb. 22. Vibromischer

nahe beieinander liegende Siedepunkte haben, führt *eine* Destillation meist nicht zu einer guten Trennung. An Stelle von wiederholten Destillationen wird häufig die fraktionierte Destillation zur schnellen und vollständigen Trennung benutzt. Bei dieser Destillation wird auf den Destillierkolben eine Kolonne gebracht. In dieser Kolonne, die sehr verschieden konstruiert sein kann und z.B. zur Vergrößerung der Oberfläche Füllkörper enthalten kann, wird der aufsteigende Dampf teilweise kondensiert. Bevorzugt kondensiert sich der schwerer flüchtige Stoff. Durch den nachströmenden Dampf wird vor allem der leichter flüchtige Stoff mitgerissen. Dieser Wechsel zwischen Kondensation und Verdampfung wiederholt sich häufig, so daß am oberen Ende der Kolonne reiner Dampf des leichter flüchtigen Stoffes entweicht und am unteren Ende der schwerer flüchtige Stoff zurücktropft. Zur Kondensation des Dampfes finden verschiedenartige Kühler Anwendung. Der LIEBIG-Kühler besteht aus einem Glasrohr mit einfachem Mantel, der von Wasser durchflossen wird. Für schwerer kondensierbare Flüssigkeiten werden Schlangenkühler verwendet (s. Abb. 23).

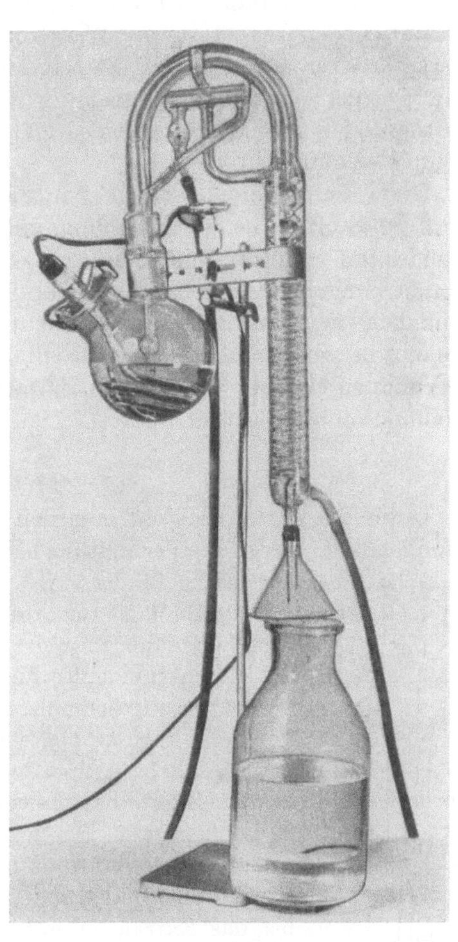

Abb. 23. Gerät zur Erzeugung von destilliertem Wasser (nach STADLER)

Zersetzt sich ein Stoff bei seinem normalen Siedepunkt, so kann er häufig im Vakuum unter Verwendung einer Wasserstrahlpumpe destilliert werden. Dadurch tritt eine Herabsetzung des Siedepunktes um etwa 100° ein. Die ganze Apparatur muß gut luftdicht sein. Zur Behebung des Siedeverzuges, der sich hier unangenehm auswirken kann, dient eine Glaskapillare, die durch Ausziehen eines gewöhnlichen Glasrohres über der starken Bunsenflamme hergestellt wird. Während der Vakuumdestillation perlt durch die Kapillare ein feiner Luftstrom.

Bei der Vakuumdestillation muß man die Augen durch eine Brille schützen.

Durch Wasserdampfdestillation wird eine Substanz mit Hilfe von eingeleitetem Wasserdampf destilliert. So können wasserdampf-flüchtige von nichtwasserdampf-flüchtigen Stoffen getrennt werden. Ein Stoff destilliert bei der Temperatur mit Wasserdampf, bei dem die Summe seines Dampfdruckes mit dem des Wasserdampfes eine Atmosphäre erreicht hat. Bei der Wasserdampfdestillation wird also wie bei der Vakuumdestillation der Siedepunkt erniedrigt; temperaturempfindliche Stoffe können so gereinigt werden.

Unter Sublimation versteht man die Erscheinung, daß ein dampfförmiger Stoff bei seiner Abkühlung unter Umgehung des flüssigen Zustandes fest wird. Stoffe mit dieser Eigenschaft können durch Sublimation gereinigt werden. Sublimiert die Substanz bei tiefer Temperatur, so muß die Fläche, an der sich das Sublimat absetzt, gekühlt werden. Stoffe, die erst bei sehr hoher Temperatur sublimieren, werden zweckmäßig im Vakuum sublimiert. So wird z. B. Alizarin zur Reinigung der Vakuumsublimation unterworfen.

9. Extraktion

Unter Extraktion versteht man den Entzug eines Stoffes aus einem Stoffgemisch. Die größte Verbreitung hat für diesen Zweck der SOXHLET-Apparat gefunden (Abb. 24). Er besteht aus dem Extraktionskolben zur Aufnahme der Extraktionsflüssigkeit, der zylinderförmigen Extraktionsröhre zur Aufnahme der Extraktionshülse aus Filtrierpapier, an die seitlich Glasheber angeschmolzen sind, welche die im Extraktionsrohr angesammelte Flüssigkeit in den Extraktionskolben abhebern, und dem aufgesetzten Rückflußkühler, der die Aufgabe hat, die verdampfte Extraktionsflüssigkeit zu kondensieren. Das warme Kondensat tropft auf die zu extrahierende Substanz in der Hülse. Das Spiel zwischen Verdampfen und Kondensieren wird so lange fortgesetzt, bis das Extraktionsgut restlos ausgelaugt ist. Bei der Fettextraktion wird Äther als Extraktionsflüssigkeit verwendet. Ein solcher Extraktionsapparat findet bei der Methode nach WEIBULL Verwendung. Eine Spezialausführung für das Einheitsverfahren zur Fettbestimmung in sämtlichen fetthaltigen Lebensmitteln ist der Extraktionsapparat nach W. STOLDT. Das Gerät ist genormt nach Maß und Gewicht.

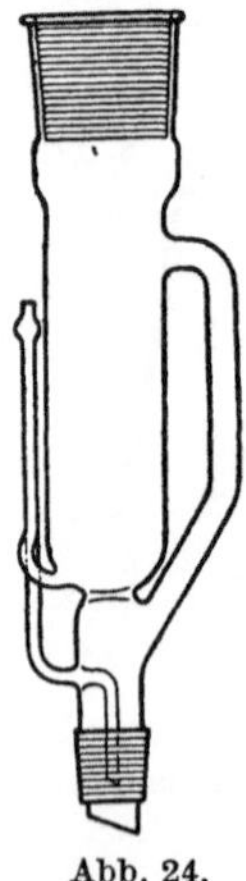

Abb. 24. SOXHLET-Extraktionsapparat ohne Extraktionskolben und Kühler (nach F. FRIEDRICHS)

10. Schmelzpunktbestimmung

Eine organische Substanz kann an ihrem charakteristischen Schmelzpunkt erkannt werden. Die Identität einer unbekannten Substanz wird durch Mischschmelzpunkt mit der in Frage kommenden Substanz gesichert. Zwei verschiedene Substanzen, die zufällig in ihrem Schmelzpunkt übereinstimmen, erniedrigen ihren Schmelzpunkt gegenseitig; man spricht von Schmelzpunktdepression.

Zur Schmelzpunktbestimmung wird eine kleine Menge der fein gepulverten Substanz in ein einseitig verschlossenes, dünnes Glasröhrchen gebracht. Das Glasröhrchen (Kapillare) wird so an einem Thermometer befestigt, daß sich die Substanz in der Höhe der Quecksilberkugel befindet. Das Thermometer wird in einen Kolben gebracht, der mit reiner konzentrierter Schwefelsäure gefüllt ist. Der Kolben wird mit der nötigen Vorsicht erwärmt. Als Schmelzpunkt wird die Temperatur definiert, bei der die zusammengesinterte Substanz klar geschmolzen ist. Zur Mischschmelzpunkt-Bestimmung werden gleiche Mengen der beiden Stoffe gemischt und in eine Kapillare gefüllt; günstig ist es, bei der gleichen Bestimmung noch den Schmelzpunkt der zu untersuchenden Substanz zu bestimmen, da dann das frühere Schmelzen der Mischung bei nicht identischen Stoffen besonders deutlich wird (Abb. 25).

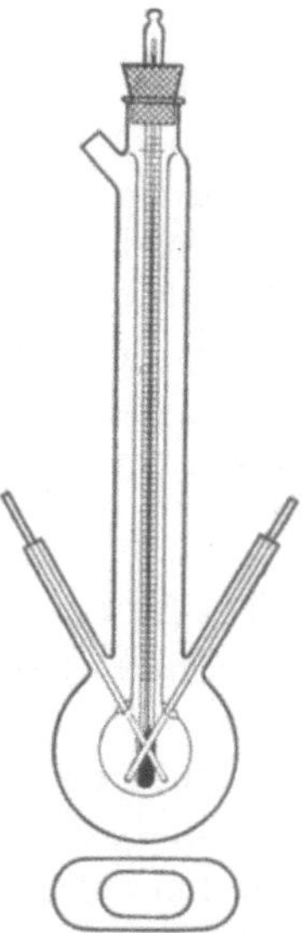

Abb. 25. Apparat zur Schmelzpunktbestimmung (nach F. Friedrichs)

Von Kofler ist eine Heizbank entwickelt worden, die es gestattet, in kurzer Zeit eine Reihe von Schmelzpunkten zu bestimmen. Es handelt sich dabei um eine Metallplatte, in der durch elektrische Heizung ein gleichmäßiges Temperaturgefälle erzeugt wird. Vor der Messung wird die Heizbank mit einer Substanz geeicht, deren Schmelzpunkt möglichst in der Nähe der zu untersuchenden Proben liegen soll; dadurch wird die Messung genauer. Als Schmelzpunkt gilt hier die Grenzlinie zwischen dem geschmolzenen und ungeschmolzenen Anteil der Probe.

Das Kofler-Schmelzpunktbestimmungs-Mikroskop besteht aus einem elektrisch beheizten Tisch, auf dem eine Probe auf einem Objektträger mit einem Mikroskop beobachtet werden kann. Die Temperaturmessung erfolgt elektrisch. Diese Bestimmungsmethode hat den Vorteil, daß man mit einer ganz kleinen Substanzmenge auskommt. Außerdem kann man den Vorgang des Schmelzens genau beobachten und z. B. Umwandlungspunkte der Kristallform und das Entweichen von Kristallwasser beobachten.

11. Aschebestimmung

Will man von einem Stoff den Gesamtgehalt an nichtflüchtigen, anorganischen Stoffen bestimmen, so macht man eine Aschebestimmung. Bei Milch macht man das z.B. folgendermaßen: Eine genau eingewogene Menge Milch wird in einer gewogenen Platinschale auf dem Wasserbad zur Trockne verdampft. Der Rückstand wird mit nicht zu starker Flamme vorsichtig verkohlt, um ein Verspritzen der Substanz zu vermeiden. Es wird dann mit Wasser ausgezogen und der Rückstand durch Glühen vollständig verascht. Nach Zugabe des wäßrigen Auszuges wird auf dem Wasserbad unter Zusatz von etwas Ammoniumcarbonat erneut eingedampft und anschließend kurz geglüht. Nach dem Abkühlen in einem Exsikkator wird gewogen. Entsprechend wird die Asche von Kondensmilch, Trockenmilch, Käse, Quark und Butter bestimmt. Weitere Einzelheiten siehe dort.

12. Kjeldahl-Methode[1]

Die KJELDAHL-Methode dient zur Bestimmung des organisch gebundenen Stickstoffs einer Substanz. Eine genau abgewogene Substanzmenge wird in einen KJELDAHL-Kolben gebracht. Hierzu gibt man konzentrierte Schwefelsäure und etwas Kupfersulfat oder Quecksilber als Katalysator (ein Katalysator ist eine Substanz, die nur durch ihre Anwesenheit eine Reaktion beschleunigt). Der Kolbeninhalt wird so lange vorsichtig erhitzt, bis die Schwefelsäure vollkommen klar geworden ist. Dabei ist der organisch gebundene Stickstoff in Ammoniumsulfat überführt worden. Der erkaltete Kolbeninhalt wird in einen Destillationskolben übergespült. Man gibt ein paar Zinkgranalien gegen das Stoßen beim Destillieren hinzu und macht mit einem Überschuß an konzentrierter Natronlauge alkalisch. Das in Freiheit gesetzte Ammoniak wird nun in eine überschüssige Menge einer eingestellten Schwefelsäure hineindestilliert. Man destilliert so lange, bis rotes Lackmuspapier nicht mehr von dem Kondensat blau gefärbt wird. Der Überschuß der vorgelegten Säure wird mit Lauge zurücktitriert. Aus der Menge der verbrauchten Säure kann die Menge des gebildeten Ammoniaks berechnet werden und damit die Menge des Stickstoffs. Handelt es sich bei der bestimmten Substanz nur um Eiweißstickstoff, so kann durch Multiplikation mit dem Faktor 6,37 der Eiweißgehalt berechnet werden, da Eiweißstoffe im Mittel 16% Stickstoff enthalten.

Zur KJELDAHL-Bestimmung sind neben Aufschlußgeräten (Abb. 26) besondere Destillationsapparate entwickelt worden, die ein rasches und sicheres Arbeiten ermöglichen. Dabei wird das Ammoniak durch Wasserdampf überdestilliert, der in einem besonderen Kolben entwickelt wird. Kleine Destillationsapparate sind zur Mikro-KJELDAHL-Bestimmung konstruiert worden (Abb. 27).

[1] HETRICK, J. H., u. R. M. WHITNEY: J. Dairy Sci. 32, 111 (1949).

Von CONWAY[1] ist eine Mikro-KJELDAHL-Methode beschrieben worden, bei der keine Destillationsapparatur erforderlich ist. Ein weiterer Vorzug der Methode ist die Tatsache, daß man eine Serie von Bestimmungen nebeneinander machen kann. Nach dem üblichen Aufschluß mit konzentrierter Schwefelsäure wird die Säure abgestumpft und die Aufschlußflüssigkeit auf ein bestimmtes Volumen gebracht. Davon wird ein kleiner Teil mit einer Pipette entnommen und in den äußeren Ring des Spezialgefäßes gebracht. In das Innengefäß war vorher schon eine eingestellte Säurelösung gebracht worden, die mit dem Mischindikator Methylrot-

Abb. 26.
Aufschlußgerät für KJELDAHL-Bestimmung

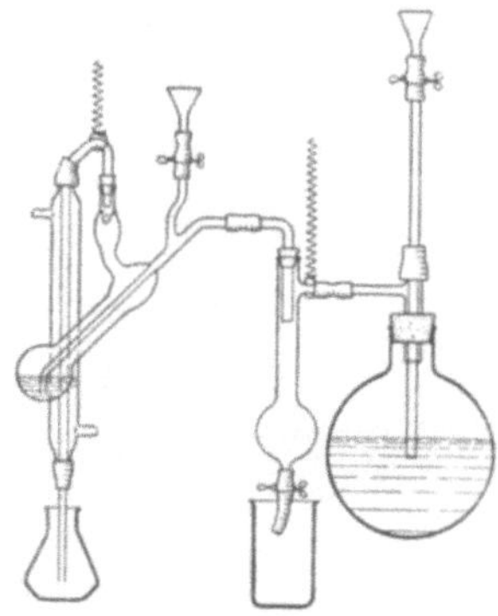

Abb. 27.
Mikro-KJELDAHL-Apparat

Methylenblau angefärbt ist. Das Gefäß wird mit einer mit Vaseline eingefetteten Glasplatte verschlossen. In den äußeren Ring wird mit entsprechender Vorsicht 1 ml gesättigter Kaliumcarbonatlösung gegeben. Die Mischung der Flüssigkeit im äußeren Ring erfolgt erst nach völligem Verschluß. Nach $1^1/_2$ Stunden ist das Ammoniak in die Schwefelsäure des Innenraumes destilliert und kann durch Zurücktitration der überschüssigen Säuremenge bestimmt werden. Der Mischindikator schlägt von violett nach grün um und gestattet mit seiner grauen Farbe beim Neutralpunkt eine genaue Endpunktsbestimmung.

13. Ermittlung des Wassergehaltes

„Die häufigste aller analytischen Bestimmungen, die Wasserbestimmung, ist nicht immer einfach oder einheitlich möglich. Darauf deutet die ungewöhnlich große Zahl der vorgeschlagenen und angewandten Methoden und der hohe Anteil der Sondervorschriften"

sagt EBERIUS[2] in seiner Monographie über Wasserbestimmung. Man kann unterscheiden zwischen physikalischen und chemischen Methoden,

[1] CONWAY, E. J., u. A. BYRNE: Biochem. J. **27**, 419 (1933).

[2] EBERIUS, E.: Monographie über Wasserbestimmung mit KARL-FISCHER-Lösung, Weinheim: Verlag Chemie 1954.

zwischen sehr genauen Verfahren und Schnellmethoden, die für die Praxis mit ausreichender Genauigkeit arbeiten. Eine gute Übersicht über die chemischen Verfahren gibt ein Aufsatz von KLAMANN[1], der 14 chemische Reaktionen anführt, auf denen Verfahren zur quantitativen Bestimmung des Wassers beruhen. Vorläufig hat von diesen Verfahren die KARL-FISCHER-Methode die größte Bedeutung erlangt. Dem Verfahren liegt folgende chemische Reaktion zugrunde:

$$J_2 + SO_2 + 2\,H_2O = 2\,HJ + H_2SO_4\,.$$

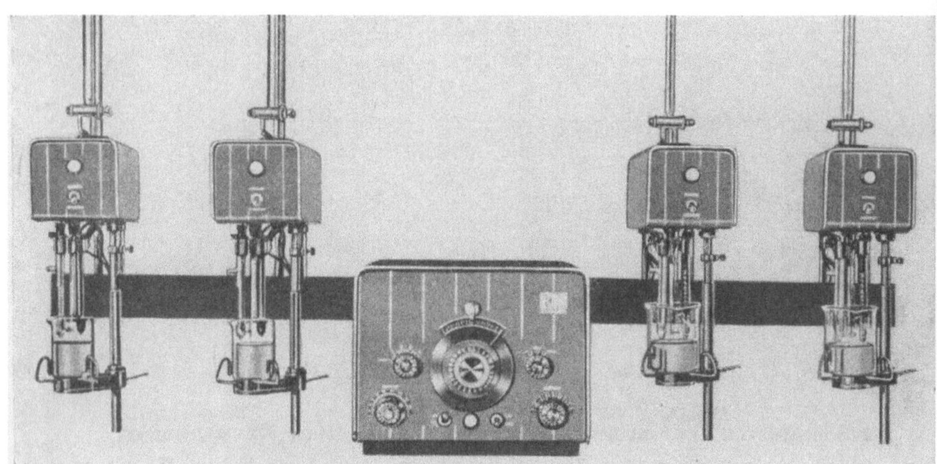

Abb. 28. Automatisches Titrationsgerät für 4 Proben

Es handelt sich also um eine titrimetrische Ermittlung des Wassergehaltes. Der Endpunkt der Titration wurde ursprünglich auf visuellem Wege an der Entfärbung der titrierten Lösung festgestellt. Später ist man auch dazu übergegangen, den Endpunkt photometrisch oder elektrometrisch zu erfassen. Die größte Verbreitung hat aber in letzter Zeit ein elektrisches Verfahren gefunden, das als „Dead-stop-Methode" bezeichnet wird. Auf die Einzelheiten dieser eleganten Methode soll hier nicht eingegangen werden, wer sich für die KARL-FISCHER-Methode näher interessiert, kann sich in der Monographie von EBERIUS oder in dem Buche von MITSCHEL und SMITH[2] orientieren. Hier soll nur noch erwähnt werden, daß verschiedene Autoren versucht haben, das Verfahren auf Milch und Milcherzeugnisse anzuwenden. So haben z. B. KAUFMANN und FUNKE mit dem Verfahren gute Werte erzielt bei der Anwendung auf Butter. Sie lösen 0,5–1 g Butter in 5–10 ml Chloroform und titrieren

[1] KLAMANN, D.: Österr. Chemiker-Ztg. **54**, 165 (1954).

[2] MITSCHELL, J. JUN., u. D. M. SMITH: Aquametry, New York: Interscience Publ. 1948.

direkt. Kumetat und Demmler schmelzen die in Methanol aufgeschlämmte Butter und titrieren dann. Weitere Einzelheiten sind in der oben genannten Monographie enthalten.

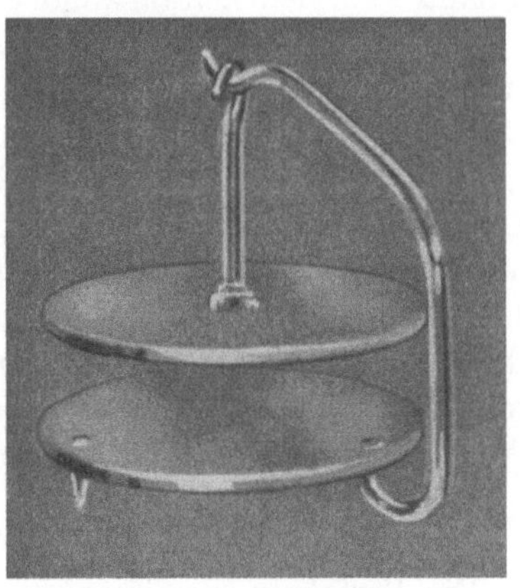

Abb. 29. Planwägeglas

Die physikalischen Methoden beruhen auf der Bestimmung der Gewichtsdifferenz vor und nach dem Trocknen bei bestimmter Temperatur, auf der Bestimmung der Dielektrizitätskonstante (DK) und auf Methoden der Hochfrequenzmessung. Bisher hat die Differenzmethode die größte Verbreitung gefunden. Sie wird in drei Formen ausgeführt:

a) Standardmethode. Hierbei werden 3–5 g der zu untersuchenden Substanz mit oder ohne Seesand in Nickelschalen, Wägegläschen oder neuerdings auch im sog. Planwägeglas (Abb. 29) bei 105° eine bestimmte Zeit oder bis zur Gewichtskonstanz getrocknet und nach Erkalten im Exsikkator zurückgewogen. Der Gewichtsverlust entspricht dem gesuchten Wassergehalt.

b) Schnellverfahren. Diese liefern für die Praxis ausreichende Genauigkeit ($\pm 0,1\%$) und können in einigen Minuten durchgeführt werden. Sie haben besonders für die Bestimmung des Wassergehaltes in Butter und in Käse eine große Verbreitung gefunden. Sie sind auf S. 213 eingehend beschrieben.

c) Verfahren, die zwischen die geschilderten einzureihen sind. Sie stellen einen Kom-

Abb. 30. Brabender-Gerät zur Wassergehaltbestimmung

promiß zwischen Zeitaufwand und Genauigkeit dar. Das MOJONNIER-Verfahren (Wassergehalt), das auf S. 149 beschrieben ist, und der Halbautomat der Firma *Brabender* sollen hier erwähnt werden. Bei dem *Brabender*-Verfahren ergibt sich die Einsparung durch folgende Punkte: 1. Zur Trocknung wird strömende Heißluft verwendet. 2. Während des Trocknungsvorganges können laufend neue Proben eingewogen und eingestellt werden, wodurch die Zeit des Untersuchens voll ausgenutzt wird. 3. Zwischenwägungen ohne den zeitraubenden Abkühlungsvorgang im Exsikkator durch Wägung im warmen Zustand sind möglich. Die Fehlergrenze liegt bei $^1/_{10}$ Prozent. Das Gerät stellt eine Kombination von Trockenschrank und Waage dar (Abb. 30).

14. Chromatographie und Papierchromatographie

Ein Verfahren, das immer größere Bedeutung als Forschungsmittel und Untersuchungsverfahren findet, ist die Chromatographie[1]. Unter Chromatographie versteht man die Trennung von Stoffen auf Grund verschieden starker Adsorption an ein Adsorptionsmittel. Die Stoffgemische werden in Lösung durch Säulen geschickt, welche die Adsorptionsmittel enthalten. Ein Teil der Stoffe wird adsorbiert und bleibt auf der Säule, während ein anderer Teil die Säule passiert. Man hat also bereits eine Trennung des Gemisches in adsorbierte und nichtadsorbierte Substanzen erreicht. Die adsorbierten Substanzen kann man mit Hilfe verschiedener Lösungsmittel herauslösen und damit trennen. Auf diese Weise kann man z. B. Carotin von künstlichen Butterfarbstoffen scheiden.

Eine Abwandlung, die sich immer mehr einbürgert, ist die Papierchromatographie[2]. Hierbei wird die zu untersuchende Substanz in Lösung auf die sog. Startlinie eines Filtrierpapier-Streifens aufgetragen. Der Filtrierpapier-Streifen wird in eine Kammer gehängt, an dessen Boden sich eine Schale mit einem Gemisch von Lösungsmitteln befindet. Wird das Papier in die Lösung eingetaucht, so wandert das Lösungsmittelgemisch in dem Streifen hoch und nimmt dabei die zu untersuchenden Substanzen verschieden weit mit. Auf diese Weise erreicht man eine räumliche Trennung der verschiedenen Substanzen. Das Aufsteigungsverhältnis, der sog. R_f-Wert, ist für jede Substanz bei dem betreffenden Lösungsmittelsystem charakteristisch. Da man die getrennten Stoffe mit verschiedenen Methoden sichtbar machen kann (z. B. durch eine Farbreaktion), ist eine qualitative Analyse eines Stoffgemisches möglich. Häufig ist man auch in der Lage, eine quantitative Analyse durchzuführen. Man kann beispielsweise die aufgetrennten Stoffe ausschneiden und aus dem Papier aus-

---

[1] TURBA, F.: Chromatographische Methoden in der Protein-Chemie, Berlin/Göttingen/Heidelberg: Springer 1954.

[2] CRAMER, F.: Papierchromatographie, Weinheim: Verlag Chemie 1954.

ziehen (eluieren). Es ist durchaus zu erwarten, daß auch die Untersuchung von Milch und Milcherzeugnissen zur Bestimmung einzelner Stoffe von diesem Verfahren Gebrauch machen kann (Abb. 31 u. 32)[1, 2].

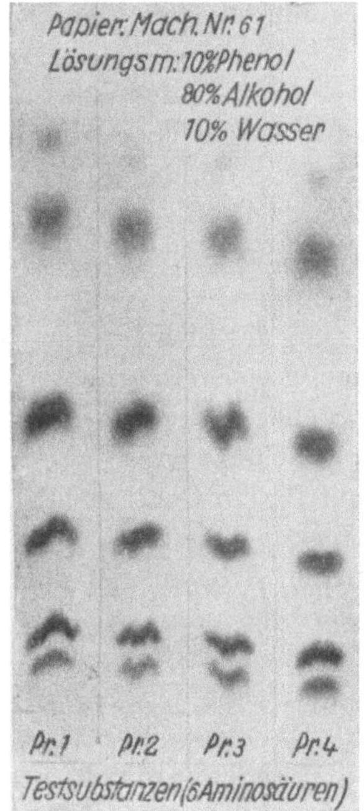

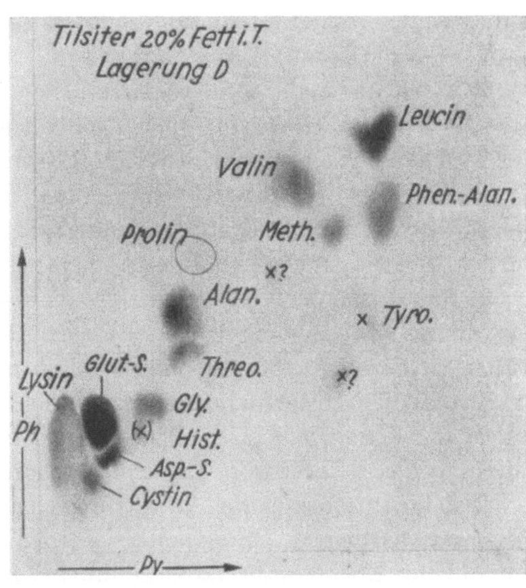

Abb. 32. Papierchromatogramm 2-dimensional der freien Aminosäuren eines 10 Wochen bei 12–14° C und anschließend 42 Wochen bei 0° C gelagerten Tilsiter Käses

Abb. 31. 4 Papierchromatogramme von 6 Aminosäuren

III. Das physikalisch-chemische Laboratorium

Physikalische Meßverfahren spielen neben den rein chemischen Verfahren auch im Molkereilaboratorium eine immer größere Rolle. Das physikalisch-chemische Laboratorium einer Molkerei sollte deshalb die wichtigsten Geräte zur Durchführung solcher Untersuchungen besitzen.

a) Geräte zur elektrometrischen p_H-Messung. Diese Geräte haben in den letzten 20 Jahren eine bedeutende Entwicklung durchgemacht und finden heute fast ausschließlich in Form elektronischer Geräte Verwendung. Sie werden eingehend bei der p_H-Bestimmung von Milch beschrieben; sie können aber selbstverständlich auch für die Untersuchung aller wäßrigen Lösungen Verwendung finden (s. S. 91).

---

1 Clemens, W.: Milchwiss. **9**, 195 (1954).
2 Lagoni, H., u. A. Wortmann: Milchwiss. **10**, 360 (1955).

b) Kolorimeter und Spektralphotometer. Dies sind Geräte, die zur Durchführung kolorimetrischer Analysen verwendet werden. Sie sind eingehend im Abschnitt „Elektronische Geräte“ beschrieben (s. S. 315).

c) Gefrierpunktbestimmung. Apparate zur Bestimmung des Gefrierpunktes gehören ebenfalls zur Ausrüstung eines phys.-chem. Laboratoriums. Ihre Beschreibung erfolgt bei der Bestimmung des Gefrierpunktes der Milch (s. S. 178).

d) Viscosimeter. Das Viscosimeter dient zur Ermittlung der Viscosität oder Zähflüssigkeit. Es gibt verschiedene Ausführungen. Hier sei nur das HÖPPLER-Viscosimeter erwähnt. Es wird mit der Stoppuhr die Zeit ermittelt, welche eine versilberte Kugel, die durch ein Glasrohr fällt, das mit der zu untersuchenden Flüssigkeit gefüllt ist, für die im Glasrohr zurückgelegte Strecke benötigt (Abb. 14).

e) Refraktometer. Refraktometer zur Bestimmung der Lichtbrechung wie Eintauchrefraktometer oder Butterrefraktometer sollen hier nur erwähnt werden. Ihre Besprechung erfolgt an der Stelle, an der mit ihnen entsprechende Untersuchungen an Milch und Milcherzeugnissen beschrieben werden (s. S. 225 u. 226). Das gleiche gilt für ein Gerät zur Ermittlung der Polarisation, das Polarisationsmikroskop (s. S. 226).

f) Polarisationsapparat. Ermittlung der optischen Drehung mit dem Polarisationsapparat. Unter polarisiertem Licht versteht man Licht, das nur in einer Ebene, während gewöhnliches Licht in allen Richtungen des Raumes schwingt. Viele chemische Substanzen haben die Eigenschaft, die Ebene des polarisierten Lichtes zu drehen. Da dieses Verhalten zur quantitativen Ermittlung dieser Substanzen verwendet werden kann, soll das hierzu erforderliche Gerät kurz beschrieben werden. Polarisiertes Licht kann man durch doppelbrechende Kristalle gewinnen. Zu diesem Zweck sind in einem Polarisationsapparat in den Strahlengang zwei Kalkspatprismen geschaltet. Bei symmetrischer Lage passiert das vom 1. Prisma ausgehende polarisierte Licht ungehindert das 2. Prisma. Das Gesichtsfeld für den Beobachter ist hell. Wird das 2. Prisma (der Analysator) aus seiner ursprünglichen Lage gedreht, so wird das Gesichtsfeld allmählich dunkel, da der Strahl nicht mehr ungehindert passieren kann. Wird nun eine Substanz der oben erwähnten Art zwischen die Prismen geschaltet, so verschiebt sie die Ebene des polarisierten Lichts um einen bestimmten Betrag, d. h. bei symmetrischer Lage der Prismen wird das Gesichtsfeld dunkel. Der Analysator wird so weit gedreht, bis der ursprüngliche Helligkeitszustand wieder erreicht ist. Das Maß der hierzu erforderlichen Drehung kann am Gerät abgelesen werden und bildet die Grundlage für die Ermittlung des Gehaltes der drehenden Substanz, deren spezifische Drehung bekannt sein muß. Unter spezifischer Drehung versteht man die für eine Substanz unter bestimmten Bedingungen charakteristische Größe. – Ein Polarisationsapparat (Abb. 33) besteht im wesentlichen aus einem Stativ mit Einlegerohr, an dem sich vorne und hinten die Prismen befinden und in das die Beobachtungsröhren, in welche die gelösten Substanzen eingefüllt werden, zur Untersuchung eingelegt werden. Neben dem Okular befindet sich der Teilkreis, der von 0–360° eingeteilt ist, an dem mit einem Nonius bis auf 0,1° abgelesen werden kann. Als Beleuchtung dient monochromatisches Licht. Die heute verwendeten Geräte sind sog. Halbschattenapparate. Bei diesen Apparaten ist das Gesichtsfeld in zwei Felder eingeteilt, die verschiedene Helligkeit aufweisen. Bei der Messung wird so lange gedreht, bis die Felder gleich hell sind. Dies wird durch die Trennungslinie erleichtert; diese Art der Messung ist einfacher als die Einstellung auf maximale Helligkeit oder maximale Dunkelheit. Die Gesichtsfeldaufteilung wird durch Einschaltung eines Zusatzprismas in die eine Hälfte des Strahlengangs erzielt.

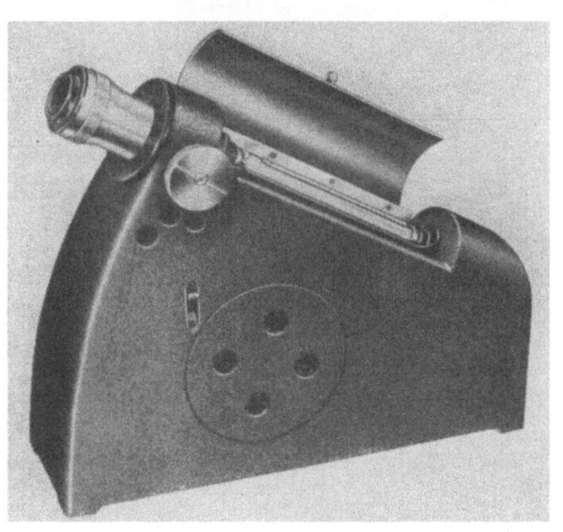

Abb. 33. Kreispolarimeter

Häufig sind die Lösungen nicht direkt zur Untersuchung geeignet, sondern müssen zuerst geklärt werden. Zur Lactosebestimmung in der Milch wird z. B. eine Klärung nach Carrez vorgenommen: Man versetzt 10 ml Milch mit 2 ml Ferrocyankaliumlösung (15 g : 100 ml), 2 ml Zinksulfatlösung (30 : 100), Natronlauge bis zur schwachen Rötung von Phenolphthalein, füllt zu 100 ml auf und filtriert. Auch bei der Bestimmung des Milchzuckers in Butter, Käse, Trockenmilch und Molke kann dieses Klärverfahren Anwendung finden.

g) Elektro-Analyse. Für die Durchführung von Elektro-Analysen findet das IKA-Elektrolysengerät Verwendung. Es beruht darauf, daß aus einer Flüssigkeit durch Elektrolyse die Abscheidung einzelner Metalle bei bestimmten Spannungen und Stromstärken erfolgt. Die Elektrode, an der sich die Metalle abscheiden, wird vor und nach der Analyse gewogen.

h) Meßgeräte für Spannung, Widerstand und Stromstärke. Für den Anschluß der aufgezählten Geräte sind Spannungen und Stromstärken verschiedener Größe erforderlich. Um diese stets zur Verfügung zu haben, empfiehlt sich die Aufstellung einer einfachen Schalttafel, wie sie z. B. von der Firma *Siemens* auch für Schulen geliefert wird. In der Ausrüstung des physikalisch-chemischen Laboratoriums dürfen Meßgeräte zur Überprüfung von Spannungen, Stromstärken und der Frequenz nicht fehlen. Hierfür gibt es eine Reihe tragbarer Geräte. Besonders erwähnt sei hier das Multavi 5, ein Universalmeßinstrument für Gleich- und Wechselstrom (Abb. 34). Es besitzt 32 leicht umschaltbare Meßbereiche und ermöglicht die Messungen von Strom und Spannung; außerdem können Leistungs-, Widerstands-, Isolations- und Kapazitätsmessungen durchgeführt werden. Die Meßbereiche sind aus Tab. 1 ersichtlich. Es gibt heute auch elektronische Geräte (Universalmeßgeräte), welche die Messung von Gleich- und Wechselspannung, Gleichstrom, Wechselstrom und Widerständen ermöglichen.

Abb. 34. Multavi 5

i) Elektrische Leitfähigkeit. Für die Messung der elektrischen Leitfähigkeit gibt es gewöhnliche Schleifdrahtmeßbrücken, die zur Bestimmung des Widerstandes von festen und flüssigen Leitern unter Verwendung der WHEATSTONEschen Brückenschaltung geeignet sind.

Tabelle 1

Meßbereich	Meßwert = Ablesewert ×	Eigenwiderstand ~	Eigenwiderstand —
6 A	2 × 0,1 A	etwa 0,06 Ω	etwa 0,06 Ω
1,5 A	$^1/_2$ × 0,1 A	0,2 Ω	0,2 Ω
0,6 A	2 × 10 mA	0,5 Ω	0,5 Ω
0,15 A	$^1/_2$ × 10 mA	2,0 Ω	2,0 Ω
0,06 A	2 mA	4,6 Ω	5,0 Ω
0,015 A	$^1/_2$ mA	14,1 Ω	19,6 Ω
0,006 A	2 × 0,1 mA	13,3 Ω	47,5 Ω
1,5 mA	$^1/_2$ × 0,1 mA	415 Ω	415 Ω
0,3 mA	0,01 mA		200 Ω
600 V	2 × 10 V	400 kΩ	400 kΩ
300 V	10 V	200 kΩ	200 kΩ
150 V	$^1/_2$ × 10 V	100 kΩ	100 kΩ
30 V	1 V	20 kΩ	20 kΩ
6 V	2 × 0,1 V	4 kΩ	4 kΩ
1,5 V	$^1/_2$ × 0,1 V	1700 Ω	1700 Ω
300 mV	10 mV	68,2 Ω	1000 Ω
60 mV	2 mV	—	200 Ω

Ein elektronisches Gerät zur Bestimmung der Leitfähigkeit ist das Gerät GM 4249 der Firma *Philips* (s. S. 61). Als Brücken-O-Indikator findet hier nicht ein Telephon, sondern ein magisches Auge (Elektronenstrahl-Oszillograph) Verwendung. Die Abmessungen betragen 13·17·25 cm. Das Instrument kann auch zum Messen von Widerständen Verwendung finden. Es besitzt sechs überlappende Meßbereiche von 0,5 Ohm bis 10 Megohm.

Der Elektronenstrahl-Oszillograph ist ebenfalls ein elektronisches Meßgerät, das in physikalischen und physikalisch-chemischen Laboratorien Verwendung findet. Die Anwendungsmöglichkeit ist sehr groß, da sich alle physikalischen Zustandsgrößen und Änderungen in entsprechenden Spannungen durch geeignete Aufnehmer und Umformer verwandeln lassen. Die Empfindlichkeit solcher Geräte läßt sich durch elektronische Verstärkung sehr vergrößern.

IV. Mikrobiologisches Laboratorium[1]

a) Arbeitsraum. Für das mikrobiologische Laboratorium ist die Lage nach Norden besonders günstig, da hier immer geeignetes Licht zum Mikroskopieren vorhanden ist. Es muß dafür gesorgt werden, daß nie Zugluft auftreten kann, da hierdurch Keime aufgewirbelt werden können. Das Arbeiten mit nichtpathogenen und pathogenen Keimen erfordert besondere Sauberkeit, so daß ein mikrobiologisches Laboratorium schon in seinem Bau so angelegt werden soll, daß es leicht zu reinigen ist. Die Tische und Wände sollen aus abwaschbarem Material bestehen.

b) Brutschränke. Sie dienen zur Bebrütung von Kulturen von Mikroorganismen und werden in verschiedenen Formen geliefert. In neuerer Zeit werden die runden Formen bevorzugt. Ein Brutschrank besteht aus dem Bebrütungsraum, der in Etagen unterteilt ist, der eingebauten Heizung, die bevorzugt heute elektrisch durchgeführt wird, einer automatischen Temperaturregulierung und einer Vorrichtung zur Einstellung der gewünschten Temperatur. Als Regler finden verschiedene Konstruktionen Verwendung, die näher auf S. 11 beschrieben sind. Von einem guten Brutschrank verlangt man, daß die Temperatur durch den ganzen Brutraum möglichst einheitlich ist und daß die eingestellte Temperatur mit einer Toleranz von $\pm$ 0,5° oder genauer eingehalten wird (Abb. 35).

c) Geräte zum Abimpfen. Zum Abimpfen von Keimen dienen Nadeln oder Ösen aus Platindraht. Vor und nach Gebrauch werden sie in der nichtleuchtenden Flamme des Bunsenbrenners ausgeglüht. Der Platin-

[1] Kahlfeld, F., u. A. Wahlich: Bakteriologische Nährbodentechnik, Leipzig: Arbeitsgemeinschaft mediz. Verlage G. Thieme 1948.

draht wird am besten in einem KOLLEschen Aluminiumhalter befestigt, der es gestattet, auch den Halter abzuflammen. Das ist deshalb wichtig, weil auch der Halter z. B. bei der Überimpfung aus einem Röhrchen mit infektiösem Material verunreinigt sein kann. Den Platindraht läßt man nach dem Ausglühen an der Luft vollkommen erkalten, ehe die Überimpfung vorgenommen wird; im anderen Falle könnten die Keime geschädigt werden. Die BURRI-Öse gestattet die Entnahme einer ganz bestimmten Menge (1 mm³) an Material.

d) Sterilisationsverfahren. Unter Sterilisation versteht man ein Verfahren, welches völlige Keimfreiheit hervorruft, unter Desinfektion die Beseitigung der Infektiosität; es genügt hier also, die pathogenen Keime abzutöten.

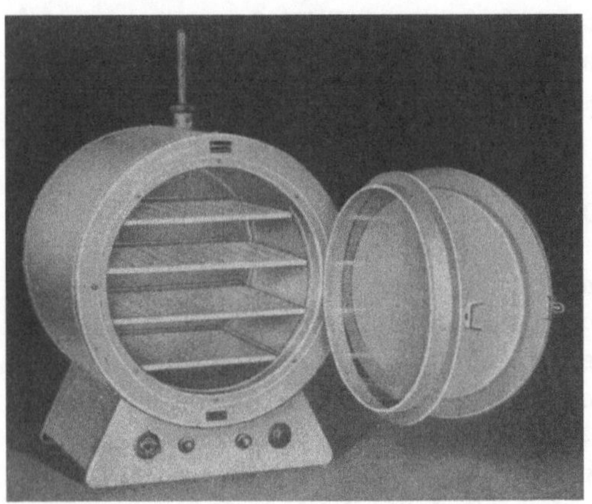

Abb. 35. Elektrischer Brutschrank (runde Form)

Durch Abbrennen, Ausglühen oder Abflammen können kleinere Gegenstände sterilisiert werden, wie es oben schon für die Platinöse zur Überimpfung beschrieben wurde. Soll z. B. aus einem mit einem Wattestopfen verschlossenen Reagenzglas eine Überimpfung vorgenommen werden, so wird vor Entnahme der Reagenzglasrand abgebrannt, der Wattestopfen wird erst abgeflammt, bevor er wieder aufgesetzt wird; dadurch werden Luftkeime abgetötet.

Durch trockene Hitze können größere Geräte aus Glas und Metall sterilisiert werden. In einem Heißluftsterilisator werden die Geräte für 1–2 Stunden auf 160–200° erwärmt. Pipetten, Petrischalen werden in geeigneten Messing- oder Kupferblech-Büchsen sterilisiert. Bei dem Heißluftsterilisator handelt es sich um ein Gerät, das ähnlich wie ein Brutschrank gebaut ist. Die Beheizung erfolgt elektrisch. Die Apparate sind mit Vorrichtungen versehen, welche die Einstellung bestimmter Temperaturen ermöglichen. Während früher eine viereckige Form der Schränke üblich war, werden heute solche in runder Form bevorzugt. Neuerdings gibt es auch Trockenschränke, die mit Saugluftumwälzung arbeiten und eine rasche Abkühlung des Sterilisiergutes ermöglichen.

Energischer als trockne Hitze wirkt feuchte Hitze. Dampf wirkt kräftiger als Wasser gleicher Temperatur. Bei Verwendung von strömendem Dampf oder kochendem Wasser wird die Sterilisation bei 100° vorgenommen. Für die Sterilisation in strömendem Dampf wird der KOCHsche Dampftopf verwendet. Er besteht aus einem durch Gas oder auf elektrischem Wege beheizten Topf mit Wasser, das zum Sieden erhitzt wird. Der Dampf durchwärmt das Sterilisiergut. Der Topf ist oben durch einen Deckel verschlossen, damit der Dampf nicht in den Arbeitsraum entweicht. Der Abschluß darf nicht absolut dicht sein, da sonst der Deckel abgeworfen wird (Abb. 36).

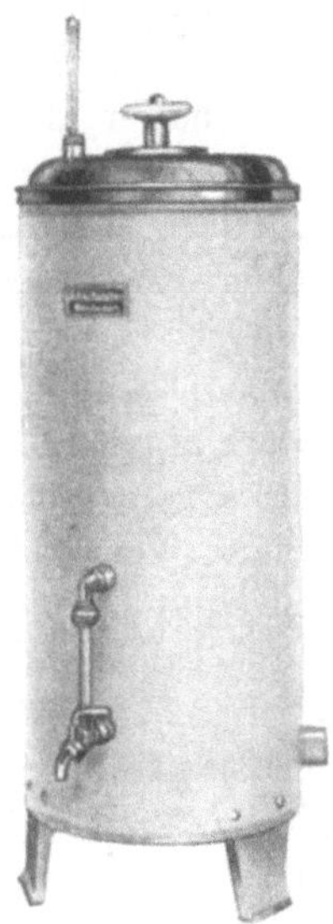

Abb. 36. Dampftopf nach KOCH

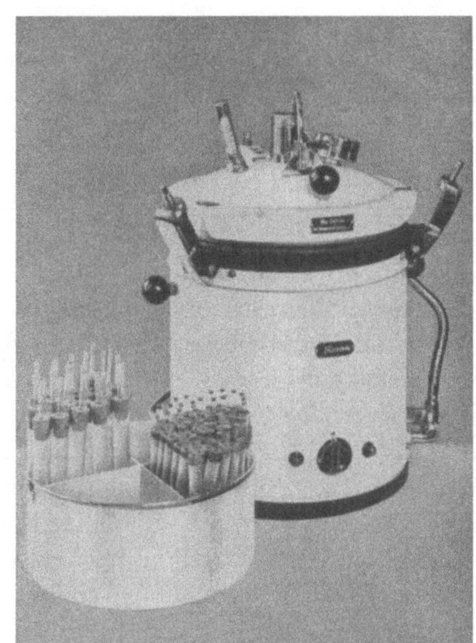

Abb. 37. Kleinautoklav

Mit gespanntem Wasserdampf können höhere Temperaturen erzielt werden. Gespannter Dampf ist zur Sterilisation von sporenhaltigem Material notwendig, wobei zweckmäßig noch die fraktionierte Sterilisation angewandt wird. Darunter versteht man eine Hitzesterilisation mit zwischenzeitlichen Abkühlungen. Ausgekeimte Sporen werden bei der nächsten Hitzeeinwirkung abgetötet. Mit gespanntem Dampf wird die Sterilisationsdauer abgekürzt. Das ist besonders günstig bei Nährböden, die zur Erwärmung längere Zeit brauchen. Allerdings dürfen diese Nährböden keine Gelatine oder Kohlenhydrate enthalten, da diese hohe Temperaturen nicht vertragen. Zur Erzeugung von gespanntem Dampf dienen Autoklaven (Abb. 37). Ein Autoklav ist ein Metallbehälter, in dem man den Siedepunkt des Wassers erhöhen kann, wodurch man gespannten Dampf erhält. Dies erreicht man dadurch, daß man den Behälter hermetisch verschließt. Erhitzt man nun das im Behälter befindliche Wasser auf elektrischem Wege oder mit Gas, so erhöht sich, da der Dampf nicht entweichen kann, der Druck im Behälter. Während man im Dampftopf nur Wasserdampf von 100° erzeugen kann, erhält man im Autoklaven, wie Tab. 2 zeigt, Temperaturen und damit Wasserdampf bis über 150°.

Tabelle 2

Druck	Temperatur
1 Atm.	100°
1,1 Atm.	103°
1,5 Atm.	111,8°
2 Atm.	120,7°
2,5 Atm.	127,9°
3 Atm.	134,0°
3,5 Atm.	139,3°
4 Atm.	144,1°
4,5 Atm.	148,4°
5 Atm.	152,4°

Die Apparate haben eine zylindrische Form und sind teilweise doppelwandig. Der innere Kessel ist oben mit Löchern versehen. Das Wasser wird in den äußeren Kessel eingefüllt. Der entstehende Dampf gelangt durch die Löcher in den inneren Behälter, der die zu sterilisierenden Gefäße mit Inhalt aufnimmt. Die Apparate werden in stehender oder liegender Form geliefert und sind mit Sicherheitsventilen, Dampfablaßhahn, Manometer, Wassereinfülltrichter, Wasserstandsarmatur und Kondenswasser-Ablaßhahn ausgerüstet. Besondere Aufmerksamkeit ist dem Verschlußdeckel gewidmet worden. Er wird entweder unter Verwendung einer Gummimanschette mit Schrauben aufgepreßt oder mit Hilfe eines automatischen Kolbenverschlusses befestigt. Da, wie aus Tab. 2 ersichtlich ist, mit Drücken bis zu 5 Atmosphären bereits bei 152° gearbeitet wird, muß die Betriebsvorschrift immer richtig eingehalten werden.

Die fraktionierte Sterilisation durch 4-stündiges Erhitzen auf 56–60° an mehreren Tagen hintereinander findet Anwendung bei Stoffen, die höhere Temperatur nicht vertragen können. Das Verfahren ist allerdings mit einem Nachteil behaftet, da diese Temperatur für manche Keime das Wachstumsoptimum darstellt.

Temperaturemfindliche Flüssigkeiten können durch Filtration mit bakteriendichten Filtern sterilisiert werden. Filterkerzen aus gebrannter Porzellanerde, sog. CHAMBERLAND-Filter, werden verwendet. BERKEFELD- und Membranfilter werden hierfür gebraucht. Von den *Seitzwerken* werden für diesen Zweck Scheibenfilter aus Asbestpappe hergestellt. Glasfilter aus Jenaer Glas mit der Porenweite G5 sind bakteriendicht. Im Handel sind Filter mit einer dünnen Schicht G5 auf G3; es wird so eine schnellere Filtration ermöglicht. Alle bisher erwähnten Filter halten Bakterien zurück, lassen aber Viren durch; allerdings kann auch ein Teil der Viren zurückgehalten werden. Will man auch Viren zurückhalten, so kann ein „Ultrafilter“ nach BECHOLD verwendet werden.

Auch mit Hilfe von Chemikalien kann Sterilität erzielt werden. Aus der großen Fülle der verwendeten Stoffe sollen der 70-proz. Alkohol, Formalin in 1-proz. Lösung, 3-proz. Wasserstoffsuperoxydlösung und Sublimatlösung in der Konzentration 1 : 1000 erwähnt werden. Durch

Schütteln mit Chloroform können Keime in einer Lösung getötet werden, ohne die Fermente in der Lösung stark zu schädigen.

Alle mit bakteriologischem Material in Berührung gekommenen Gegenstände müssen vor der Reinigung desinfiziert werden. Das kann durch Ausglühen oder durch Einbringen in eine Desinfektionslösung geschehen. Pipetten, Objektträger usw. werden in eine Desinfektionslösung gebracht. Die Reinigung der Glasgegenstände kann bei starker Verunreinigung mit Chromschwefelsäure erfolgen (Rezept s. S. 6).

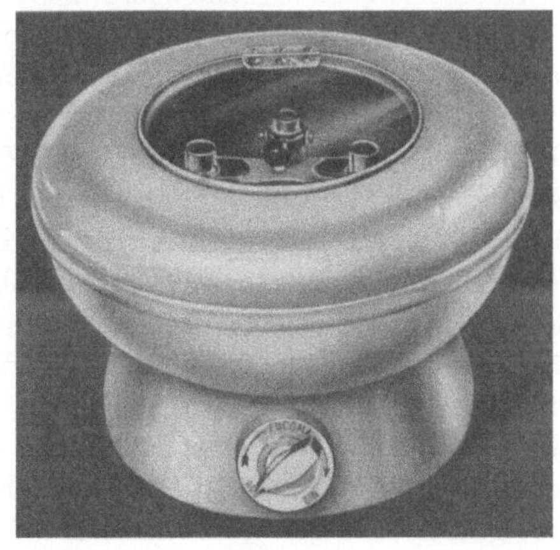

Abb. 38. Kleine Elektrozentrifuge für bakteriologische Zwecke

e) **Zentrifugen.** Für bakteriologische Zwecke finden hochtourige Zentrifugen Verwendung, da man durch Zentrifugieren von flüssigen Medien eine Anreicherung von Bakterien, Hefen und Zellmaterial erzielen kann. Neben kleinen Zentrifugen, die teilweise von Hand oder mit einem kleinen Motor (Abb. 38) angetrieben werden, finden für Serienuntersuchungen größere Zentrifugen Anwendung. Sie haben bei normalem Durchmesser Tourenzahlen bis 5000/Min. Diese Zentrifugen sind häufig mit auswechselbaren Gehängen ausgerüstet, so daß man kleine und große

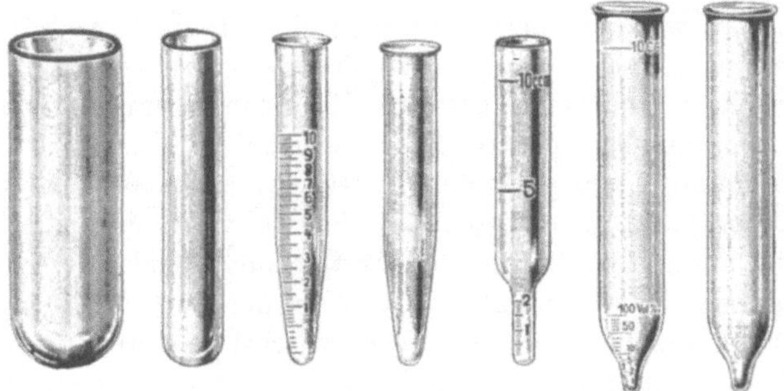

Abb. 39. Sedimentierröhrchen verschiedener Bauart

Probenmengen (5 ml bis ½ l) zentrifugieren kann. Sedimentierröhrchen der verschiedensten Art mit und ohne Skala zur volumetrischen Bestimmung des Sediments sind aus der Abb. 39 ersichtlich. Von einer guten Zentrifuge verlangt man eine kurze Anlaufzeit, geräuschlosen und sicheren Betrieb. Zentrifugen verschiedener Bauart sind aus den Abb. 19, 20, 20a ersichtlich.

f) Nährböden. Ein Nährboden hat die Aufgabe, den Keimen eine möglichst günstige Nahrung zu liefern. Durch Zugabe von Gelatine oder Agar wird eine halbfeste Konsistenz erzielt, die es gestattet, das Wachstum der Keime an der Oberfläche gut zu beobachten. So kann ein Keim an der Art des Wachstums und der Form der Kolonien diagnostiziert werden. Außerdem ist das reine Oberflächenwachstum günstig für die Überimpfung und Isolierung einer Bakterienart. Durch Zugabe von Chemikalien und Farbstoffen zum Nährboden kann man die Diagnose erleichtern. Fremdkeime können im Wachstum unterdrückt werden, so daß man die gesuchten Keime klar erkennen kann. Durch Zugabe eines Indikators zum Nährboden kann festgestellt werden, ob die Keime Alkali- oder Säurebildner sind. Nährböden werden selbst hergestellt oder in gebrauchsfertiger Form oder als Trockennährböden bezogen. Letztere müssen nur nach Vorschrift mit Wasser versetzt und erhitzt werden (Lieferfirmen: *Bram*, Berlin-Tempelhof; *Difco*, Detroit). Die fertigen Nährböden werden in Mengen unter 250 g in Erlenmeyerkolben kühl und dunkel aufbewahrt. Zum Gebrauch werden sie vorsichtig im warmen Wasserbad verflüssigt. Dann füllt man geeignete Mengen in sterilisierte Petrischalen und Reagenzgläser ab. Läßt man den Nährboden im Reagenzglas in schräger Lage erstarren, so erhält man ein Schrägröhrchen, welches für manche Zwecke Verwendung findet (s. S. 128).

g) Herstellung mikroskopischer Präparate. Nativpräparate haben keine große Bedeutung, da sich viele Bakterien unter dem Mikroskop kaum unterscheiden. Ungefärbte Bakterien können im Dunkelfeld und mit dem Phasenkontrastverfahren (s. S. 284) beobachtet werden. Ein Tuschepräparat, welches durch Verreiben eines Tröpfchens Nährlösung mit den Bakterien und einem gleichen Tropfen guter Tusche auf einem Objektträger hergestellt wird, gestattet die Beobachtung der Bakterien als helle Aussparung auf schwarzem Untergrund.

Zur Herstellung eines gefärbten Bakterienpräparates wird zunächst ein Ausstrichpräparat angefertigt. Das Material wird auf einem Objektträger, evtl. unter Benutzung von steriler physiologischer Kochsalzlösung verrieben. Das Präparat läßt man an der Luft trocknen. Durch dreimaliges Durchziehen durch die Flamme wird eine Hitzefixierung erzielt. Hierbei kann durch die Hitze schon eine Formänderung der Bakterien eintreten, so daß man manchmal eine mildere Fixierung auf chemischem Wege, z. B. mit Methylalkohol vorzieht. Nach der Fixierung wird gefärbt, was nach sehr verschiedenen Methoden mit einer Fülle von Farbstoffen vorgenommen werden kann. Durch Spezialfärbungen, z. B. Färbung nach GRAM, die unterscheiden läßt, ob Bakterien den Farbstoff nach einer Beizung festhalten oder nicht – man spricht von grampositiven und -negativen Bakterien — oder Färbung nach ZIEHL-NEELSEN, die eine Unterscheidung zwischen säurefesten und nicht säurefesten Bakterien gestattet, kann so unter Umständen die Bakterienart sehr schnell erkannt werden. Die Beobachtung der gefärbten Bakterien erfolgt fast ausschließlich mit der Ölimmersion.

h) Kulturverfahren. Neben den schon erwähnten halbfesten Nährböden finden auch einfache flüssige Nährlösungen Anwendung; sie werden in Röhrchen, Kolben oder Flaschen aufbewahrt. Bei der Überimpfung von Keimen mit der Platinöse verreibt man die Probe an der Glaswand kurz über der Oberfläche der Lösung. Man nimmt dann mit der Öse etwas Nährflüssigkeit zur weiteren Verreibung hinzu. Dann erfolgt erst die gleichmäßige Verteilung in der Gesamtnährlösung.

Die Überimpfung auf den halbfesten Nährböden einer Petrischale erfolgt durch vorsichtiges Bestreichen mit einer Platinöse. Vorsicht ist deshalb notwendig, damit der weiche Nährboden nicht „durchgepflügt" wird. Durch eine Verdünnungstechnik beim Überimpfen können Einzelkulturen erzielt werden. Die Anlage einer Oberflächenkultur kann auch mit einem DRIGALSKI-Spatel, der aus einem rechtwinklig gebogenen, sterilisierten Glasstab besteht, erfolgen. Bei der Rollkultur (s. S. 126) wird die Verunreinigung durch Luftkeime vermieden.

i) Federstrichkultur. Die Federstrichkultur ist ein Verfahren, eine Anreicherung von Mikroorganismen in kleinerem Maßstabe durchzuführen. Sie hat den Vorzug, daß man die kultivierten Organismen unter dem Mikroskop in ihrer Entwicklung beobachten kann. Das Verfahren stammt von LINDNER. Es wurde durch HENNEBERG[1] auch in die Milchwirtschaft eingeführt, nachdem es bereits seit längerer Zeit im Brauereilaboratorium Verwendung gefunden hatte. Verwendung findet zur Züchtung ein Objektträger mit Vertiefung und ein Deckgläschen. Mit einer ausgeglühten Stahlfeder macht man auf ein Deckgläschen mehrere Reihen kurzer Striche, nachdem man die Feder in das flüssige Untersuchungsmaterial eingetaucht hat. Nun legt man das Deckgläschen auf die Höhlung des Objektträgers und klebt mittels Vaseline das Deckgläschen auf den Objektträger. Nach Bebrütung und Anwachsen der Organismen kann die Untersuchung unter dem Mikroskop mit der Ölimmersion durchgeführt werden. Bei der Untersuchung ist Vorsicht geboten, da es leicht vorkommt, daß man das über der Höhlung liegende Deckgläschen mit dem Objektiv durchstößt. Nach HENNEBERG legt man zweckmäßig mehrere Verdünnungsgrade des Keimbestandes an, die dann in den verschiedenen Reihen unter gleichen Bedingungen kultiviert werden. Die verschiedenen Konzentrationen an Keimen kann man sich durch Verdünnung des Untersuchungsmaterials mit steriler Nährlösung bereiten. Die Spezialfedern sind so konstruiert, daß man sie auf einen Glasstab aufziehen kann. Vor

[1] HENNEBERG, W.: Molkerei-Ztg. Hildesheim **42**, 2511 (1928).

Anlegung der 2. und 3. Reihe wird die Feder mit steriler, unbeimpfter Nährlösung aus kleinen, etwa 10 ml enthaltenden Fläschchen übergossen.

An Stelle von Strichen kann man die Untersuchungsflüssigkeit auch in Form von Tröpfchen auf das Deckgläschen bringen. Hierfür verwendet man eine sterile Platinöse (Tröpfchenkultur).

Neben den Keimen, die auf normalem Nährboden unter Luftzutritt gezüchtet werden können, gibt es Keime, die nur unter Luftabschluß gedeihen. Ist der Luftzutritt vollkommen auszuschließen, so spricht man von obligat anaeroben Bakterien. Bakterien, die sowohl bei Luftzutritt als auch bei Sauerstoffmangel gedeihen können, bezeichnet man als fakultativ anaerob.

k) Abklatschverfahren. Hierunter versteht man ein Verfahren, bei dem man feste, sterile Nährböden gegen eine zu untersuchende Oberfläche drückt (abklatscht). Es eignet sich besonders zur Ermittlung des Keimgehaltes von trocknen Oberflächen. Der Agarnährboden wird auf eine geeignete sterile Unterlage (Kleinplatte, Schale oder Glasplatte) gegossen und nach dem Erstarren in einem keimfreien Behälter aufbewahrt. Unter Bedingungen, die eine Fremdinfektion ausschließen, klatscht man die zu untersuchende Stelle durch Anschmiegen der Nährbodenoberfläche an die Stelle vorsichtig ab. Die Abklatschplatte wird dann im Brutschrank bebrütet, und zwar Chinablau-Agar 2 Tage bei 30° C, Nährbier-Agar am besten 5 Tage bei Zimmertemperatur. Eine geeignete Ausrüstung für dieses Verfahren ist von DEMETER entwickelt worden[1].

Zur Züchtung anaerober Bakterien gibt es eine Reihe Verfahren. Man kann die Luftzufuhr einschränken oder ein Vakuum erzeugen. Dem Nährboden können reduzierende Substanzen zugesetzt werden, z. B. Traubenzucker. Der Sauerstoff kann auf chemischem Wege mit Hilfe von alkalischer Pyrogallollösung oder mikrobiologisch mit sauerstoffzehrenden Bakterien (besonders geeignet *Prodigiosus*-Bakterien) entfernt werden. Schließlich kann der Sauerstoff durch indifferente Gase, z. B. durch Stickstoff oder Wasserstoff verdrängt werden.

l) Anaerobienprobe nach Weinzirl. Je 5 Röhrchen, die zuvor mit ungefähr 2 ml geschmolzenem Paraffin (gereinigtes Paraffin, Erstarrungspunkt 50—52° C) gefüllt und nach Verschluß mit Zellstoff im Heißluftsterilisator oder Autoklaven sterilisiert worden sind, werden mit 5 ml der zu untersuchenden Milch gefüllt, ohne die Glasinnenwand unnötig zu benetzen. Die Röhrchen werden dann im Wasserbad bei 85° C 15 Min. lang erhitzt, bis das Paraffin am Boden geschmolzen und in die Höhe gestiegen ist. Nach Schluß des Erhitzens erkaltet das Paraffin an der Oberfläche der Milch und bildet einen anaeroben Verschluß. Die Bebrütung erfolgt 3 Tage bei 37° C. Wenn bei mindestens zwei von den Parallel-

[1] DEMETER, K. J.: Dtsch. Molkerei-Ztg. **60**, 1155 (1939).

proben der Paraffinpfropf in den Röhrchen mehr oder weniger hochgeschoben ist, so deutet dies auf eine ausgiebige Verunreinigung der Milch mit anaeroben Sporenbildnern hin. Zur Erhärtung des Befundes kann eine mikroskopische Untersuchung der positiven Röhrchen angeschlossen werden.

m) Morphologische Untersuchung von Bakterien. Die Art des Wachstums in einer flüssigen Nährlösung kann schon Hinweise auf die Bakterienart geben. Es wird z.B. beobachtet, ob auch an der Oberfläche der Lösung Wachstum eingesetzt hat. Am Boden kann ein Bodensatz auftreten. Das Aussehen der Trübung wird beobachtet. Wertvollere Hinweise gibt das Aussehen der Kolonien auf einem festen Nährboden. Form, Größe, Farbe usw. der Kolonien werden beobachtet. Der Rand einer Kolonie kann glatt, wellig, lappig, gezahnt, lockig usw. aussehen. Es gibt Bakterienarten, die nebeneinander glatte oder S-Formen (von smooth = glatt) und rauhe oder R-Formen (rough = rauh) mit unregelmäßigen Rändern und rauher Oberfläche bilden. Schleierartiges Wachstum von Bakterien (z.B. *Proteus*) wird als H(Hauch)-Form bezeichnet; es zeigt an, daß es sich um bewegliche Bakterien handelt. Bewegliche Bakterien haben Geißeln. Gehen die Geißeln durch Züchtung auf einem festen Nährboden verloren, wird eine O-Form (ohne Hauch) gebildet.

Die Beweglichkeit wird mikroskopisch im hängenden Tropfen festgestellt. Aus einer flüssigen Kultur oder einem Schrägröhrchen mit Kondenswasser wird mit einer Öse etwas Flüssigkeit auf ein Deckgläschen gebracht. Ein Hohlschliffobjektträger wird an der Vertiefung mit Vaseline umrandet. Der Objektträger wird umgekehrt auf das Deckgläschen gedrückt. Wird nun das Ganze umgedreht, so haben wir einen hängenden Tropfen in einer abgeschlossenen Kammer. Unter dem Mikroskop wird mit der nötigen Vorsicht auf den Rand des Tropfens eingestellt. Die Eigenbeweglichkeit darf nicht mit der BROWNschen Bewegung, die alle Bakterien zeigen, verwechselt werden. Die Geißeln können auch durch besondere Färbungen sichtbar gemacht werden.

n) Biochemische Untersuchung von Bakterien. Die biochemische Leistung der Bakterien, die bei einzelnen Arten sehr verschieden sein kann, kann zur Differentialdiagnose herangezogen werden. So wird ein Keim aus der Typhus-Paratyphus-Enteritis-Gruppe in seinem Verhalten gegenüber bestimmten Kohlenhydraten untersucht. Aus den Kohlenhydraten entstehen Säuren, wie durch den Umschlag eines Indikators nachgewiesen wird (bunte Reihe). Welche Kohlenhydrate abgebaut werden, ist jetzt für die Erkennung entscheidend.

Die Bildung von Gas kann mit Hilfe eines DURHAM-Röhrchens (Abb. 102) nachgewiesen werden. Verwendet man zum Nachweis der Gasbildung ein Gärröhrchen, so sammelt sich das Gas in der Kuppe des Röhrchens.

o) Indolprobe. Bestimmte Bakterien (z. B. *Bacterium coli*) bilden aus der Aminosäure Tryptophan Indol; das gebildete Indol kann durch eine Farbreaktion mit Dimethylaminobenzaldehyd nachgewiesen werden.

Das Methodenbuch[1] gibt hierfür folgende Vorschrift:

Zum quantitativen Nachweis von indolbildenden Colibakterien (sog. Warmblütercoli) wird 1 ml oder 0,1 ml der Milch oder der Milchverdünnung in je ein Röhrchen mit Trypsinbouillon gebracht. Die Milch wird nach 24-stündiger Bebrütung bei 37° C durch die Zugabe von Indolreagenz auf die Anwesenheit von Indol untersucht (Rotfärbung).

Herstellung von Trypsinbouillon[1]: 1 Liter fertige Bouillon ($p_H = 7{,}4$) wird auf 40° C erwärmt, dann in einer Glasstopfenflasche warm mit 0,2 g Trypsin (GRÜBLER), mit 10 ml Chloroform und 5 ml Toluol versetzt und nach 24—48-stündiger Bebrütung bei 37° C durch ein angefeuchtetes Faltenfilter filtriert. Zum Gebrauch vermischt man einen Teil dieser Stammlösung und drei Teile physiologischer Kochsalzlösung gut miteinander, füllt ab und sterilisiert im Dampftopf.

Herstellung von Indolreagenz nach KOVACS[2]: In 75 ml Amylalkohol (reinst) werden 5 g para-Dimethylaminobenzaldehyd (MERCK, reinst) bis zur völligen Lösung geschüttelt und darauf 25 ml reine 25-proz. Salzsäure hinzugefügt. Die Vorratsflasche ist mit Glas- oder Gummistopfen zu verschließen und vor Licht geschützt aufzubewahren.

Bildet ein Mikroorganismus das Ferment Urease, so kann das an der Spaltung von Harnstoff unter Bildung von Ammoniak, die eine starke Alkaliverschiebung zur Folge hat, erkannt werden.

p) Fäulnisbakterien. Fäulnisbakterien können durch Bebrütung in Peptonwasser nachgewiesen werden.

Herstellung des Nährbodens: In 1 Liter Leitungswasser werden 30 g Pepton aufgelöst, im Dampfbad eine halbe Stunde gekocht, filtriert, auf Röhrchen abgefüllt und im Autoklaven sterilisiert.

Die Untersuchung erfolgt durch Beimpfung je eines Röhrchens Peptonwasser mit 1 ml oder 0,1 ml der Milch oder der Milchverdünnung und Prüfung des Geruches nach zweitägigem Bebrüten bei 30° C.

q) Membranfilter-Methode. Das Anwendungsprinzip der MF-Methode besteht in der Anreicherung der Keime aus bakteriell verunreinigten Flüssigkeiten auf einer vergleichsweise kleinen Filteroberfläche, wo sie der nachfolgenden Untersuchung zugänglich sind. Der Keimnachweis und die Bestimmung der Keimzahl erfolgt durch Züchtung von Bakterienkolonien unmittelbar auf dem Filter. Die Diffusion der Nähr- und Farbstoffe findet hierbei gleichzeitig statt, so daß die gebildeten Kolonien markant gegen die Filterfläche hervorgehoben werden (Abb. 40 a u. b).

---

[1] Methodenbuch Bd. VI, S. 117, Berlin: Neumann-Verlag 1950.
[2] KOVACS, N.: Z. Immunitätsforschg. exp. Therap. **55**, 311 (1928).

In der Praxis der Trink- und Abwasseruntersuchung sind MF ein unentbehrliches Hilfsmittel für routinemäßige Serienuntersuchungen. Mit ihrer Hilfe läßt sich der Nachweis von *Bacterium coli* als Indikator fäkaler Verunreinigungen führen sowie auch eine rasche Erkennung von pathogenen Keimen, wie Typhus - Paratyphus in Trink- und Gebrauchswasser ermöglichen. Das Verfahren erfordert ein Mindestmaß an untersuchungstechnischen Voraussetzungen, was seine Durchführung auch ohne speziell eingerichtete Laboratorien ermöglicht.

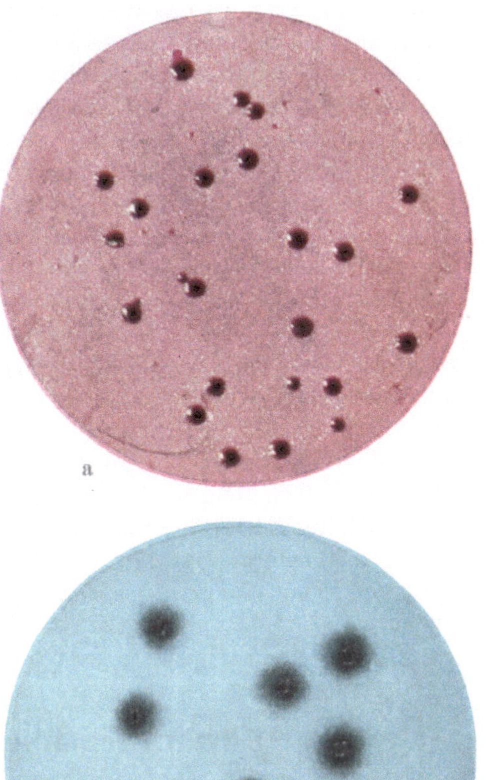

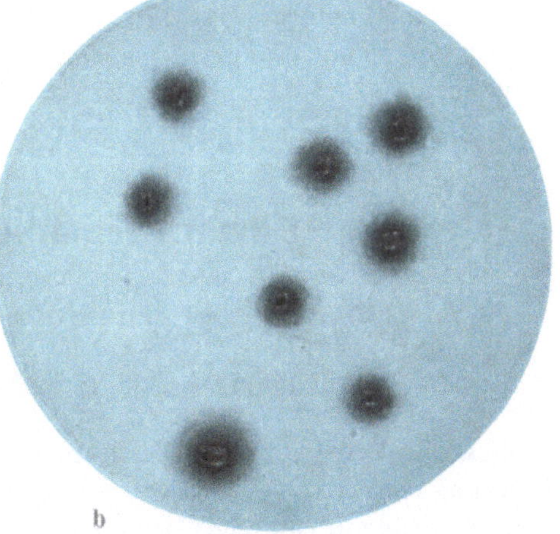

Abb. 40a u. b. Wachstum auf Membranfilter. *a Bact. coli* auf Endo-Agar; *b Bact. typhi* auf Wismutsulfit-Agar

Untersuchung von Wasser. Zur Durchführung der Untersuchung bedient man sich des Bakterienfiltrations-Gerätes Modell „COLI 5", welches in Ausführungen aus Messing, vernickelt oder Glas mit einem Fassungsvermögen von 500 ml hergestellt wird. Im Filtertisch befindet sich eine gesinterte Siebplatte, die zur Auflage der erforderlichen Spezialmembranfilter Co 5 dient. Vor der Filtration einer Wasserprobe wird das Gerät mit Filtertisch und Siebplatte durch Abflammen sterilisiert. Das zu verwendende Filter wird durch Auskochen bei schwachem Sieden entkeimt und auf die Siebplatte aufgelegt. Nach dem Verschrauben ist das Gerät einsatzbereit. Die erforderliche Filtrationsmenge richtet sich nach dem voraussichtlichen Keimgehalt. Für Leitungswasser haben sich Proben bis zu 500 ml als zweckmäßig erwiesen. Bei Fluß- und Abwasser mit vergleichsweise hohen Keimgehalten kann man sich auf sehr geringe Proben (1 ml und kleiner) beschränken, wobei in üblicher Weise mit sterilem Wasser verdünnt wird.

Nach Beendigung der Filtration wird das Filter mit steriler Pinzette abgenommen und mit der Bakterien belegten Fläche nach oben auf einen spezifischen Nährboden nach Endo aufgelegt. Nach 18—24-stündiger Bebrütung bei 37—41° C ist das Wachstum der Colikolonien für eine Auswertung ausreichend weit fortgeschritten. Colikolonien zeigen einen typisch metallischen Glanz, den gleichzeitig vorhandene Wasserbakterien nicht aufweisen. Die Zahl der Colikolonien wird der Anzahl im Wasser vorhandener Colikeime gleichgesetzt.

Für den Nachweis von Typhus-Paratyphus auf Wismutsulfitagar erhält man nach 24-stündiger Bebrütung bei 37° C schwarze oder grünliche Typhuskolonien mit einem metallischen Hof. Schwarzfärbung und metallischer Glanz sind Eigenschaften der Typhus-Paratyphus-Keime, die Wismutsulfit zu intensiv schwarzem Wismutsulfid reduzieren.

Untersuchung von Milch. Da Milch infolge ihres Gehaltes an Fett und Eiweiß sehr leicht zum Verstopfen der Membranoberfläche neigt, verdünnt man die Milch zweckmäßigerweise mit sterilem Wasser im Verhältnis 10 ml Milch zu 90 ml sterilem Wasser. Aus dieser Mischung wird eine Verdünnungsreihe von 1—0,001 ml hergestellt.

Die angegebenen Mengen sind für den Colinachweis von Milch völlig ausreichend[1]. Zur Filtration verwendet man in dem zuvor beschriebenen Gerät Spezialmembranfilter Mi 5. Die weitere Behandlung und Auswertung der Filter erfolgt in gleicher Weise wie bei der Wasseruntersuchung.

Milchwirtschaftlicher Teil

I. Allgemeines über Milch und Milchuntersuchung

A. Volkswirtschaftliche Bedeutung der Milch

Die große Bedeutung der Milch im Rahmen der gesamten Weltwirtschaft mag man daran ermessen, daß der Bestand an Milchtieren auf der gesamten Erde auf rund 120 Millionen geschätzt wird. Die Tagesleistung aller dieser Tiere beläuft sich auf etwa 750 Millionen Liter. Stellt man sich die gesamte Milch aus einer Quelle fließend vor, so würde diese Milchquelle eine Leistung von 9000 Litern je Sekunde aufweisen. Bei einem Preis von 30 Pfennig je Liter kommt dies einem Goldstrom von 2700 DM je Sekunde gleich.

[1] Wüstenberg, J., u. P. Menke: Milchwiss. 8, 44 (1953).

Die volkswirtschaftliche Bedeutung der Milchwirtschaft geht auch daraus hervor, daß der Wert der gesamten Roheisen- und Kohlenerzeugung Deutschlands vor dem 2. Weltkrieg nicht den der Milcherzeugung erreichte. Die Milcherzeugung betrug im Bundesgebiet im Jahre 1954 rund 17 Milliarden Liter.

Für den Landwirt bedeutet die Milcherzeugung eine rasche und dauernd fließende Geldquelle, da das Futter von der Kuh innerhalb eines Tages in Milch umgewandelt wird. Die Milch kann deshalb mit Recht als das „weiße Gold" der Landwirtschaft bezeichnet werden. Außerdem ist die Futterverwertung bei der Milcherzeugung viel rationeller als bei der Mast. Eine Kuh erzeugt z. B. aus der gleichen Futtermenge in Form von Milch dreimal soviel Nährstoffe wie ein junges Mastrind in Form von Fleisch und Fett.

B. Historische Entwicklung der Milchversorgung

In früheren Zeiten boten Frischmilchversorgung und Milchverarbeitung wenig Schwierigkeiten. Die Kuh konnte sozusagen dem Konsumenten direkt vor die Haustür gebracht werden. RITTER schreibt:

daß es noch nach 1800 in Berlin eine gewohnte Erscheinung war, daß Unter den Linden täglich die Kuhherden entlang getrieben wurden. Geheimräte und Exzellenzen blickten nicht nur von der Wilhelmstraße, sondern auch in anderen Teilen des alten Berlins abendlich auf ihre heimkehrende Kuh.

Wie erwähnt war auch die Milchverarbeitung einfach, der Weg der Milch von der Kuh zum Butterfaß äußerst kurz, da der Landwirt selbst butterte.

Mit der industriellen Entwicklung änderte sich im 19. Jahrhundert dieses Bild gewaltig, und heute haben wir bereits große Milchbearbeitungs- und -verarbeitungsbetriebe, so daß man von einer Milch-, Butter- und Käseindustrie sprechen kann. Es gibt Betriebe, die täglich etwa 30000 l Milch auf Camembert verarbeiten und Großbuttereien mit einer Tagesleistung von 100 Zentner Butter.

Diese Entwicklung wurde ausgelöst durch die Bevölkerungszunahme, die in Deutschland durch Erhöhung der Bevölkerungszahl von 41 Millionen im Jahre 1871 auf 70 Millionen im Jahre 1918 gekennzeichnet ist. Ferner wurde sie bedingt durch die steigende Industrialisierung des Landes, die mit einem raschen Wachstum der Städte eine Umstellung der Bevölkerung von ländlicher zu gewerblicher Tätigkeit mit sich brachte. In den Jahren 1880–1890 hatten nach LUHBERG im Deutschen Reich 4 Landbewohner 1 Städter zu ernähren, während heute 1 Landbewohner 4 Städter ernähren muß. Hand in Hand mit der Verstädterung der Bevölkerung ging eine Verfeinerung der Lebensweise und besonders der Ernährung vor sich. Während der Landbewohner Kartoffeln, Getreide, Milch und sonstige einfachere Nahrungsmittel bevorzugte, legte die städtische Bevölkerung mehr Wert auf die Ernährung durch Fleisch, Eier und Milcherzeugnisse. Dies hatte eine Vermehrung der Milcherzeugung und -verarbeitung und eine gewisse Industrialisierung der letzteren zur Folge. Auch die Landwirtschaft mußte sich infolge dieses gesteigerten Bedarfes auf eine intensivere Betriebsweise umstellen. Die Steigerung der Milcherzeugung war nur möglich durch bessere Fütterung und durch Züchtung leistungsfähigerer Tiere. Was vor 100 Jahren außer für die Ernährung der Kälber für die menschliche Ernährung an Milch von einer Kuh durchschnittlich erübrigt wurde, war äußerst gering und betrug z. B. nach Aufzeichnung preußischer Güter etwa 3–4 Liter, während heute die Durchschnittsleistung hochgezüchteter Milchtiere etwa 10–15 Liter je Tag beträgt.

Wie sehr die durchschnittliche Milchleistung selbst innerhalb Deutschlands verschieden ist, geht daraus hervor, daß 1954 die Fettleistung je Jahr in Baden-Württemberg 91 kg, in Schleswig-Holstein aber 130 kg betrug.

C. Bedeutung der Milch für die Ernährung

Die Milch ist das billigste und gesündeste heimische Volksnahrungsmittel für Jung und Alt und wird deshalb mit Recht das „flüssige Brot“ des Haushaltes genannt. Sie enthält alle Stoffe, die für die Entwicklung und Erhaltung von Blut, Muskeln, Knochen und anderen Geweben notwendig sind. Vor allem stellt sie die billigste Eiweißnahrung dar. Das in ihr enthaltene Milchfett ist infolge seiner besonderen Zusammensetzung und seiner feinen Verteilung in Form kleinster Kügelchen leicht verdaulich und geschmacklich äußerst angenehm. Es kommt hinzu, daß die Milch Vitamine enthält, die bekanntlich eine Nahrung erst vollwertig machen. Während reichlicher Fleischgenuß allerlei Stoffwechselkrankheiten und vorzeitige Alterserscheinungen zur Folge hat, ist häufiger Milchgenuß besonders in Verbindung mit Brot und anderen mehlhaltigen Stoffen geeignet, die Gesundheit zu fördern. Auf den Milchgenuß in Form von Sauermilcharten sollen auch Gesundheit und hohes Alter der Balkanbewohner zurückzuführen sein. Der regelmäßige Milchgenuß hat eine völlige Veränderung der Bakterienflora des Darmes zur Folge, wodurch die Entstehung von Körpergiften verhindert wird. Eine ähnliche Bedeutung kommt den Milcherzeugnissen in Form von Sahne, Butter, Käse, Kondens- und Trockenmilch zu, wenn auch der diätetische Wert nicht bei allen den der Milch erreicht.

Besonders wichtig ist die Milch als Nahrung für kleine und kleinste Kinder. Wenn auch heute in der Säuglingsernährung der Grundsatz gilt, daß Muttermilch das beste Nahrungsmittel für den Säugling ist, so kann doch die Kuhmilch oft schon sehr früh zu einem wertvollen Ersatz für die Muttermilch werden, falls diese aus irgendeinem Grunde nicht zur Verfügung steht. Hier gilt es, der Gewinnung der Milch besondere Sorgfalt zu widmen (Vorzugsmilch, Kindermilch). Durch besondere Zusätze wird die Kuhmilch in ihrer Zusammensetzung der Muttermilch angeglichen. Auch Kleinkindern wird der Übergang zur Nahrung der Erwachsenen dadurch erleichtert, daß man ihnen hauptsächlich Milch und mehlhaltige Nahrungsmittel reicht.

D. Zusammensetzung und Eigenschaften der Milch

Die Zusammensetzung der Milch ist nicht immer ganz einheitlich, es schwankt vor allem der Fettgehalt, nämlich zwischen 2 und 5%. Auch Eiweiß und Milchzuckergehalt sind gewissen Schwankungen unterworfen. Die mittlere Zusammensetzung der Milch ist aus der folgenden Aufstellung ersichtlich:

	%
Fett	3,4
Eiweiß	3,5
Milchzucker	4,6
Mineralstoffe	0,7
Trockenmasse	12,2
Wasser	87,8
Zusammen	100,0.

Dem Verwertungszweck entsprechend sind die in der Milch enthaltenen Stoffe von verschiedener Bedeutung. Die Butterei bevorzugt natürlich eine fettreiche Milch. Für die Käserei ist außer einem hohen Fettgehalt auch ein erhöhter Eiweißgehalt erwünscht.

So wertvoll nun eine hygienisch einwandfreie Milch ist, so schädlich kann dieses Volksnahrungsmittel für die Gesundheit werden, wenn es vor oder nach dem Melken nachteilige Veränderungen erfährt oder Krankheitskeime enthält. Das Reichsmilchgesetz verlangt daher nicht nur saubere Gewinnung und einwandfreie Behandlung der Milch auf dem Wege vom Erzeuger zum Verbraucher, sondern auch bestimmte Kontrollmaßnahmen, um die hygienische Zuverlässigkeit der Milch zu gewährleisten.

Infolge ihrer Zusammensetzung ist die Milch ein hervorragender Nährboden für Bakterien. Im allgemeinen enthält sie nur zahlreiche harmlose Milchsäurebakterien, die unter Umständen sogar ihren diätetischen Wert steigern können (Dickmilch, Joghurt usw.). Soweit diese Milchsäurebakterien nicht in Form von Reinkulturen zugesetzt werden, gelangen sie aus der Luft, durch Geräte usw. in die Milch. Eine frische, sauber ermolkene Milch enthält kurz nach dem Melken kaum weniger als 10000 Bakterien in 1 ml. Milch, in der noch keine Zersetzung nachweisbar ist, kann bis 8 Millionen, bei beginnender Säuerung 9–10 Millionen Keime enthalten.

Der Keimgehalt in 1 ml dürfte ungefähr betragen in Milch:

nach dem Melken mindestens	10000,
vor Beginn der Säuerung bis zu	8 Millionen,
mit beginnender Säuerung mindestens	9 Millionen,
die beim Erhitzen gerinnt, mindestens	70 Millionen,
die von selbst geronnen ist, mindestens	800 Millionen.

Je reinlicher eine Milch gewonnen wird, desto weniger Bakterien enthält sie; je sachgemäßer eine Milch behandelt und aufbewahrt wird, um so geringer ist die Vermehrung der Bakterien. Keimfreie Milch ist überhaupt nicht und sehr keimarme mit weniger als 100 Keimen in 1 ml selbst unter aseptischen Bedingungen nur sehr schwer und mit hohen Kosten zu gewinnen.

Die Milchsäurebakterien verwandeln den Milchzucker in Milchsäure, wodurch die Milch nach und nach sauer wird. Bei warmer Aufbewahrung vermehren sich die Bakterien viel rascher als bei kühler. Die Milch säuert deshalb, wenn sie warm aufbewahrt wird, schneller und intensiver. In den Anfangsstadien ist diese Säuerung nur mit besonderen Hilfsmitteln zu erkennen, obwohl die Zahl der Bakterien in einem ml schon in die Millionen geht. Ist die Säuerung genügend weit vorgeschritten, so ist sie erst mit dem Geruch und Geschmack und später auch mit dem Auge wahrzunehmen, denn das Kasein, das sich sonst im gelösten Zustand befindet, fällt aus, die Milch gerinnt oder wird dick.

E. Gesetzliche Vorschriften für Milch[1]

Der Bedeutung der Milch für die Volksernährung hat man auch durch das im Jahre 1930 erlassene Reichsmilchgesetz Rechnung getragen. Dieses Gesetz regelt u.a. den Verkehr mit Milch, ihre gesundheitliche Überwachung und ihre Einteilung nach Klassen. Nach dem Reichsmilchgesetz bezeichnet man als Milch: „*das durch regelmäßiges, vollständiges Ausmelken des Euters gewonnene und gründlich durchgemischte Gemelk von einer oder mehreren Kühen aus einer oder mehreren Melkzeiten, dem nichts zugefügt und nichts entzogen ist.*“

Der Mindestfettgehalt der Trinkmilch wird im Bundesgebiet von den Obersten Landesbehörden festgesetzt. Er darf z.B. in Berlin nicht unter 3% betragen. In Schleswig-Holstein mußte er 1951 2,8%, in Bayern 3,4% betragen.

[1] Nathusius-Nelson: Milchgesetz nebst Ausführungsbestimmungen. Kempten: Verlag Dtsch. Molkerei-Z. 1954.

Unter *verdorbener* Milch im Sinne des Reichsmilchgesetzes ist zu verstehen:

1. Milch, die kurz vor oder in den ersten 5 Tagen nach dem Abkalben gewonnen ist.

2. Milch, die in ihrem Geruch, Geschmack, Aussehen und ihrer sonstigen sinnfällig wahrzunehmenden Beschaffenheit so verändert ist, daß ihr Genuß- oder Gebrauchswert erheblich beeinträchtigt ist, *abgesehen* von Milch, die *lediglich sauer* ist.

3. Milch, die beim *Aufkochen* oder beim Vermischen mit gleichen Raumteilen *Alkohol von* 68% gerinnt oder die *sauer* geworden ist.

4. Milch, die erheblich verschmutzt ist.

An Milchsorten unterscheidet das Reichsmilchgesetz:

A. Rohmilch, – B. Zubereitete Milch.

Rohmilch. Rohmilch kommt in drei verschiedenen Klassen in den Verkehr:

1. *Vollmilch.* Sie hat den von der Landesbehörde gestellten Anforderungen zu entsprechen.

2. *Markenmilch.* Dies ist eine gehobene Konsummilch, an die bestimmte Anforderungen bezüglich Keimgehalt usw. gestellt werden. Die Anforderungen sind in den einzelnen Ländern verschieden.

3. *Vorzugsmilch.* Hier handelt es sich um eine Vollmilch, die als Kinder- oder Säuglingsmilch Verwendung findet. Die Anforderungen an diese Milch bezüglich Keimgehalt, Fettgehalt, Coligehalt und Vorsichtsmaßnahmen bei ihrer Gewinnung und bei der Überwachung der Tiere sind besonders groß.

Zubereitete Milch. An zubereiteter Milch unterscheidet das Reichsmilchgesetz:

1. *Homogenisierte Milch.* Man versteht hierunter Milch, deren Fettkügelchen durch eine besondere Behandlung so zerkleinert werden, daß keine Aufrahmung innerhalb 24 Stunden nach der Zubereitung stattfindet.

2. *Erhitzte Milch.* Hierbei wird unterschieden zwischen:

a) gekochter Milch, – b) pasteurisierter Milch.

Als anerkannte Pasteurisierungsverfahren gelten:

I. Die Dauererhitzung auf 62–65° während einer halben Stunde.

II. Kurzzeiterhitzung auf 71–74° etwa 40 Sekunden.

III. Die Hocherhitzung auf mindestens 85°.

An Gesetzen, die für die Milchwirtschaft im Bundesgebiet Bedeutung haben, seien erwähnt:

1. Gesetz über den Verkehr mit Milch, Milcherzeugnissen und Fetten (Milch- und Fettgesetz vom 21. 2. 1951). Dieses Gesetz bestimmt in § 30, daß mit Ausnahme des § 38 die übrigen Bestimmungen des RMG unberührt bleiben.

2. Käseverordnung vom 2. 6. 1951.

3. Butterverordnung vom 2. 6. 1951.

Außerdem sind folgende Gesetze für die Milchwirtschaft wichtig:

Reichsviehseuchengesetz vom 26. 6. 1909, vor allem wegen der beim Ausbruch von Viehseuchen vorgeschriebenen Erhitzungsverfahren und den Methoden zum Nachweis der Erhitzung.

Das Lebensmittelgesetz vom 5. 7. 1927, besonders wegen der Verordnung über Kakao und Kakaoerzeugnisse vom 5. 7. 1933 und über Speiseeis (15. 7. 1933).

Hingewiesen sei auch auf das internationale Abkommen zur Vereinheitlichung der Untersuchung von Käse und die Vorschriften für die Durchführung der Pflichtprüfungen von Milch und Milcherzeugnissen, die von STAEGE zusammengestellt wurden[1].

F. Qualitätsbezahlung der Milch

Wie aus den obigen Ausführungen hervorgeht, ist die Steigerung des Milchverbrauchs ein Ziel, das sowohl im Interesse der Volksgesundheit als auch im Interesse der deutschen Landwirtschaft zu erstreben ist. Für die Verwirklichung solcher Bestrebungen bildet die Lieferung von Qualitätsware eine unerläßliche Voraussetzung. Die Erzeugung von Qualitätsware aber erfordert gerechterweise eine höhere Bezahlung des besseren Erzeugnisses. Es ist im kaufmännischen Leben sonst Gepflogenheit, eine Ware ihrer Qualität entsprechend zu bezahlen. Für die Milch setzt sich dieser Grundsatz erst allmählich durch, obwohl bekannt ist, daß Milch absolut nicht gleich Milch ist, sondern große Unterschiede sowohl im Gehalt als auch bezüglich der hygienischen Beschaffenheit vorhanden sind. Es ist daher geradezu ein Unrecht, wenn eine hochwertige Milch, für die erhöhte Arbeitsleistung und erhöhte Kosten aufgewendet werden, keinen höheren Preis erzielt als Milch von geringerer Qualität.

Die Qualitätsbezahlung für Milch setzte sich zuerst bezüglich des Fettgehaltes durch. Mehr und mehr kommt man aber mit Recht zu der Anschauung, daß es mindestens ebenso wichtig ist, die hygienische Beschaffenheit der Milch bei der Qualitätsbezahlung zu berücksichtigen. Was nützt schließlich ein hoher Fettgehalt, wenn die Milch durch Tuberkelbazillen oder Galtstreptokokken usw. oder auch nur durch eine übermäßige Zahl von Milchsäurebakterien, die ihre Haltbarkeit beeinträchtigen, verunreinigt ist.

Als Grundlage für die Qualitätsbezahlung dient die Ermittlung des Fettgehaltes, teilweise außerdem die Reduktionsprobe, die Bestimmung des Säure- und Schmutzgehaltes, Keimzählverfahren, *Coli-Aerogenes*-

[1] STAEGE, W.: Methodenbuch Bd. VI, S. 135, Berlin: Neumann Verlag 1950.

und die Labgärprobe. Es ist zu hoffen, daß diese Ansätze zu einer Qualitätsbezahlung sich mehr und mehr entwickeln, was vor allem durch Ausarbeitung von Untersuchungsmethoden, die eine einwandfreie Ermittlung der Qualität gestatten, gefördert wird.

G. Die Untersuchung von Milch und Milcherzeugnissen und ihre Bedeutung für Milcherzeuger, Molkereien und Milchüberwachungsstellen

Eine gründliche Untersuchung der Milch auf Zusammensetzung und Beschaffenheit mit den verschiedensten Verfahren ist unerläßlich:

1. Um den Forderungen des Reichsmilchgesetzes gerecht zu werden bezüglich seiner Bestimmungen über Gehalt und hygienische Beschaffenheit der Milch.

2. Als Grundlage für die Qualitätsbezahlung.

3. Zur Durchführung einer auf Wirtschaftlichkeit zielenden Betriebskontrolle.

4. Zur Feststellung der Milchleistung einzelner Kühe und ihrer Eignung zur Zucht.

Die Untersuchung der Milch gliedert sich nun grundsätzlich in 2 Teile:

I. In die Untersuchung auf Gehalt, d.h. auf die Mengen einzelner Bestandteile.

II. In die Ermittlung ihrer sonstigen Eigenschaften (Haltbarkeit, hygienische Beschaffenheit).

Die Untersuchung hat Bedeutung:

1. *Für den Milcherzeuger*, der seine Tiere auf Leistung bezüglich Milchmenge und Fettgehalt der Milch züchten will. Hierbei wird er von den Kontrollvereinen unterstützt. Der Kontrollverein stellt durch Probemelkungen nicht nur die Menge der von jeder einzelnen Kuh ermolkenen Milch, sondern auch ihren Fettgehalt laufend fest und berechnet daraus die Leistung des einzelnen Tieres in kg Milchfett für ein Jahr. Unter Berücksichtigung der Futterverwertung werden die leistungsfähigsten Tiere ermittelt, das sind die Tiere, die aus einer bestimmten Futtermenge die größte Milchfettmenge erzeugen. Diese Tiere werden zur Nachzucht verwendet, da sie ihre Eigenschaften zu vererben pflegen. Die wirtschaftliche Bedeutung der Kontrollvereine geht daraus hervor, daß es z.B. in Dänemark dadurch gelungen ist, die Butterleistung je Kuh, die im Jahre 1900 108 kg betrug, im Jahre 1930 auf 150 kg zu steigern.

Welche Höhe die Leistungen durch solche Maßnahmen erreichen können, zeigt der Weltrekord der Tagesleistung einer Kuh, der 1932 66,1 kg betrug und damit einer Jahresleistung von 17188 kg Milch entspricht.

Auch in Deutschland hat das Kontrollvereinswesen allmählich Fuß gefaßt und sich immer mehr entwickelt. Die Kontrollvereine waren auf freiwilliger Grundlage aufgebaut, d.h. es stand jedem Bauer frei, seine Tiere gegen Übernahme geringer Kosten durch die Beamten des Kontrollvereins untersuchen zu lassen. Geheimrat HANSEN hat sich um die Entwicklung der Leistungskontrolle und des Kontrollvereinswesens sehr verdient gemacht. Während des 2. Weltkrieges wurde die Leistungskontrolle gesetzlich vorgeschrieben. Jeder Tierhalter, der mehr als zwei Milchkühe hatte, mußte sich der Kontrolle anschließen. Nach 1945 ist das Kontrollvereinswesen wieder auf freiwilliger Basis aufgebaut worden. Im Jahre 1954 sind in der Bundesrepublik bereits wieder 1,6 Millionen Tiere, das sind 28,9% aller Tiere, von den Kontrollvereinen erfaßt worden[1].

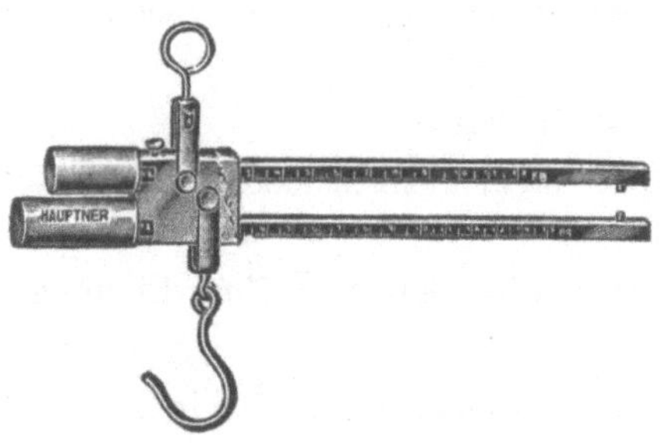

Abb. 41. Kontrollvereins-Waage

Wie bereits erwähnt, erstreckt sich die Leistungskontrolle auf die Ermittlung des Fettgehaltes und die Bestimmung der Milchmenge, welche die Kuh je Tag liefert. Für die Untersuchung auf Fettgehalt sind die üblichen Geräte zur Fettgehaltsbestimmung nach GERBER erforderlich. Zur Entnahme anteiliger Milchmengen für die Fettgehaltsbestimmung nach Milchleistung der Tiere (Durchschnittsprobe) finden Meßpipetten (Stallpipetten), häufig aus Kunstharz, Verwendung. Kontrollvereinswaagen (Abb. 41) dienen zur Ermittlung des Gewichtes der von der einzelnen Kuh erzeugten Milchmenge. Aus Milchmenge und Fettgehalt errechnet sich die Fettleistung der Kuh je Jahr. Die Untersuchung kann natürlich nicht täglich stattfinden, sondern wird nur 2–3mal im Monat durchgeführt. Werden die Proben nicht im Rahmen einer ambulanten Kontrolle durchgeführt, sondern bezüglich der Fettgehaltsbestimmung an eine zentrale Stelle geliefert, so müssen diese Proben mit Kaliumdichromat oder einem anderen Konservierungsmittel haltbar gemacht werden. In manchen Gebieten Deutschlands bestehen sog. Milchprüfringe. Diese unterhalten Zentrallaboratorien, die teilweise in den Molkereien untergebracht sind, in denen neben den Untersuchungen für die Qualitätsbezahlung der Milch Fettgehaltsbestimmungen für die Leistungskontrolle durchgeführt werden. Für die Durchführung der ambulanten Kontrolle sind fahrbare Ausrüstungen zusammengestellt worden. Welche große Zahl von Fettgehaltsbestimmungen allein für die Leistungskontrolle anfallen, kann man daraus ermessen, daß bei nur 3 Millionen

[1] Ergebnisse der Milchleistungsprüfungen im Jahre 1954. Arbeiten der Arbeitsgemeinschaft Deutscher Rinderzüchter e.V., Heft XVII, Hannover 1955.

Tieren, die der Kontrolle angeschlossen sind, bei einmaliger Untersuchung je Monat 36 Millionen Untersuchungen auf Fettgehalt im Jahr durchgeführt werden. Die Zahl der Fettgehaltsbestimmungen für die Qualitätsbezahlung der Milch, die allgemein eingeführt ist, ist ebenfalls sehr groß.

2. *Für die Molkerei.* Die Bezahlung der Milch nach Qualität liegt nicht nur im Interesse des Erzeugers, der für seine größere Mühe entlohnt wird, sondern auch im Interesse der Molkerei, da eine Steigerung des Milchabsatzes mit der Qualitätsverbesserung eng verknüpft ist. Auch vom Gesichtspunkt der Milchverarbeitung hat die Molkerei Interesse an der Qualitätsbezahlung, da nur aus einer hochwertigen Milch preisgünstige Qualitätserzeugnisse, wie Butter und Käse, hergestellt werden können. DANNHOFER sagt z. B.:

Es ist durch tausend Erfahrungen bewiesen, daß es unmöglich ist, selbst durch raffinierteste Arbeitsverfahren und modernste Maschinen aus fehlerhafter Milch brauchbare Ware herzustellen. Die Gesichtspunkte, daß die Molkerei im Kuhstall beginnt und daß Molkerei und Kuhstall ein organisches Ganzes bilden, finden in unseren Molkereien nicht immer die Beachtung, die im Interesse unserer deutschen Milchwirtschaft notwendig wäre.

Qualitätsbezahlung setzt aber notwendig eine Untersuchung auf Qualität voraus.

Auch um die Rentabilität des Betriebes zu sichern, ist eine chemische und bakteriologische Betriebskontrolle unumgänglich. Der größte Teil der Molkereien ist deshalb auch mit Ausrüstungen zur Durchführung einer solchen Betriebskontrolle versehen. Größere Betriebe besitzen ihre eigenen chemischen und bakteriologischen Laboratorien, in denen besonders ausgebildete Kräfte (Chemiker, Bakteriologen, Diplomlandwirte, Chemotechniker und Laboranten) tätig sind. Die Arbeiten in solchen Laboratorien erstrecken sich auf: Qualitätskontrolle des Rohmaterials (Milch und Rahm), Prüfung der Wirkungsweise der Maschinen, besonders der Zentrifugen und Butterfertiger, Feststellung von Infektionsquellen, Züchtung und Überwachung des Säureweckers usw., Prüfung der Fertigerzeugnisse sowie der Molkereihilfsstoffe (Salz, Lab, Wasser, Verpackungsmaterial, Butter- und Käsefarbe, Schmiermaterial usw.).

3. *Für die staatlichen und städtischen Überwachungsstellen,* deren Aufgabe es ist, dem Konsumenten die Einhaltung der gesetzlichen Vorschriften für Milch und Milcherzeugnisse bezüglich Zusammensetzung, Haltbarkeit und hygienischer Beschaffenheit zu sichern. Diese Überwachung wird durch Zusammenarbeit nahrungsmittelchemischer, medizinischer und tierärztlicher Institute durchgeführt.

4. *Für alle Personen, die Milch oder Milcherzeugnisse* verkaufen, damit sie sich nicht der Gefahr einer Bestrafung aussetzen; denn sie sind dafür verantwortlich, daß die von ihnen in den Handel gebrachten Erzeugnisse den gesetzlichen Vorschriften entsprechen.

Aus den obigen Ausführungen geht die Bedeutung der Untersuchung von Milch und Milcherzeugnissen hervor. Die nachfolgenden Abschnitte sollen einen Überblick über die zahlreichen Verfahren und die dazu geeigneten Geräte geben.

II. Prüfung der Milch auf gesundheitliche Beschaffenheit

A. Krankheiten der Milchtiere

Die Milch kann bereits im Euter gewisse Veränderungen erleiden, die ihre gesundheitliche Bekömmlichkeit beeinträchtigen. Auch die Gesundheit der Milchtiere und der Milchertrag können darunter leiden.

Die Tierseuchen, von denen die Tierbestände befallen werden können, verursachen jährlich in Deutschland einen Verlust von 1 Milliarde DM. Für die Versorgung der Bevölkerung mit hygienisch einwandfreier Milch ist die Ausmerzung kranker Tiere von größter Bedeutung, weil die Erreger dieser Seuchen in die Milch übergehen. Da die Milch ein ausgezeichneter Nährboden für solche Krankheitserreger ist, wird sie hierdurch eine Ansteckungsquelle für Mensch und Tier.

Die wichtigsten Tierseuchen sind: Maul- und Klauenseuche, seuchenhaftes Verkalben (Brucellose, Abortus Bang), Tuberkulose und die Streptokokkenmastitis (gelber Galt). Als Erreger dieser Seuchen kommen Bakterien oder Viren in Frage. Die Viren[1] sind Krankheitserreger, die wesentlich kleiner sind als die Bakterien und mit dem Lichtmikroskop nicht zu erfassen sind. Erst mit dem Elektronenmikroskop ist es gelungen, Viren abzubilden. In neuerer Zeit konnten deshalb die unbekannten Erreger verschiedener Tierseuchen, von denen die Veterinärmedizin heute bereits etwa 30 kennt, nachgewiesen werden. Der Nachweis von Milch, die von erkrankten Tieren stammt, ist für die Versorgung der Bevölkerung mit hygienisch einwandfreier Milch sehr wichtig. Es ist Aufgabe der Human- und Veterinärmedizin, die Belieferung der Abnehmer mit hygienisch einwandfreier Milch zu sichern. Auch im Molkereilaboratorium ergibt sich die Notwendigkeit, Milch von solchen Tieren zu erkennen und durch rückwärtige Kontrollen bei den einzelnen Lieferanten die Tierbestände zu überwachen und die erkrankten Tiere von der Milchlieferung auszuschließen. Es soll deshalb hier ein kurzer Überblick über die wichtigsten Tierseuchen ihre Erkennung und Bekämpfung gegeben werden.

[1] Kenneth, M., u. M. A. Laufer: Advances in Virus Research, Bd. 1—3, New York: Academic Press Inc., Publishers 1955.

1. Maul- und Klauenseuche

Die Maul- und Klauenseuche ist eine Erkrankung der Milchtiere, welche die Tierbestände sehr schädigen kann. Wie der Name sagt, äußert sich die Erkrankung am Maule (Schaumbildung) und durch Veränderungen an den Klauen der Tiere. Die Seuche ist in den vergangenen Jahren sprunghaft auch in verschiedenen Gebieten Deutschlands aufgetreten. Der Schaden, den sie im Jahre 1951/52 in der Bundesrepublik anrichtete, wird auf 450 Mill. DM geschätzt. Der Erreger ist ein Virus, wie durch die Forschungen des Spezialinstitutes auf der Insel Riems festgestellt wurde. Von diesem Institut sind auch ein wirksames Passivserum und eine Vakzine zur Bekämpfung der Seuche entwickelt worden. In süßen Milcherzeugnissen ist der Erreger bis zu 20 Tagen lebensfähig. Infolgedessen kann die Krankheit auf Mensch und Tier übertragen werden. Beim Menschen treten verbunden mit Fieber und Übelkeit erbsengroße Blasen im Mund und auf den Lippen auf. Das Reichsmilchgesetz bestimmt in den Ausführungsbestimmungen § 4, Abs. 1:

Milch von Kühen, die an Maul- und Klauenseuche leiden sowie Milch, die aus Beständen stammt, in denen diese Seuche herrscht, darf nur nach ausreichender Erhitzung in den Verkehr gebracht werden. Auch die Molke, die von den Käsereien an die Lieferanten zurückgegeben wird, muß vor der Rückgabe erhitzt werden.

Nach dem Runderlaß des R. u. Pr. M.d.I. vom 13. 1. 38 IIIb 8716/4680/37 muß bei der Entseuchung der Milchkannen zwecks Abtötung des Maul- und Klauenseuchenvirus die Waschlauge einen p_H-Wert von wenigstens 11,5 aufweisen, um bei 60° in der Maschine und bei 40° bei Handwäsche noch wirksam zu sein. Zur Prüfung der p_H-Zahl kann der Lyphanstreifen M 50 oder eine p_H-Bestimmung mit der Glaselektrode Verwendung finden.

Als Nachweisverfahren für Milch von erkrankten Tieren kommen folgende in Frage: Bestimmungen des Kasein- und Albumingehaltes, Ermittlung der Gerinnung und des Fettgehaltes. Auch die Feststellung der Erhöhung der Milchzuckermenge kann Verwendung finden. Das Virus kann nur im Elektronenmikroskop nachgewiesen werden.

2. Seuchenhaftes Verkalben

Der dänische Tierarzt BANG entdeckte 1896 den Erreger des „seuchenhaften Verkalbens“ der Milchtiere (*Brucella abortus* BANG), der nach ihm benannt wurde. Er wird auch *Brucella abortus* oder *Bacterium abortus infectiosi* (BANG) genannt. Die durch ihn verursachte Seuche kann in Tierbeständen großen Schaden anrichten, da ein Tier zur Ansteckungsquelle für einen großen Bestand werden kann. Auch in Deutschland ist das Übel sehr verbreitet und richtet jährlich einen Schaden von einigen hundert Millionen DM an. Da der Erreger auch in die Milch übergeht und in nichtgesäuerten Erzeugnissen länger lebensfähig bleibt, kann auch eine Übertragung auf den Menschen in Frage kommen. Bang-Erkrankungen bei Menschen sind sehr unangenehm, verursachen Fieber und Schwellungen. Durch Verwendung von Antibiotica erzielt man in neuerer Zeit gute Heilwirkung.

Der Nachweis des Erregers in der Milch kann am sichersten im Tierversuch (Impfung von Meerschweinchen) geführt werden. Schneller durchzuführen ist eine Prüfung des Milchserums auf serologische Weise. *Gebrauchsanweisung:* Man stellt sich aus der zu untersuchenden Milch, die erst entrahmt wird, durch Versetzen mit Lab ein Serum her. Ein Tropfen des geklärten Serums wird mit der Testlösung (ein Tropfen) auf einem Objektträger vermischt. Nach 3–5 Minuten wird die Mischung beurteilt, ob eine Agglutination (Flockung) aufgetreten ist. Bei positivem Ausfall liegt eine Erkrankung vor.

Ein abgekürztes Verfahren, das auch für die Molkereilaboratorien in Frage kommt, ist die Abortus-BANG-Ringprobe nach FLEISCHHAUER[1, 2].

Durchführung der Abortus-Bang-Ringprobe (ABR). Die ABR wird in schmalen Röhrchen mit einem Innendurchmesser von etwa 8 mm angesetzt. Es sind dabei geeichte Pipetten zu verwenden (20 Tropfen Wasser gleich 1 ml).

Zu 1 ml Milch wird ein Tropfen ABR-Test hinzugefügt. Die Mischung wird gut durchgeschüttelt und bis zu einer Dauer von 45 Minuten bei 37° C in den Brutschrank gestellt.

Beurteilung: Bei Milchproben, die keine AB-Agglutinine enthalten, bleibt die Milch im allgemeinen blau gefärbt. (Auch eine dunkelblaue Ringchenbildung an der Oberfläche ist als negativ anzusprechen.) Bei bangpositiven Proben tritt durchschnittlich bereits nach 10–30 Minuten, spätestens nach 45 Minuten, eine völlige Entfärbung der Milch unter Bildung eines dunkelvioletten Ringes an der Oberfläche ein. Ungenügende Entfärbungen mit mehr oder weniger ausgeprägter Ringbildung sind als zweifelhafte Reaktionen zu werten, deren endgültige Klärung durch weitere Untersuchungen zu erfolgen hat.

Die erforderlichen BANG-Stämme sind vom Bundesgesundheitsamt (Max-von-Pettenkofer-Institut Abt. Vet.-Med., Berlin-Dahlem, Unter den Eichen 82/84) zu beziehen.

Gemäß § 4, Abs. 3 der Ausführungsbestimmungen vom 15. 5. 1931 zum RMG. darf Milch von Kühen, die infolge einer Infektion mit dem *Bact. abortus* BANG erkrankt sind oder den Erreger mit der Milch ausscheiden, nur nach ausreichender Erhitzung für andere gewonnen und in den Verkehr gebracht werden.

---

[1] FLEISCHHAUER, G.: Berl. tierärztl. Wschr. **43**, 525 (1937).

[2] KÄSTLI, P.: Milchwiss. **10**, 3 (1955).

Die Bekämpfung des seuchenhaften Verkalbens kann durch Schutzimpfungen der Jungtiere durchgeführt werden. Auf diese Weise hofft man das Übel mit der Zeit ganz ausrotten zu können.

Zum direkten Nachweis der Abortus-BANG-Bakterien schreibt DEMETER: „Sie finden sich natürlich erst recht auch im Sediment." Um in diesem die zelligen Elemente zu zerstören, das Gesichtsfeld zu klären und weiterhin die Farbfähigkeit der sehr kleinen, ovalen, meist nur 0,3–0,2 μ großen Stäbchen zu erhöhen, ist es nach MATERNOWSKA zu empfehlen, die Ausstriche mit Kalilauge vorzubehandeln. Man fixiert zunächst wie üblich, taucht die Präparate während 5 Min. in 10-proz. Kalilauge, färbt dann mit 2-proz. Carbolthioninlösung, spült ab und trocknet.

Zusammensetzung der Carbolthioninlösung:

Gesättigte Thioninlösung in 50-proz. Alkohol	10,0 ml
Carbolsäure	1,0 ml
destill. Wasser	100,0 ml

3. Tuberkulose

Diese Seuche fügt nach MEYER jährlich der deutschen Milchwirtschaft einen Schaden von rund 300 Millionen DM zu. Der Erreger ist bereits von ROBERT KOCH entdeckt worden. Es handelt sich um ein Bakterium, das als *Mycobacterium tuberculosis* bezeichnet wird. Zwei Arten dieses Bakteriums sind besonders wichtig: Der Erreger der Tuberkulose beim Menschen (Typus humanus) und der Erreger der Rindertuberkulose (Typus bovinus). Dieser stäbchenförmige Erreger kann auch in Milch mit besonderen Färbemethoden nachgewiesen werden. Bei der Gefährlichkeit dieses Keimes und auf Grund der Tatsache, daß Kinder und auch Erwachsene gegen den Typus bovinus empfänglich sind, ist ein besonderer Schutz gegen die Übertragung dieses Bakteriums erforderlich. Die Bestände, die für die Lieferung von Vorzugs- oder Markenmilch zugelassen sind, müssen deshalb 4-mal jährlich durch den Tierarzt untersucht werden, und zwar durch Verimpfung der Milch der einzelnen Tiere auf Meerschweinchen. Bei der vorgeschriebenen Untersuchung werden 100 ml der Verkehrsmilch zentrifugiert und von dem Gemisch aus Bodensatz und Rahmschicht 2,0 ml subkutan einem Meerschweinchen in die Nähe des Kniefalten-Lymphknotens verimpft. Die Meerschweinchen werden in mehrwöchigen Abständen auf Lymphknoten-Schwellungen durchtastet und spätestens nach Ablauf von 8 Wochen getötet. Der Kniefalten-Lymphknoten ist in jedem Falle durch mikroskopische Untersuchungen von Ausstrichpräparaten auf das Vorhandensein von Tuberkelbakterien zu prüfen.

Mit Hilfe der Färbemethode nach ZIEHL-NEELSEN können Einzelmilchen auf Tuberkelbakterien untersucht werden. Neuerdings findet für diesen Zweck auch die Fluorescenzmikroskopie Verwendung. Das nach MAASSEN und KNOTHE verbesserte Verfahren nach ZIEHL-NEELSEN wird wie folgt durchgeführt:

Färbevorschrift.

1. Ausstriche aus vorher ausgeglühten Objektträgern gut lufttrocken werden lassen.
2. Fixieren (3-mal durch die Flamme ziehen).
3. Präparat mit 1-proz. Sodafuchsinlösung übergießen und einmal zum Sieden erhitzen. – 3 Minuten einwirken lassen.
4. Abgießen und abspülen mit Leitungswasser.
5. Entfärben mit Salzsäure-Alkohol, bis keine Farbwolken mehr abgehen (je nach Schichtdicke 2–5 Minuten).
6. Abspülen mit Leitungswasser.
7. Gegenfärben mit wäßriger Methylenblaulösung 1½–2 Minuten.
8. Abspülen mit Leitungswasser und trocknen (zwischen Fließpapier).

Herstellung der Farb- und anderer Lösungen:

I. Sodafuchsin.

a) Bei Zimmertemperatur gesättigte alkoholische Fuchsinlösung	10,0 ml
b) Natriumcarbonat, kristallisiert	0,9 g
doppelt destilliertes Wasser	90,0 ml

Die Lösungen a und b werden erst vor der Färbung zusammengegossen, da beide Lösungen wochenlang unverändert benutzbar.

II. Salzsäure-Alkohol.

Salzsäure, konzentrierte	3,0 ml
doppelt destilliertes Wasser	27,0 ml
Alkohol 96-proz., rein oder vergällt	70,0 ml

III. Wäßrige Methylenblaulösung.

Bei Zimmertemperatur gesättigte alkoholische Methylenblaulösung	10,0 ml
Doppelt destilliertes Wasser	90,0 ml

Beim Zusammengießen der Fuchsin- und 1-proz. Sodalösung fallen im Augenblick der Mischung feine bräunlich-schwarze Flocken aus. Während der Erhitzung tritt kurz vor dem Erreichen des Siedepunktes eine weitere, und zwar gröbere Ausflockung ein, wobei die vor dem Erhitzen dunkelrot aussehende Flüssigkeit einen hellroten Farbton annimmt und während des Abkühlens trübe wird.

Dieses Färbeverfahren zeigt nach DEMETER[1] mehr positive Tuberkelbakterienbefunde an als die alte Färbung nach ZIEHL-NEELSEN. Auch sind die einzelnen Stäbchen besser zu erkennen, sie erscheinen dicker

[1] DEMETER, K. J.: Bakteriologische Untersuchungen der Milchwirtschaft, Stuttgart: Eugen Ulmer 1952.

und sind stärker gefärbt, z.T. erscheinen sie in einem leuchtenden, z.T. in einem dunkleren Rot, deutlich herausgehoben aus der mattblauen Gegenfärbung.

Nach GRAF[1] lassen sich Tuberkelbazillen fluoreszenz-mikroskopisch im Milchsediment-Ausstrich durch Fluorochromierung mit Auramin nach HAGEMANN als goldgelbe Stäbchen auf dunklem Hintergrund darstellen. Man verwendet Auraminlösung 1 : 1000 in dest. Wasser + 5% Carbolsäure. Diese Lösung muß 15 Minuten lang auf den in der Flamme fixierten dünnen Ausstrich einwirken. Nach Abspülen mit dest. Wasser erfolgt 3 Minuten langes Differenzieren in salzsaurem Brennspiritus, wobei dieser nach 1½ Minuten erneuert wird. Das Präparat wird trocken im Fluoreszenzmikroskop untersucht. CRUIKSHANK fand von einer großen Anzahl nach ZIEHL-NEELSEN untersuchter negativ ausgefallener Proben 16,6% positiv, wenn sie mit dem Fluoreszenzmikroskop untersucht wurden.

4. Mastitis

Der gelbe Galt oder die Streptokokken-Mastitis ist ein weit verbreitetes Übel unter den Milchtieren. Nach STOCKER[2] müssen im Bundesgebiet 300000 Milchtiere jährlich geschlachtet werden, weil sie mit Euterkrankheiten behaftet sind. Es kommen verschiedene Erreger in Frage: *Streptococcus mastitidis* s. *agalactiae*, *Streptococcus uberis*, *Streptococcus pyogenes*, *Staphylococcus aureus* u.a.

Der wichtigste Erreger ist der *Streptococcus agalactiae*. Sein mikroskopisches Bild zeigt gewisse Ähnlichkeit mit dem *Streptococcus cremoris*, der für die Rahmsäuerung wichtig ist[3].

Die Krankheit äußert sich in Eiterabsonderungen, welche die Milch unappetitlich und gesundheitsschädlich machen.

Es kommt vor, daß nur eine einzelne Zitze des Euters erkrankt ist. Der Milchfluß ist gestört und versiegt allmählich ganz. Die Milch enthält neben den Erregern immer Eiter (Leukozyten, polymorphkernig). Das Reichsmilchgesetz bestimmt, daß Milch von Kühen, die an gelbem Galt leiden, wenn sie sinnfällig verändert ist, weder in den Verkehr gebracht noch für andere gewonnen werden darf, auch wenn sie ausreichend erhitzt wird. Enthält sie lediglich, ohne sinnfällig verändert zu sein, mikroskopisch nachweisbaren Eiter, dann darf sie nach Reinigung mit Zentrifugen und nach ausreichender Erhitzung zu Milcherzeugnissen verarbeitet werden.

Die in den Verkehr gebrachte Sammelmilch einer Molkerei wird durch die Gesundheitspolizei geprüft. Findet sich in dieser Sammelmilch mikroskopisch nachweisbarer Eiter[3], d.h. eine bestimmte Anzahl von mehr-

---

[1] GRAF: Dissertation, Hannover 1938.

[2] STOCKER, W.: Schwäbischer Bauer Nr. 42/43/44, 1951.

[3] SEELEMANN, M.: Biologie der Streptokokken, Nürnberg: Hans Carl 1954.

kernigen weißen Blutkörperchen (polymorphkernige Leukozyten) oder gar Galtstreptokokken, so wird die Milch für den Frischmilchverkehr gesperrt.

Es ist nun Aufgabe der Molkerei, die Lieferanten ausfindig zu machen, deren Milch die Sammelmilch verunreinigt. Jeder Lieferant oder Viehbesitzer muß es sich angelegen sein lassen, die kranken Tiere seines Stalles festzustellen. Er muß sie gesondert aufstellen und darf die von ihnen ermolkene Milch nicht der Milch beimischen, die er an die Molkerei liefert.

Wie kann nun die Prüfung der Milch auf gelben Galt von den einzelnen Stellen durchgeführt werden? Vor allem muß betont werden: *Sammelmilch läßt sich nur auf mikroskopischem Wege auf Galt untersuchen.* Sämtliche Eigenschaften krankhaft veränderter Milch in physikalischer, chemischer und biologischer Hinsicht, auf denen die Schnellmethoden beruhen, werden durch die Beimengung normaler Milch verwischt. Schnellmethoden führen also bei Sammelmilch niemals zum Ziel. Die Untersuchung der Sammelmilch auf gelben Galt ist auf S. 286 beschrieben.

Besondere Aufmerksamkeit ist in den Jahren vor dem 2. Weltkriege dem Nachweis von Milch von Tieren gewidmet worden, die mit gelbem Galt behaftet waren. Es wurden neben den mikroskopischen Methoden Verfahren chemischer Art vorgeschlagen, die darauf beruhen, Änderungen der Milchzusammensetzung solcher Tiere zu erfassen. Auch physikalische Kennzeichen wurden für diesen Zweck herangezogen. Die Verfahren werden im folgenden ausführlich beschrieben, da sie im Molkereilaboratorium sehr häufig durchgeführt werden müssen. Auch Rückwärtskontrollen in den Tierbeständen sind oft erforderlich.

B. Entnahme der Milchprobe für die Untersuchung auf gelben Galt[1]

Wie bei der chemischen Milchuntersuchung ist auch für eine bakteriologische Untersuchung besonderer Wert auf eine richtige Durchschnittsprobe zu legen. Probeflaschen und Stopfen müssen vor Gebrauch keimfrei gemacht werden. In der Praxis erreicht man das durch 15 Minuten langes Auskochen der Flaschen und Stöpsel. Sterile Geräte für bakteriologische Untersuchungen stellen meist die bakteriologischen Untersuchungsanstalten zur Verfügung. Erst kurz vor dem Einfüllen der Milch dürfen die Flaschen geöffnet werden. Sofort nach Entnahme der Probe werden die Flaschen wieder verschlossen und möglichst kühl bis zur Untersuchung gehalten. Nach SEELEMANN hat sich folgende Technik für die Probenahme auf diesem Spezialgebiet entwickelt:

---

[1] Siehe a. Festlegung von Standardmethoden auf dem Milchgebiet, Milchwiss. **10**, 8 (1955).

Die Probenahme hat möglichst morgens oder nachmittags zu erfolgen. In der Regel wird sie aus Gründen der Einfachheit und Bequemlichkeit während des Nachmittags- bzw. Abendmelkens stattfinden. Nach Anrüsten des Euters werden zunächst 1–2 Milchstrahlen weggemolken (nicht in die Streu melken, da hierdurch die Infektionsgefahr erhöht wird). Sodann wird das 0,5% Borsäure enthaltende, etwa 50 ml fassende Proberöhrchen vollgemolken. Im allgemeinen muß bei zahlreichen Untersuchungen die Entnahme des Einzelgemelkes vorgenommen werden. Aus jedem Euterviertel der Kuh werden möglichst gleichgroße Milchmengen direkt in das Proberöhrchen hineingemolken. Hierbei erhaltene Untersuchungsergebnisse sind entsprechend zu bewerten. Der Transport der Milchproben geht am besten in eigens hierzu eingerichteten Kästen vor sich, die zweckmäßigerweise in verschiedenen Größen, beispielsweise für 12, 24 und 40 Röhrchen von der Untersuchungsstelle vorrätig gehalten werden. Der Versand der Milchproben zur Untersuchungsstelle muß unbedingt per Eilpost oder Expreß erfolgen.

Der Verschluß der Röhrchen erfolgt am besten durch Gummistopfen, da Korkstopfen infolge ihrer Porosität (Bakterien- und Pilzbesiedlung) ungeeignet sind.

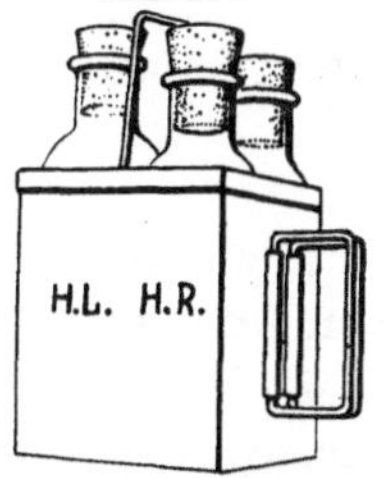

Abb. 42. Einzel-Strichprober nach MOSER

Nicht selten werden für die Untersuchung auch Viertelsproben verwendet. Es muß also die Milch jedes einzelnen Striches der Kuh gesondert aufgefangen werden. Hierzu kann der Einzelstrichprober nach MOSER (Abb. 42) verwendet werden. Er besteht aus einem vierteiligen Behälter mit Handgriff. Jedes Fach dient zur Aufnahme einer Flasche und ist entweder mit „hinten links", „hinten rechts", „vorne links" oder „vorne rechts" bezeichnet. Hierdurch ist eine Verwechslung der Proben fast ausgeschlossen.

Im Gegensatz zum Molkereilaboratorium, das im allgemeinen nur Sammelmilch untersucht und diese Untersuchungen mit dem Mikroskop machen muß, ist es dem Viehbesitzer möglich, die kranken Tiere durch Schnellmethoden ausfindig zu machen, da ihm Milch einzelner Tiere bzw. Viertelsgemelke zur Verfügung stehen.

Diese Schnellmethoden beruhen alle darauf, daß die Milch von kranken Tieren sich in ihren physikalischen, chemischen und biologischen Eigenschaften von normaler Milch unterscheidet. So erhöht sich z. B. in den meisten Fällen der Chlorgehalt der Milch; der Säuregrad bzw. die Wasserstoffionenkonzentration werden niedriger, in schweren Fällen erhöht; der Katalasegehalt und die elektrische Leitfähigkeit erhöhen sich ebenfalls. Nicht selten treten sichtbare Eiterflocken in der Milch auf.

C. Vormelkprobe

Zur grobsinnlichen Erkennung kranker Milch bedient man sich der Vormelkprobe. Hierbei wird die erste Milch in schwarze Schalen, auf schwarze Seihtücher oder schwarze Siebe gemolken und ermittelt, ob sich

Eiterflocken von dem schwarzen Grunde abheben. Hierbei verwendet man das schwarze Seihtuch, das Vormelkgefäß nach EHRLICH, die Vormelkschale nach SCHÖNBERG, ROEMMELE oder JONSKE.

D. Schnellmethoden, die auf der Reaktion der Milch kranker Tiere beruhen

Wie bereits erwähnt, zeigt Milch kranker Tiere im Frühstadium der Erkrankung einen anormal niedrigen Säuregrad (unter 6° SH.) bzw. eine erniedrigte Wasserstoffionenkonzentration (p_H über 6,6). Ist das Übel fortgeschritten, so nimmt der Säuregrad bzw. die Wasserstoffionenkonzentration der Milch zu, und es fließt bereits eine Milch mit erhöhtem Säuregrad aus dem Euter. Zur Erkennung der veränderten Reaktion der Milch verwendet man chemische Stoffe (Indikatoren), welche die Eigenschaft haben, ihre Farbe je nach dem Säuregrad zu ändern.

1. Alizarolprobe

Der älteste hierfür in Frage kommende Indikator ist das Alizarin, das von MORRES 1909 in Verbindung mit der Alkoholprobe als Alizarolprobe in die Milchuntersuchung eingeführt wurde. 2 ml Alizarin-Alkohol oder Alizarollösung werden in einem Reagenzglas mit 2 ml der zu untersuchenden Milch versetzt und durchgeschüttelt. Liegt Milch von galtkranken Tieren vor, so geht die lilarote Färbung normaler Milch mit Alizarol infolge alkalischer Beschaffenheit mehr oder weniger ins Violette über. Ist die Erkrankung bereits vorgeschritten, so erhält man bei der Alizarolprobe infolge erhöhten Säuregrades bräunliche Farbtöne und eine feinflockige Gerinnung.

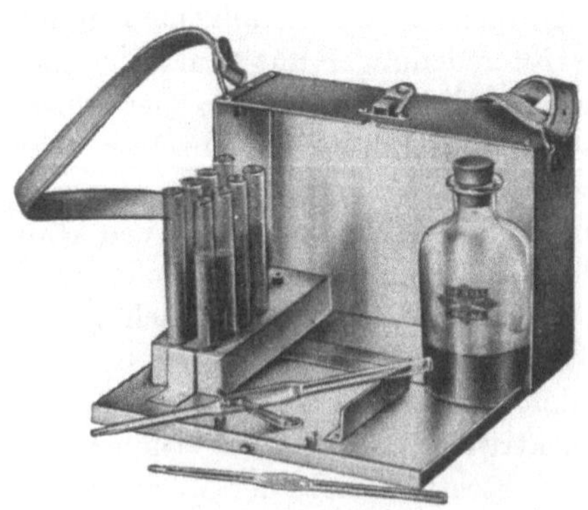

Abb. 43. Ausrüstung für die Thybromolprobe

2. Thybromolprobe

Ein ähnliches Verfahren ist das Thybromolverfahren (Abb. 43) nach ROEDER. Als Indikator wird hier Bromthymolblaulösung (1 ml) verwendet, die in Verbindung mit normaler Milch (5 ml) eine gelbgrüne Färbung, für Milch erkrankter Tiere grüne bis blaugrüne und bei starker Erkrankung gelbe Farbtöne liefert. Sowohl bei der Alizarolprobe als auch bei der Thybromolprobe ist es wichtig, die Färbungen, welche die Milch der vier Viertel eines Euters liefert, untereinander zu vergleichen. Es läßt sich nämlich für die normale Milch kein für alle Fälle gültiger Farbton festlegen, da normale Milch verschiedener Tiere etwas voneinander abweichende Farbtöne liefern kann. Fällt die Probe bei der Prüfung der vier Viertel verschieden aus, so kann auf eine Erkrankung geschlossen werden. In den seltensten Fällen werden nämlich, wenigstens im Frühstadium, alle vier Viertel erkrankt sein, sondern meist nur ein oder zwei Viertel.

Abb. 44. Anwendung des Indikatorpapieres

3. Indikatorpapier-Probe

Auf einem ähnlichen Prinzip beruht das Indikatorpapier nach KLOZ-FUNKE-GERBER. Hier ist ein Spezialindikator auf Filtrierpapier in Form 4-eckiger Flecke aufgetragen. Dieser Indikator färbt sich beim Auftropfen von Milch gesunder Tiere gelbgrün, während Milch schwach erkrankter Tiere grüne und Milch stark erkrankter Tiere blaue Farbtöne liefert. Ist die Milch bereits in ihrer Säuerung weit fortgeschritten, so erhält man eine quittegelbe Färbung. Zur Untersuchung verwendet man ein rechteckiges Papier, auf dem, entsprechend den vier Eutervierteln, vier 4-eckige Indikatorflecke aufgetragen sind (Abb. 44a).

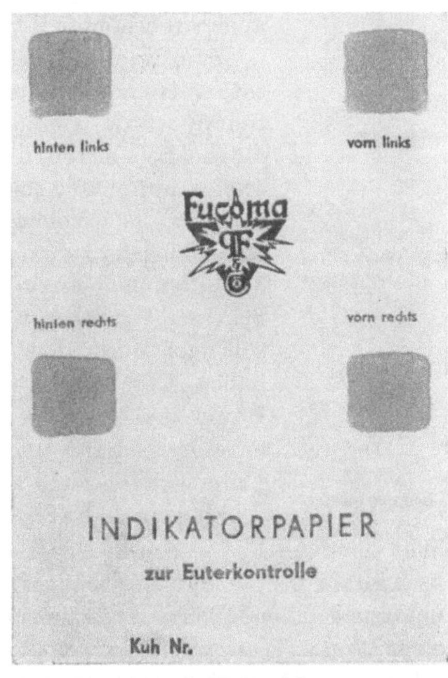

Abb. 44a. Indikatorpapier

Die Flecke tragen die Bezeichnung „vorne links“, „vorne rechts“, „hinten links“, „hinten rechts“. Bei der Untersuchung verfährt man wie folgt: Man hält das Indikatorpapier mit der linken Hand so unter das Euter, daß die verschieden bezeichneten Farbflecke unter dem entsprechenden Euterviertel liegen. Aus jedem Strich gibt man nun einen Strahl des Anfanggemelkes auf den zugehörigen Farbfleck, so daß der Fleck vollkommen benetzt wird (Abb. 44). Dann faltet man das Papier zusammen und legt es zweckmäßig in einen eigens dafür konstruierten Behälter oder einen Papierblock, da ein etwa vorhandener Ammoniakgehalt der Stalluft auf die Dauer störend wirkt. Es ist nun notwendig, wenigstens 5 Minuten bis zur Beurteilung zu warten, da erst innerhalb dieser Zeit die Entwicklung der Farben vor sich geht. Die Beurteilung muß aus oben erwähnten Gründen außerhalb des Stalles erfolgen, und zwar am besten von der Rückseite des Papieres.

Der große Vorzug des Indikatorpapieres liegt darin, daß die Untersuchung direkt am Euter stattfinden kann und daß keinerlei Geräte, wie Reagenzgläser usw. benötigt werden. Eine Farbtafel erleichtert dem Anfänger die Auswertung der Ergebnisse.

E. Katalaseprobe

Wie bereits erwähnt, zeigt Milch erkrankter Tiere einen erhöhten Gehalt an Katalase. Katalase ist ein Enzym, das die Fähigkeit besitzt, Wasserstoffsuperoxyd in Wasser und Sauerstoff zu spalten. Dieses Enzym kommt in weißen Blutkörperchen und Bakterien vor. Es tritt in der Milch erkrankter Tiere in erhöhtem Maße auf. Man kann also schließen: Wo viele Leukozyten in der Milch auftreten, wie bei der Milch erkrankter Tiere, ist auch ein erhöhter Katalasegehalt zu beobachten.

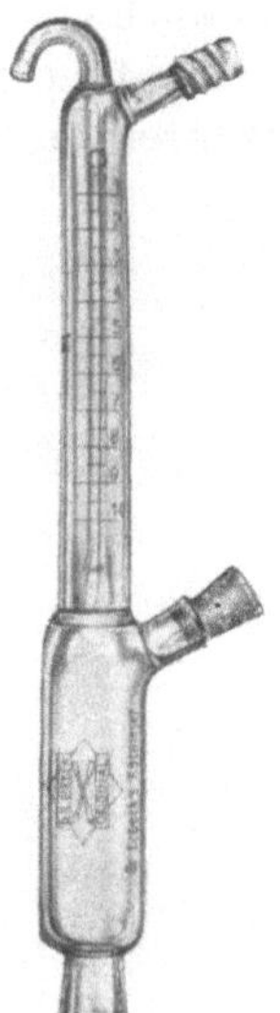

Abb. 45. Katalaseprüfer

Zum Nachweis der Katalase werden verschiedene Geräte verwendet, deren restlose Aufzählung hier zu weit führen würde. Gemeinsam ist ihnen allen, daß sie die Möglichkeit bieten, die Menge des abgeschiedenen Sauerstoffes raummäßig zu ermitteln (Abb. 45). Im allgemeinen versetzt man in solchen mit Skalen versehenen Glasbehältern 15 ml der zu untersuchenden Milch mit 5 ml 1-proz. Wasserstoffsuperoxydlösung und stellt die Proberöhrchen bei einer Temperatur von 25° C auf. Milch gesunder Tiere soll nach 2 Stunden nicht mehr als 3 ml Gas entwickelt haben. Der beste Katalaser dürfte ein Gerät mit einem Raum zum Auffangen des Gases sein, aus dem kein Gas entweichen kann und aus dem die Milch während der Untersuchung nicht ausfließt.

Eine rasche Durchführung der Katalaseprüfung ermöglicht die Schnellkatalaseprobe nach Ehrlich. Hierbei gibt man in eine kreisrunde Vertiefung eines schwarz emaillierten Bleches 0,5 ml der zu untersuchenden Milch und setzt aus einer Tropfflasche 1 oder 2 Tropfen einer 9-proz. Wasserstoffsuperoxydlösung zu. Milch kranker Tiere zeigt sofort eine starke Gasentwicklung. Die Gasblasen vereinigen sich an der

Oberfläche der Milch und bilden dort ein Schaumzentrum. Aus der Menge des aufgetretenen Schaumes schließt man auf den Gehalt an Katalase und damit auf die Erkrankung der Tiere.

F. Elektrische Leitfähigkeit

Auch die Leitfähigkeit der Milch schien ein brauchbares Verfahren zur Ermittlung kranker Tiere zu sein, weil sie den veränderten Salzgehalt der Milch anzeigt, der bei Erkrankung der Tiere auftritt. Die kranke Milchdrüse ist bekanntlich nicht imstande, die Bildung der Milch in normaler Weise durchzuführen. In solchen Fällen nähert sich der Salzgehalt der Milch in seiner Zusammensetzung mehr dem des Blutes. Es tritt vor allem eine Erhöhung des Na-Gehaltes auf, die eine Verminderung des Widerstandes der Milch gegenüber dem Stromdurchfluß bewirkt.

Abb. 46. Meßbrücke zur Bestimmung der Leitfähigkeit

Die Verminderung des Widerstandes kann zahlenmäßig mit einer entsprechenden Apparatur gemessen werden, z. B. mit der Meßbrücke von *Philips* (Abb. 46). Da zur Bestimmung der elektrischen Leitfähigkeit keinerlei Chemikalien erforderlich sind, kann das Verfahren trotz höherer Anschaffungskosten mit den anderen Schnellmethoden in Konkurrenz treten. Eine gewisse Schwierigkeit für die Auswertung bildet die Tatsache, daß der Widerstand der Milch gesunder Tiere in gewissen Grenzen schwankt.

G. Chlorgehalt

Während normale Milch im allgemeinen einen Chlorgehalt von etwa 80—120 mg je 100 ml Milch aufweist, zeigt krankhaft veränderte Milch einen erhöhten Chlorgehalt (130 mg und mehr). Die Bestimmung des Chlorgehaltes kann also ebenfalls zur Erkennung solcher Milch verwendet werden. 100 ml werden zu diesem Zweck mit einigen Tropfen Kaliumchromatlösung als Indikator versetzt und unter Verwendung einer 0,1-*n*-Silbernitratlösung bis zum Eintreten einer rotbraunen Färbung titriert

(Verfahren nach MOHR). Auch mit MARTIUS-LÜTTKEscher Lösung und $n/10$-Rhodanammoniumlösung kann man den Chlorgehalt ermitteln. Die Geräte, mit denen diese Untersuchung rasch durchgeführt werden kann, sind den Säuregradbestimmern ähnlich. Die verwendeten Büretten sind direkt in mg Chlor je 100 ml Milch geeicht.

Abb. 47. Thybrometer

H. Kombination verschiedener Schnellmethoden

Da die chemischen, physikalischen und biologischen Eigenschaften von normaler Milch keine absolut konstanten Größen sind, sondern innerhalb gewisser Grenzen schwanken, wird die Sicherheit der einzelnen Schnellmethoden dadurch erhöht, daß man verschiedene Verfahren kombiniert, d.h. also nicht eine, sondern zwei oder sogar drei solcher Methoden bei der Untersuchung verwendet. Man erfaßt dadurch nicht nur eine, sondern mehrere Eigenschaften der Milch kranker Tiere und erzielt eine höhere Sicherheit in der Beurteilung.

Eine solche Kombination zweier Schnellmethoden stellt die Katalase-Thybromol-Probe nach ROEDER dar (Abb. 47 u. 48). Hierbei wird nicht nur der Katalasegehalt, sondern auch die Reaktion der Milch ermittelt. Die zur Untersuchung verwendete Flüssigkeit enthält den Indikator Bromthymolblau und gleichzeitig Wasserstoffsuperoxyd in haltbarer Form. Die Untersuchungsgläschen (Thybrometer) haben Ringmarken, bis zu denen die Milch und die Untersuchungsflüssigkeit eingefüllt werden. Die durch die Katalase abgespaltene Gasmenge wird an den auf den Röhrchen angebrachten Skalen zahlenmäßig ermittelt, während mit Hilfe einer Farbtafel die Auswertung der aufgetretenen Farben erfolgt.

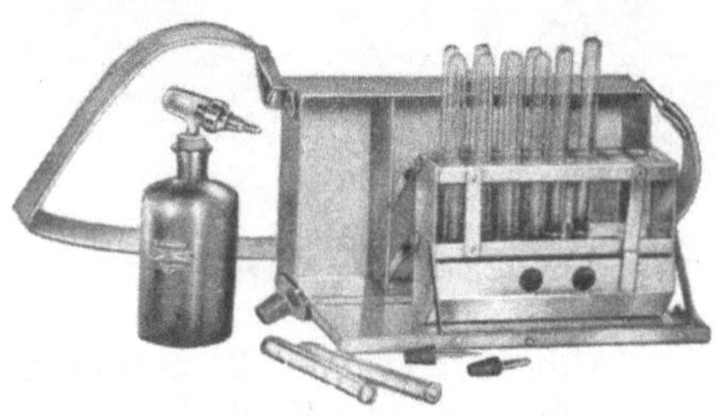

Abb. 48. Ausrüstung für die Katalase-Thybromolprobe

I. Vitamine[1, 2, 3] und deren Bestimmung

Wie die Fermente sind die Vitamine Wirkstoffe, die in kleinsten Mengen große Wirkungen hervorrufen. Sie sind unentbehrliche Ergänzungsstoffe, die vom Menschen- und Tierkörper nicht erzeugt werden

[1] VOGEL, H.: Chemie und Technik der Vitamine, 3. Aufl. Stuttgart: F. Enke 1954.

[2] SEBRELL, W. H. JUN., u. R. S. HARRIS: The Vitamins, Chemistry, Pathology Bd. I, II u. III.

[3] STECHOW, M.: Register der Weltliteratur über Vitamine und der von ihnen beeinflußten Gebiete, Würzburg: Physica-Verlag 1956.

können und nur von Pflanzen synthetisiert werden. Fehlen die Vitamine, so treten Mangelkrankheiten auf, die man als Avitaminosen bezeichnet. Die Bedeutung der Vitamine wurde erst um die Jahrhundertwende erkannt. Es hat sich gezeigt, daß Rachitis, Beriberi, Skorbut, Augenkrankheiten und Wachstumshemmungen durch den Mangel an Vitaminen in der Nahrung hervorgerufen werden. Die Forschung hat in den letzten 50 Jahren immer mehr Vitamine entdeckt und ihren Einfluß, d.h. ihre Wirkung, erkannt. Inzwischen ist es auch den Chemikern gelungen, den chemischen Aufbau vieler Vitamine zu ergründen. Zahlreiche Vitamine können heute künstlich hergestellt werden. Die wichtigsten Vitamine sind: Vitamin A, B_1, B_2, B_{12}, Nikotinsäureamid, Pantothensäure, C, D, E und K. Tab. 3 zeigt eine Aufstellung der Vitamine und ihre Wirkung nebst der chemischen Bezeichnung.

Von den zahlreichen Vitaminen sind ungefähr 18 in mehr oder weniger großen Mengen in der Rohmilch enthalten. Der Vitamingehalt einer Milch ist natürlich von großer Bedeutung. Da die Vitamine teilweise temperaturempfindlich sind und Milch und Milcherzeugnisse bei der Be- und Verarbeitung häufig erhitzt werden, muß man die Beeinträchtigung des Gehaltes der Milch an Vitaminen durch die angewandten Verfahren studieren. Es dürfte deshalb in Zukunft von größerer Bedeutung sein, den Vitamingehalt von Milch und Milcherzeugnissen zu bestimmen. Auch der Zusatz von Vitaminen zu molkereimäßig behandelter Milch ist in letzter Zeit eifrigst diskutiert worden. In Amerika werden verschiedene Vitamine der Milch zugesetzt. In Deutschland ist vorläufig nur die Vitaminisierung der Milch durch Anreicherung mit Vitamin D gestattet worden. Es gibt zwei Wege, die Milch mit Vitamin D anzureichern. Entweder wird die Milch in besonderen Apparaten mit ultravioletten Strahlen behandelt, oder es werden alkoholische Lösungen von künstlichem Vitamin der Milch zugesetzt.

Da, wie bereits erwähnt, die Vitamine nur von Pflanzen erzeugt werden, ist leicht einzusehen, daß der Vitamingehalt von dem Futter abhängig ist, das die Tiere erhalten. Die Futterverhältnisse schwanken sowohl landschaftlich als auch jahreszeitlich. Deshalb ist der Vitamingehalt von Milch und Milcherzeugnissen ziemlichen Schwankungen unterworfen. Es ist bekannt, daß Sommer- und Winterbutter sich stark in der Farbe unterscheiden. Dies rührt von dem wechselnden Gehalt an Carotin her, das aus den grünen Pflanzen stammt und bei der Grünfütterung im Sommer reichlicher in der Milch enthalten ist als bei der Fütterung mit Heu im Winter. Das Carotin wird im Tierkörper zu Vitamin A umgewandelt. Eine Butter mit höherem Carotingehalt ist also ein stärkerer Vitaminträger als eine helle Winterbutter. Die künstliche Färbung der Butter, die in fast allen Ländern üblich ist, hindert natürlich die Beurteilung der Butter bezüglich ihres Vitamingehaltes nach dem Aussehen.

Vitamin B_2 – Lactoflavin – wurde von R. KUHN aus Molke isoliert. Er gewann aus 1000 Litern Molke 70 mg reines Lactoflavin. Das Lactoflavin bedingt das gelbgrüne Aussehen der Molke.

Die Bestimmung der einzelnen Vitamine in Milch und Milcherzeugnissen für die Beurteilung der Qualität und damit auch der Bezahlung wird immer größere Bedeutung gewinnen. Hierfür ist natürlich Voraussetzung, daß brauchbare und nicht zu komplizierte und langwierige Verfahren der Vitaminbestimmung entwickelt werden. Ursprünglich konnten Vitaminbestimmungen nur in Tierversuchen durchgeführt werden. Die Versuchstiere wurden zu diesem Zweck mit Nahrung wechselweise ernährt, die entweder die entsprechenden Vitamine enthielt oder frei von diesen Stoffen war. Als Versuchstiere wurden meist Ratten und Meerschweinchen verwandt. Solche Versuche sind natürlich umständlich und langwierig. Es wurde deshalb versucht, chemische Methoden auszuarbeiten, die eine einfache und schnelle Vitaminbestimmung erlauben. Es gibt heute zahlreiche chemische Bestimmungsmethoden für die Vitamine[1]. Vor allem spielen die kolorimetrischen bzw. photometrischen Verfahren hierbei eine große Rolle, da es mit ihnen möglich ist, zahlreiche Bestimmungen in kürzester Zeit durchzuführen. Es gibt heute nicht nur ein Verfahren, um ein Vitamin auf diese Weise zu bestimmen, sondern es stehen dem Analytiker meist verschiedene Verfahren zur Verfügung. Bezüglich der kolorimetrischen Verfahren zur Bestimmung der einzelnen Vitamine sei auf das Buch von BRUNO LANGE[2] verwiesen, in dem sich Anleitungen für die Ermittlung der Vitamine befinden.

Auf eleganteste Weise bestimmt man heute die Vitamine der B-Gruppe mittels mikrobiologischer Methoden, die die Empfindlichkeit und Spezifität der chemischen Methoden weit übertreffen[3, 4, 5].

Die Methoden beruhen darauf, daß bestimmte Mikroorganismen (Milchsäurebakterien, Hefen, Schimmelpilze) zu ihrem Wachstum bzw. Stoffwechsel gewisse Wirkstoffe benötigen, die ihnen im Nährboden angeboten werden müssen. Gibt man diese Stoffe zu einer Nährlösung, die alle erforderlichen Komponenten – mit Ausnahme der zu bestimmenden – enthält, so läßt sich eine eindeutige Abhängigkeit des Zuwachses und Stoffwechsels der Testorganismen von der Konzentration des zugegebenen Vitamins erkennen. Die Auswertung der Methoden erfolgt mittels Trübungsmessung, Trockengewichtsbestimmung oder Titration der gebildeten Milchsäure.

Im Institut für Gärungsgewerbe in Berlin werden solche mikrobiologischen Vitaminbestimmungen gegen Bezahlung durchgeführt.

---

[1] GSTIRNER, F.: Chemisch-physikalische Vitaminbestimmungs-Methoden, Stuttgart: F. Enke 1954. — [2] LANGE, B.: Kolorimetrische Analyse, Weinheim: Verlag Chemie 1956. — [3] HARRIS, D. A.: Analytic. Chem. **27**, 1690 (1955). — [4] WISS, O.: Mitt. Lebensmittel-Unters. u. Hygiene **41**, 225 (1950). — [5] MÜCKE, D.: Einführung in mikrobiologische Bestimmungsverfahren, Leipzig: Thieme 1955.

Zwei der gebräuchlichsten Bestimmungsmethoden (kolorimetrisch) für Vitamin A und C sollen hier beschrieben werden.

Vitamin-Bestimmungsmethoden

Zur Bestimmung des Vitamins A und seines Provitamins, des Carotins, ist nach CARR und PRICE die Blaufärbung geeignet, die beide Stoffe mit Antimontrichlorid in Chloroformlösung geben. Das Carotin kann man auch auf Grund seiner gelben Eigenfarbe kolorimetrisch bestimmen. So kann man also den Vitamin-A-Gehalt aus der Differenz „Blauwert" minus „Gelbwert" bestimmen. – Bei einer künstlichen Färbung der Butter ist eine Trennung des Farbstoffes vom Carotin erforderlich, welche mit Hilfe der Säulenchromatographie (s. unter Chromatographie) erfolgen kann.

Bei der Bestimmung von Vitamin A und Carotin nach H. WILLSTAEDT und K. WITH wird die Milch kalt mit Kalilauge verseift und aus dem Extrakt des Unverseifbaren die Gelb- bzw. Blaufarbe im PULFRICH-Photometer gemessen.

Ausführung. 50–100 ml vor der Probenahme gut durchgeschüttelte Milch werden mit ein Zehntel ihres Volumens an 60-proz. Kalilauge versetzt, darauf wird die Flasche mit Stickstoff gefüllt, verschlossen, kräftig geschüttelt und unter wiederholtem gelegentlichen Schütteln 48 Stunden stehengelassen. Danach werden 20 ml Alkohol zugegeben und dreimal mit je 50 ml peroxydfreiem Äther extrahiert. (Emulsionsbildung wird evtl. durch weiteren Zusatz von Alkohol unterdrückt.) Die vereinigten Ätherextrakte werden zunächst zweimal mit wenig Wasser, dann einmal mit 5-proz. Kalilauge und schließlich zweimal mit viel Wasser gewaschen, danach getrocknet und eingedampft (Stickstoffatmosphäre). Der Rückstand wird in einer kleinen Menge Petroläther gelöst und im Meßkolben auf ein geeignetes Volumen aufgefüllt.

Die kolorimetrische Bestimmung wird im PULFRICH-Photometer in ½-cm-Küvetten ausgeführt. Die Gelbwerte werden unter Benutzung des Filters S 43 bestimmt und auf β-Carotin bezogen. Zur Ausführung der Antimontrichloridreaktion werden 0,2 ml der zu prüfenden Lösung (Petroläther als Lösungsmittel) mit einem Tropfen Essigsäureanhydrid und dann mit 2 ml Antimontrichloridlösung versetzt und die Blaufarbe sofort unter Benutzung des Filters S 61 bestimmt.

Es muß peinlichst vermieden werden, daß etwa einzelne Tropfen Antimontrichloridlösung in das Untersuchungsgefäß fallen, bevor die ganze Menge zugegeben wird. Analysen, bei denen das geschieht, geben ganz unbrauchbare Werte. Aus dem Blauwert wird mit Hilfe einer Standardkurve der Gehalt an Vitamin A in I.E. errechnet.

Bei der Kuhmilch soll nach WILLSTAEDT und WITH drei Viertel der Antimontrichlorid-Reaktion vom Vitamin A selbst herrühren. Nach der chromatographischen Adsorptionsanalyse bestehen die Carotinoide der Kuhmilch fast ausschließlich aus β-Carotin.

Das Vitamin C = Ascorbinsäure kann mit Hilfe seines starken Reduktionsvermögens bestimmt werden. Es wird eine Titration mit der Lösung des blauen Farbstoffes Dichlorphenolindophenol ausgeführt, welche als Oxydationsmittel wirkt. Da das Vitamin C schon durch den Luftsauerstoff laufend oxydiert wird, wird ein Milchserum hergestellt, in dem die Wirkung des Sauerstoffs auf das Vitamin C gehemmt ist. Dies wird nach WILLBERG durch Zusatz von Oxalsäure erreicht.

Vitamin-C-Bestimmung in der Milch nach WILLBERG. 1. Bereitung der 0,001-*n* · Dichlorphenolindophenollösung: 140 mg Farbstoff werden in einem Mörser mit Wasser zerrieben, die Lösung dekantiert und der Rückstand neuerdings mit Wasser zerrieben. Die Lösung wird auf 500 ml verdünnt und filtriert. Der Titer der Farbstofflösung kann mit Ascorbinsäure in der Weise bestimmt werden, daß 5 ml einer oxalsauren 0,001-*n* · Ascorbinsäurelösung ungepuffert bzw. gepuffert mit etwa 7,5 ml gesättigter Natriumacetatlösung mit der Farbstofflösung titriert werden. Eine 0,001-*n* · oxalsaure Ascorbinsäurelösung wird beispielsweise durch Lösen von 22 mg Ascorbinsäure in Wasser, dem man etwa 10 ml gesättigte Oxalsäurelösung zugesetzt hat, und Verdünnen der Lösung auf 250 ml hergestellt. Der Gehalt der Lösung an Ascorbinsäure kann mittels Titration mit 0,01-*n* · Jodlösung kontrolliert werden. 1 ml 0,01-*n* · Jodlösung entspricht 0,88 mg Ascorbinsäure. Die oxalsaure 0,001-*n* ·

Tabelle 3. *Die wichtigsten Vitamine*[1]

Vitamin	Vorkommen in Milch	Beständigkeit	Löslichkeit
A	Wichtigste Vitamin-A-Quelle; enthalten in Fettkügelchen	erträgt Erhitzen und Braten	fettlöslich; daher Übergang in Butter
B_1	Tagesbedarf in 1 Liter Milch	erträgt Erhitzen und Braten	wasserlöslich
B_2	Tagesbedarf in 1 Liter Milch	erträgt Erhitzen und Braten	wasserlöslich
C	gering	nicht hitzebeständig	wasserlöslich
D	wechselnd; künstliche Anreicherung (2 Verfahren)	hitzebeständig	fettlöslich
Nicotinsäureamid	Tagesbedarf wird nur teilweise durch 1 Liter Milch gedeckt	hitzebeständig	wasserlöslich
B_{12}	reichlich in Milch vorhanden		wasserlöslich

[1] Siehe auch Lehrtafel: Die wichtigsten Vitamine der Trinkmilch, Nürnberg: Hans Carl.

Ascorbinsäurelösung hält sich, im Dunkeln aufbewahrt, nur einige Tage unverändert. Soll die Lösung längere Zeit halten, bereitet man sich eine konzentrierte Lösung, die in inertem Glas aufbewahrt wird.

2. Titration: 50 ml Milch werden in einen Kolben pipettiert und mit 4 ml gesättigter Oxalsäurelösung angesäuert. Nach Umschwenken werden 10 ml gesättigte Kochsalzlösung zugesetzt und nach Umschwenken filtriert. Von dem Serum werden 25 ml abpipettiert und mit 0,001-*n*· Farbstofflösung aus einer Mikrobürette titriert. Will man in dem blauen Gebiet titrieren, so werden dem Serum etwa 7,5 ml gesättigte Natriumacetatlösung zugefügt. Die verbrauchten Milliliter der Farbstofflösung mal 2,4 geben den Verbrauch an Farbstofflösung für 50 ml Milch an. 1 ml 0,001-*n*·Farbstofflösung entspricht 0,088 mg Ascorbinsäure. Das in beschriebener Weise hergestellte Serum hat eine titrimetrische Acidität entsprechend etwa 0,08-*n*· und einen p_H-Wert von 2,7.

K. Antibiotica

In der Bekämpfung der Tierseuchen haben seit einiger Zeit neue Heilmittel, die Antibiotica, Bedeutung erlangt. Insbesondere für die Bekämpfung des gelben Galtes finden diese Mittel bereits breiteste Anwendung. Der Erfolg kann als recht günstig bezeichnet werden. Leider sind diese neuen Mittel zur Bekämpfung der Tierseuchen keine Allheilmittel. Viele Tierseuchen werden durch Viren hervorgerufen.

Es hat sich gezeigt, daß wohl die meisten Bakterien mit Antibiotica bekämpft werden können, die Viren aber und besonders die Viren kleinster Ausmaße durch diese Heilmittel nicht geschädigt werden. Immerhin sind aber für die Bekämpfung des gelben Galtes und des seuchenhaften Verkalbens die Antibiotica von großer Bedeutung. Dieser Umstand und die Tatsache, daß die mit Antibiotica behandelten Tiere eine Milch liefern, die mindestens in den ersten Tagen die Herstellung von Käse beeinflußt und daher der Nachweis von Antibiotica in Milch im Molkereilaboratorium häufig durchgeführt werden muß, geben Veranlassung, hier dem Thema Antibiotica etwas Aufmerksamkeit zu schenken.

Unter dem Thema Antibiotica und Milchwirtschaft hat der Verfasser in der Deutschen Molkerei-Zeitung hierüber etwas ausführlicher berichtet[1]. Hier soll nur kurz angeführt werden, daß man unter einem Antibioticum eine Substanz versteht, die in der Lage ist, Krankheitserreger abzutöten. Bios heißt Leben, Antibios bedeutet Zerstörung des Lebens. Alle Stoffe, die imstande sind, Krankheitserreger (Bakterien) abzutöten, sind Antibiotica, gleichgültig, ob sie biologisch, nichtbiologisch oder synthetisch hergestellt werden. In neuerer Zeit hat man den Begriff

[1] MUNDINGER, E.: Dtsch. Molkerei-Ztg. **73**, 29 (1952).

etwas eingeschränkt und definiert als Antibiotica: Antimikrobielle Stoffe, die von lebenden Zellen erzeugt werden.

Erst im 2. Weltkrieg ist durch die Entdeckung des Penicillins durch den Engländer FLEMING das Problem der Antibiotica, an dem bereits seit PASTEUR, auf den die ersten Beobachtungen zurückgehen, gearbeitet wurde, in den Vordergrund getreten. Über die Entdeckung des Penicillins schreibt FLEMING:

Die Verunreinigung einer Nährbodenplatte durch Sporen eines Schimmelpilzes (Penicillium-Species) im Jahre 1928 war der Beginn der Erforschung des Penicillins. Als ich die Platte wieder beobachtete, hatten sich die Schimmelpilzsporen, die Zutritt gefunden hatten, zu einer großen Kolonie entwickelt. Es bedeutete eine große Überraschung, daß die Staphylokokken-Kolonien in der Nachbarschaft des Schimmelpilzes, die sich vorher gut entwickelt hatten, nunmehr Zeichen der Auflösung aufwiesen. Das war eine so außergewöhnliche und unerwartete Erscheinung, daß sie der Erforschung wert erschien.

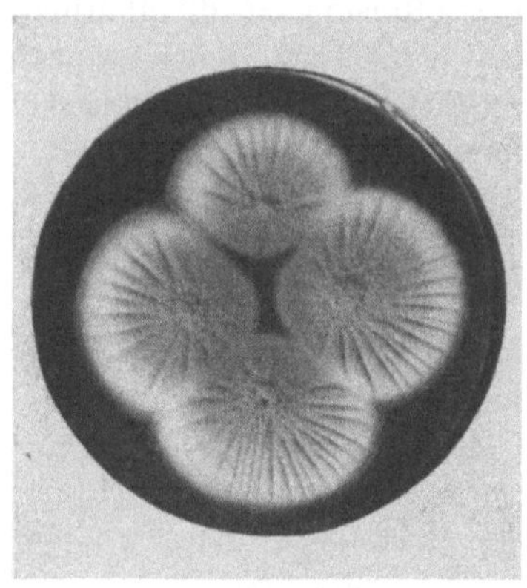

Abb. 49. Kolonien einer Oberflächenkultur von Penicillium

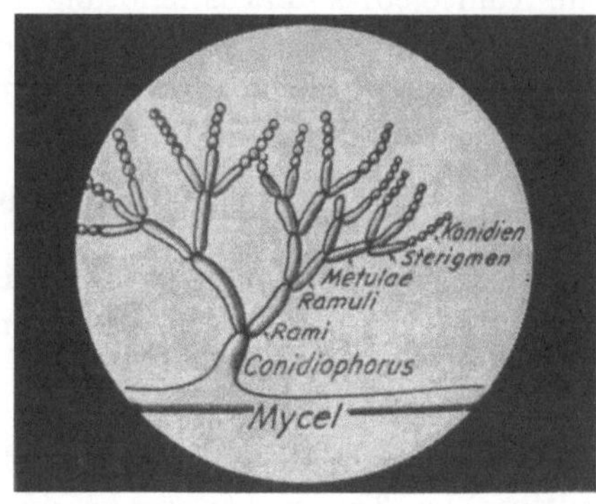

Abb. 50. Schematische Darstellung von Penicillium-Mycel

Das Penicillin wird also von einem Schimmelpilz erzeugt; auch die auf das Penicillin folgenden Antibiotica, die inzwischen Bedeutung erlangt haben, so z.B. Streptomycin, Chloromycetin, Aureomycin und Terramycin werden von solchen und ähnlichen Organismen erzeugt. Eine Oberflächenkultur von Penicillium zeigt Abb. 49, eine schematische Darstellung des Penicillium-Mycels Abb. 50. Ursprünglich wurde für die Herstellung und Gewinnung von Penicillin der Schimmel in Oberflächenkultur auf flüssigen Nährböden in Kolben gezüchtet (Abb. 51). Der gebildete Schimmelrasen wurde abgehoben und aus der Nährflüssigkeit auf physikalisch-chemischem Wege das gebildete Penicillin isoliert. Für die Gewinnung größerer Mengen Penicillins sind Tausende von Glaskolben (Glasenten) erforderlich. Eine Vorstellung kann man sich über eine solche Anlage machen, wenn man berücksichtigt, daß aus einem Liter Kulturflüssigkeit im Anfang 3–5 mg Penicillin gewonnen wurden. Es war ein großer Fortschritt, als es gelang, den Schimmel nicht nur an der Oberfläche, sondern in der gesamten Nährflüssigkeit zu züchten. Dies erreichte man durch eine dauernde Belüftung der Nährflüssigkeit. Heute wird Penicillin in riesigen Tanks fabrikmäßig hergestellt. Es finden Tanks Verwendung, die bis zu 40000 Liter Nährflüssigkeit aufnehmen können. Penicillin kommt entweder als Kaliumsalz oder als Natriumsalz in fester Form in den Handel. Wäßrige Suspensionen der sogenannten Depot-Salze, z. B. Procain-Penicillin sind sehr beliebt. Auch in Form von Tabletten, Salben, als Creme, Schnupfpulver und Puder kommt es zur Anwendung. Für die Bekämpfung des gelben Galtes verwendet man Antibiotica in Tuben oder Zäpfchenform.

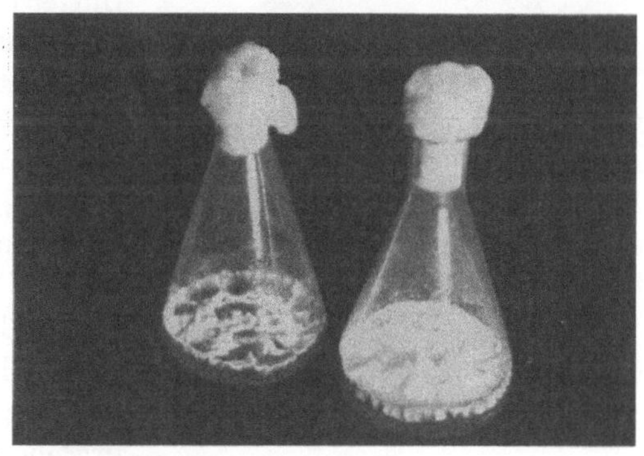

Abb. 51. Oberflächenkultur von Penicillium

Bei der Behandlung von eutererkrankten Tieren geht man so vor, daß man das Penicillin in den Zitzenkanal einführt. Penicillin und andere Antibiotica finden entweder in Form von Salben (als Ölsuspensionen) oder von Stiften Verwendung, die in die Zisterne eingeführt werden. In einem Penicillinstift sind 8000 bis 10000 I.E. kristallisiertes Penicillin in einer harten Fettschicht mit tiefem Schmelzpunkt so eingeschlossen, daß die Körperwärme das Fett zum Schmelzen bringt und die Milch im Zitzenkanal die Lösung des Penicillins herbeiführt. Dieses Verfahren ermöglicht es, daß der Tierhalter die vom Tierarzt begonnene Behandlung selbst weiterführen kann. Neben Penicillin finden Streptomycin, Aureomycin und Chloromycetin mit gutem Erfolg Verwendung

Auch andere Antibiotica spielen eine gewisse Rolle. Teilweise wurde auch die Kombination verschiedener Antibiotica erfolgreich durchgeführt. Auch die Kombination mit Sulfonamiden wurde vorgeschlagen. Besondere Vorzüge bieten die sog. Depotpenicilline, die ein längeres Verweilen des Heilmittels im Körper bewirken und deshalb eine nachhaltige Wirkung ausüben können[1].

Wie bereits oben erwähnt, ist es erforderlich, die Milch, die von Tieren stammt, die mit Antibiotica behandelt wurden, auf ihren Gehalt an diesen Heilmitteln zu untersuchen. Die Antibiotica sind Hemmstoffe für das Wachstum von Mikroorganismen. Enthält nun die Milch, die an die

[1] Jahn, W.: Penicillin, Konstanz: Terra Verlag 1952.

Molkerei angeliefert wird, solche Antibiotica, so hemmt diese Milch auch das Wachstum von Organismen, die bei der Erzeugung von Milcherzeugnissen, wie z.B. Käse der verschiedensten Art, eine entscheidende Aufgabe haben. Hierdurch können natürlich Schädigungen auftreten. Es ist deshalb Pflicht des Tierarztes, den Landwirt darauf aufmerksam zu machen, daß Milch von Tieren, die mit Penicillin behandelt wurden, in dieser Zeit nicht an die Molkerei geliefert werden darf. Nach der letzten Behandlung darf solche Milch für die Dauer von 3–6 Melkzeiten je nach Art der Behandlung nicht an die Molkerei zwecks Verarbeitung zu Butter und Käse abgeliefert werden. Dänemark hat diese Frist auf 4 Wochen festgesetzt[1].

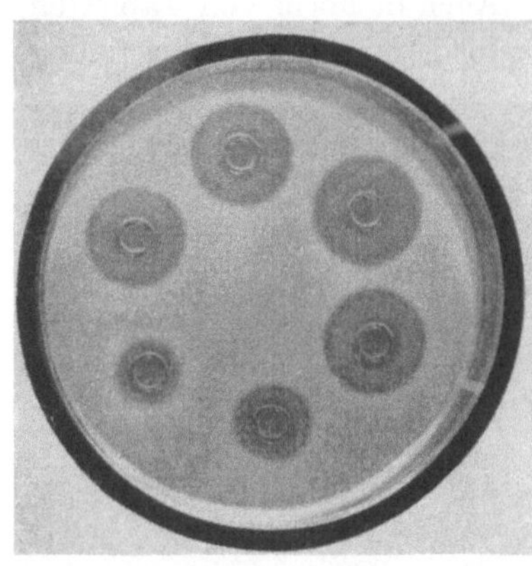

Abb. 52. Plattentest zur Prüfung des Penicillingehaltes

Um gegen die Anlieferung von Milch mit Gehalt an Antibiotica gesichert zu sein, muß das Molkereilaboratorium die Milch auf eine solche Beimischung untersuchen. Hierfür kommen entweder der Röhrchen- oder der Plattentest in Frage. Beim Röhrchentest gibt man die zu prüfende Milch in sterile Röhrchen, die mit Säurewecker oder Käserei-Reinkultur als Testorganismen beschickt wurden, und prüft auf Dicklegung der Milch und Säuerung (Zusatz von Wasserblau).

Beim Plattentest werden kleine Metallzylinder mit einem geeigneten Gerät auf die Agarschicht einer Petrischale gesetzt, die mit einem Testorganismus beimpft ist. In diese Zylinderchen füllt man die zu untersuchende Milch bzw. einwandfreie Milch zum Vergleich. Die penicillinhaltige und die normale Milch diffundieren in den das Zylinderchen umgebenden Nährboden und bewirken Abtötung bzw. Wachstumshemmung des Testorganismus. Um die Zylinder treten deshalb, wie Abb. 52 zeigt, Hemmzonen auf, aus deren Durchmesser Rückschlüsse auf den Gehalt an Penicillin oder anderen Antibiotica der zu untersuchenden Milch geschlossen werden kann. Als Testorganismen finden *Staphylococcus aureus* 209 D und *Sarcina* Verwendung.

[1] Mair-Waldburg, H.: Dtsch. Molkerei-Ztg. **75**, 1683 (1954).

III. Untersuchung der Milch auf Veränderungen nach dem Melken

Die Milch kann nach dem Melken mancherlei Veränderungen erfahren, die ihre Eignung als Trinkmilch und ihre Verarbeitung zu Milcherzeugnissen nachteilig beeinflussen. Diese Veränderungen (Milchsäuregärung, Labgärung und Gasbildung), die an bestimmten Milchbestandteilen vor sich gehen, sind meist auf Kleinlebewesen, insbesondere Bakterien, zurückzuführen, die auch Krankheiten (z. B. Typhus, Tuberkulose, Cholera, Maul- und Klauenseuche) verursachen können. MORRES schreibt[1]:

Schon im Innern des Euters ist die Milch fast niemals keimfrei, denn die Bakterien dringen durch die Strichkanäle in die Zisternen ein, vermehren sich bei der Körperwärme sehr rasch und verbreiten sich durch alle Milchkanäle bis zu den Drüsenbläschen, die bei gesundem Euter ein weiteres Vordringen verwehren. Die meisten Keime gelangen jedoch erst beim Melken in die Milch. Im Stalle befinden sich nämlich sowohl in der Luft als auch an den Wänden, am Futter, Streustroh, im Dünger, am Tierkörper, an den Händen und Kleidern der Melker usw. zahllose Keime von Kleinpilzen (Bakterien, Hefe- und Schimmelpilze) aller Art und diese gelangen infolge des noch ziemlich allgemein üblichen Mangels an Sorgfalt und Reinlichkeit beim Melken in großen Mengen in die Milch.

Um Art und Tiefe der Veränderungen der Milch nach dem Melken festzustellen, müssen verschiedene Verfahren der Milchuntersuchung angewendet werden, die dem Verwendungszweck der Milch entsprechen müssen.

Voraussetzung für eine zuverlässige Milchuntersuchung ist eine richtige Probenahme.

A. Probenahme

Da die Milch beim Stehen aufrahmt, der Schmutz sich zu Boden setzt und die Bakterien sich in den einzelnen Schichten verschieden schnell vermehren, ist für jegliche Milchuntersuchung ein gründliches Durchmischen vor der Probenahme unbedingt erforderlich. Hat man nur aus einer Kanne Probe zu nehmen, so erhält man die beste Durchmischung dadurch, daß man die Milch in ein mindestens gleichgroßes Gefäß umgießt. Dieser Vorgang wird mehrmals wiederholt. Die Milch kann auch mit einem Milchrührer gut durchmischt werden. Aus mehreren Kannen wird eine Durchschnittsprobe am besten so genommen, daß man die verschiedenen Kannen in die Waage oder einen größeren Behälter entleert und nach sorgfältigem Durchmischen eine Probe entnimmt. Hat die Milch längere Zeit gestanden, so wird die Rahmschicht immer zäher. Dann kann man das Fett nur dadurch gleichmäßig verteilen, daß man die gesamte Milch durch ein Sieb gießt und vor der Probenahme tüchtig umrührt.

[1] MORRES, W.: Lehrbuch der Milchwirtschaft, S. 39. Wien: Gerold & Sohn, 1929.

Wird die Milch zur Prüfung an eine Untersuchungsstelle geschickt, so ist dabei folgendes zu beachten: Für die Bestimmung des Fettgehaltes genügen Fläschchen mit 40–50 ml Inhalt. Für eingehendere Untersuchung, namentlich zur Prüfung auf Verfälschung, sind Flaschen von mindestens einem halben Liter Inhalt erforderlich (Abb. 53 a u. b). Diese Flaschen dürfen nicht zu voll gegossen werden, damit man die Milch schon vor dem Öffnen gut durchmischen kann. Die Flaschen müssen mit einem Korkstopfen verschlossen und bei mehreren Proben durch deutliche Aufschriften gekennzeichnet werden. Wenn bis zur Zeit der Untersuchung ein Gerinnen der Milch zu befürchten ist, muß die Milch konserviert werden, weil durch die Gerinnung die Untersuchung sehr erschwert und unzuverlässig wird. Für die bakteriologische Untersuchung der Milch gelten die im vorigen Kapitel gemachten Ausführungen für die Probenahme (S. 56).

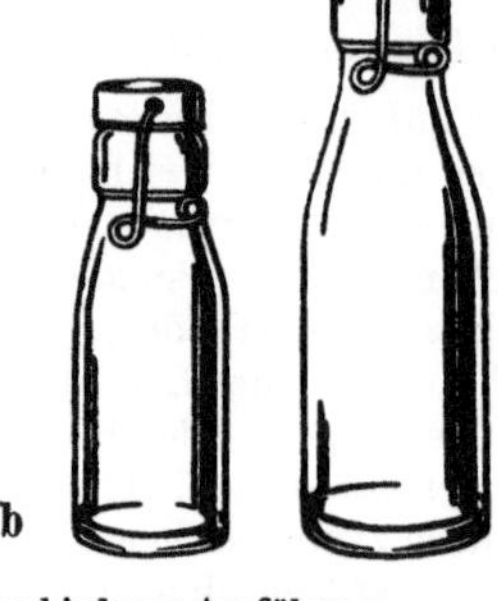

Abb. 53 a u. b. Milchprobeflaschen verschiedener Ausführung

B. Konservierung

Die Wahl des Konservierungsmittels richtet sich nach der Art der Untersuchung. Soll nur der Fettgehalt bestimmt werden, so wird am besten mit *Kaliumdichromat* konserviert. Um Milch für einige Tage haltbar zu machen, genügen nach PFIZENMAIER für 50 ml im Sommer 5, im Winter 4 Tropfen einer 10-proz. Lösung von Kaliumdichromat. Bei Verwendung von pulverförmigem Kaliumdichromat genügt eine kleine Messerspitze voll. Die Milch muß nach dem Durchmischen und Auflösen eine zitronengelbe Färbung aufweisen. Vielfachs werden heute auch Kaliumdichromat-Tabletten verwendet, die sich wegen ihrer einfachen Handhabung sehr gut eingeführt haben. Die leichte Handhabung der Tabletten geht in neuerer Zeit Hand in Hand mit leichter Löslichkeit, was sehr erwünscht ist. So bringt z. B. die Firma *Merck* Tabletten in den Handel, die nach dem patentierten Tablosol-Verfahren hergestellt werden. Dieses Verfahren ergibt eine leichte Löslichkeit der Tabletten. Die Tabletten bestehen aus Kaliumdichromat und einem Füllmaterial. Der Gehalt an Kaliumdichromat je Tablette beträgt 0,05 bzw. 0.1 g.

In diesem Zusammenhang möge Erwähnung finden, daß man häufig beobachtet, daß Personen, die gegen chromhaltige Stoffe empfindlich sind, Hautausschläge bekommen, wenn sie laufend konservierte Milchproben nach GERBER auf Fettgehalt untersuchen.

Genaue Angaben über die Dauer der Wirkung der Konservierungsmittel können nicht gemacht werden, da diese von der Beschaffenheit der Milch und von der Art der Aufbewahrung (Temperatur) abhängig ist. Sollen die Proben länger aufbewahrt werden, so müssen sie von Zeit zu Zeit durchgeschüttelt werden, da die Rahmschicht sonst zu zähe wird und sich Schimmelpilze darauf entwickeln, wodurch die Milchuntersuchung sehr erschwert und ungenau wird. Vor der Anwendung einer zu großen Menge Kaliumdichromat muß gewarnt werden, weil dadurch die Fettbestimmung sehr erschwert oder unmöglich gemacht wird, da der Käsestoff sich nicht auflöst. Statt Kaliumdichromat kann auch Natriumdichromat Verwendung finden; es hat den Vorteil leichter löslich zu sein.

Für Untersuchung der Milch auf Verfälschung kann Kaliumdichromat nicht angewendet werden, weil es das spezifische Gewicht der Milch ändert. Für diesen Zweck ist die Konservierung mit Formalin durchzuführen. Vor einem Zuviel ist auch hier zu warnen, da die GERBERsche Fettbestimmung hierdurch beeinträchtigt wird. Das Kasein wird gehärtet und löst sich in der Schwefelsäure nicht vollständig auf. Formalin ist eine 30–40-proz. Lösung von Formaldehyd in Wasser. Als Höchstmaß verwendet man für 1 Liter 20 Tropfen, für 50 ml also 1 Tropfen. Milch, die auf Erhitzungsnachweis geprüft werden soll, darf nicht konserviert werden (Ausnahme s. S. 144).

C. Sinnenprüfung

Schon Aussehen, Geruch und Geschmack lassen gewisse nachteilige Eigenschaften der Milch erkennen. Färbungen der Milch können durch schädliche Futtermittel, innere Euterverletzungen oder durch anormale Bakterienflora hervorgerufen werden. So kann z. B. rote Milch durch gewisse Futtermittel oder durch innere Euterverletzungen (blutige Milch) oder durch besondere Bakterienarten (*Bacterium prodigiosum*) bedingt sein. Blaue Milch rührt meist von Bakterien, die blauen Farbstoff abscheiden, her. Solche Verfärbungen durch Bakterien treten aber in der Regel erst nach längerem Stehen der Milch auf. Gelb gefärbte Milch ist meist auf gelben Galt zurückzuführen. Stark mit Kuhkot verunreinigte Milch kann bereits an ihrem Kuhstallgeruch erkannt werden, der durch die Tätigkeit von Darmbakterien verstärkt wird. Auch der faulige, stikkige Geruch, der oftmals beim Öffnen der Kanne beobachtet werden kann, ist auf unreinliche Gewinnung und unzweckmäßige Behandlung und Aufbewahrung zurückzuführen. Die Säuerung der Milch kann man mit dem

Geruch erst dann wahrnehmen, wenn die Milch 11–12 Säuregrade erreicht hat und beim Kochen schon gerinnt.

Durch den Geschmack kann man bittere, salzige, ranzige, seifige und nach Metall schmeckende Milch erkennen. Die Ursachen dieser Geschmacksfehler können ebenfalls gewisse Futtermittel, krankhafte Zustände des Euters oder gewisse Bakterien sein. Der Metallgeschmack rührt meist von Beimengungen von Metallspuren her (schlechte Verzinnung der Kannen). Säuerlicher Geschmack der Milch wird erst bei 13 bis 14 Säuregraden wahrgenommen. Hieraus ergibt sich, daß die öfters in Molkereien angewendete Kostprobe keineswegs genügen kann, um in Säuerung befindliche Milch rechtzeitig zu erkennen; denn weder mit Geruchs- noch mit Geschmackssinn kann man die praktisch wichtigen Anfangsstadien der Milchsäuerung von 8–10 Säuregraden ermitteln.

D. Reinheitsprobe[1]

Obwohl die Reinheitsprobe nicht zu den ausschlaggebenden Untersuchungsverfahren gehört, auf denen eine Qualitätsbezahlung aufgebaut werden kann, wird ihr wegen ihres erzieherischen Wertes auf die Milchlieferanten immer eine bedeutende Rolle in der Milchprüfung zukommen. Das Reichsmilchgesetz verlangt nach § 6 eine Milch, die frei von Staub und Schmutz aller Art ist. Ob diese Forderung erfüllt ist, kann nur mittels der Reinheitsprobe geprüft werden. Die Reinheitsbestimmung hat den Vorzug, daß sie sich auch im einfachsten Betriebe ausführen läßt. Dafür kommt heute fast nur noch das Filtrationsverfahren in Frage, bei welchem in der Milch enthaltene Verunreinigungen auf einem Filter gesammelt werden. Das früher verwendete Sedimentierungsverfahren, bei dem man Verunreinigungen der Milch sich in einem geeigneten Behälter absetzen ließ, wird heute kaum mehr angewendet. Für die Durchführung der Reinheitsprobe sind verschiedene Geräte auf den Markt gebracht worden. Die Milch filtriert bei diesen Geräten infolge ihrer eigenen Schwere. Schwer filtrierbare Milch wird unter Verwendung von Druck oder Vakuum (Luftverdünnung) durch das Filter getrieben. Das einfachste Gerät ist der Reinheitsprober „Rekord“. Er stellt eine mit Skala versehene, nach unten sich verjüngende Flasche dar, auf die mit Bajonettverschluß ein Sieb, das die Filterscheibe aufnimmt, aufgesetzt ist. Hier wird die Milch ohne Druck und ohne Vakuum filtriert. Für schnelle Durchführung zahlreicher Bestimmungen werden Geräte benützt, bei denen die Auswechslung der Filterscheibe viel rascher vor sich geht, Filter am laufenden Band Ver-

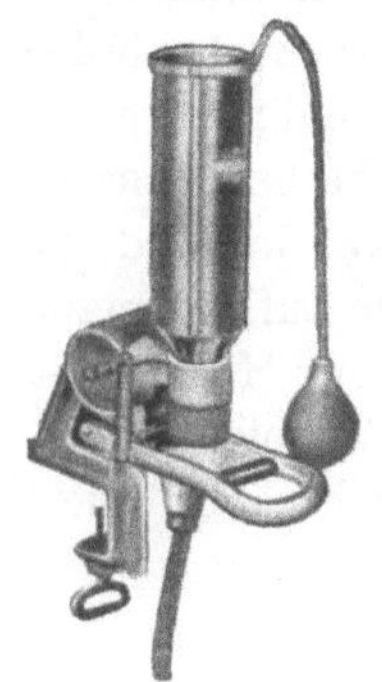

Abb. 54. Presto-Apparat für die Reinheitsprüfung

[1] Siehe auch Methodenkommission: Milchwiss. 10, 423 (1955).

wendung finden können und schwer filtrierbare Milch evtl. unter Verwendung von Druck oder Vakuum durch das Filter getrieben wird. Ein solches Gerät ist der Reinheitsprober „Presto", bei dem für schwerfiltrierbare Milch ein Gummiball zur Erzeugung von Druckluft Verwendung findet (Abb. 54). Ein mit Vakuum arbeitendes Gerät ist auch der Reinheitsprober „Reva" (Abb. 55).

Der Reva-Apparat besteht, wie aus der Abbildung ersichtlich, aus folgenden Hauptteilen:

1. Einer gußeisernen Grundplatte, – 2. einem aufeinander eingeschliffenen Zylinderpaar, – 3. einer Vorrichtung für laufendes Filterband, Filterscheiben oder Filterblättchen, – 4. einem Einfülltrichter aus Metall.

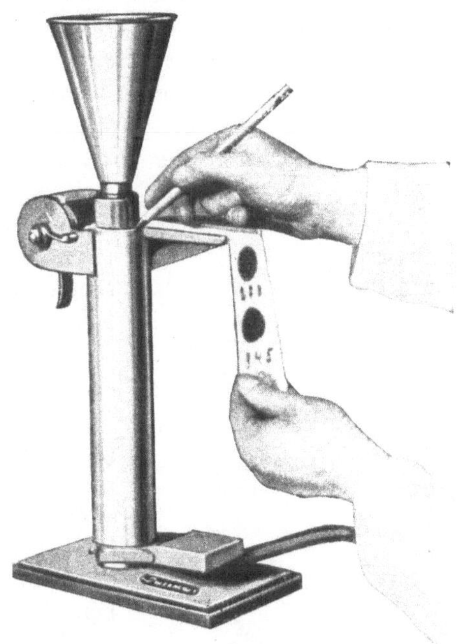

Abb. 55. Reva-Reinheitsprüfer

Im allgemeinen filtriert hier die Milch nur infolge ihrer eigenen Schwere. Sie nimmt ihren Weg durch Trichter, Filter, Zylinderraum und von da direkt in eine Milchkanne. Für schwerer filtrierbare Milch kann durch einfaches Aufwärtsführen des äußeren Zylinders eine Saugwirkung erzielt werden.

Für die ambulante Reinheitsprüfung und für die Durchführung der Reinheitsprüfung direkt aus der Kanne dient der Reinheitsprober „Prakta" (Abb. 56). Der Vorteil dieses Gerätes liegt darin, daß keine besondere Probe wie sonst üblich entnommen werden muß. Der Prakta-Apparat besteht aus einer Saugpumpe, deren Zylinder durch eine Saugröhre verlängert ist. Diese Röhre mündet in eine aufklappbare Kapsel, in die auf ein Gazesieb die Filterscheibe gelegt wird. Zum Abdichten sind auf Kapseldeckel und Unterteil Gummiringe aufgesetzt. Nach Einlegen der Filterscheibe in die Kapsel wird das Gerät in die Milch getaucht und der Griff bis zum Anschlag des Kolbens hochgezogen. Dadurch wird eine bestimmte Menge Milch durch das Filter in den Apparat gesaugt. Der Schmutz bleibt auf dem Filter zurück. Nun hebt man den Apparat aus der Kanne, klappt den Deckel der Kapsel auf und entnimmt die Filterscheibe.

Um Filterflächen der einzelnen Apparate untereinander vergleichen zu können, sind Richtlinien für die Normierung von der Bundesversuchs- und Forschungsanstalt in Kiel herausgegeben worden. Nach diesen müssen Milchmenge und Filterfläche in ein einheitliches Verhältnis gebracht werden. Man hat sich auf ein Verhältnis von 100 ml Milch auf 1 cm^2 Filterfläche geeinigt.

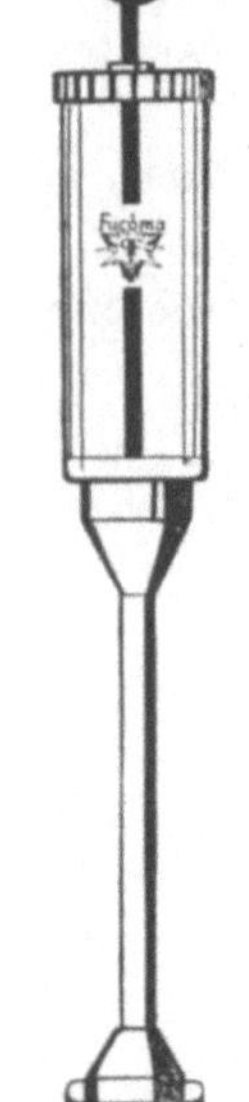

Abb. 56. Prakta-Apparat für die Reinheitsprüfung

Als Filtermaterial kommen entweder Scheiben aus Baumwollwatte in runder oder viereckiger Form oder aus Stoff zur Verwendung. Auf Filterrollen aus Stoff kann die Schmutzprobe am laufenden Band durchgeführt werden. Solche Filterrollen haben den Vorteil, daß nicht nach jeder Probe ein neues Filter eingesetzt werden muß. Stoffilter haben vor Wattefiltern den Vorzug der größeren Stabilität. Durch Herstellung von gepreßten Wattescheiben, bei denen die Watte in eine papierähnliche Form gebracht wird, wurde dieser Nachteil weitgehend behoben. Eine besondere Form der Wattescheibe stellt das Filterblättchen (Abb. 57) dar, bei dem eine runde Wattescheibe in einem rechteckigen Papierkarton gefaßt ist, so daß neben dem Schmutzbild eine Beschriftung der Schmutzprobe auf dem Papier durchgeführt werden kann.

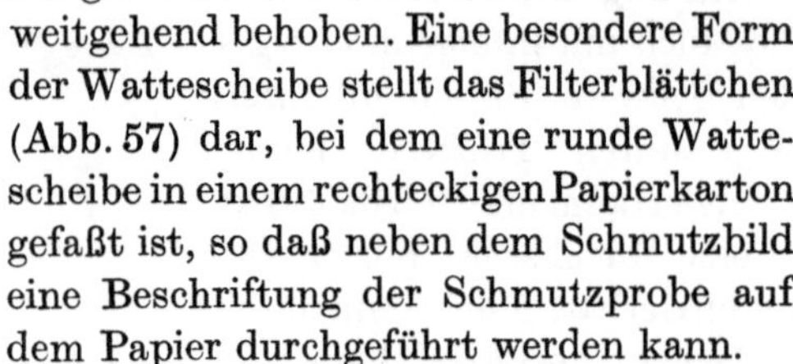

Abb. 57. Filterblättchen für die Reinheitsprüfung

Ein Serienapparat (Presto-Elektra) (Abb. 58) eignet sich für die schnelle Durchführung der Reinheitsprobe bei der Milchanlieferung. Zur Erzeugung des erforderlichen Vakuums für die rasche Filtration der Milch findet eine durch Motor angetriebene Pumpe Verwendung.

Abb. 58. Reinheitsprüfer Presto-Elektra

Verschiedentlich wurde vorgeschlagen, das Ergebnis der Reinheitsprobe nach Graden abzustufen. So wurde daran gedacht, die Verunreinigungen durch Wägen oder durch eine kolorimetrische Bestimmung auf optischem Wege zu erfassen. Diese Versuche führten aber deshalb nicht zum Ziele, weil diese zu verschiedenartig zusammengesetzt sind. Eine annähernde Festlegung des Reinheitsgrades ermöglichen Vergleichstafeln, auf denen einzelne Reinheitsgrade, wie sie bei der Untersuchung erhalten werden, angebracht sind (Abb. 59).

Für die Bewertung der Milch muß die Reinheitsprobe vielleicht doch später einmal durch schnelle Verfahren der Keimzählung ersetzt werden, wie es teilweise in USA bereits der Fall ist. Filtriert der Bauer die Milch, so ist sie wohl frei von Verunreinigungen, die Bakterien passieren aber das Filter. Zwei Milchproben mit ganz verschiedenem Keimgehalt können bei der Reinheitsprobe den gleichen Reinheitsgrad aufweisen, obwohl sie ganz unterschiedlicher Qualität sind.

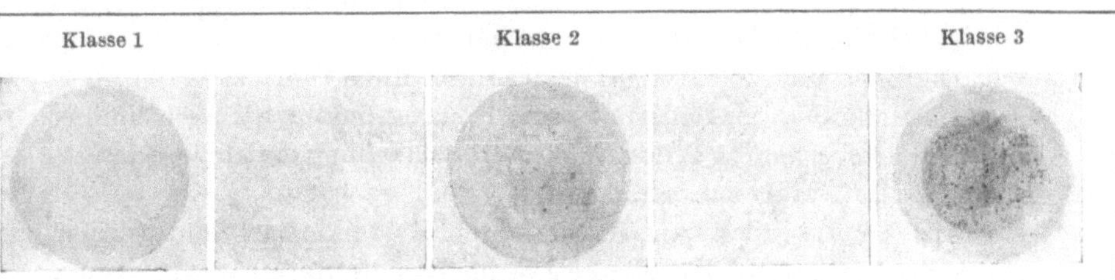

Abb. 59. Vergleichstafel für die Reinheitsprüfung

E. Prüfung auf Säuerung

Die häufigste Veränderung der Milch wird durch die von Bakterien hervorgerufene Milchsäuregärung verursacht. Die Säuremengen, die bei dieser Gärung auftreten, sind im Anfang sehr klein. So beträgt z.B. die Milchsäure in Gramm je Liter bei einer

Milch, die bei der Alkoholprobe gerinnt	0,45
Milch, die bei der Kochprobe gerinnt..........................	1,125
selbstgesäuerten Milch (dicke Milch)	5,0

Wenn nun auch die Säure ein scheinbar nebensächlicher Bestandteil der Milch ist, so kommt ihr doch in der Milchbe- und -verarbeitung eine große Bedeutung zu. Die tiefere Ursache dafür ist darin zu suchen, daß chemische, bakteriologische und enzymatische Vorgänge in Milch und Milcherzeugnissen eng mit dem Gehalt an Säure verknüpft sind. In erster Linie muß hier auf die Bedeutung der Säure für die Gerinnung der Eiweißstoffe hingewiesen werden. Es ist ja bekannt, daß Milch bei fortschreitender Säuerung gerinnt. Das Eiweiß, in der Hauptsache das Kasein, das sich in kolloider Lösung im Milchserum befindet, wird durch die Säure zur Ausflockung gebracht (koaguliert). Die Koagulation des Eiweißes ist allerdings nicht nur von dem Gehalt an Säure, sondern auch von der Temperatur abhängig. Während eine Milch bei normaler Temperatur erst bei einem höheren Säuregrade gerinnt, koaguliert das Eiweiß bereits bei geringer Säuerung, wenn die Milch auf höhere Temperaturen gebracht wird. Die Gefahren, die für die Molkerei mit saurer Milch verbunden sind, liegen in der Hauptsache in dieser Erscheinung begründet. Im folgenden sollen sie kurz gekennzeichnet werden:

1. Saure bzw. leicht angesäuerte Milch macht die Versorgung von Großstädten, die über weite Entfernungen (100—200 km) beliefert werden

müssen, mit Frischmilch unmöglich. Der Verbraucher kann solche Milch nicht mehr aufkochen, und auch in den Molkereien bereitet bereits die notwendige Erhitzung Schwierigkeiten.

2. Die leicht gesäuerte Milch kann wohl noch verbuttert werden, aber man erhält keine Qualitäts- und Dauerbutter mehr, da bei einer solch wilden Gärung natürlich unerwünschte Stoffe entstehen, die sich geschmacklich ungünstig bemerkbar machen.

3. Die Säuerung von Rahm aus ansaurer Milch führt meist zu übersäuertem Rahm, da der Säuerungsverlauf unregelmäßig ist. Nicht immer sind die Betriebe wendig genug, um durch Umstellung der Arbeitsorganisation solche Störungen abzufangen.

4. Angesäuerte Milch kann nur in kaltem Zustande entrahmt werden, wodurch sich bekanntlich große Fettverluste in die Buttermilch ergeben.

5. Das neue kontinuierliche Butterungsverfahren nach der Alfa-Grundlage kann gesäuerte Milch nicht verwenden, da hierbei Milch bzw. Rahm bei erhöhter Temperatur die Zentrifugen passieren muß.

6. Auch für das Fritzsche Butterungsverfahren bildet saure Milch eine Gefahr.

7. Schwach gesäuerte Milch, auch wenn sie bei der Kochprobe noch nicht gerinnt, verursacht in den Pasteuren und Zentrifugen Niederschläge (Albumingerinnung) und zwingt zu häufiger Reinigung der Zentrifugen und Pasteure, was eine starke Belastung für die Betriebe darstellt.

8. Auch die Bereitung von Qualitätsquark stößt auf Schwierigkeiten, da Magermilch aus schwach gesäuerter Milch nicht mehr erhitzt werden kann. Hieraus folgt, daß auch die Sauermilchkäserei bezüglich Qualität ungünstig beeinflußt wird.

9. Da die Gerinnungszeit oder Labungsdauer bei einer bestimmten Temperatur von der Säure der Milch abhängig ist, kann man in der Labmilchkäserei keine angesäuerte Milch verwenden. Durch eine zu rasche Labung erhält der Bruch unerwünschte Eigenschaften, die der Qualität schaden.

10. Eine besondere Gefahr bildet ansaure Milch für die Säuglingsernährung. Angesäuerte Milch läßt meist auf eine unsaubere Gewinnung schließen. Häufig enthält sie Coli- und Buttersäurebakterien, die bei den Säuglingen zu Brechdurchfällen führen. Diese Erscheinungen sind also nicht auf die geringen Säuremengen zurückzuführen, sondern auf die bakteriologische Infektion der Milch, die meist damit verbunden ist.

Aus dem Vorangehenden ersieht man die große Bedeutung, die der Milchsäure, wenn auch in negativem Sinne, zukommt. Die Säure der Milch findet aber auch eine nutzbringende Anwendung, besonders wenn es sich um eine reine Säuerung handelt. In der Verarbeitung der Milch spielt der Säuerungsvorgang eine wichtige Rolle. Es sei nur erinnert an die vielen Sauermilcharten, wie Joghurt, Kefir u. a. Auch die Butterbereitung macht in der Rahmsäuerung, durch die der süße Rahm erst butterungsreif gemacht wird, von der Milchsäuerung einen nützlichen Gebrauch. In der Emmentalerkäserei wird die angelieferte Milch in flachen Behältern über Nacht aufgestellt, damit eine geringe Säuerung eintreten kann, die für die Erzeugung eines guten Emmentalers erforderlich ist. Das Wachstum der Bakterien in Milch und Milcherzeugnissen und die Wirkung der Milchenzyme sind eng mit dem Gehalt an Säure verknüpft. Hieraus erklärt sich die große Bedeutung des Säurezustandes der Käsemasse für die Käsereifung. Auch die Vorgänge, die beim Verderben der Butter eine Rolle spielen, hängen hiermit zusammen. Die Fällung der Eiweißstoffe der Milch ist von der Säure abhängig, woraus sich die Bedeutung der Säure für die Kasein- und Quarkbereitung und die Sauermilchkäserei ergibt. Zum Schluß sei noch darauf hingewiesen, daß die Säuerung der Milch einen natürlichen Schutz gegen das Aufkommen unerwünschter Bakterien darstellt.

Bei der geschilderten Bedeutung der Säure in positiver und negativer Hinsicht in der Milchbearbeitung und Milchverarbeitung ist es verständlich, daß man sich schon sehr früh bemüht hat, Verfahren zum qualitativen und quantitativen Nachweis der Säure zu entwickeln. Man ist wohl in der Lage, einen fortgeschrittenen Säuerungsvorgang durch Riechen oder Kosten der Milch zu erkennen. Ein genauer und objektiver Nachweis, und zwar im frühen Zusand der Säuerung, ist natürlich auf diese Weise nicht möglich. Die ersten Prüfungen der Milch auf Säure wurden mit Lackmuspapier durchgeführt. Im Jahre 1888 gaben die beiden Milchwirtschaftler Soxhlet und Henkel eine Definition für den Säuregrad der Milch und schlugen ein Verfahren zur quantitativen Ermittlung der Säure vor. Sie bezeichneten als Säuregrad der Milch die Zahl der Milliliter $n/4$-Natronlauge, die bei der Titration von 100 ml Milch unter Verwendung von Phenolphthalein als Indikator verbraucht werden. Eine normale frische Milch hat demnach einen Säuregrad zwischen 6 und 7. Eine Milch, die bei der Alkoholprobe gerinnt, zeigt 9 Säuregrade. Milch, die das Kochen nicht mehr erträgt, weist 12 und mehr Säuregrade auf, während saure Milch bei 28—30 Säuregraden gerinnt. Für die Anlieferungskontrolle der Milch war das vorgeschlagene Titrationsverfahren zu umständlich. Hierfür kommen nur Verfahren in Frage, die in kürzester Zeit durchzuführen sind. Als ein solches erwies sich die Alkoholprobe, die bereits im Jahre 1890/91 in der Molkerei *Bolle* in Berlin durchgeführt wurde. Unter dem Einfluß von Alkohol von 68 Volumprozent gerinnt eine Milch, wenn sie den Säuregrad 9 nach Soxhlet-Henkel erreicht hat. Bereits 1873 führte Euglin den Indikator Alizarin in die Milchuntersuchung ein. Substanzen wie Alizarin und andere, die man als Indikatoren bezeichnet, ändern nämlich unter dem Einfluß von Säure ihre Farbe. An Hand von Farbtafeln ist man also in der Lage, Schlüsse auf die Säuremenge zu ziehen. Im Jahre 1910 kombinierte MORRES die Alkhoholprobe mit der Alizarinprobe zur Alizarolprobe. Mit Hilfe der Alizarolprobe erfaßt man die Säure der Milch, sowohl bezüglich ihres Einflusses auf den Indikator als auch auf den Gerinnungsvorgang. Die Alizarolprobe hat neben der Alkoholprobe lange die Anlieferungskontrolle der Milch auf Säure beherrscht. In neuerer Zeit finden auch andere Indikatoren Verwendung. Auch der Duplexstreifen beruht auf dem Indikatorenprinzip. Indikatoren zur Selbstherstellung von gebrauchsfertigen Lösungen werden nun auch in Tabletten in den Handel gebracht. Neben dem beschriebenen Verfahren fand noch die Rote-Lauge-Probe, die ein abgekürztes Titrationsverfahren darstellt, in manchen Gegenden Verwendung. Viele Versuche sind unternommen worden (und immer neue Vorschläge werden unterbreitet), um einfache Verfahren und Apparate zu entwickeln, die eine Blitzmethode der Anlieferungskontrolle der Milch auf Säure zu schaffen vermögen. Eine ideale, allgemein befriedigende Lösung ist bisher nicht gefunden worden. Im folgenden werden die einzelnen Verfahren zur Säure-Ermittlung beschrieben.

1. Titration[1]

Die genaueste Bestimmung des Säuregrades geschieht durch Titration mit einer besonders eingestellten Natronlauge. Da eine Lauge chemisch das Gegenteil einer Säure ist und Laugen und Säuren sich gegenseitig abstumpfen oder neutralisieren, braucht man zur Neutralisation einer sauren Flüssigkeit um so mehr Lauge, je mehr Säure die Flüssigkeit enthält. Man kann daher mit einer Lauge von bestimmter Stärke oder Konzentration die Säuremenge in einer Flüssigkeit dadurch feststellen, daß man die Menge der Lauge mißt, die man braucht, bis die säurehaltige Flüssigkeit neutral geworden ist. Um den Punkt zu ermitteln, bei dem die Säure gerade neutralisiert ist, benützt man Indikatoren; das sind chemische Verbindungen, die verschiedene Färbungen zeigen, je nachdem sie mit einer Säure oder Lauge in Berührung kommen. Zur Säuregradbestimmung benutzt man gewöhnlich 1/4 normale Natronlauge ($n/4$-NaOH), die in 1 Liter Wasser genau 10 g reines Ätznatron enthält. Zum Abmessen der Milch dienen Saugheber, die man Pipetten nennt. Zum Abmessen der Lauge verwendet man in $^1/_{10}$ ml eingeteilte Röhren (Büretten), die unten mit einem Hahn (Quetschhahn) versehen sind, oder solche ohne Hahn (Meßpipetten). Als Indikator dient das bei saurer oder neutraler Reaktion farblose Phenolphthalein, das karminrot wird, sobald in einer Flüssigkeit die Lauge überwiegt. Den Vorgang des allmählichen Zusetzens der Lauge bis zur Neutralisation der Säure nennt man *Titrieren* oder *Titration*. Die gebräuchlichste Bestimmung der Säuregrade ist die

[1] Siehe auch Festlegung von Standardmethoden auf dem Milchgebiet. Milchwiss. 10, 8 (1955).

nach SOXHLET-HENKEL (SH.). Zu 100 ml Milch läßt man nach Zusatz von 4 ml einer 2-proz. alkoholischen Phenolphthaleinlösung so viel $n/4$-Natronlauge zufließen, bis eine leicht rötliche Färbung der Flüssigkeit anzeigt, daß die in der Milch befindliche Säure abgestumpft oder neutralisiert ist. Die verbrauchten ml Lauge ergeben den Säuregrad nach SH. Man kann auch nur 25 ml Milch und 1 ml Phenolphthaleinlösung nehmen, muß dann aber die Anzahl der verbrauchten ml Lauge vervierfachen, um SH.-Säuregrade zu erhalten. Will man Milch sparen oder ist die zur Verfügung stehende Milchmenge sehr gering, so kann man auch nur 10 ml Milch zur Titration verwenden und muß dann das Resultat mit 10 multiplizieren, wie dies beim Säuregradprüfer nach PETER der Fall ist, bei dem die Bürette durch eine Meßpipette ersetzt ist. Von den verschiedenen Formen der Titrationsapparate sind besonders die mit automatischer Nullpunkteinstellung zu empfehlen. Da diese Geräte sehr häufig in der Praxis verwendet werden, sind sie im folgenden ausführlich beschrieben.

Hilfsmittel und Vorschriften zur Durchführung der Säuregrad-Bestimmung

a) Geräte mit Gummigebläse

Die Apparatur (Abb. 60) besteht aus einem starkwandigen Vorratsgefäß aus Glas zur Aufnahme der Natronlauge. Auf der Vorratsflasche sitzt ein dreifach durchbohrter Gummistopfen. Durch eine Bohrung ist die Verlängerung einer graduierten Glasröhre (Bürette) geführt. Durch die zweite Bohrung geht das Steigrohr mit Natronkalkmantel. Es dient zur Füllung der Bürette mit Lauge von oben her aus dem Vorratsgefäß. Die in die oben erweiterte Bürette eingeführte Glasspitze ermöglicht eine automatische Nullpunkteinstellung. Der Inhalt der Bürette stellt sich mit Hilfe dieser Vorrichtung nach dem Füllen immer auf Null ein. Durch die dritte Bohrung führt ein gebogenes Glasrohr, das durch einen Gummischlauch mit einem Gebläse verbunden ist. Drückt man auf den Gummiball, so wird Luft in den Vorratsbehälter gepreßt, und die Natronlauge fließt durch das Steigrohr in die Bürette. Am unteren Teil der Bürette ist ein seitliches Ausflußrohr angeschmolzen. Über dieses Rohr ist ein Gummischlauch gezogen, der in eine Glasspitze mündet. Auf dem Gummischlauch sitzt ein Quetschhahn aus Metall. Durch Druck auf die beiden runden Scheiben des Quetschhahns kann man Natronlauge aus der Bürette ausfließen lassen.

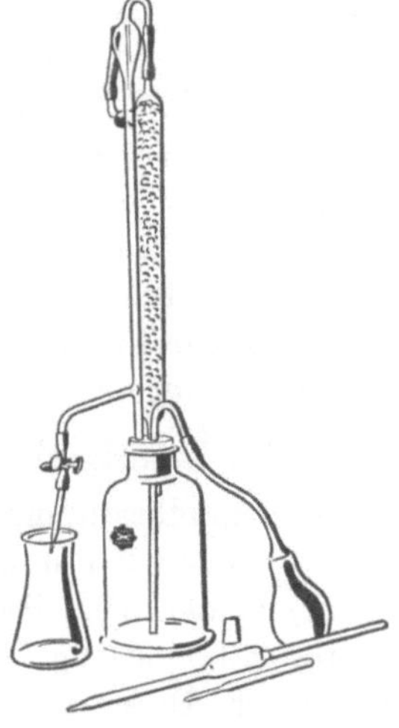

Abb. 60. Säuregradbestimmer mit Gummigebläse und automatischer 0-Punkt-Einstellung

Um zu verhindern, daß die Kohlensäure der Luft beim Füllen der Bürette die Natronlauge schwächt, sind die Säuregradbestimmer mit einem Natronkalkrohr ausgerüstet. Bei dem abgebildeten Gerät wird vor dem Füllen der Bürette der Verschluß-Stopfen am unteren Teil des Natronkalkrohrs entfernt und nach beendeter Titration wieder aufgesetzt. Hierdurch erreicht man, daß die nachgesaugte Luft über eine Schicht von Natronkalk streicht, wobei sie von Kohlensäure und Wasserdampf befreit wird.

b) *Säuregradbestimmer „Fila“*

Während bei den bisher üblichen Säuregradbestimmern die Lauge aus dem Vorratsbehälter mit Hilfe eines Gummiballes in die Bürette (durch Erzeugung von Überdruck in der Vorratsflasche) getrieben wird, kommt der „Fila-Apparat“ ohne ein derartiges Zusatzgerät aus (Abb. 61). Er besteht aus einer zylindrischen Vorratsflasche, an der an einem seitlichen Tubus die Bürette angebracht ist. Die Füllung der Bürette erfolgt durch Neigen des Vorratsbehälters. Die Neigung des Gerätes kann entweder aus freier Hand geschehen oder zweckmäßig in einem Stativ ausgeführt werden. Ein besonderer Vorzug des Gerätes ist das im Vorratsbehälter bruchsicher angebrachte Natronkalkrohr.

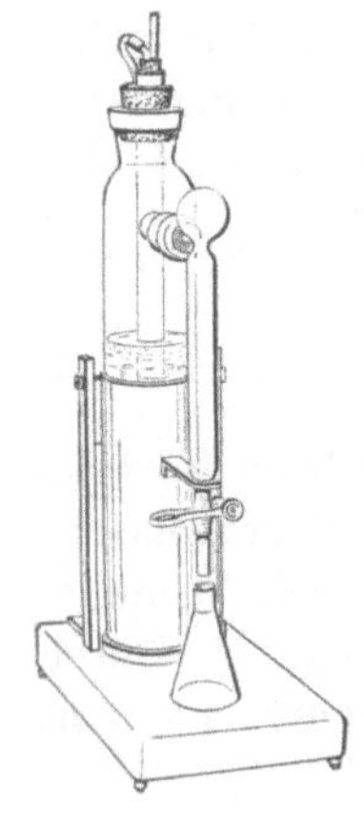

Abb. 61. Säuregradbestimmer Fila

Um vergleichende Untersuchungen durchführen zu können, ist es erforderlich, den Endpunkt der Titration möglichst genau festzulegen. Hierfür liegen verschiedene Vorschläge vor. Entweder kann man, wie ROEDER vorschlägt, eine Vergleichslösung konstanter Zusammensetzung wählen oder man verwendet ein Titrationsgefäß, das auf den gewünschten Ton gefärbt ist. Man titriert so lange, bis Gefäß und Inhalt einheitliche Farbe aufweisen.

Fehler bei der Säuregradbestimmung verursachen außerdem:

1. Falsche Probenahme (lufthaltig, nicht richtig gemischt). – 2. Falsche Indikatormengen.

c) *Gebrauchsanweisungen für die Bestimmung des Säuregrades*

Säuregradbestimmung in Milch. Mit der 50-ml-Pipette entnimmt man aus der gut durchmischten Milch eine Probe und bringt sie in den Erlenmeyerkolben. Hierauf gibt man mit der kleinen Pipette 2 ml 2-proz. alkoholische Phenolphthaleinlösung zu der Milch und schüttelt gut durch. Durch vorsichtigen Druck auf den Gummiball füllt man die Bürette mit Natronlauge. Sobald die Flüssigkeitssäule den Nullpunkt überschritten hat, hört man auf zu drücken. Der Inhalt der Bürette stellt sich automatisch auf den Nullstrich ein. Nun läßt man durch vorsichtiges

Drücken auf den Quetschhahn Natronlauge in das mit Milch gefüllte Kölbchen unter ständigem Umschütteln des Inhalts fließen, und zwar so lange, bis eine auftretende leichte Rosafärbung nicht mehr verschwindet. Man liest die verbrauchte Menge an der Bürette ab. Falls die Bürette eine normale Teilung in ml besitzt, muß das Ergebnis mit 2 multipliziert werden. Hat man z. B. 4,3 ml Natronlauge verbraucht, so ist der Säuregrad der Milch 8,6° SH. Vor der Durchführung einer Bestimmung müssen die Luftblasen aus der Glasspitze entfernt werden. Dies erreicht man dadurch, daß man bei nach oben gekehrter Spitze etwas Flüssigkeit ausfließen läßt.

Säuregradbestimmung in Rahm. Die Säuregradbestimmung in Rahm wird auf dieselbe Weise durchgeführt wie bei der Milch. Mit der 25-ml-Pipette entnimmt man aus dem gut durchgemischten Rahm eine Probe und bringt sie in den Erlenmeyerkolben, besser ist die Verwendung eines Rahm-Abmeßbechers. Bei Säuregradbestimmer für Rahm ist die Bürette auf Anwendung von 25 ml Rahm eingestellt und direkt in Säuregraden justiert. Sind z. B. 22,5 Teile Natronlauge ausgeflossen, so hat der Rahm einen Säuregrad von 22,5° SH. Anstatt 2 ml Phenolphthalein benötigt man nur 1 ml.

Bemerkungen. Frischer Rahm zeigt im allgemeinen einen Säuregrad von 6° SH. Butterungsreifer Rahm muß je nach Fettgehalt verschiedene Säuregrade aufweisen. Die Säure befindet sich nämlich im fettfreien Teil des Rahms (Serum). Man hat es also bei gleichem Säuregrad im Rahm in einem fettreichen Rahm mit einer höher konzentrierten Säure zu tun als in einem fettarmen Rahm. Deshalb wird vielfach auch die Säure im fettfreien Teil des Rahms angegeben. Zu diesem Zweck multipliziert man den Säuregrad im Gesamtrahm mit 100 und dividiert den erhaltenen Wert durch 100 – Fettgehalt.

Beispiel. Der Säuregrad im Gesamtrahm betrage 21 nach Soxhlet-Henkel, der Fettgehalt des Rahms betrage 32%. Durch Division von $21 \cdot 100$ durch $100 - 32 = 68$ erhält man 31. Der Säuregrad im fettfreien Teil beträgt also 31.

Will man ohne diese Umrechnung seinen Rahm auf den richtigen Säuregrad einstellen, so hat man die in Tab. 4 zusammengestellten Beziehungen zwischen Fettgehalt des Rahms und Säuregrad zu berücksichtigen. Hierbei ist Voraussetzung, daß der Rahm auf einen Säuregrad von 35 im Serum eingestellt werden soll. Der Säuregrad des gebrauchsfertigen Säureweckers soll 35–40 betragen.

Tabelle 4

Fettgehalt des Rahmes in %	Säuregrad des Rahmes
20	28,0
22	27,3
24	26,6
26	25,9
28	25,2
30	24,5
32	23,8
34	23,1
36	22,4
38	21,7
40	21,0

d) Normallösungen

Die Bereitung von Normallösungen ist nicht ganz einfach und zeitraubend. Andererseits bedeutet der Versand von größeren Mengen von Lösungen Kosten, die man gerne einsparen möchte. Es hat deshalb nicht an Versuchen gefehlt, die Herstellung solcher Lösungen so zu vereinfachen, daß sie schnell und bequem durchgeführt werden kann. Für diesen Zweck wurden von einer schwedischen Firma Tabletten aus Natriumhydroxyd oder Kaliumhydroxyd in den Handel gebracht. Diese wurden in einen Meßkolben gegeben. Mit der entsprechenden Menge destillierten Wassers wurde bis zur Marke aufgefüllt.

Fixanal-Lösungen, d.h. konzentrierte Lösungen in Ampullen werden für den gleichen Zweck von der Firma *Riedel de Haen* geliefert.

e) Titrisol

Als Titrisol bringt die Firma *Merck* neuerdings solche Lösungen in alkalibeständigen Kunststoffampullen in den Handel.

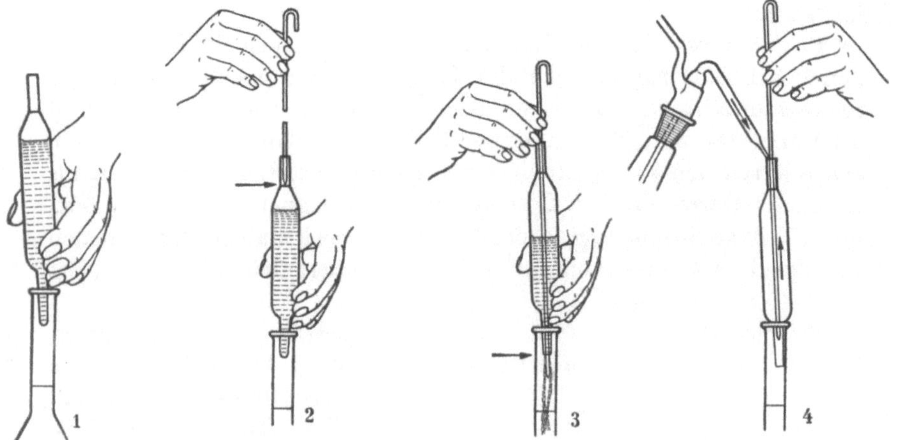

Abb. 62. Einzelne Vorgänge beim Gebrauch von Titrisol

Die Herstellerfirma gibt folgende Gebrauchsanweisung: „Zur Herstellung z.B. einer 1/10-Normallösung wird die Titrisolampulle mit dem Trichterrohr (Ansatzrohr mit abgeschmolzenem Ende) in den Hals eines Meßkolbens von 1000 ml Inhalt eingesetzt, wobei der zwischen Ampulle und Meßkolbenhals liegende Finger bei dem folgenden Öffnen eine zweckmäßige Stütze bildet (Abb. 62,1). Nun werden mit Hilfe eines zugespitzten Glasstabes oder auch mit einem anderen passenden Glasstab mit leichtem Druck zunächst das Glashäutchen im oben offenen Rohr (Abb. 62,2) und anschließend, mit etwas kräftigerem Druck, das untere, zugeschmolzene Rohrende durchstoßen (Abb. 62,3). (Ist der Glasstab an dem einen

Ende eingewinkelt oder umgebogen – wie dies bei dem durch *Merck* lieferbaren der Fall ist –, so läßt er sich nach dem Durchstoßen am oberen Ansatzrohr einhängen, kann also selbst bei unvorsichtiger Handhabung nicht durchrutschen.) Nachdem sich der Ampulleninhalt in den Meßkolben entleert hat, wird mit dest. Wasser sorgfältig nachgespült, wobei es zweckmäßig ist, den Glasstab während des Spülens langsam herauszuziehen (Abb. 62,4). Nach der Überführung des Ampulleninhaltes in den Meßkolben wird die leere Ampulle entfernt und die Lösung wie üblich bis zur Marke mit destilliertem Wasser von 20 °C aufgefüllt. Die wenigen, in das Meßgefäß fallenden Glassplitter sind für die Genauigkeit des Titers wegen ihres sehr geringen Volumens ohne Bedeutung."

2. Rote-Lauge-Probe

Eine Art Kurztitration stellt die Rote-Lauge-Probe dar. Mit ihr kann ermittelt werden, ob die Milch einen bestimmten Säuregrad überschritten hat. Zu diesem Zweck werden 2 ml einer besonders eingestellten, mit Phenolphthalein versetzten Natronlauge mit 2 ml Milch versetzt. Die Stammlösung enthält 25 g Natriumhydroxyd je Liter. Hat die Milch den zulässigen Säuregrad überschritten, so zeigt das Gemisch eine weiße Farbe, liegt der Säuregrad unter dem Grenzwert, so entsteht eine Rosafärbung. Aus der mit der Ausrüstung gelieferten Stammlauge kann man sich je nach Wunsch eine auf 8, 9, 10, 11 usw. Säuregrade eingestellte Lauge selbst bereiten. Will man z.B. eine auf 8° SH. eingestellte Lauge herstellen, so gibt man in einen 250-ml-Meßkolben 7,2 ml Stammlauge und 10 ml Phenolphthaleinlösung und füllt bis zur Marke mit destilliertem Wasser auf. Die Erfahrung hat gezeigt, daß die Rote Lauge am besten jeden Tag frisch angesetzt wird. Die Rote-Lauge-Probe spielt bei der Anlieferungskontrolle eine Rolle, weil sie es ermöglicht, unbrauchbare Milch rasch ausfindig zu machen. Wie bei der Ermittlung des Säuregrades können hiermit nur die auf Säuerung beruhenden Veränderungen der Milch erfaßt werden, also nicht die durch labausscheidende Bakterien verursachte säurelose Zersetzung oder Labgärung.

Außer der Säuregärung gibt es noch andere Arten der Milchzersetzung, die von verschiedenen Bakterienarten verursacht werden. Von diesen Zersetzungsarten ist am wichtigsten die *Labgärung*, d.h. die durch labausscheidende Bakterien bewirkte Veränderung des Käsestoffes, die ebenso zur Gerinnung der Milch führt wie die Säuerung. Da sie häufig vorkommt, vor allem im Sommer, muß sie in der Praxis beachtet werden. Solche Milch ist scheinbar noch frisch und für alle Zwecke verwendbar, da ihr Säuregrad normal oder sehr niedrig zu sein pflegt, tatsächlich kann sie aber der Kochgrenze sehr nahe sein, sie erreicht oder schon überschritten haben. Man kann daher selbst vorgeschrittene Labgärung weder mit dem Geschmack und Geruch, noch mit Hilfe der Säuregradbestimmung herausfinden, benötigt also noch andere Verfahren der Milchuntersuchung, die den wahren Lösungszustand des Käsestoffes erkennen lassen und es möglich machen, Verluste durch Gerinnung von Milch oder Mißlingen von Käsen zu verhüten. Solche Methoden sind die Kochprobe, Alkohol- und Alizarolprobe.

3. Kochprobe

Das älteste und einfachste Verfahren, um die Frische und Haltbarkeit der Milch zu beurteilen, ist die Kochprobe, mit der man Milch erkennen kann, die eine derartige Säure- oder Labgärung aufweist, daß sie das Erhitzen nicht mehr erträgt, sondern gerinnt. Für Molkereizwecke ist sie jedoch nicht empfindlich genug, da die Gerinnung durch Erhitzen erst bei 11,5 Säuregraden einzutreten pflegt. In der Molkereipraxis braucht man aber Verfahren, welche die *Anfangsstadien der Milchzersetzung* erkennen lassen. Der einzige Vorteil der Kochprobe besteht darin, daß man mit ihrer Hilfe nicht nur die Säuerung, sondern auch eine entsprechende Labgärung erkennen kann. Wegen ihres beschränkten Wertes wird sie daher in der Praxis selten ausgeführt.

4. Alkoholprobe

Bei der Alkoholprobe werden gleiche Mengen Milch und Alkohol von 68 Raumprozenten in einem Gläschen zusammengegeben und durchgeschüttelt.

Tritt keine Abscheidung von Flocken ein, so ist die Milch noch frisch und für alle Zwecke brauchbar. Bei flockiger Gerinnung des Käsestoffs ist die Zersetzung der Milch um so weiter vorgeschritten, je gröber die Flocken ausfallen. Die Alkoholprobe ist bedeutend empfindlicher als die Kochprobe, denn man kann mit ihr auch Milch herausfinden, die erst den 9. Säuregrad erreicht hat. Bei solcher Milch ist die Gerinnung sehr feinflockig, und sie hält sich bei gewöhnlicher Temperatur von etwa 20° 5 bis 7 Stunden kochfähig. Die Gerinnung tritt nicht nur bei Säuregärung ein, sondern auch bei Labgärung. Eine genaue Abstufung des Zersetzungsgrades ist nur annähernd möglich, denn bei hohen Säuregraden über 12,0 fallen die Flocken meist kleiner aus als bei Säuregraden zwischen 10 und 12. Man kann mit der Alkoholprobe zwar den ungefähren Grad, aber nicht die *Art der Milchzersetzung* erkennen, weil das Bild der Gerinnung bei der Labgärung das gleiche ist wie bei der Säuerung.

Die Alkoholprobe kann noch empfindlicher gestaltet werden durch Verwendung von höherprozentigem Alkohol oder durch Verwendung einer größeren Menge 68-proz. Alkohols auf die gleiche Menge Milch. Verwendet man z. B. auf 2 ml Milch 4 ml 68-proz. Alkohol (doppelte Alkoholprobe nach Morres), so erhält man bereits eine Gerinnung bei Milch von etwa 8 Säuregraden. Es ist besonders darauf zu achten, daß der verwendete Alkohol säurefrei und unter Verwendung einer Alkoholspindel auf den richtigen Gehalt eingestellt ist.

Nach § 6 der Ausführungsbestimmungen zum RMG ist eine Milch als verdorben anzusehen, wenn sie beim Vermischen mit gleichen Raumteilen Alkohol von 68 Raumhundertteilen gerinnt.

5. Alizarolprobe

Die Alizarolprobe ist eine von MORRES vorgeschlagene Kombination der Alizarinprobe mit der Alkoholprobe. Alizarin ist ein säureempfindlicher Farbstoff, der mit der Milch je nach ihrem Säuregrad verschiedene Farbtöne ergibt, die von lilarot über braun bis zum reinen Gelb übergehen. Zur Durchführung der Probe werden 2 ml Milch mit 2 ml Alizarin-Alkohol oder Alizarollösung versetzt und durchgeschüttelt. Man beobachtet nicht nur die auftretende Färbung, sondern auch die Stärke der Gerinnung. Bei reiner Milchsäuregärung erhält man je nach dem Säuregrad folgende Farbtöne und Gerinnungserscheinungen (s. Tab. 5).

Tabelle 5

Säuregrad nach Soxhlet-Henkel	Ausfall der Alizarolprobe			Die Milch wird beim Stehen bei 20 °C die Kochprobe voraussichtlich nicht aushalten
	Farbton des Alizarins		Gerinnungstärke durch den Alkohol	Nach Stunden
7,0	lilarot	0	0 keine	7 u. m.
8,0	blaßrot	1	1 sehr feinflockig	5—7
9,0	bräunlichrot	2	2 feinflockig	3—5
10,0	rötlichbraun	3	3 flockig	1—3
11,0	braun	4	4 dickflockig	0—$^1/_2$
12,0	gelblichbraun	5	5 sehr dickflockig	sofort
14,0	bräunlichgelb	6	4 dickflockig	sofort
16,0	gelb	7	3 flockig	sofort
20,0 u. m.	lichtgelb	8	2 feinflockig	sofort

Zur Durchführung der Alizarolprobe benötigt man eine Farbtafel, welche die den einzelnen Säuregraden der Milch entsprechenden Farbtöne aufweist (Abb. 63). Von verschiedenen Seiten wird bemängelt, daß die Farbtöne der Farbtafel nicht immer ganz genau mit dem Ausfall der Alizarolprobe übereinstimmen. Es darf nicht vergessen werden, daß die druckmäßige Herstellung gewünschter Farbtöne ziemlich schwierig ist. Hinzu kommt, daß Milch mit verschiedenem Fettgehalt gewisse Unterschiede in der Farbe liefern kann. Im allgemeinen wird in der Praxis auch die Farbtafel nur im Anfang Verwendung finden. Bei täglicher Prüfung der Milch mit der Alizarolprobe prägt sich der Farbton für normale Milch derartig ein, daß die geringste Abweichung, wie sie auf einer Farbtafel gar nicht wiedergegeben werden kann, sofort erkannt wird.

Wenn sich eine Milch in Labgärung befindet und einen sehr niedrigen oder normalen Säuregrad besitzt, wird naturgemäß keine merkliche Abweichung vom Normalfarbton eintreten. Wohl aber wird der Käsestoff durch den Alkohol ausgefällt, so daß bei dickflockiger Gerinnung

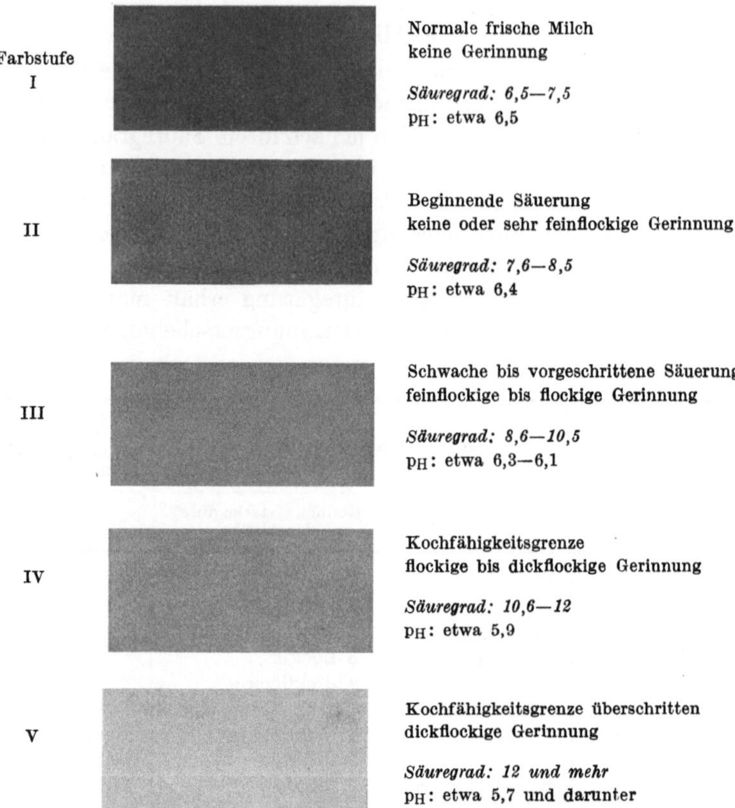

Abb. 63. Farbtafel für Standard-Alizarol
(Entsprechend den Prüfungsbestimmungen für Standard-Alizarol des Institutes für landwirtschaftliche Technologie der Landw. Hochschule Hohenheim)

dunklere himbeerrote oder weinrote Färbungen entstehen. Auch bei Verfütterung von zu kalkarmem Futter an die Milchtiere treten nach Moser mit Alizarol ähnliche Erscheinungen ein wie bei der Labgärung. Nach Zugabe von genügenden Kalkmengen zum Futter erfolgt keine Gerinnung mehr mit Alizarol.

Bei Labgärung der Milch handelt es sich meist nicht um reine Labgärung, sondern um eine gleichzeitige mehr oder weniger starke Säuregärung. In diesem Falle treten Farbtöne auf, die ebenso dunkel erscheinen wie die bei reiner Labgärung, aber mehr ins Braune übergehen. Vor einer schematischen Beurteilung der Milchproben mit Hilfe von Alizarol muß daher gewarnt werden.

Eine besondere Färbung zeigt auch Milch mit weniger als 6 Säuregraden, die meist von euterkranken Kühen stammt. Solche weniger saure Milch ergibt bei der Alizarolprobe violette Farbtöne. Durch übermäßigen Zusatz von Soda beim Neutralisieren säuerlicher Milch wird diese ebenfalls zu niedrige Säuregrade erreichen und mit Alizarol das Bild alkalischer Milch, also eine violette Färbung, liefern. Wie andere Indikatoren kann also Alizarol auch zum Nachweis von Milch erkrankter Tiere Verwendung finden.

Da die im Handel befindlichen Alizarollösungen und Farbtafeln sehr voneinander abwichen, wurde versucht, durch Festlegung bestimmter Kennzahlen das Alizarol zu normieren. Lösungen, die diesen gestellten Anforderungen entsprechen, dürfen mit geprüften Farbtafeln als „Standard-Alizarol" in den Handel gebracht werden.

Nach Äußerungen maßgeblicher Fachleute ist zu erwarten, daß die Alizarin-Alkohol- oder Alizarolprobe die Alkoholprobe mehr und mehr verdrängt, da sie erhebliche Vorteile vor dieser bietet, indem sie auf einfachste und rascheste Weise Art und Grad der Zersetzung erkennen läßt und hierin von keinem anderen Verfahren erreicht wird.

6. Geräte zur Durchführung der Alkohol- und Alizarolprobe

Um Serienuntersuchungen mit der Alkohol- und Alizarolprobe, wie sie bei der Anlieferungskontrolle der Milch in Frage kommen, durchführen zu können, benötigt man Spezialgeräte. Diese ermöglichen eine rasche, ziemlich genaue Abmessung der zu prüfenden Milch und des zur Untersuchung verwendeten Alkohols bzw. Alizarols.

Zur raschen Entnahme der 2 ml Milch für die Alkohol- bzw. Alizarolprobe benutzt man automatische Milchabmesser (Abb. 64). Sie werden in die Milch getaucht. Beim Herausnehmen fließt die überschüssige Milch ab. Setzt man sie mit dem unten angebrachten Drahtbügel auf einen Behälter, so fließt die Milch aus.

Zur automatischen Abmessung der Untersuchungsflüssigkeit verwendet man Geräte (Abb. 65), die im Prinzip dem Milchabmesser ähnlich sind. Sie werden mittels Gummistopfen auf ein Vorratsglas für die Untersuchungsflüssigkeit gesetzt. Durch einfaches Kippen der Vorratsflasche und Zurückneigen wird der Abmeßbehälter gefüllt. Die Entleerung erfolgt wie beim Milchabmesser.

Abb. 64. Milchabmesser

Der „Rex-Prober" (Abb. 66), der mit einer Hand bedient werden kann, ermöglicht die Durchführung der Alkoholprobe an der Kanne in einfachster Weise.

Dem gleichen Zweck dient das Prüfgerät „Salut“ (Abb. 67), mit dem die Milch ebenfalls aus der Kanne direkt entnommen werden kann. Durch einfache Kippbewegung des Gerätes kann die gewünschte Alkoholmenge zugesetzt werden.

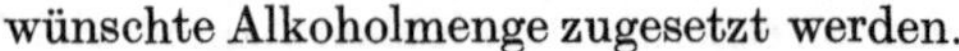

Abb. 65. Automatischer Abmesser für Alizarol

Gebrauchsanweisung für den Rex-Prober

a) Beschreibung des Gerätes. Das Gerät besteht aus einem Metallzylinder, der zwei Funktionen erfüllt: Er dient als Vorratsbehälter für die Prüfflüssigkeit und zur Unterbringung der Abmeßvorrichtung, die durch den am Zylinder befindlichen Durckknopf betätigt wird. An einem Ende ist eine pfeifenartige Röhre zur selbsttätigen Abmessung von 2 ml Milch angebracht. Eine biegsame Metallklammer dient zur Aufnahme des Prüfgläschens. Durch eine Schraube ist der Zylinder verschlossen.

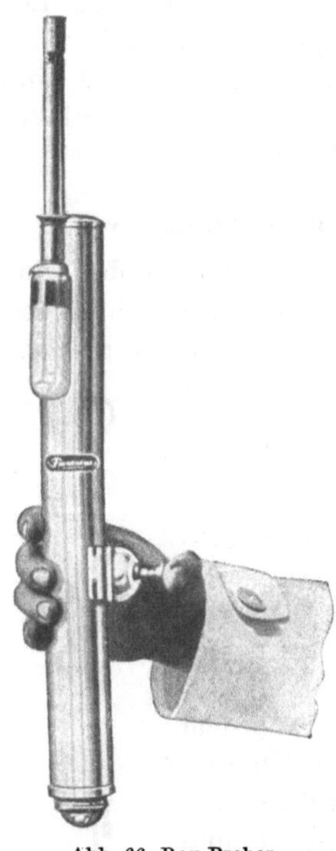

Abb. 66. Rex-Prober

b) Arbeitsweise. Man öffnet den Zylinder durch Abnehmen der Schraube und füllt den Apparat mit Alkohol von 68 bzw. 70 Volumprozent. Nach dem Verschließen drückt man so lange auf den Druckknopf, bis Flüssigkeit aus der Ausflußöffnung für Alkohol ausfließt. Nun bringt man das Prüfglas in die dafür vorgesehene Klammer. Hierauf wird das Schöpfröhrchen in die Milch getaucht, der Apparat herausgenommen und umgedreht. Dabei fließen 2 ml Milch in das Reagenzglas. Durch Drücken auf den Knopf werden 2 ml Alkohol in das Prüfglas entleert.

Für die Durchführung der Alizarin-Alkohol- oder Alizarolprobe läßt sich der Rexprober nicht ohne weiteres verwenden, da bei längerem Verweilen des Alizarols in dem Behälter Verbindungen zwischen dem Alizarin und dem Metall auftreten (Metallacke), die zur Verfärbung des Alizarins und damit auch zu anormalen Farbtönen bei Vermischung mit Milch Veranlassung geben. Durch Verwendung von metallbeständigem Alizarol kann dieser Nachteil behoben werden.

c) Beseitigung von Störungen. Verschmutzung der Saug- und Druckventile durch Verunreinigungen des Alkohols bewirken fehlerhaftes Arbeiten des Apparates. Durch Reinigung der Ventile kann dieser Fehler meist beseitigt werden. Man entfernt die Kappe, die durch vier Schrauben gehalten wird, und nimmt die Ventile aus dem Apparat heraus.

Bei der Reinigung des Ansaugventils ist darauf zu achten, daß die Messingkugel im Ansaugventil immer locker im Ventilgehäuse sitzt.

Abb. 67. Prüfgerät „Salut"

Das Druckventil besteht aus einem Stück Gummischlauch, das an einem Ende mit einer Kugel verschlossen, am anderen Ende auf ein Rohr gesteckt ist. In der Mitte hat dieser Schlauch einen etwa 4 mm langen Schnitt. Dieser Schnitt muß stets sauber gehalten werden. Bei geringster Verunreinigung kann er sich nicht mehr ganz schließen. Der Alkohol läuft dann tropfenweise heraus, wodurch ungleichmäßige Mengen entleert werden. Das Gummiventil darf aber auch nicht zu lang sein, da es sonst mit der Spitze gegen das Auslaufrohr stößt und dieses dadurch teilweise oder ganz verstopft wird.

Es wäre ratsam, neue Konstruktionen zu ersinnen, die bei gleicher einfacher Arbeitsweise technisch vollendeter sind, präzise einheitliche Abmessungen liefern und störungsfrei arbeiten. Auch könnte Material Verwendung finden, das die Alizarollösung nicht beeinflußt.

F. Die Wasserstoffionenkonzentration

1. Erklärung des Begriffes

In der Praxis herrscht manchmal noch die Ansicht, daß Säuregrad und Wasserstoffionenkonzentration ein und dasselbe seien und daß die vertrautere Bestimmung der Säuregrade die Ermittlung der Wasserstoffionenkonzentration ersetzen könne. Dies ist jedoch keineswegs der Fall. Es steht einwandfrei fest, daß viele biologische und chemische Vorgänge nicht von der gesamten, in einer wäßrigen Lösung enthaltenen Säuremenge beeinflußt werden, wie sie durch Titrieren mit Lauge festgestellt wird, sondern nur von der in ihre Bestandteile aufgespaltenen Säure, der sog. wahren oder aktiven Säure, nämlich der Wasserstoffionenkonzentration. Es kommt also weniger auf die Menge als auf die Stärke der Säure an.

Die Einführung des Begriffes der aktiven Säure oder des p_H-Wertes in der allgemeinen Chemie hat auch die Säuremessung in Milch und Milcherzeugnissen stark beeinflußt. Bevor über neue Verfahren der p_H-Messung hier berichtet wird, soll auf diese Dinge kurz eingegangen werden.

Während man sich früher in der Chemie begnügte, die gesamte Säure in einer Flüssigkeit durch Titration, d.h. Ausmessen mit einer genau eingestellten Lauge unter Verwendung eines Indikators zu ermitteln, erkannte man später, daß für viele Erscheinungen, wie z.B. Gerinnung von Eiweißlösungen, Enzymwirkungen, Farbe, Geschmack, nicht die gesamte Säure in der Lösung verantwortlich zu machen ist, sondern nur ein Teil dieser Säure, den man deshalb auch als „aktive Säure" bezeichnet. Jede Säure zerfällt in einer wäßrigen Lösung teilweise in Wasserstoff- und Säurerest-Ionen. Das Wasserstoffatom erhält bei dieser Aufspaltung in der Flüssigkeit eine elektrische Ladung bestimmter Größe. Da diese elektrisch geladenen Wasserstoffatome beim Anlegen einer Spannung zu einer in die Flüssigkeit eingetauchten Elektrode wandern, werden sie mit dem griechischen Wort für Wanderer „ion" bezeichnet. Man spricht deshalb nicht mehr von Wasserstoffatomen, sondern von Wasserstoffionen. Ihre Konzentration in Gramm je Liter bezeichnet man als Wasserstoffionenkonzentration. Die Konzentration der Wasserstoffionen ist ein Maß für die Aufspaltung der Säure in wäßriger Lösung und für die Stärke einer Säure. Je mehr eine Säure in Wasserstoffionen aufgespalten wird, desto höher ist ihre Menge an aktiver Säure. Einander entsprechende Mengen verschieden starker Säuren, in die gleiche Menge Wasser gebracht, verbrauchen zur Neutralisation gleiche Mengen Natronlauge, d. h. sie haben die gleiche Gesamtacidität (Gesamtsäure), während die Wasserstoffionenkonzentration verschieden sein kann. So unterscheiden sich n/1-Lösungen, welche die gleiche Titrationsacidität (Gesamtsäure) aufweisen, von denen also gleiche Mengen die gleiche Anzahl ml einer bestimmt eingestellten Natronlauge verbrauchen, im p_H-Wert folgendermaßen:

	p_H-Wert	Verbrauch an n/4-Natronlauge in ml pro 10 ml Säure
Salzsäure	0,11	40
Schwefelsäure	0,22	40
Ameisensäure	1,79	40
Milchsäure	1,97	40
Essigsäure	2,40	40

Die Wasserstoffionenkonzentration ist meist so klein, daß sie nur in sehr kleinen Bruchzahlen auszudrücken ist. Beispielsweise wäre eine schwach saure Reaktion durch die Angabe gekennzeichnet: die Wasserstoffionenkonzentration beträgt 0,00001, d.h. ein Liter der schwachsauren Lösung enthält 0,00001 g Wasserstoffionen. Deshalb erfolgt die Angabe in vereinfachter Form, und zwar in Zahlen von 0–14, den sog. p_H-Werten. Als p_H-Wert bezeichnet man den negativen dekadischen Logarithmus der Wasserstoffionenkonzentration. Man schreibt also statt Wasserstoffionenkonzentration 10^{-7} g/l p_H 7.

Folgendes Schema veranschaulicht, wie saure, neutrale und alkalische Reaktionen in p_H-Werten ausgedrückt werden:

0 1 2 3 4 5 6 7 8 9 10 11 12 13 14

sauer ←———— neutral ————→ alkalisch

Hieraus geht hervor, daß ein p_H-Wert von 7 dem neutralen Zustande entspricht, während nach links fortschreitend die Reaktion immer saurer, nach rechts aber immer alkalischer wird.

40 Jahre sind nun vergangen, seitdem der Däne SÖRENSEN den p_H-Begriff in die Chemie eingeführt, auf seine allgemeine Bedeutung hingewiesen und eine brauchbare Methode zur Bestimmung von p_H-Werten angegeben hat. In diesem Zeitraum hat sich die p_H-Messung fast alle Zweige der angewandten Chemie erobert. In seinem klassischen Buche „The Determination of Hydrogenions" sagt CLARK[1] bereits 13 Jahre nach Einführung des p_H-Begriffes, daß die Wasserstoffionen fast alle chemischen Prozesse, einschließlich solcher Vorgänge in der Natur, nahezu ebenso stark beeinflussen, wie es die Temperatur tut. Die Entwicklung hat zweifellos die Auffassung von CLARK bestätigt, und es ist vielleicht nicht vermessen, zu sagen, daß Geräte zur Bestimmung des p_H-Wertes bald in jedem Laboratorium zu finden sind und ebenso zur Ausrüstung gehören wie das Thermometer. Immer mehr hat sich die p_H-Messung in den Laboratorien eingeführt[2]. Man mißt z.B. den p_H-Wert der Ozeane. Bekannt ist der Einfluß des p_H-Wertes auf den Verlauf der Ledergerbung; bei der Bierbereitung spielt der p_H-Wert der Würze eine große Rolle, die Haltbarmachung von Eiern, die Trübung von Gelatinelösungen, die Reinigung von Trinkwasser, die Leimung von Papier, die Abwasserreinigung, die Herstellung von Kasein, die Reifung von Käse, der Butterungsvorgang und die Bereitung von Sauerfutter sind eng mit dem p_H-Wert verknüpft. Eine große Bedeutung hat die p_H-Messung bei der Untersuchung von Milch und Milcherzeugnissen erlangt. Auch bei der Untersuchung des Ackerbodens werden jährlich viele Millionen p_H-Bestimmungen ausgeführt. JÖRGENSEN[3] beschreibt in seinem 1935 erschienenen Buch „Die Wasserstoffionenkonzentration" bereits 62 Anwendungsgebiete, deren Zahl sich inzwischen noch bedeutend vergrößert hat. So ist z.B. die p_H-Messung in der Penicillinfabrikation ein sehr wichtiges Untersuchungsverfahren, da Betriebssicherheit und Ausbeute vom p_H-Wert beeinflußt werden.

2. Bedeutung für die Untersuchung von Milch und Milcherzeugnissen

Auch auf dem Gebiete der Milchwirtschaft hat in den letzten 25 Jahren die Messung der Wasserstoffionenkonzentration eine immer größere Ver-

---

[1] CLARK, W. M.: The Determination of Hydrogenions, 3. Aufl., Baltimore: William and Wilkins 1923.

[2] KORDATZKY, W.: Taschenbuch für die p_H-Messung, 4. Aufl., München: Müller-Steinicke 1949.

[3] JÖRGENSEN, H.: Die Bestimmung der Wasserstoffionenkonzentration, Dresden: Theodor Steinkopff 1935.

breitung gefunden[1, 2]. Nach BRITTON[3] ist FOA der erste gewesen, der Wasserstoffionenkonzentrationen der Milch auf elektrischem Wege bestimmt hat. In der deutschen Literatur erschienen die ersten Veröffentlichungen über dieses neue Untersuchungsverfahren zwischen 1920 und 1930. Die Verfahren und Apparate zur Messung des p_H-Wertes haben inzwischen eine stetige Entwicklung erfahren, auf die im einzelnen später eingegangen werden soll.

Im folgenden sollen die verschiedenen Anwendungsmöglichkeiten der p_H-Messung in der Milchwirtschaft etwas eingehender beschrieben werden. In diesem Zusammenhang möge auch darauf hingewiesen werden, daß in der Milchwirtschaft bereits vor allgemeiner Einführung des p_H-Begriffes jährlich Millionen von p_H-Messungen im Rahmen der Anlieferungskontrolle auf Säure durchgeführt wurden. Es wird nämlich meist vergessen, daß eine Alkoholprobe, eine Alizarolprobe, die Prüfung der Milch mit anderen Indikatoren, ja selbst die Kochprobe einschließlich der Prüfung mit dem Duplexstreifen eine p_H-Messung in Milch darstellt. Die p_H-Messung beherrscht also ausschließlich bereits Jahrzehnte die Anlieferungskontrolle der Milch auf Säure, und die Milchwirtschaft kann sich rühmen, daß sie bereits vor Einführung des p_H-Begriffes p_H-Messungen in großer Zahl in Milch ausgeführt hat. Auch die Vorgänge, die früher in ihrer Abhängigkeit vom Säurewert beschrieben wurden, hängen sehr häufig nicht mit der gesamten Säure, sondern nur mit der aktiven Säure, dem p_H-Wert, ursächlich zusammen. Man kann also durchaus die Auffassung vertreten, daß auch auf dem Gebiete der Milchwirtschaft in vielen Fällen die p_H-Messung die Titration und Geräte zur p_H-Messung den Säuregradbestimmer verdrängen werden. Eingehende Untersuchungen müssen ergeben, ob es in einzelnen Fällen zweckmäßiger ist, auch weiterhin durch Titration die gesamte Säure zu ermitteln oder mindestens neben der p_H-Bestimmung eine Titration durchzuführen[4].

In welchen Fällen die p_H-Messung in der Molkerei-Praxis und im Molkereilaboratorium Anwendung finden kann, ist aus folgender Aufstellung ersichtlich:

1. Die überragende Bedeutung der p_H-Messung im Rahmen der Anlieferungskontrolle der Milch ist bereits früher geschildert worden. Allein in der Bayerischen Milchversorgung Nürnberg wurden im Jahre 1940 1,5 Millionen p_H-Bestimmungen durch Untersuchungen mit dem Duplexstreifen und mit Alizarol ausgeführt.

---

[1] MUNDINGER, E.: Molkerei-Ztg. Hildesheim **40**, 1555 (1926); **40**, 2185, 1926; **49**, 2362, 2387 (1935). — Süddtsch. Molkerei-Ztg. **71**, 37 (1950); **71**, 72 (1950). — Fette u. Seifen H. 6 (1944).

[2] SCHNEIDER, K.: Schweiz. Milchztg. **76**, 597 (1950).

[3] BRITTON, H. T. S.: Hydrogen Ions their Determination and Importance in Pure and Industrial Chemistry, New York: D. van Nostrand Co. 1929.

[4] ROEDER, G.: Die Molkerei-Ztg. **3**, 361 (1949).

2. Bei der Ermittlung von Tieren, die an Mastitis erkrankt sind, hat sich die Bestimmung des p_H-Wertes der Milch als ein sehr brauchbares Verfahren erwiesen. Es ist bekannt, daß der p_H-Wert der Milch von kranken Tieren sich im Anfangsstadium der Krankheit etwas erhöht und im fortgeschrittenen erniedrigt.

3. Bekanntlich ist die Butterungsfähigkeit des Rahmes von der Säurekonzentration im Rahmserum abhängig. Um die für die Butterung günstigste Säurekonzentration im Serum zu erhalten, muß man Rahm von verschiedenem Fettgehalt bis zu bestimmten, aber verschiedenen Säuregraden reifen lassen. Da die p_H-Zahl aber unabhängig vom Fettgehalt des Rahmes ein direktes Maß für die Säurekonzentration im Serum ist, bildet die p_H-Zahl allein schon einen Maßstab für die Butterungsreife des Rahmes, während der Säuregad nur unter Berücksichtigung des Fettgehaltes darüber Aufschluß gibt. Welch eine Vereinfachung die Benutzung des p_H-Wertes zur Bestimmung der Butterungsreife des Rahmes bedeutet, möge eine Gegenüberstellung der dazu notwendigen Angaben bei Verwendung des p_H-Wertes und des Säuregrades zeigen. Bei Verwendung des Säuregrades muß man die in Tab. 4 zusammengestellten Beziehungen berücksichtigen. Bei Verwendung des p_H-Wertes lautet dagegen die Angabe beispielsweise: Butterungsreifer Rahm hat einen p_H-Wert von 4,5.

Sauerrahm wird z.B. in Amerika nach HUNZIKER[1] auf einen p_H-Wert zwischen 6,6 und 7,2 neutralisiert. Süßrahm wird entweder auf einen p_H-Wert von 6,0 oder 6,5 auf 4,8 oder 4,3 eingestellt.

4. VIRTANEN hat nachgewiesen, daß bei p_H-Werten über 6,0 Butter bei der Lagerung nicht fischig wird. p_H-Messungen in Butter dürften deshalb in Zukunft immer mehr an Bedeutung gewinnen.

5. Auch der Säurewecker muß bezüglich seines p_H-Wertes überwacht werden. Es hat sich nämlich gezeigt, daß das Butteraroma (Diacetyl) bei einem p_H-Wert von 5,0 und darunter sich zu bilden beginnt.

6. Bei der Herstellung von Käse der verschiedensten Art und auch bei der Reifung spielt der p_H-Wert eine große Rolle. Enzymwirkung und Bakterienwachstum, die beiden Hauptfaktoren bei der Käsereifung, sind eng mit dem p_H-Wert verknüpft. Durch zahlreiche Arbeiten ist festgestellt worden, daß eine Betriebskontrolle hinsichtlich der Bereitung und Reifung des Käses unter Verwendung der p_H-Bestimmung ausgeübt werden kann. So wurde z.B. nachgewiesen, daß das Zusammenziehen des Bruches, die Abscheidung der Molke und der Charakter des Bruches vom p_H-Wert abhängig sind. Wie sehr sich der p_H-Wert bei der Käsereifung ändert, geht aus einer Aufstellung von SCHULZ hervor, die zeigt, daß ein sieben Monate alter Tilsiter Käse in der Rinde einen p_H-Wert von 6,86 hatte, also nahezu neutral war, während er im Innern einen p_H-Wert von 5,6 aufwies, also eine schwach saure Reaktion zeigte. Außerdem konnte

[1] HUNZIKER, O. F.: The Butter Industry, Illinois: La Grange 1940.

nachgewiesen werden, daß Zusammenhänge zwischen Käsefehlern und dem p_H-Wert in bestimmten Schichten des Käses bestehen.

7. Auch bei der Herstellung von Kondens- und Trockenmilch muß der p_H-Wert sorgfältig überwacht werden, da beim Eindicken und Sterilisieren der Milch unerwünschte Gerinnungserscheinungen auftreten können, und auch die Haltbarkeit von Kondens- und Trockenmilch durch den p_H-Wert beeinflußt wird.

8. In der Schmelzkäsefabrikation wird durch Schmelzsalze der p_H-Wert der Käsemasse eingestellt und damit Schmelzvorgang und Haltbarkeit verbessert[1].

9. Bekannt ist die Abhängigkeit der Labgerinnung vom p_H-Wert der Milch. Die Überwachung der Kesselmilch bezüglich ihres p_H-Wertes ist wichtig, weil Ausbeute und Qualität der Käse von der Labgerinnung (Dauer) und damit vom p_H-Wert abhängig sind.

10. Bei der Herstellung von Nährböden ist es allgemein üblich, den p_H-Wert festzulegen, da das Wachstum von Mikroorganismen vom p_H-Wert des Nährbodens beeinflußt wird.

11. Auch die Überwachung der Kühlsole bezüglich ihres p_H-Wertes sollte laufend durchgeführt werden, da der Angriff der Sole auf die Rohre vom p_H-Wert abhängig ist.

12. Die Einstellung der Waschlauge auf einen bestimmten p_H-Wert ist mit Rücksicht auf die Korrosion der Metallflächen der Maschinen und Behälter erforderlich. Die Waschlauge für die Kannenreinigung bei der Maul- und Klauenseuche muß eine Mindestalkalität von p_H 11,5 aufweisen. Nur eine Lauge von diesem p_H-Wert gewährleistet die Abtötung des Maul- und Klauenseuchevirus.

13. Bei der Herstellung von Quark, Kasein und Molkeneiweiß erhält man die beste Ausbeute, wenn man den p_H-Wert einstellt, der dem Fällungsoptimum entspricht.

14. Bei der Herstellung von Sauermilcharten, wie Kefir, Joghurt, darf die Säuerung nur bis zu einem bestimmten p_H-Wert geführt werden.

15. Auch die Überwachung des Kesselspeisewassers, des Waschwassers für die Butter und der Abwässer der Molkerei schließt die Ermittlung des p_H-Wertes ein.

Tab. 6 gibt eine kurze Übersicht über die wichtigsten p_H-Zahlen in Milch und Milcherzeugnissen und in Hilfsstoffen. Nicht in allen Fällen kann eine Beziehung zwischen Säuregrad und p_H-Wert angegeben werden, da die beiden Werte von ganz verschiedenen Faktoren beeinflußt werden. Es ist leicht einzusehen, daß zwischen einer Säuregradsbestimmung in Quark und einer p_H-Bestimmung keine konstante Beziehung besteht, da der Säuregrad von Eiweiß bzw. Kaseingehalt beeinflußt wird, während der p_H-Wert von diesem Faktor ziemlich unabhängig ist.

[1] EGGER, K.: Die moderne Schmelzkäsefabrikation, Bern: K. WYSS Erben AG.

Tabelle 6

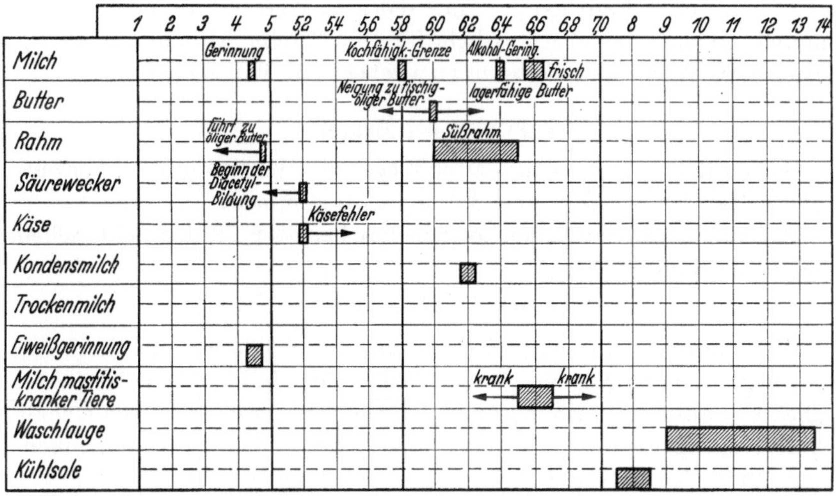

1 2 3 4 5 5,2 5,4 5,6 5,8 6,0 6,2 6,4 6,6 6,8 7,0 8 9 10 11 12 13 14

Milch	Gerinnung; Kochfähigk.-Grenze; Alkohol-Gering.; frisch
Butter	Neigung zu fischig-öliger Butter; lagerfähige Butter
Rahm	führt zu öliger Butter; Süßrahm
Säurewecker	Beginn der Diacetyl-Bildung
Käse	Käsefehler
Kondensmilch	
Trockenmilch	
Eiweißgerinnung	
Milch mastitiskranker Tiere	krank; krank
Waschlauge	
Kühlsole	

Dies geht auch daraus hervor, daß Milch und Labmolke der gleichen Milch denselben p_H-Wert aufweisen, sich aber im Säuregrad wesentlich unterscheiden, wie Tab. 7 zeigt.

Tabelle 7

Säuregrad Milch	Säuregrad Molke	p_H-Wert von Milch und Molke
5,9	2,7	6,68
7,4	4,4	6,35

Zwei Milchproben mit verschiedenem Kaseingehalt können also trotz gleichen p_H-Wertes verschiedene Säuregrade aufweisen. Da nun die Gerinnung der Milch vor allem vom p_H-Wert und nicht vom Säuregrad abhängt, könnte die Bestimmung des Säuregrades zu falschen Schlüssen führen.

Aus dem angeführten Grunde ist es auch zweckmäßiger, die veränderte Reaktion von Milch kranker Tiere nicht durch Säuregradsbestimmung, sondern durch Ermittlung des p_H-Wertes zu erfassen.

Tabelle 8. *Beziehung zwischen Säuregrad und p_H-Wert in Mischmilch* (nach GRIMMER)

Säuregrad	p_H-Wert	Säuregrad	p_H-Wert
6,0	6,60	13,0	5,80
7,0	6,50	14,0	5,70
8,0	6,40	15,0	5,65
9,0	6,20	16,0	5,60
10,0	6,10	17,0	5,45
11,0	6,00	18,0	5,35
12,0	5,90	27,0—30	4,6—4,3

Wie bereits oben erwähnt, erfaßt man durch eine Titration die gesamte Säure einer Flüssigkeit, während der p_H-Wert nur die aktive Säure darstellt. Wohl ist es aber möglich, für eine Mischmilch eine Beziehung zwischen p_H-Wert und Säuregrad anzugeben, was Tab. 8 dartun soll.

3. Prinzip der Messung

Grundsätzlich gibt es nun zwei Wege, die Wasserstoffionenkonzentration oder den p_H-Wert einer Lösung zu bestimmen:

Man wählt entweder 1. den kolorimetrischen oder – 2. den elektrischen (elektrometrischen) Weg.

a) Kolorimetrisch

Die kolorimetrische oder Farbmethode beruht darauf, daß man der zu untersuchenden Lösung gewisse Stoffe, sog. Indikatoren (lateinisch indicare = anzeigen, also p_H-Anzeiger) zusetzt, die je nach dem Gehalt an aktiver Säure, dem p_H-Wert, verschiedene Färbungen annehmen. Jeder Indikator ist durch verschiedene Färbung bei den einzelnen p_H-Werten und durch einen bestimmten Umschlagsbereich gekennzeichnet. So zeigt z.B. der Indikator Bromphenolblau bei den einzelnen p_H-Stufen folgende Farbtöne:

p_H	3,2	3,6	4,0	4,4	4,8	5,0
	gelb	gelbgrün	grau	grauviolett	violett	dunkelviolett

Der Indikator Thymolblau weist bei den einzelnen p_H-Werten folgende Farben auf:

p_H	8,0	8,5	9,0	9,5
	schmutziggelb	grünlich	violettblau	blau

Milch von verschiedenen p_H-Stufen zeigt mit dem Indikator Alizarin folgende Farben:

p_H	7,0	6,8	6,65	6,45	6,30	6,15	5,93	5,7	5,2	4,5
	violett	lila	lila-rot	blaß-rot	bräunl.-rot	rötl.-braun	braun	gelbl.-braun	bräunl.-gelb	gelb

Man ersieht hieraus, daß das Umschlagsgebiet eines Indikators, d.h. das Gebiet, innerhalb dessen er seine Farbe wechselt, weiter im sauren oder weiter im alkalischen Gebiet liegen kann. Jeder Indikator hat in Richtung des alkalischen und sauren Gebietes eine Grenzfarbe, die sich bei weiterer Zunahme der Alkalität oder Acidität nicht mehr ändert. Je kürzer der Weg, in p_H-Werten gemessen, von einer zur anderen Grenzfarbe ist, um so enger ist der Umschlagsbereich des Indikators. So hat z.B. der Indikator Thymolblau, wie aus obiger Aufstellung ersichtlich, einen engeren Umschlagsbereich (1,5 p_H-Einheiten) als Alizarin in Kombination mit Milch (2,5 p_H-Einheiten). Je nach dem Verwendungszweck wird man einen Indikator wählen, dessen Umschlagsbereich mehr im alkalischen oder mehr im sauren Gebiet liegt. Auch die Umschlagsbreite muß dem Zweck angepaßt werden.

Die praktische Messung wird meist so durchgeführt, daß man zu einer abgemessenen Untersuchungsflüssigkeit eine gewisse Menge Indikatorlösung bestimmter Konzentration hinzusetzt und aus dem auftretenden Farbton mit Hilfe eines Standards auf den p_H-Wert schließt. Eine so genaue Abmessung von Untersuchungsflüssigkeit und Reagenzlösung wie bei der Bestimmung der Titrationsacidität (Gesamtsäure) ist hierbei nicht erforderlich. Dies ist natürlich bei Serienuntersuchungen wie sie in der milchwirtschaftlichen Praxis durchgeführt werden müssen, von außerordentlicher Bedeutung. Zur Untersuchung eignen sich am besten klare Lösungen ohne Eigenfarbe.

a) Hilfsmittel für die kolorimetrische Bestimmung des p_H-Wertes in Lösungen. Die kolorimetrische p_H-Bestimmung ist ein Zweig der kolorimetrischen Analyse. Man benötigt für die Durchführung der Analyse ein Gerät, das man als Kolorimeter bezeichnet. Das einfachste Kolorimeter besteht aus einem durchsichtigen Behälter zur Aufnahme der Indikatorflüssigkeit und der Untersuchungsflüssigkeit. Hierfür finden Reagenzgläser, Küvetten usw. Verwendung. Diese Behälter sind häufig mit Ringmarken bzw. mit Meßmarken versehen, die eine Abmessung mit besonderen Abmeßgeräten erübrigen. Benötigt wird außerdem ein Farbvergleich, d.h. eine Skala von Farben, die den einzelnen p_H-Stufen entspricht. Mit Hilfe dieses Vergleiches kann man die in der Untersuchungsflüssigkeit auftretende Indikatorfarbe einordnen. Viele Versuche sind unternommen worden, Vergleichsskalen zu schaffen. Zuerst stellte man sich Pufferlösungen von verschiedenen p_H-Werten her, die mit Indikator versetzt wurden. Dann ging man dazu über, haltbare Farblösungen in Röhren einzuschmelzen. Man schuf sich haltbare Folien (Folienkolorimeter). Auch auf Porzellan und andere Materialien wurden die Farben aufgebracht. Am häufigsten finden aber Farbtafeln Verwendung, bei denen die Farben auf Papier gedruckt sind. (Auch in der Milchuntersuchung haben sich solche Farbtafeln eingeführt, und zwar für Alizarol, Nitrazingelb, Bayer-Indikator usw.) Ein weiteres Hilfsmittel ist der Komparator nach Wahlpole. Er dient dazu, die Farbe der Eigenlösung auszuschalten.

Indikatoren in gelöster Form zur Bestimmung des p_H-Wertes finden in der Milchwirtschaft häufig Verwendung. Der Indikator Alizarin ist bereits bei der Beschreibung der Alizarolprobe erwähnt worden. Nitrazingelb fand besonders im letzten Kriege Verwendung, weil es in Wasser löslich ist, was mit Rücksicht auf die Verknappung an Alkohol von Bedeutung war. Es wurde unter dem Namen Perfix in den Handel gebracht. Der Indikator Bromthymolblau ist in „Thybromol" enthalten, das zum Erkennen von Milch mastitiskranker Tiere dient.

Auch in Tablettenform werden Indikatoren für diesen Zweck angewendet. Hierbei ist der Indikator unter Zusatz eines neutralen Füllstoffes zu Tabletten verarbeitet worden. Jede Tablette enthält eine bestimmte Menge Indikator. Mit Hilfe dieser Tabletten kann man sich die Indikatorlösung selbst bereiten. Neben Tabletten aus Nitrazingelb hat sich der Milchindikator *Bayer* in Tablettenform eingeführt. Die Arbeitsweise mit diesem Indikator ist aus der folgenden Arbeitsanweisung ersichtlich:

Man löst eine Tablette in 1 Liter Wasser auf. Versetzt man 2 ml der so hergestellten Lösung mit 2 ml Milch, so ergeben sich die aus der Farbtafel (Abb. 68) ersichtlichen Farbtöne. Diese Farben entsprechen den in Tab. 9 angegebenen Frischegraden, p_H-Werten und Säuregraden. Bezüglich der Farbtafel bemerkt die Herstellerfirma:

Die untenstehende Farbskala zeigt diese Farbtöne, doch läßt sich der Glanz und die Leuchtkraft der Farbe nicht in dem Maße auf Papier drucken, wie sie die Mischung Indikator + Milch aufweist. Zweckmäßig ist es, sich selber eine Mischung herzustellen aus Milch verschiedener Säuregrade; die Unterschiede sind sowohl bei Lampenlicht als auch bei Tageslicht scharf und deutlich zu erkennen, so daß man den Frischezustand der Milch auch ohne Vergleichsskala leicht feststellen kann.

Abb. 68. Farbtafel für Milchindikator *Bayer*

Tabelle 9

Säuregrad Soxhlet-Henkel	Farbton Milch + Indikator	P_H-Wert der Milch	Frischegrad der Milch
7,0	bläulich-grau	6,5	normal
8,5	braun-grau	6,0	noch normal
10,0	gelblich-grau	5,7	ansauer – Kochfähigkeitsgrenze
11,5	gelblich-karamel	5,5	sauer nicht kochfähig
15,0	gelblich-orange	4,9	sauer – geronnen

Lösungen von bestimmtem p_H-Wert, die bestrebt sind, gegen die verschiedensten Einflüsse diesen p_H-Wert zu halten, nennt man Puffer. Weder durch Verdünnen noch durch Zusatz von Säure wird der p_H-Wert wesentlich geändert. Der Puffer ist ein Gemisch aus einer schwachen Säure mit ihrem Salz. Man unterscheidet Lösungen von guter oder schlechter Pufferung. Destilliertes Wasser, das nach der Bereitung theoretisch einen p_H-Wert von 7 haben sollte, zeigt infolge mangelnder Pufferung unter dem Einfluß der Kohlensäure der Luft rasch einen p_H-Wert von 5,6. Die Milch hingegen ist gut gepuffert durch ihren Gehalt an Phosphaten und Eiweißstoffen. Milch einzelner Ti re kann verschieden gepuffert sein. Der Laugenverbrauch bei der Titration ist dann trotz gleichen p_H-Wertes nicht einheitlich. Auch aus diesem Grunde ist eine p_H-Messung einer Säuregradsbestimmung in der Milch vorzuziehen. Untersuchungen müssen zeigen, ob sich die Pufferungseigenschaft einer Milch von Einzeltieren nicht als Kriterium bei der Milchuntersuchung verwenden läßt.

Bei der Untersuchung mit Indikatoren können fehlerhafte Werte auftreten. So gibt es z.B. Salz- und Eiweißfehler der Indikatoren. Der Indikator zeigt in diesen Fällen falsche Werte. Durch Wahl geeigneter Indikatoren kann dieser Fehler praktisch beseitigt oder verringert werden. Bei Vergleichsmessungen in Milch kann der Eiweiß- und Salzfehler unberücksichtigt bleiben.

b) Indikatorpapier. Die Säuregärung der Milch mit indikatorgetränkten Papieren nachzuweisen, ist bereits früher versucht worden. Es wurde zu diesem Zweck das altbekannte Lackmuspapier verwendet. Das Umschlagsgebiet des Indikators Lackmus liegt aber für diesen Zweck nicht besonders günstig. Darum konnte sich die Methode nicht einführen. Inzwischen sind nun die Fortschritte auf dem Gebiete der Indikatorenforschung ausgenützt und Reagenzpapiere mit Indikatoren hergestellt worden, die in den für die Milch in Frage kommenden Säuregebieten erkennbare Farbunterschiede geben. Zunächst wurden Papierstreifen mit geeigneten Indikatoren bzw. Indikatorengemischen getränkt, die, in die Milch getaucht, je nach dem Säuregrad verschiedene Farbtöne lieferten. An Hand von Farbtafeln, ähnlich der für Alizarin, kann man den ungefähren Säuregrad der Milch feststellen. Einen neuen Weg beschritt KLOZ, der Indikator und Farbvergleich vereinigte. Solche Streifen bringt KLOZ als „Lyphanstreifen" (Abb. 69) für verschiedene Zwecke in den Handel. Der Wegfall der Farbtafel und

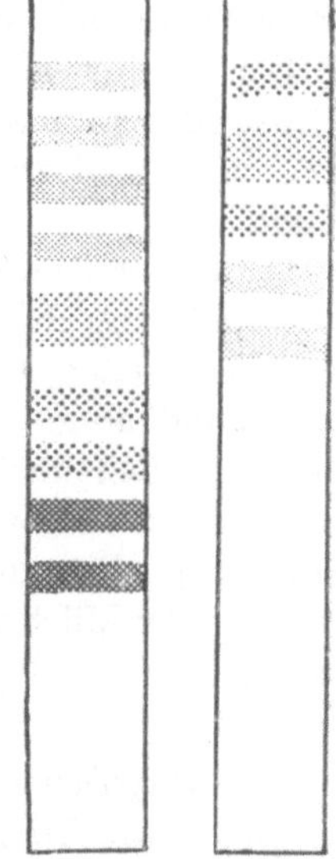

Abb. 69. Lyphanstreifen

Abb. 70. Duplex extra

die Handlichkeit bilden besondere Vorzüge. Ein Vorteil liegt auch darin, daß Indikator und Vergleichstreifen von der Untersuchungsflüssigkeit gleichartig benetzt werden, was für die Zuverlässigkeit des Vergleiches von Bedeutung ist.

Als Duplexstreifen wird ein Indikatorpapier bezeichnet, das speziell für Milchprüfung zugeschnitten ist. Bei „Duplex extra" (Abb. 70) sind neben dem Indikatorstreifen die Farbtöne 7, 9 und 11 Säuregrade aufgetragen. Bei „Duplex einfach" fehlen die beiden oberen Vergleichstöne für 9 und 11 Säuregrade. Man kann damit also nur feststellen, ob die Milch frisch oder gesäuert ist. Auch ein Streifen mit den Vergleichsfarben für 7, 8, 9, 10 und 11 Säuregrade ist jetzt auf dem Markt.

Gebrauchsanweisung für das Indikatorpapier Duplex extra. Das Duplexpapier ist ein mit einem Indikator getränkter Papierstreifen, auf dem gleichzeitig eine Farbtafel aufgedruckt ist. Von den fünf auf dem Papier befindlichen Farbstreifen ist der zweite breite Streifen der Indikatorstreifen, der sich je nach dem Säuregrad der Milch verschieden färbt. Die anderen vier Streifen stellen die Farbtafel dar. Die Farbtafeln 1 und 3 entsprechen der Färbung des Indikatorstreifens bei einem Säuregrade der Milch von 7° SH. Nimmt beim Eintauchen in die Milch der Indikatorstreifen diese Farbe an, so hat die Milch einen Säuregrad von 7° SH. Der vierte Farbstreifen entspricht einem Säuregrade von 9° SH, der fünfte einem Säuregrade von 11° SH.

Der Streifen wird kurz so weit in die Milch getaucht, daß alle fünf Farbstreifen benetzt werden. Die überschüssige Milch wird abgeschleudert und die Färbung des Indikatorstreifens mit den Kontrollfarben verglichen.

Die Nachteile des Streifens sind: Feinere Unterschiede wie beim Alizarol sind damit nicht zu erkennen, ebenso kann labgärende Milch damit nicht ermittelt werden. Die Indikatorpapiere müssen in einer trockenen, säure- und ammoniakfreien Atmosphäre gelagert werden, damit der Indikator nicht leidet. An die Qualität des Papieres zur Bereitung der Streifen werden hohe Anforderungen gestellt. Seit der Einführung dieser Indikatorpapiere sind trotz der Einwände allein für die Anlieferungskontrolle der Milch auf Säure jährlich viele Millionen Streifen verbraucht worden.

b) Elektrometrisch[1]

Die elektrischen Verfahren beruhen grundsätzlich auf einer Spannungsmessung. Man bildet mit der zu messenden Flüssigkeit ein galvanisches Element, dessen elektromotorische Kraft ermittelt wird. Alle Geräte zur elektrischen Bestimmung des p_H-Wertes stellen Hilfsmittel dar, mit denen eine unbekannte Spannung eines galvanischen Elementes mög-

[1] Fuhrmann, F.: Elektrometrische p_H-Messung mit kleinen Lösungsmengen. Wien: Springer 1941.

lichst einfach und genau ermittelt werden kann. Hierzu bietet uns die Physik vorläufig drei Möglichkeiten. Das einfachste Verfahren ist die direkte Messung der Spannung mit einem Meßinstrument (Quadrantenelektrometer, Multiflexgalvanometer). Wegen ihrer Empfindlichkeit ist diese Methode auf wissenschaftliche Laboratorien beschränkt. Beim zweiten Verfahren vergleicht man die unbekannte Spannung des gebildeten Elementes mit der bekannten Spannung eines konstanten Elementes (Normalelement). Ein solches Gerät arbeitet nach dem Kompensationsprinzip, da hierbei eine Spannung durch die andere kompensiert oder ausgeglichen wird (s. w. u.). Beim dritten und modernsten Weg arbeitet man mit Elektronenröhren. Die unbekannte Spannung des zu messenden Elementes wird auf das Gitter einer Elektronenröhre (Radioröhre) gelegt, wodurch ja bekanntlich der Anodenstrom der Röhre beeinflußt wird. Aus der Stärke des Anodenstromes, den man mit einem Meßinstrument (Galvanometer) bestimmt, kann man Schlüsse auf die Spannung des Elementes ziehen. Um das Ausgeführte noch besser verstehen zu können, soll erst einmal kurz der Begriff der Meßelektrode und der Bezugselektrode erläutert werden.

Taucht man ein Metall in eine Flüssigkeit, in der ein Salz dieses Metalles enthalten ist, so entsteht auf eine Weise, die hier im einzelnen nicht erklärt werden soll, an der Berührungsstelle ein elektrisches Potential, d. h. ein Spannungsunterschied zwischen Metall und Flüssigkeit. Die Höhe dieser Spannung ist von dem Metall und der Konzentration an Metallionen in der Flüssigkeit abhängig. Weil der Wert für das Metall eine nur von der Art des Metalls beeinflußte konstante Größe darstellt, kann man sagen, daß das Potential bei Verwendung eines bestimmten Metalls nur von der Konzentration der Metallionen in der Flüssigkeit abhängt. Da wir in unserem Falle Wasserstoffionen in einer Flüssigkeit, und zwar deren Konzentration, ermitteln wollen, müssen wir in die zu untersuchende Flüssigkeit eine Elektrode aus Wasserstoff einführen. Wie eine Elektrode aus reinem Wasserstoff wirkt nun ein Platinblech, das von gasförmigem Wasserstoff umspült wird. An diesem Platinblech, das man mit seiner metallischen Ableitung eine Platinelektrode nennt, bildet sich ein elektrisches Potential, dessen Größe allein von der Zahl der Wasserstoffionen in der Lösung abhängig ist. Da uns die Physik keine Möglichkeit bietet, ein Potential direkt zu messen, wird durch Verbindung mit einer 2. Lösung von bekannter Ionenkonzentration, in die ebenfalls eine Elektrode eintaucht, eine Potentialdifferenz und damit ein galvanisches Element erzeugt. Wir haben nun ein unbekanntes Potential an der Meßelektrode, ein bekanntes Potential an der 2. Elektrode (Bezugselektrode). Die Potentialdifferenz, d. h. die elektromotorische Kraft des so aufgebauten galvanischen Elementes kann gemessen werden. Über die Verfahren zur Messung ist bereits oben berichtet worden. Aus dem gemessenen Wert und dem bekannten Potential an der Bezugselektrode läßt sich das Potential an der Meßelektrode errechnen. Es gilt nämlich:

$$E = E_1 - E_2,$$
$$E_2 = E_1 - E.$$

Hierin bedeuten:

E die elektromotorische Kraft des Elementes,
E_1 das Potential der Bezugselektrode,
E_2 das Potential der Meßelektrode.

Da, wie erwähnt, eine gesetzmäßige Beziehung zwischen Potential an der Meßelektrode und Konzentration der Wasserstoffionen besteht, kann man auf die geschilderte Weise den p_H-Wert einer Flüssigkeit, also auch der Milch, ermitteln.

Die ersten Messungen der Wasserstoffionenkonzentration wurden mit einer solchen Wasserstoffelektrode durchgeführt. Da aber die Arbeitsweise mit dieser Elektrode recht umständlich ist, wurde von BIILMANN im Jahre 1920 eine neue Elektrode, die Chinhydronelektrode, vorgeschlagen. Hierbei setzt man der Meßflüssigkeit eine Substanz (Chinhydron) zu. Hierdurch erteilt man der eingetauchten Platinelektrode auf eine sehr einfache Weise die Eigenschaft einer Wasserstoffelektrode. Die Theorie der Chinhydronelektrode soll hier im einzelnen nicht behandelt werden. Infolge der einfachen Arbeitsweise hat sich die Chinhydronelektrode in den letzten 30 Jahren allgemein in die p_H-Messung eingeführt und die Wasserstoffelektrode mehr und mehr verdrängt. Wenn auch Elektroden aus Antimon und neuerdings auch aus Wismut empfohlen wurden, so konnten sie die Chinhydronelektrode nicht verdrängen. Hier soll noch erwähnt werden, daß neben Platin auch Gold, Silber, Silberchlorid und Silbersulfid als Elektrodenmaterial Verwendung finden.

Immer größere Bedeutung gewann aber in den letzten Jahren eine ganz neuartige Elektrode, die Glaselektrode[1, 2]. Sie wurde bereits im Jahre 1909 von HABER und KLEMENSIEWICZ[3] verwendet, fand aber wegen ihrer großen Zerbrechlichkeit und wegen ihres hohen elektrischen Widerstandes kaum Verwendung. Eine Glaselektrode unterscheidet sich grundsätzlich von den bisherigen Elektrodenarten, da bei ihr kein Metall, sondern Glas als Elektrodenmaterial Verwendung findet. Die gebräuchlichste Form der Glaselektrode ist die Kölbchenelektrode, wie sie bereits von HABER verwendet wurde. Sie besteht aus einer äußerst dünnwandigen Glaskugel von 1–2 cm Durchmesser, an die eine Glasröhre von rund 10 cm Länge und ½ cm Durchmesser angeblasen ist. Die Glaskugel wird meist mit einer Flüssigkeit von bestimmtem p_H-Wert gefüllt. In

---

[1] KRATZ, E.: Die Glaselektrode, Darmstadt: Steinkopf 1952.
[2] DOLE, N.: The Glas-Elektrode, New York: John Wiley & Sons 1948.
[3] HABER, Z., u. Z. KLEMENSIEWICZ: Z. physik. Chem. **67**, 385 (1909).

diese Flüssigkeit taucht als Ableitungselektrode eine Platin- oder Silberelektrode ein. Die Dicke der Glasmembran betrug früher nur einige tausendstel Millimeter. Deshalb war die Elektrode sehr empfindlich und bruchgefährdet, ein Nachteil, welcher der Glaselektrode, wie bereits erwähnt, die Einführung in die p_H-Messung erschwerte. Es gab nun zwei Wege, diesen Nachteil zu beseitigen. Entweder man verringerte den Widerstand der Glaselektrode durch Verwendung bestimmter Glassorten, so daß man bei gleichem Widerstand zu dickeren Glasmembranen kam, oder man ermöglichte die Verwendung hochohmiger Glaselektroden. Der 2. Weg wurde dadurch gangbar, daß man die Empfindlichkeit der Meßgeräte erhöhte. Hierdurch war es möglich, Glaselektroden von höherem Widerstand zu verwenden, wodurch man in die Lage versetzt wurde, die Membranstärke so zu steigern, daß man stabile Elektroden bauen konnte. Durch diese Maßnahmen, die während des Krieges bereits in USA ergriffen wurden, wurde die Bruchgefahr der Glaselektrode und damit das Haupthindernis für ihre allgemeine Einführung überwunden.

Glaselektroden werden jetzt in zahlreichen Formen hergestellt (Abb. 71). Je nach der Gestaltung unterscheidet man Kölbchen-, Nadel-, Mikro- (für kleine Mengen) und Elektroden in Reagenzglasform. Teilweise finden auch Elektroden mit planen Flächen Verwendung, mit denen man den p_H-Wert an Oberflächen (z. B. der Haut) messen kann. Erwähnt sei in diesem Zusammenhang, daß Nadelelektroden geeignet sind, p_H-Messungen direkt im Käselaib durchzuführen. Zur Einzelmessung in Behältern gibt es Eintauchelektroden (mit Bezugselektrode kombiniert) in zahlreichen Formen (Abb. 72 a). Für Durchflußmessungen im Betrieb wurden Elektrodenkombinationen geschaffen, die als Durchflußelektroden bezeichnet werden. Sie können in Rohrleitungen und Behältern eingebaut werden. Mit solchen Elektrodenkombinationen ist es z. B. möglich, die Vorgänge bei der Rahmreifung, in Käsefertigern aber auch in Milchrohrleitungen laufend zu überwachen und durch Schreiber registrieren zu lassen. Neuerdings finden in der Medizin Kombinationen von Miniaturelektroden Verwendung, die in den Magen eingeführt werden und direkte p_H-Messungen dort ermöglichen.

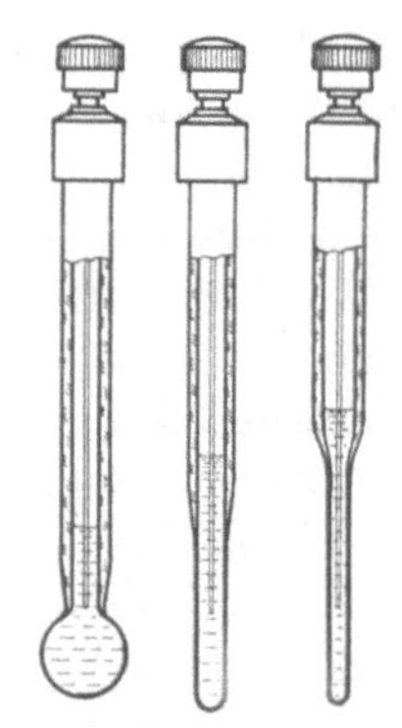

Abb. 71. Glaselektroden verschiedener Ausführung

Durch Änderung der Glaszusammensetzung gelang es auch, Elektroden zu entwickeln, die bei hohen Temperaturen (bis 130°) Anwendung finden können. Auch die anfängliche Beschränkung der Glaselektrode auf das p_H-Gebiet von 0–10 ist inzwischen überwunden worden. Es gibt heute Glaselektroden, mit denen stark alkalische Flüssigkeiten, welche die normale Glasmembran angreifen, gemessen werden können.

Wie später ausgeführt wird, spielt die Abschirmung der hochgezüchteten Meßgeräte einschließlich der Elektroden und deren Zuleitung gegen elektrische Einflüsse eine große Rolle. Man verwendet deshalb für genaue Messungen Glaselektroden, die einschließlich der Zuleitung durch gute Isolation gegen elektrische Einflüsse abgeschirmt sind.

a 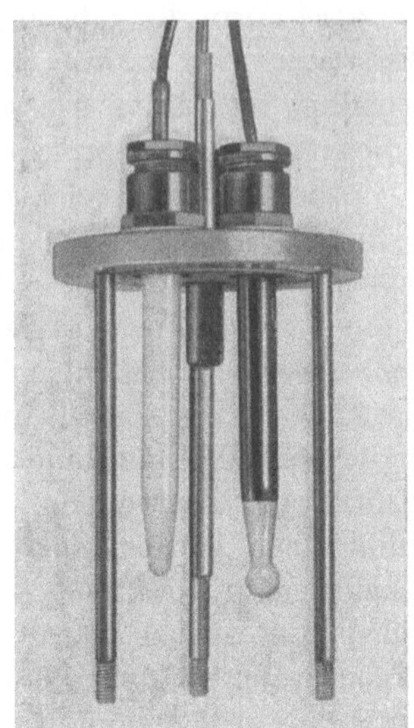

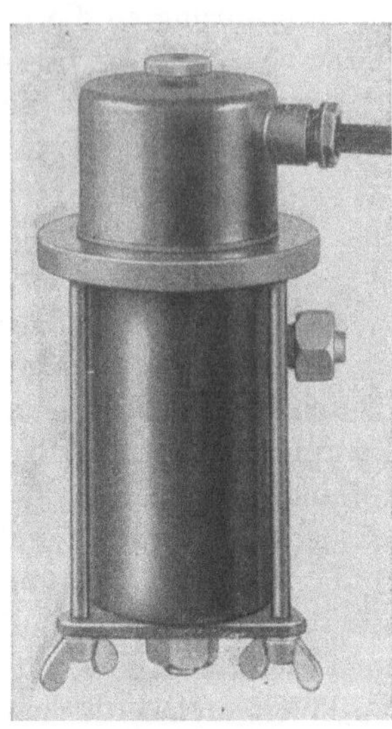 b

Abb. 72a u. b. Eintauch- (a) und Durchflußelektroden (b)

Es gibt hochohmige und niederohmige Glaselektroden. Während der Widerstand einer niederohmigen Glaselektrode 0,2–5 MOhm (MOhm = Megohm = 10^6 Ohm) beträgt, zeigt eine hochohmige Glaselektrode einen Widerstand von 5–200 MOhm. Neuerdings werden sogar Elektroden geliefert, die einen Widerstand von 1000 MOhm aufweisen. Solche Elektroden setzen aber Geräte von höchster Empfindlichkeit voraus. Die Firma *Schott & Gen.* hat sich in jahrzehntelanger Arbeit große Verdienste um die Entwicklung der Glaselektrode zu einem brauchbaren Element der p_H-Messung erworben. Erst nach dem Kriege ist es aber gelungen, die Entwicklung auf diesem Spezialgebiet im Auslande wieder einzuholen.

Die große Bedeutung der Glaselektrode liegt darin, daß mit ihr Messungen im p_H-Bereich von 1–13 durchgeführt werden können, während z. B. die Chinhydronelektrode auf einen Bereich zwischen 1–8 beschränkt ist. Oxydierende und reduzierende Substanzen können bei der Messung mit der Chinhydronelektrode Störungen verursachen. Die Glaselektrode ist gegen solche Einflüsse unempfindlich und wird auch durch den Gehalt der Meßflüssigkeit an Schwermetallsalzen, Eiweißstoffen oder Katalysatorgiften nicht beeinflußt. Auf die Bedeutung der Glaselektrode für die p_H-Messung in Milch, insbesondere für die elektrische Messung bei der Anlieferungskontrolle der Milch, soll später eingegangen werden.

Hier soll noch erwähnt werden, daß für die p_H-Messung grundsätzlich jede Elektrode Verwendung finden kann, die den Wert von 58,1 mV als Potentialdifferenz zwischen zwei Flüssigkeiten bei 20° C zeigt, die sich um eine p_H-Einheit unterscheiden. Diese Forderung erfüllen nahezu die folgenden Elektroden: Platin-Wasserstoff-Elektrode, Chinhydron-, Antimon- und Glaselektrode.

Da nicht jede Glaselektrode den Wert von 58,1 mV unter den gegebenen Bedingungen aufweist, sondern Abweichungen von dieser Norm um mehrere mV vorkommen, spricht man von asymmetrischem Potential der Glaselektrode. Jede Glaselektrode muß vor ihrem Gebrauch längere Zeit (einige Stunden) gewässert werden. Hierbei stellt sich ein bestimmter Potentialwert für eine p_H-Stufe ein und bleibt nahezu konstant. Die Differenz zwischen diesem Wert und dem Normalwert bezeichnet man als das asymmetrische Potential der betreffenden Glaselektrode. Um diesen Wert muß jede Messung korrigiert werden, falls am Gerät nicht automatisch die Korrektur erfolgt. Die Ursache für das asymmetrische Potential liegt in der wechselnden Glaszusammensetzung, der Oberflächenbeschaffenheit der Glasmembran und der Form der Elektrode, Größen, die nicht leicht einheitlich konstant gehalten werden können.

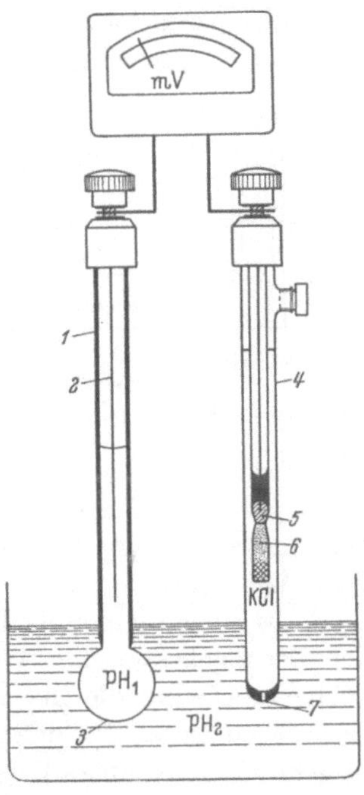

Abb. 73. Glaselektrodenmeßkette, schematisch. *1* nicht abgeschirmte Glaselektrode, *2* Ableitung der Glaselektrode, *3* p_H-empfindliche Glasmembran, *4* Bezugselektrode, *5* Quecksilber, *6* Kalomel, *7* eingeschmolzener poröser Pfropfen

Die Potentiale, die sich an der inneren und äußeren Glaswand ergeben, können aber nicht direkt gemessen werden. Sie müssen durch Hilfselektroden abgeleitet werden. Hierzu führte man erst in die Glaselektroden- und in die Meßflüssigkeit eine Kalomel-Elektrode ein.

Später fand man, daß der Zusatz von einem Tropfen Quecksilber, etwas Kalomel, ein amalgamiertes Platinblech, das in die Glaskugel eingeführt wird, die eine Kalomelelektrode ersetzen kann, d. h. die Pufferlösung in der Kugel bildet mit diesen Faktoren eine Kalomelelektrode (Abb. 73).

Neuerdings findet als Bezugselektrode neben der Kalomelelektrode eine Silber-, Silberchlorid-Elektrode Verwendung. Auch die Ableitung des inneren und äußeren Potentials der Glaselektrode kann mit dieser Bezugselektrode erfolgen. In das Glaskölbchen taucht in diesem Falle ein Silber- oder versilberter Platindraht, z.B. in eine salzsaure Lösung von Silberchlorid bestimmter Konzentration ein. Der innere Teil der Meß-Glaselektrode bildet damit gleichzeitig die Ableitungselektrode (Silberchlorid-Elektrode) für das innere Potential der Glaselektrode. Es hat sich aber gezeigt, daß es genügt, einen versilberten Platindraht in die im Kölbchen der Glaselektrode befindliche Salzsäurelösung bestimmter Konzentration einzutauchen.

Es ist möglich, als 2. Elektrode (Bezugselektrode) eine Flüssigkeit von bestimmter Wasserstoffionenkonzentration zu verwenden. Zum Beispiel kann man eine solche Lösung von konstantem p_H-Wert, die man als Pufferlösung bezeichnet (Puffer s. S. 101), mit Chinhydron versetzen. Taucht man in diese Lösung eine Platinelektrode ein, so hat man als Bezugs- oder Vergleichelektrode eine Chinhydronelektrode. Es kann also Meß- und Bezugselektrode eine Chinhydronelektrode sein.

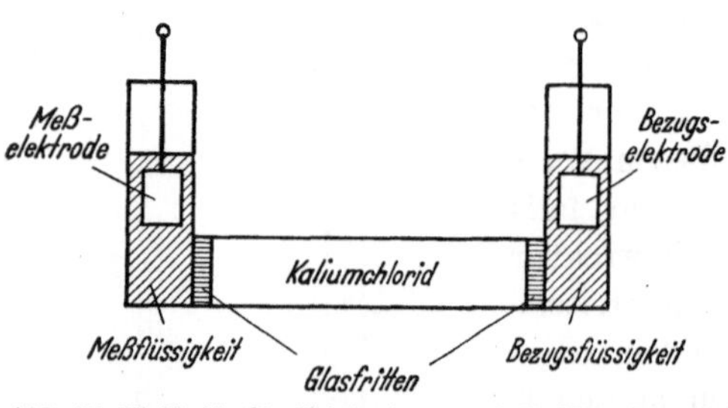

Abb. 74. Meßkette für Chinhydron (nach E. MUNDINGER)

Die Verbindung zwischen Meßelektrode und Bezugselektrode geschieht entweder durch eine Wanne oder ein Glasrohr, das eine gesättigte Kaliumchloridlösung enthält. Meßelektrode mit Meßflüssigkeit und Bezugselektrode mit Bezugsflüssigkeit leitend durch eine Kaliumchloridbrücke verbunden, nennt man eine Meßkette. Eine solche Meßkette in schematischer Darstellung zeigt Abb. 74. Eine gebräuchliche Meßkette für Chinhydron zeigt Abb. 75a, eine solche für die Glaselektrode Abb. 75b.

Es ist aber nicht unbedingt nötig, als Bezugselektroden-Flüssigkeit eine Lösung bestimmter Wasserstoffionenkonzentration zu verwenden. Auch eine Lösung, die Quecksilberionen enthält, in die ein amalgamiertes Platinblech eintaucht, liefert, wie aus den früheren Ausführungen hervorgeht, ein konstantes Vergleichspotential. Eine derartige Elektrode ist die Kalomelelektrode, bei der ein Platinblech (amalgamiert) in Quecksilber eintaucht, über dem sich eine Mischung von Kalomel (Quecksilber-(1)-chlorid) und Kaliumchlorid in Form einer Paste befindet. Ist die Paste an Kaliumchlorid gesättigt, so spricht man von einer gesättigten Kalomelelektrode. Als Bezugselektrode fand bis vor kurzer Zeit fast ausschließlich die Kalomelelektrode Verwendung, da sie ein konstantes Potential liefert.

Nach den gemachten Ausführungen ist nun der oben angeführte Satz leichter zu verstehen: Die elektrische Messung des p_H-Wertes ist grundsätzlich nichts anderes als eine Messung der elektromotorischen Kraft oder der Spannung eines galvanischen Elements. Bisher wurde eine solche Messung fast ausschließlich mit Geräten ausgeführt, denen das Kompensationsprinzip zugrunde liegt (Abb. 76).

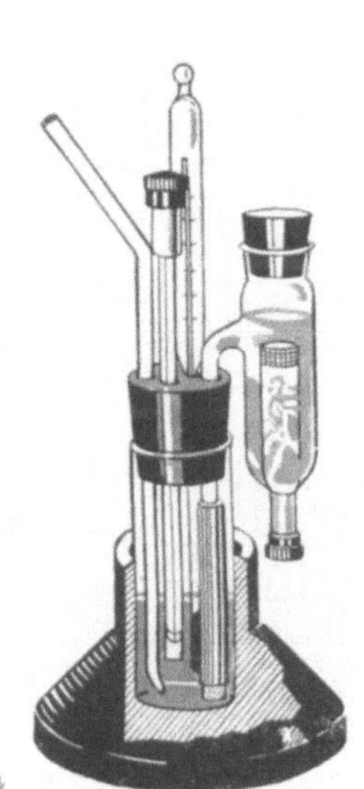

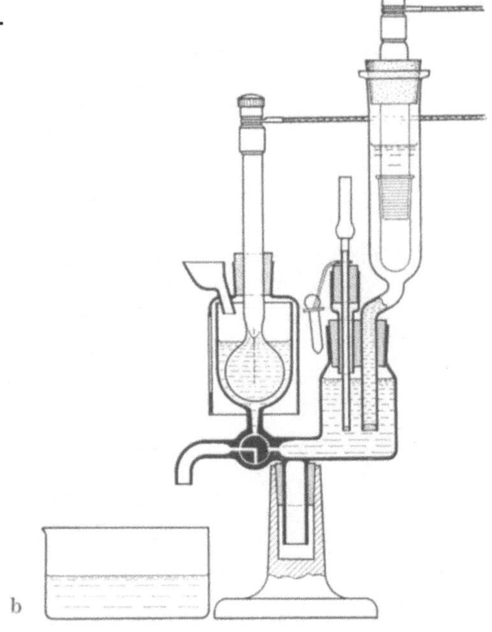

Abb. 75a u. b. Meßketten für (a) Chinhydron- (b) Glaselektroden

Eine Batterie E liefert an einem Meßdraht AB beliebig abnehmbare Spannungen, die genau durch Länge des Drahtes definiert sind. Mit dem verschiebbaren Kontakt A_1 wird diejenige Spannung abgegriffen, welche die unbekannte Spannung der Elektrodenkette K kompensiert (Kompensationsmethode). Der Ausgleich der beiden gegeneinander geschalteten Spannungen wird durch die Ruhelage des Galvanometers G angezeigt. Aus dem Verhältnis $A_1B : AB$ und der elektromotorischen Kraft E des Hilfselementes läßt sich die Spannung des zu messenden Elementes errechnen.

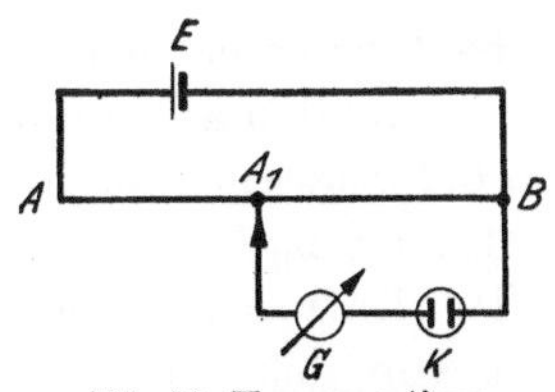

Abb. 76. Kompensationsschaltung (nach E. MUNDINGER

Es gilt:

$$E : K = AB : A_1B$$

also

$$K = \frac{E \cdot A_1B}{AB}.$$

Das geschilderte Prinzip lag erst allen Apparaten zur Messung der Wasserstoffionenkonzentration zugrunde. Bei den verschiedenen Typen handelte es sich nur um apparative Abwandlungen dieses Prinzips. Die ersten Apparate verwendeten ein Hilfselement, dessen elektromotorische Kraft vor der eigentlichen Messung nach dem POGGENDORFFschen Prinzip der eines Normalelementes angeglichen wurde. Die Apparate benötigten also ein Hilfselement und ein Normalelement. Später kamen Geräte auf den Markt, bei denen das Normalelement direkt zur Messung

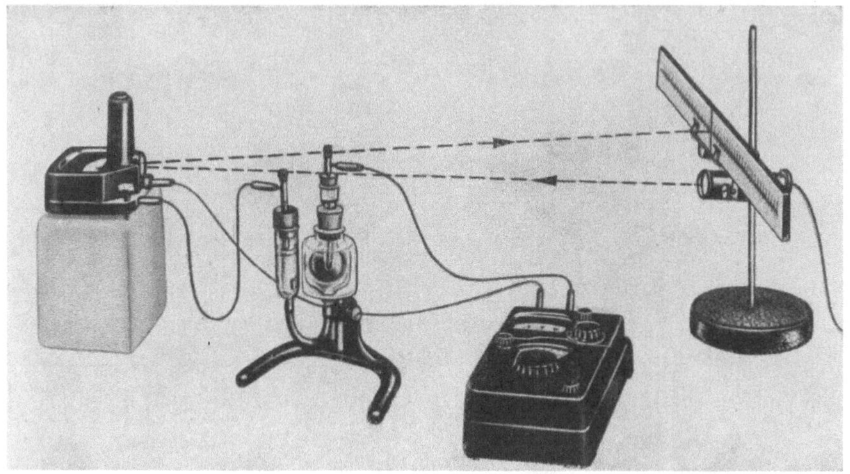

Abb. 77. Anordnung zur Messung mit der Glaselektrode unter Verwendung eines Pehavi

verwendet werden konnte. Andere Apparate verzichten auf die Anwendung eines Normalelementes. Eine Taschenbatterie, deren Spannung vor jeder Messung durch Vorschalten von Widerständen auf einen bestimmten Wert gebracht wird, dient als Hilfselement.

Geräte, die auf dem Kompensationsprinzip beruhen, sind das Betriebs-Jonometer nach TRÉNEL und das Pehavi (Abb. 77).

Während man mit der kolorimetrischen Methode p_H-Unterschiede von 0,2 feststellen kann, sind mit den beschriebenen elektrischen Apparaten noch p_H-Differenzen von 0,05–0,01 meßbar.

Die Entwicklung der Elektronenröhre und der Geräte zur Verstärkung von elektrischen Spannungen und Strömen ermöglichte den Bau von außerordentlich hochgezüchteten Geräten, die auf dem oben erwähnten 3. Prinzip beruhen und als Röhrenvoltmeter bezeichnet werden. Im folgenden soll die Entwicklung der elektronischen p_H-Meßgeräte geschildert werden.

Bereits in der 1. Auflage dieses Buches war ein Röhrenvoltmeter abgebildet (Zwillings-Röhrenvoltmeter nach HILTNER). Inzwischen hat nun die Entwicklung auf dem Gebiete der Elektronik (s. S. 308ff.) zu Geräten geführt, die nahezu alle Wünsche befriedigen.

Obwohl auch bereits vor etwa 20 Jahren elektronische p_H-Meßgeräte, d.h. Geräte unter Verwendung von Elektronenröhren, auf dem Markt waren, mit denen man im Laboratorium auch unter Verwendung der Glaselektrode p_H-Messungen durchführen konnte, so befriedigten diese Geräte nicht in jeder Hinsicht. Sie waren in der Hand eines Wissenschaftlers ganz brauchbare Hilfsmittel; die ihnen anhaftenden Mängel schlossen aber eine allgemeine Anwendung aus. Um eine einwandfreie Messung mit diesen Geräten durchführen zu können, war es nötig, den Anodenstrom absolut konstant zu halten. Dies war aber wieder nur möglich, wenn die Heiz-, Anoden- und Gitterspannung konstant waren. Selbst bei der Verwendung von Batterien waren diese Bedingungen nicht leicht zu erfüllen, viel schwieriger gestaltete sich das Verfahren, wenn man mit Netzanschluß als Energieversorgung der Röhre arbeiten wollte. Ein weiterer Fehler wurde dadurch verursacht, daß Gasreste, die sich in der Elektronenröhre befinden, durch Elektronenstöße ionisiert werden. Dieser Umstand bewirkt eine Verminderung des Gitter-Kathoden-Widerstands. Dieser Widerstand muß aber nicht nur konstant, sondern auch sehr hoch sein, damit die an das Gitter gelegte Meßspannung nicht teilweise zur Kathode abfließt. Elektronenröhren, bei denen dieser Widerstand so hoch war, daß der Stromfluß zwischen Gitter und Kathode vernachlässigt werden kann, waren noch nicht auf dem Markt. Alle diese Faktoren bewirkten, daß der Anodenstrom nicht konstant war. Das Gerät zeigte deshalb keinen konstanten Nullpunkt, es hatte – wie es in der Fachsprache heißt – einen Nullpunktsgang. Bedenkt man, daß der Gitterkathodenstrom, d.h. der unerwünschte Stromfluß zwischen Gitter und Kathode ideal gleich 0 sein müßte, bei einer gewöhnlichen Elektronenröhre aber 10^{-8} Ampere beträgt, so ist leicht einzusehen, daß eine Spannungsmessung unter Verwendung einer solchen Röhre bis auf 1 mV und darunter nicht gut möglich ist. Nur mit Röhren, deren Gitterstrom wesentlich kleiner ist, kann man mit Glaselektroden von so hohem Widerstand arbeiten. Durch Züchtung der Elektronenröhre und Schaffung sog. Elektrometerröhren, deren Gitterstrom unter 10^{-15} A liegt, gelang es, Meßgeräte zu entwickeln, mit denen nach dem Prinzip der Gleichspannungsverstärkung gearbeitet wurde. Eine solche Gleichspannungsverstärkung liegt auch dem Zwillings-Röhrenvoltmeter zugrunde. Man hat inzwischen gelernt, die Speisespannung für Gitter, Kathode und Anode so konstant zu halten, daß nach diesem Prinzip Geräte erbaut werden können, mit denen man Spannungen von $^1/_{10}$ mV und darunter erfassen kann.

Eine Elektrometerröhre, wie sie in solchen Geräten Verwendung findet, ist aus Abb. 223 ersichtlich. Man sieht, daß die Ableitung der Anode nicht wie bei der gewöhnlichen Elektronenröhre durch den Sockel, sondern durch die Glaswand oben erfolgt. Bemerkenswert sind die niedrige Heiz- und Anodenspannung solch einer Röhre.

Der Einbau der Elektrometerröhren in die p_H-Meßgeräte muß besonders vorsichtig durchgeführt werden. Sie werden unter einer isolierenden Metallhaube untergebracht, um gegen Umwelteinflüsse elektrischer Art geschützt zu sein. In neuerer Zeit werden auch solche Elektrometerröhren ähnlich wie die gewöhnlichen Elektronenröhren in sehr kleinen Dimensionen hergestellt. Diese Zwergröhren können, da sie äußerst kleine Werte für die Energieversorgung benötigen, mit Trockenbatterien betrieben werden, wie sie auch für elektronische Hörgeräte für Schwerhörige Verwendung finden.

Abb. 78. Batteriegerät, Gleichspannungs-Verstärkung 0-Anzeige durch Neonblitz

Elektronische p_H-Geräte können nun in zweierlei Richtung konstruiert werden. Entweder wird die Anordnung so getroffen, daß der Anodenstrom, welcher durch die an das Gitter gelegte Spannung geändert wird, direkt gemessen oder aber durch eine Gegenspannung kompensiert wird. Im 1. Falle erhält man ein direkt anzeigendes Gerät, wobei man den p_H-Wert direkt am geeichten Meßinstrument abliest. Im 2. Falle ergibt sich ein Gerät mit Kompensation, wobei die Größe der erforderlichen Kompensation ein Maß für den gesuchten p_H-Wert ist.

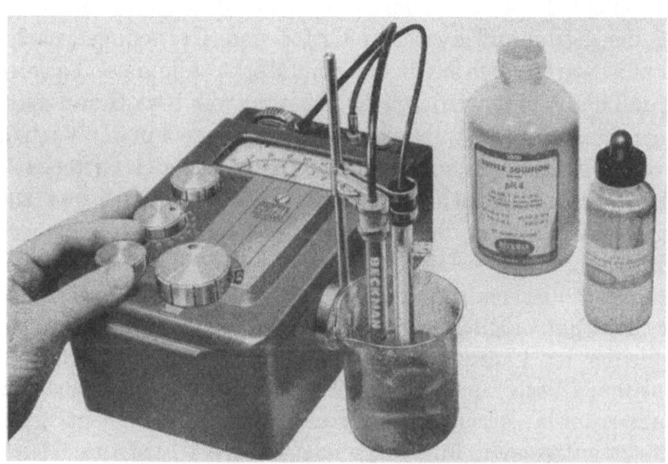

Abb. 79. Batteriegerät mit Gleichspannungs-Verstärkung

Man spricht heute von Gleichspannungs-Verstärkern, während man früher von Gleichstrom-Verstärkern sprach. Dies war berechtigt, solange ein geringer Teil des Stromes (Gitterstrom), der von der Meßspannung geliefert wurde, über das Gitter abfloß. Da aber, wie bereits erwähnt wurde, der Gitterstrom in den modernen Elektrometerröhren auf eine zu vernachlässigende Größe (10^{-15} bis 10^{-16} A) herabgesetzt wurde, arbeitet man praktisch stromlos. Da also die Verstärkung ohne Entnahme von Strom aus der Meßspannung durchgeführt wird, kann man elektronische Geräte zur p_H-Messung, die nach diesem Prinzip arbeiten, als Gleichspannungs-Verstärker ansprechen.

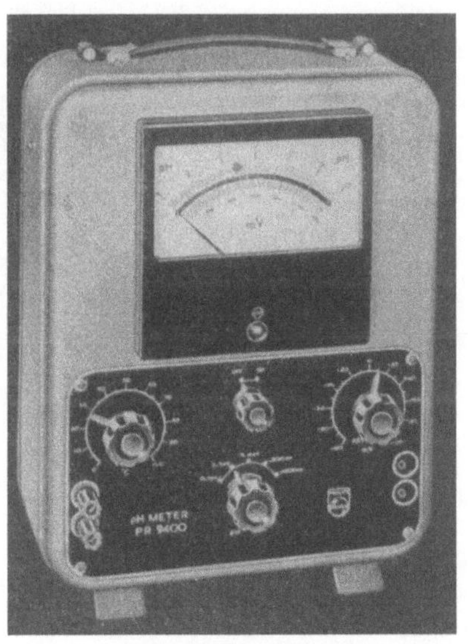

Abb. 80. Netzanschlußgerät mit Wechselspannungs-Verstärkung, magisches Auge als O-Indikator, Schwingkondensator

Arbeitet man nach dem 1. Verfahren, so erhält man Geräte, die als Röhrenvoltmeter bezeichnet werden. Hier wird die durch den Röhrenverstärker vervielfachte Spannung direkt gemessen. Der durch Anlegen der Meßspannung an das Gitter der Röhre erzeugte Anodenstrom wird über einen Hochohmwiderstand abgeleitet und zur Messung auf ein Instrument abgezweigt. Durch Verwendung einer sog. Gegenkopplung, die auch als Feed-Back-Kopplung bezeichnet wird, erzielt man noch folgenden Vorteil: Das Gerät erhält durch diese Maßnahme einen scheinbaren Eingangswiderstand, der um das 10—100fache höher liegt als der tatsächliche Eingangswiderstand. Dies ist besonders wichtig, weil der Eingangswiderstand eines Gerätes den Widerstand der Meßzelle oder Meßbrücke (Glaselektrode + Vergleichselektrode) um das 10—100fache übertreffen muß, damit eine zuverlässige Messung möglich ist.

Geräte, die nach dem Prinzip der Gleichspannungs-Verstärkung arbeiten, sind besonders in den USA entwickelt worden. Auch in den europäischen Ländern werden solche Geräte neuerdings noch hergestellt. Vielfach finden aber heute Geräte Verwendung, die vom Prinzip der Wechselspannungs-Verstärkung Gebrauch machen.

Es ist einfacher, eine Wechselspannung zu verstärken als eine Gleichspannung. Da aber bei der p_H-Messung eine Gleichspannung gemessen werden soll, muß die von der Meßzelle gelieferte Gleichspannung vor der Verstärkung in eine Wechselspannung umgewandelt werden. Hierfür finden bisher zwei Verfahren Verwendung. Entweder zerhackt man die Gleichspannung, die von der Meßzelle geliefert wird, durch einen mechanischen Zerhacker in eine Wechselspannung oder man wandelt die

Gleichspannung mit Hilfe eines Schwingkondensators in eine Wechselspannung um.

Auch die Wechselspannungs-Verstärker bzw. die nach diesem Prinzip arbeitenden elektronischen p_H-Meßgeräte verwenden die früher erwähnte Gegenkopplung aus den angeführten Gründen. Auch bei dieser Art von Geräten kann man unterscheiden zwischen solchen mit direkter Anzeige und Geräten, die mit Kompensation arbeiten.

Bei den Kompensationsgeräten, bei denen Meßspannung und Kompensationsspannung gegeneinander ausgeglichen werden müssen, verwendet man für die Nullanzeige, d.h. den kompensierten Zustand, entweder ein Galvanometer, ein magisches Auge oder einen

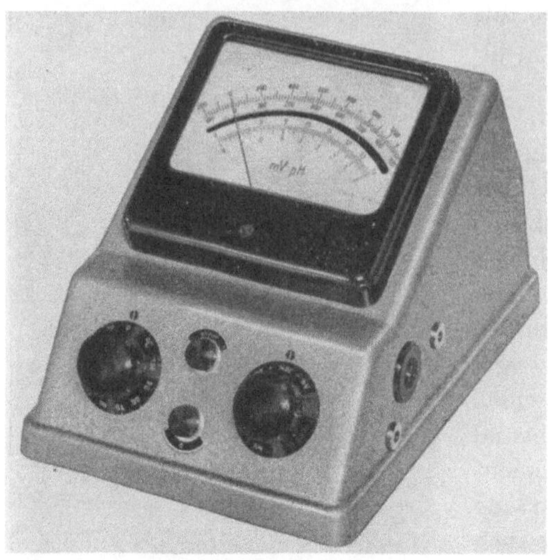

Abb. 81. Netzanschlußgerät, Wechselspannungs-Verstärkung, mechanischer Zerhacker

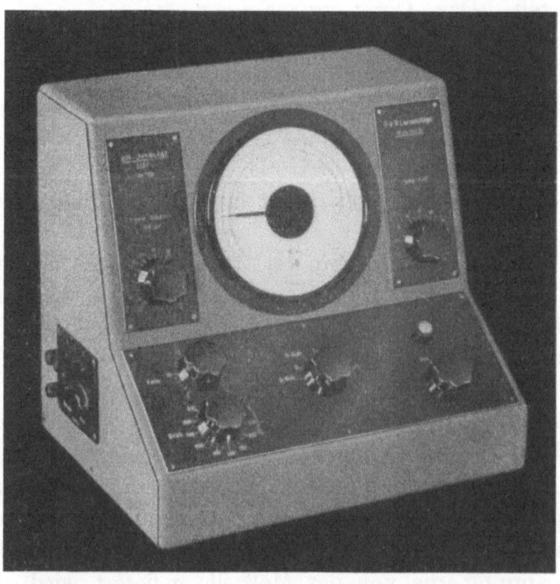

Abb. 82. Netzanschlußgerät, Wechselspannungs-Verstärkung, mechanischer Zerhacker

Neonblitz; hierunter versteht man das Aufleuchten einer Neonlampe, wenn die 0-Lage bei der Kompensation erreicht ist.

Die Energieversorgung der Geräte für die elektronische p_H-Messung kann entweder aus dem Netz oder aus Batterien erfolgen. Aus dem Geschilderten ergibt sich, daß p_H-Meßgeräte in verschiedenen Bauelementen sich unterscheiden können. Die vielen Geräte, die zur Zeit in Europa und in den außereuropäischen Ländern auf dem Markt sind, können je nach Verwendung der aufgezählten Hilfsmittel charakterisiert werden.

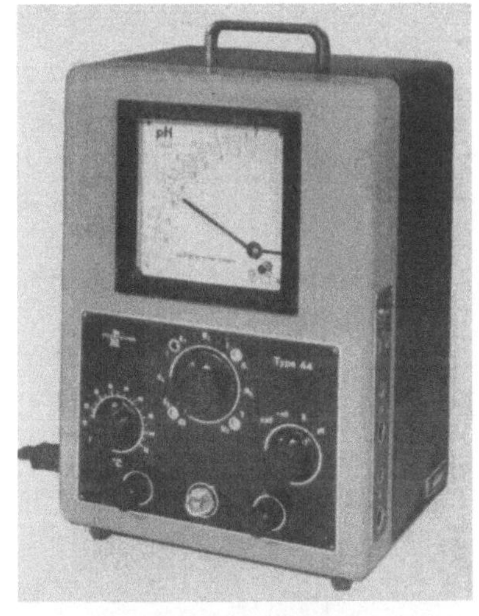

Abb. 83. Netzanschlußgerät, Gleichspannungs-Verstärkung zweistufig, mit Quadrantskala

Der p_H-Wert einer Flüssigkeit ist temperaturabhängig. Die modernen Geräte sind mit Hilfsmitteln ausgerüstet, welche es gestatten, die Temperaturkorrektur von Hand durchzuführen. Teilweise wird aber der Temperaturfaktor durch die Geräte automatisch berücksichtigt. Auch Vorrichtungen zum Ausgleich des asymmetrischen Potentials und der Steilheit der Glaselektrode besitzen die Geräte.

Bei der außerordentlichen Leistung der Geräte (bis $^1/_{10}$ mV) spielt die Abschirmung gegen elektrische Einflüsse und magnetische Felder eine große Rolle. Neben verschiedenen anderen Maßnahmen, wie Löten aller Verbindungen usw., erreichte man dieses Ziel durch Verwendung ausgezeichneter Isoliermaterialien wie Polystyrol und Polyäthylen. Durch die Anforderungen, die an die Geräte gestellt wurden, waren diese gegen elektrische Einflüsse so empfind-

Abb. 84. Netzanschlußgerät, Wechselspannungs-Verstärkung, mechanischer Zerhacker

lich geworden, daß bereits durch bewegte Luft, Bewegung der Hand oder die Annäherung einer Person ein Ausschlag des Zeigers am Meßinstrument beobachtet werden konnte.

Elektronische Geräte zur p_H-Messung sind aus Abb. 78—85 ersichtlich. Durch Vergleich mit Abb. 77 ergibt sich die Entwicklung im Laufe von 10—20 Jahren.

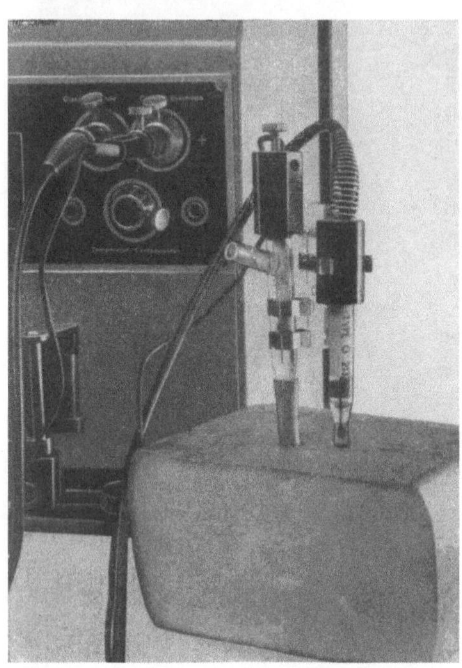

Abb. 85. p_H-Messung in Käse

Die elektrische p_H-Bestimmung, die bisher noch nicht sehr weit in die milchwirtschaftliche Praxis eingedrungen ist – sie wird bisher nur in Instituten und Laboratorien größerer Molkereien durchgeführt – bietet für milchwirtschaftliche Zwecke besondere Vorzüge. Es können mit dieser Methode sehr genaue Bestimmungen auch in undurchsichtigen und gefärbten Lösungen und festen Stoffen (Quark, Käse, Butter) durchgeführt werden (Abb. 85).

Wie aus der Literatur ersichtlich ist, laufen Bestrebungen, die Anlieferungskontrolle der Milch auf Säure mit elektrischen Verfahren durchzuführen. Eine brauchbare Lösung ist bis jetzt nicht gefunden worden. Es ist aber anzunehmen, daß dieses Problem in nächster Zeit auch für die Praxis gelöst wird, da im Prinzip bereits entsprechende Vorschläge vorliegen (s. l. c.[1] S. 94).

G. Das Redoxpotential und seine Messung[1, 2]

Unter Redoxpotential versteht man das Verhältnis der reduzierenden und oxydierenden Kräfte einer Lösung. Unter einem Redoxsystem versteht man ein Gemisch aus der reduzierten und oxydierten Form einer Substanz. So stellt z. B. eine Lösung, die zweiwertiges Eisen (Fe^{++}) und

[1] KORDATZKY, W.: Einführung in die r_H-Messung, München: F. M. Lautenschläger.

[2] ENDER, F.: Redoxpotentiale in Hoppe-Seyler/Thierfelder. Hdb. d. physiologisch- u. pathologisch-chemischen Analyse, 10. Aufl., Bd. I, 1. Teil. Berlin/Göttingen/Heidelberg: Springer 1953.

dreiwertiges Eisen (Fe^{+++}) enthält, ein Redoxsystem dar. Den Übergang von zweiwertigem Eisen in dreiwertiges Eisen bezeichnet man als Oxydation, da man unter einer Oxydation nicht nur die Aufnahme von Sauerstoff, sondern ebenso die Abgabe von Wasserstoff und die Abgabe von Elektronen versteht. Der umgekehrte Vorgang, die Reduktion, ist durch die Abgabe von Sauerstoff oder die Aufnahme von Wasserstoff oder die Aufnahme von Elektronen charakterisiert. Es gibt nun eine Menge von solchen Redoxsystemen, die vor allem auch in allen biologischen Systemen eine Rolle spielen. Das Redoxpotential kann wie die Wasserstoffionenkonzentration auf kolorimetrischem oder elektrometrischem Wege gemessen werden. Bei der kolorimetrischen Messung setzt man der zu untersuchenden Lösung einen Indikator zu, der im oxydierten Zustand eine andere Farbe hat als im reduzierten. Jeder dieser Indikatoren schlägt nun bei einem bestimmten Redoxpotential um. Dieses Redoxpotential wird in r_H-Einheiten angegeben; Erklärung s. unten. Bei der elektrometrischen Messung des Redoxpotentials handelt es sich ebenfalls, wie bei der Bestimmung der Wasserstoffionenkonzentration, um eine Spannungsmessung. In die zu untersuchende Lösung (das Redoxsystem) taucht man eine Elektrode aus Platin oder Gold. Durch Kopplung mit einer Bezugselektrode (Kalomelelektrode) erzeugt man ein galvanisches Element, dessen Spannung man nach den unter p_H-Messung geschilderten üblichen Methoden messen kann. Das Redoxpotential jedes Redoxsystems kann also in Volt angegeben werden. Da das Redoxpotential sowohl p_H- als auch temperaturabhängig ist, erfolgt die Angabe für einen p_H-Wert von 7,0 und eine Temperatur von 20°. Dieses Redoxpotential in Volt bezeichnet man als E_0.

Die Vorgänge bei der elektrischen Messung des Redoxpotentials kann man sich wie folgt vorstellen: Eine Lösung von stark reduzierender Kraft gibt Wasserstoff oder anders ausgedrückt, Elektronen an die Platinelektrode ab, wodurch an der Platinelektrode ein negatives Potential entsteht. Eine solche Elektrode gleicht einer mit Wasserstoff verschieden hohen Drucks beladenen Elektrode. Die Beladung mit Elektronen hängt also von der reduzierenden Kraft der Lösung ab und die Höhe der Beladung kann durch die Höhe des Wasserstoffdrucks angegeben werden. Höhe des Wasserstoffdrucks an der Elektrode und Redoxpotential stehen also in Beziehung zueinander. Das Redoxpotential wird in r_H-Werten angegeben, entsprechend wie man die Wasserstoffionenkonzentration in p_H-Werten angibt. Unter r_H versteht man den negativen Logarithmus des Wasserstoffdruckes, unter dem die Elektrode steht, die in das Redoxsystem eintaucht. Die r_H-Skala reicht von 0—42, wobei $r_H = 0$ sehr starke Reduktionswirkung und r_H etwa 42 starke Oxydationswirkung anzeigt.

Die Milch stellt auch ein Redoxsystem dar, dessen Redoxpotential in frischem Zustand 0,3 V beträgt. Der Redoxindikator Methylenblau, der bei der Reduktionsprobe Verwendung findet, schlägt bei 0,01 V von blau nach weiß um. Die reduzierende Wirkung der Milch hängt von ihrem Gehalt an dem Enzym Reduktase ab, das von bestimmten Bakterien erzeugt wird. Der Umschlag von Methylenblau wird also dann erfolgen, wenn das Redoxsystem Milch durch die reduzierende Wirkung der Bakterien von 0,3 V auf 0,01 V abgefallen ist. Bei der Untersuchung der Milch mit Resazurin wird dieser Umschlag früher erfolgen, da der Redoxindikator Resazurin bereits bei 0,15 V umschlägt. Der Indikator Dichlorphenolindophenol ändert seine Farbe bereits bei 0,21 V. Die r_H-Messung hat sich noch nicht sehr in die Milchwirtschaft eingeführt, da bei der Messung manche störenden Faktoren auftreten können. Es ist aber erwiesen, daß zahlreiche Vorgänge in der Milch, insbesondere auch bei der Erhitzung, eine Änderung des r_H-Wertes verursachen. Daher ist es durchaus möglich, daß r_H-Messungen, insbesondere auf elektrischem Wege, bei Verbesserung der Methode sich in die Milchuntersuchung einführen. So könnte z. B. die Reduktaseprobe statt mit Redoxindikatoren auf elektrischem Wege durchgeführt werden.

Einen besonderen Vorzug bei der elektrischen Bestimmung des r_H-Wertes bietet die Verwendung einer Glaselektrode, die neben der Platinelektrode in das Redoxsystem eintaucht. Durch diese Maßnahme arbeitet

Tabelle 10. *r_H-Tabelle nach Kordatzki für ORP-Messungen gegen die Glaselektrode*

Die mit der Platinelektrode als ORP-Elektrode gegen die in die gleiche Lösung eintauchende Glaselektrode (mit n/10-Silberchlorid-Innenelektrode) als Bezugselektrode gemessenen Potentiale entsprechen den r_H-Werten der Tabelle bei (18°)

r_H	0	1	2	3	4	5	6	7	8	9
5	− 209	− 207	− 204	− 201	− 198	− 195	− 193	− 190	− 187	− 184
6	− 181	− 178	− 175	− 172	− 169	− 166	− 163	− 160	− 157	− 154
7	− 151	− 149	− 146	− 143	− 140	− 137	− 134	− 131	− 128	− 125
8	− 122	− 120	− 117	− 114	− 111	− 108	− 106	− 103	− 100	− 97
9	− 94	− 91	− 88	− 85	− 82	− 79	− 77	− 74	− 71	− 68
10	− 65	− 62	− 59	− 56	− 53	− 50	− 48	− 45	− 42	− 39
11	− 36	− 33	− 30	− 27	− 24	− 22	− 19	− 16	− 13	− 10
12	− 7	− 5	− 2	+ 1	4	7	10	13	16	19
13	22	24	27	30	33	36	38	41	44	47
14	50	53	56	59	62	65	67	70	73	76
15	79	82	85	88	91	94	96	99	102	105
16	108	111	114	117	120	123	125	128	131	134
17	137	139	142	145	148	151	154	157	160	163
18	166	168	171	174	177	180	183	186	189	192
19	195	197	200	203	206	209	212	215	218	221
20	224	226	229	232	235	238	240	243	246	249
21	252	255	258	261	264	267	269	272	275	278
22	281	284	287	290	293	296	298	301	304	307
23	310	313	316	319	322	325	327	330	333	336
24	339	342	344	347	350	353	356	359	362	365
r_H	0	1	2	3	4	5	6	7	8	9

man mit einer Bezugselektrode, deren Potential vom p_H-Wert der Meßlösung abhängig ist. Auf die Abhängigkeit des r_H-Wertes vom p_H-Wert wurde bereits hingewiesen. Bei Verwendung der Glaselektrode erübrigt sich aber nun die Bestimmung des p_H-Wertes der Meßlösung. Es kann deshalb eine Tabelle aufgestellt werden, welche es ermöglicht, aus der gemessenen Spannung (mit Glaselektrode), die man mit E_G bezeichnet, den r_H-Wert abzulesen. Die Glaselektrode ist mit n/10-Silberchlorid gefüllt.

H. Bestimmung der Zahl und Art der Keime

1. Fermente[1,2]

Da Fermente hierbei Verwendung finden, sei auf Wesen, Einteilung und Funktion der Fermente hier kurz eingegangen.

Fermente oder Enzyme nennt man kolloidale, organische Substanzen (von Eiweißstruktur), die durch ihre Gegenwart selbst in kleinsten Mengen chemische Umsetzungen bewirken. Ihre Bedeutung in der belebten Natur mag man daraus ermessen, daß alle Lebensvorgänge durch Fermente gesteuert werden. Da die Fermente bei diesen Reaktionen selbst nicht verbraucht werden, kann man sie auch als biologische Katalysatoren bezeichnen.

Die Bedeutung der Katalysatoren in der anorganischen Chemie ist bekannt. Einer der wichtigsten technischen Prozesse, die Gewinnung von Salpeter aus der Luft, wobei die Verknüpfung des Stickstoffs mit dem Wasserstoff unter dem Einfluß von Eisen als Katalysator zu Ammoniak erfolgt, sei hier erwähnt. Durch eine zweite katalytische Reaktion (mit Platin) wird das gebildete Ammoniak zu Salpetersäure verbrannt.

Fermente werden von der lebenden Zelle erzeugt. Auch Mikroorganismen liefern die verschiedensten Fermente, die zahlreiche chemische Umsetzungen hervorrufen. Die chemische Struktur der Fermente ist nur teilweise bekannt. Eine Reihe von Fermenten ist in kristalliner Form gewonnen worden.

Früher war man der Meinung, daß die Gärung nur von der lebenden Hefezelle hervorgerufen werden könnte. Die geheimnisvolle Lebenskraft (vis vitalis) sollte diese Wirkung ausüben. Es war ein bedeutender Fortschritt, als E. Buchner nachweisen konnte, daß der aus Hefen gewonnene Preßsaft ebenfalls Gärung verursacht. Die Wirkung der Fermente ist also nicht an die lebende Zelle gebunden.

Man benennt die Fermente nach dem Substrat, d.h. nach dem Stoff, an welchen das Ferment angreift, durch Anhängung der Endung -ase an

[1] Colowick, S. P., u. N. O. Kaplan: Methods in Enzymologie, New York: Academic Press. Inc. Publishers 1955.

[2] Hoffmann-Ostenhof, A.: Enzymologie, Wien: Springer 1954.

die Bezeichnung des Substrats. In einigen Fällen wird das Ferment auch nach seiner Tätigkeit benannt. Im ersteren Falle spricht man von Esterase, Peroxydase, Laktase, Phosphatase. Als Beispiel für die 2. Art seien Zymase, Oxydase und Reduktase genannt. Wie das Beispiel der Katalase zeigt, gibt es auch noch andere Benennungen.

Die Fermente teilt man in zwei Gruppen, die Hydrolasen und die Desmolasen.

Eine Hydrolase ist ein Ferment, das eine Hydrolyse bewirkt, d.h. eine Reaktion, bei der eine Spaltung einer Substanz unter Aufnahme von Wasser vor sich geht. So spaltet z.B. Lipase Fett unter Aufnahme von Wasser in Glycerin und Fettsäuren. Weitere Hydrolasen sind: Phosphatase, Maltase, Saccharase, Amylase, Urease usw.

Als Desmolasen bezeichnet man alle übrigen Fermente. Sie bewirken einen Abbau und Aufbau der Stoffe ohne Hydrolyse. Erwähnt sei hier die Carboxylase, die bei der alkoholischen Gärung von Bedeutung ist und sich hauptsächlich in der Hefe findet.

Fermente sind temperaturempfindlich. Sie werden bei Temperaturen zwischen 50 und 100° geschädigt bzw. unwirksam gemacht. Da die Fermente Eiweißstoffe sind, erklärt sich ihre Temperaturempfindlichkeit.

Bedeutend ist auch der Einfluß des p_H-Wertes auf die Wirkung der Fermente. Man wählt deshalb den p_H-Wert so, daß man eine maximale Wirkung der Fermente erzielt.

In allen Gärungsgewerben, also bei der Herstellung von Bier, Wein, Essig sind Fermente wesentlich beteiligt. In der Milchwirtschaft benützt man das Labferment zum Einlaben der Milch. Schon mit einem Gramm Labferment ist man in der Lage, in 40 Minuten 100000 ml Milch bei 35° dick zu legen. Dabei handelt es sich bei den üblichen Labpulvern nicht um reines Ferment.

Die Säuerung der Milch, des Rahmes, viele Butterfehler, vor allem aber die Reifung der Käse, d.h. der Abbau des Eiweißstoffes der Milch (Kasein), werden durch Mikroorganismen verursacht. Die Wirkung dieser Organismen beruht aber auf der Wirkung der von ihnen gebildeten Fermente.

Unter Verwendung von Enzymen kann man auch statt chemischer Analysen zur quantitativen Ermittlung eines Stoffes enzymatische durchführen. Diesen Zweig der Analyse nennt man Ferment-Analyse[1]. Diese enzymatische Analyse kann auf die Untersuchung von Milch und Milcherzeugnissen Anwendung finden, da hier Substrate vorliegen, die Enzyme enthalten. Für die Untersuchung können beispielsweise folgende Enzyme der Milch Verwendung finden: Peroxydase und Phosphatase zum Nachweis der Milcherhitzung (teilweise auch die Amy-

[1] Stetter, H.: Fermentanalyse, Weinheim: Verlag Chemie 1951.

lase), die Reduktase als Indikator für die Bakterientätigkeit bezüglich reduzierender Wirkung, die Katalase als Indikator für Anwesenheit von Zellmaterial (Leukozyten und damit Eiter). Da in der Milch noch zahlreiche andere Fermente enthalten sind, ist zu erwarten, daß darauf Untersuchungsmethoden irgendwelcher Art aufgebaut werden können. Andererseits können durch die enzymatische Analyse viele Kohlenhydrate, Säuren, Fettsäureester, Aminosäuren, Proteine und andere Stoffe quantitativ ermittelt werden.

2. Bestimmung der Zahl der Keime

a) Reduktionsprobe [1, 2, 3]

Die Reinheitsprobe und die früher genannten Verfahren zur Feststellung von Zersetzungen der Milch genügen allein nicht, um die Brauchbarkeit und den Wert einer Milch richtig zu beurteilen. Eine süße und schmutzfreie Milch kann sehr viele Bakterien enthalten. Es können z. B. bis zu 8 Millionen Keime in 1 ml Milch enthalten sein, ohne daß irgendwelche chemischen Zersetzungen nachweisbar sind. Die Bakterien befinden sich in einer solchen Milch nämlich im Inkubationsstadium, d. h. sie vermehren sich, ohne Veränderungen in der Milch hervorzurufen, die mit den bisher genannten Methoden nachgewiesen werden können. Die Reduktionsprobe bietet die Möglichkeit, die ungefähre Keimzahl zu ermitteln und damit die später eintretende chemische Zersetzung bis zu einem gewissen Grade vorauszubestimmen. Die Säuregradbestimmung gibt uns wohl über eine bereits eingetretene Säuerung Auskunft, die Reduktionsprobe hingegen unterrichtet uns über ihren zukünftigen Verlauf.

Die Reduktionsprobe beruht darauf, daß gewisse der Milch zugesetzte Farbstoffe durch Bakterien bzw. ihre Stoffwechselprodukte entfärbt oder aber in Stoffe mit anderer Farbe umgewandelt werden. Die Entfärbungsdauer ist im allgemeinen von der Zahl der Bakterien bzw. ihrer Aktivität abhängig. Die Zeit bis zur Entfärbung oder bis zur Veränderung des Farbtones läßt also einen Schluß auf die Keimzahl bzw. Keimaktivität der Milch zu.

Zur Durchführung der Reduktionsprobe werden benötigt: Ein Wasserbad, Reduktionsgläser, Farbstofflösung und Abmeßgeräte für Milch und Farbstofflösung.

Als Farbstofflösung soll frisch bereitete Methylenblaulösung Verwendung finden, die in 100 ml 5 mg Methylenblauchlorid DAB 6 enthält.

[1] WOLF, E., u. E. MUNDINGER: Molkerei-Ztg. Hildesheim **46**, 2617 (1932); **47**, 171 (1933).

[2] ROEDER, G.: Deutsche Molkerei-Ztg. **75**, 1398 u. 1430 (1954).

[3] ROEDER, G.: Die Molkerei-Ztg. **6**, 783 u. 807 (1952).

Nach einem Vorschlag der Methodenkommission wird die Reduktionsprobe wie folgt durchgeführt: In ein steriles Röhrchen von 20 ml Fassungsvermögen werden 1 ml einer Methylenblaulösung und 10 ml Milch gefüllt. Das Röhrchen ist dann mit einem Gummistopfen zu verschließen und der Inhalt durch mehrmaliges, vorsichtiges Umstürzen durchzumischen. Anschließend sind die Röhrchen bei einer Temperatur von 37° ± 0,5° C unter Vermeidung hellen Lichtes zu verwahren. Bei Verwendung von Luftbädern sind die Röhrchen zunächst in einem Wasserbad auf die Temperatur von 37° C unter Vermeidung lokaler Überhitzungen zu bringen. Gemessen wird die Zeit bis zur Beendigung der Farbstoffreduktion (Entfärbungsdauer), gegebenenfalls ist die Messung nach $4^1/_2$ Stunden abzubrechen. Die Reduktion gilt auch dann als beendet, wenn $^3/_4$ der Milch entfärbt sind.

Abb. 86. Elektrisch beheiztes Wasserbad mit Temperaturregler für die Reduktionsprobe und Gär- und Labgärprobe

Die Reduktionsprobe kann auch in entsprechend größeren Röhrchen mit 20 ml Milch und 2 ccm Methylenblaulösung angesetzt werden. Die Beurteilung von roher Milch kann nach folgenden Qualitätsstufen durchgeführt werden.

Klasse	Dauer	Beurteilung
IV	unter 20 Minuten	sehr schlecht
III	20 Minuten bis 2 Stunden	schlecht
II	2 bis $4^1/_2$ Stunden	befriedigend
I	über $4^1/_2$ Stunden	gut

Auf Grund eigener Versuche wird davon abgeraten, den einzelnen Klassen bestimmte Keimzahlen zuzuordnen, da den Keimen je nach Art und Entwicklungsstadium verschiedene Aktivität zukommt[1].

Einstellung der Temperatur des Wasserbades mit Hilfe des Reglers

Der Reduktionsapparat wird so weit mit Wasser gefüllt, daß der Wasserspiegel etwas höher steht als die Milch in den in das Wasserbad gesetzten Reduktionsgläsern. Dann wird durch Anschluß des Gerätes über eine geerdete Steckdose die Heizung in Betrieb gesetzt. Das auf Seite 123 abgebildete Wasserbad ist mit einem Stabregler ausgerüstet, der selbsttätig die Temperatur des Wasserbades regelt. Durch Drehen des Knopfes auf der Skala stellt man die gewünschte Temperatur ein. Der Regler schaltet die Heizung aus, sobald die gewünschte Temperatur erreicht

[1] s. l. c.[1] S. 121.

ist, und wieder ein, sobald die Temperatur unter den eingestellten Wert zu sinken beginnt.

Eine Kontrollampe leuchtet auf, solange der Heizungsstrom zugeführt wird.

Das Wasser darf erst eine halbe Stunde nach Ausschalten der Heizung abgelassen werden. Sollte die Temperatur des Wassers über 50° steigen,

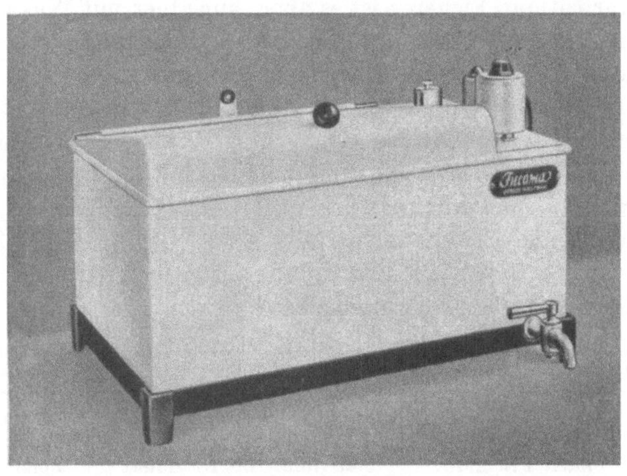

Abb. 87. Elektrisch beheiztes Wasserbad mit Temperaturregler für die Reduktionsprobe und Gär- und Labgärprobe

so ist der Apparat auszuschalten, da eine Störung des Reglers vorliegen kann, die durch Weiterheizen verschlimmert wird.

Mancher Apparat eignet sich gleichzeitig zum Sterilisieren der Gläser. Der Regler ist herausnehmbar und die Heizpatrone mit einem besonderen Stecker versehen. Durch direkte Verbindung der Heizpatrone mit der Lichtleitung kann das Wasser zum Kochen gebracht werden. Es empfiehlt sich, bereits stark vorgewärmtes Wasser von 80° zu verwenden, da das Anheizen sonst zu lange Zeit in Anspruch nehmen würde. Befindet sich der Regler in dem Apparat, so darf das vorgewärmte Wasser nur eine Temperatur von 25 bis höchstens 30° haben, da sonst der Regler Schaden nehmen kann.

Da eine mit Methylenblau versetzte und entfärbte Milchprobe sich beim Schütteln wieder färbt, der Farbstoff also gegen Sauerstoff empfindlich ist, versuchte man das Methylenblau durch andere geeignetere Farbstoffe zu ersetzen. Als Ersatz wurde von CHRISTIANSEN Janusgrün vorgeschlagen. Mit Janusgrün versetzte Milch geht in der ersten Reduktionsstufe von blaugrün nach rot über, in der zweiten von rot nach weiß. Für die Beurteilung der Milch kommt nur die erste Reduktionsstufe in Frage, da ein Wiederumschlagen der roten Farbe nach blaugrün nicht eintritt.

Nachteile der Reduktionsprobe mit Methylenblau und Janusgrün sind die lange Dauer und die Notwendigkeit eines Wasserbades mit konstanter Temperatur. Deshalb wurde nach Farbstoffen gesucht, die schon bei Zimmertemperatur schneller entfärbt werden, bei deren Anwendung also ein Wasserbad nicht unbedingt benötigt wird. Diese Anforderungen erfüllt *Resazurin*. Die Resazurinprobe stellt eine Schnellreduktionsprobe dar und ermöglicht in vielen Fällen eine Beurteilung der Milch schon vor der Verarbeitung. Sicherer ist es aber, auch hier mit Wasserbad zu arbeiten. 10 ml Milch werden mit 1 ml Resazurinlösung vermischt. Man bestimmt nicht die Entfärbungsdauer, sondern ermittelt nach spätestens 1 Stunde unter Verwendung einer Farbtafel die einzelnen Farbtöne, die bestimmten Qualitätsstufen der Milch entsprechen. Der Farbumschlag geht von blau über violett nach rosa, schließlich tritt Entfärbung ein. Die Probe wird wie folgt durchgeführt: Sofort nach dem Ansetzen werden die Röhrchen in ein Wasserbad von 37° (± 0,5°) gebracht. Die Zeit des Einsetzens wird vermerkt. Die Beurteilung der Proben (rohe Milch) kann nach dem folgenden Schema durchgeführt werden[1].

Klasse	Beobachtung	Farbton	Beurteilung
IV	nach 20 Minuten	weiß	sehr schlecht
III	nach 1 Stunde	rosa bis weiß	schlecht
II	nach 1 Stunde	blauviolett bis rotviolett	befriedigend
I	nach 1 Stunde	stahlblau bis pastellblau	gut

b) *Plattenmethode*

Während die Reduktionsprobe nur eine ungefähre Ermittlung der Keimzahl ermöglicht, kann man mit Hilfe von anderen Methoden eine genauere Bestimmung der Keimzahl durchführen. Das älteste und genaueste Verfahren ist die Plattenmethode nach Koch. Es ist eine indirekte Methode, weil man die Bakterien erst auf einem Nährboden zur Entwicklung bringt. Aus jedem in den Nährboden gebrachten Keim entsteht durch Vermehrung eine dem Auge sichtbare Anhäufung, eine Kolonie. Die Kolonien werden ausgezählt. Ihre Zahl ergibt, unter Berücksichtigung der angewendeten Milchmenge, die Keimzahl in 1 ml. Praktisch wird die Methode so durchgeführt, daß man 10 ml durch Erhitzen verflüssigten Nährboden nach dem Abkühlen auf etwa 45° über die in die Platte gegebene Milch gießt, die durch Umschwenken in dem Nährboden gleichmäßig verteilt wird.

Eine Platte oder Petrischale (Abb. 88 u. 89) besteht aus einer kreisrunden unteren Glasschale von etwa 9 cm Durchmesser mit einem 1 cm hohen Rand, über die eine ebensolche, aber etwas größere, als Deckel

[1] S. a. Lehrbild: Einzelkannenkontrolle auf Temperatur und Resazurin-Reduktion, Milchwiss. 10, 37 (1955).

greift. Beim Stehen erstarrt der Nährboden in der Petrischale. Diese wird in einen Brutschrank gebracht, in dem bei einer Temperatur von 30° die Bakterien in 1–2 Tagen Kolonien bilden. Da die zum Beimpfen

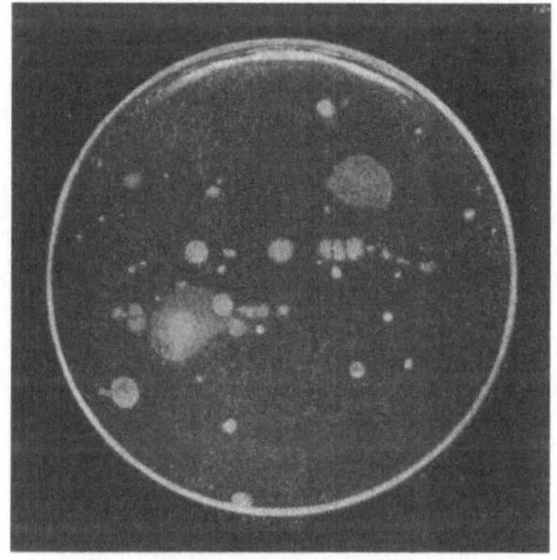

Abb. 88. Milch, keimarm

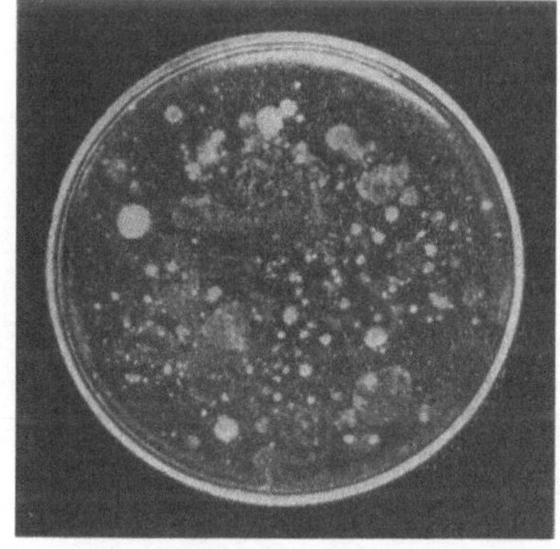

Abb. 89. Milch, keimreich

der Platte nötige Milchmenge häufig so viel Keime enthält, daß die entwickelten Kolonien für das Auszählen zu nahe beieinander liegen, muß die Milch in den verschiedenen Verdünnungssgraden zur Bestimmung verwendet werden. Die für die Auswertung günstigsten Zahlen werden zur Berechnung der Keimzahl herangezogen.

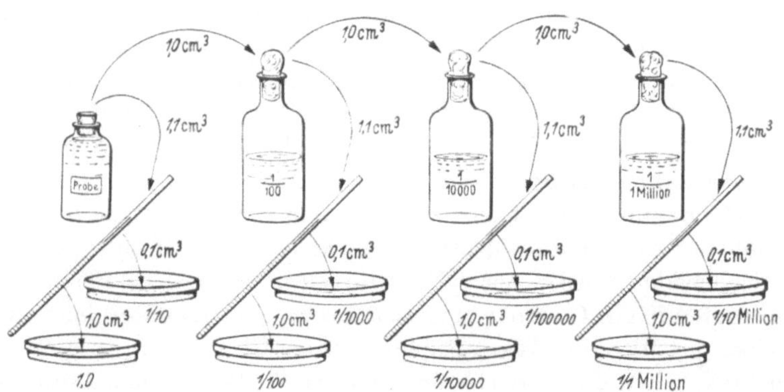

Abb. 90. Darstellung der Arbeitsweise bei der Keimzählung mit der Plattenmethode nach KOCH. Zeichnung von K. DEMETER

Man benutzt zweckmäßig folgende Verdünnungen (Abb. 90):

1. Verdünnung: 1 ml der Milchprobe wird in einer Verdünnungsflasche auf 100 ml mit sterilem Wasser verdünnt.

2. Verdünnung: 1 ml der ersten Verdünnung wird in derselben Weise nochmals auf 100 ml verdünnt.

3. Verdünnung: 1 ml der zweiten Verdünnung wird wieder auf 100 ml verdünnt.

So erhält man drei Verdünnungsgrade, von denen je 1 ml $^1/_{100}$, $^1/_{10000}$ und $^1/_{1000000}$ ml der ursprünglichen Milchprobe entspricht. Von diesen Verdünnungen sowie von der Milchprobe selbst gibt man nunmehr je 1 ml und 0,1 ml in die Petrischalen und fügt je 10 ml des verflüssigten Nährbodens hinzu.

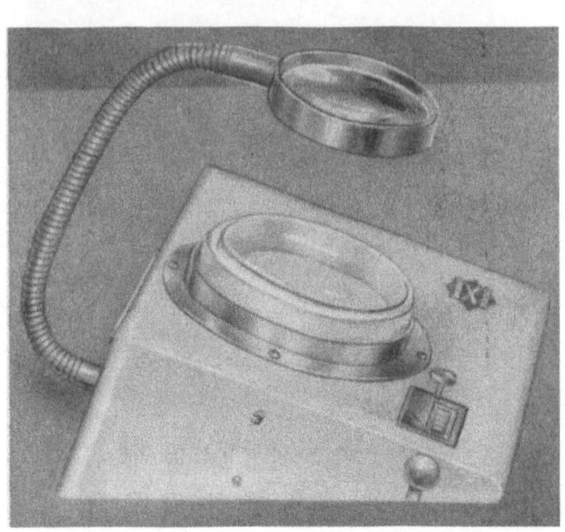

Abb. 91. Keimzähl-Apparat nach DANNHOFER

Insgesamt erhält man acht verschiedene Konzentrationen, die 1, $^1/_{10}$ bis zu $^1/_{10000000}$ ml der Milchprobe entsprechen. Hat man bereits einen ungefähren Anhalt über die zu erwartende Keimzahl, dann wird es nicht immer notwendig sein, sämtliche Verdünnungen vorzunehmen. Man wird nur die wählen, die für die Auszählung der entwickelten Kolonien in Betracht kommen.

Zur Herstellung der Verdünnungen benutzt man Pipetten, die, mit 2 Marken für 1 ml und 0,1 ml versehen, beide Flüssigkeitsmengen in einem Arbeitsgange abzumessen gestatten (Pipette nach DEMETER). Die Keimzahl der Milch in 1 ml erhält man durch Multiplikation der Anzahl Kolonien mit dem Verdünnungsgrad. Sämtliche zur Benutzung kommenden Glasgeräte, wie Verdünnungsflaschen, Petrischalen und Pipetten, müssen sorgfältig sterilisiert sein (eine Stunde bei 180°) und stets verschlossen gehalten werden.

Die Herstellung von Nährböden ist in der Praxis meist zu umständlich. Daher werden gebrauchsfertige Nährböden in den Handel gebracht. Diese Nährböden werden nach DANNHOFER in Mengen zu 10 cm³ samt Wattestopfen in ein Glasrohr eingeschmolzen und sind daher lange haltbar. Über der Mitte des Wattestopfens ist das Glas geritzt, so daß es an dieser Stelle leicht durch Berühren mit einem heißen Glasstab gesprengt und geöffnet werden kann.

c) *Rollkultur*[1]

Ein einfaches, für den praktischen Betrieb geeignetes, indirektes Verfahren zur Ermittlung der Keimzahl ist die Rollkultur. Als Kulturgefäß dient eine Reagenzröhre, die unterhalb ihres oberen Randes eine Ein-

[1] WOECKEL, E., u. E. MUNDINGER: Molkerei-Ztg. Hildesheim **48**, 582 (1934).

schnürung aufweist. Die Röhre (Abb. 93) ist mit etwa 7 cm^3 sterilem Nährboden beschickt, der vor Gebrauch in einem Wasserbad mit siedendem Wasser flüssig gemacht wurde. Nach dem Abkühlen auf 40–45° wird mit der kalibrierten BURRI-Öse $^1/_{1000}$ ml des zu untersuchenden Materials in den Nährboden geimpft. Nun rollt man das Röhrchen auf

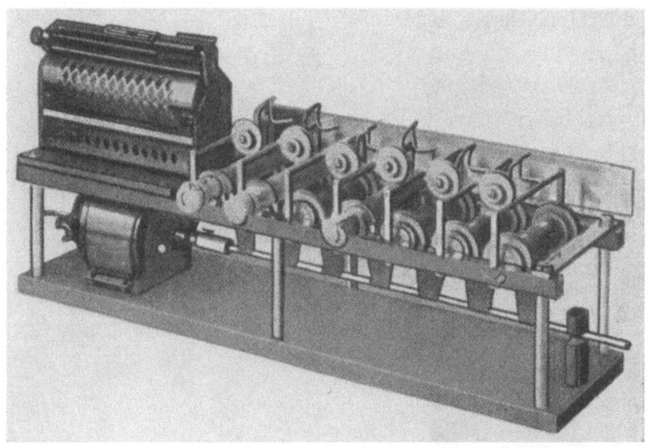

Abb. 92a. Rollapparatur für 6 Proben

Abb. 92b. Rollapparatur für 2 Proben

der Apparatur (Abb. 92a u. b) 3 Minuten. Hierbei erstarrt der Nährboden und kleidet die Innenseite des Röhrchens aus. Die in der Milch befindlichen Keime verteilen sich über das ganze Röhrchen und wachsen beim Bebrüten zu sichtbaren Kolonien aus. Die Zahl der Kolonien kann ausgezählt oder an Hand von Standardröhrchen geschätzt werden (Abb. 93) und ergibt, mit 1000 multipliziert, die Keimzahl der Milch je cm^3.

Dieses Verfahren, das der Verfasser mit seinen Mitarbeitern vor dem 2. Weltkriege (1930) entwickelt hat, wurde bezüglich der Geräte zur

Durchführung durch die beiden DRP. (589731 und 594924) geschützt. Es soll hier erwähnt werden, daß uns erst nachträglich bekannt wurde, daß ein ähnliches Verfahren bereits früher von ESMARCH und anderen in der Literatur beschrieben wurde. Uns schwebte vor, im Rahmen der Herausarbeitung einfacher bakteriologischer Untersuchungsmethoden die Keimzählung so zu vereinfachen, daß sie in der Praxis ebenso leicht durchgeführt werden könnte wie eine Fettbestimmung nach GERBER.

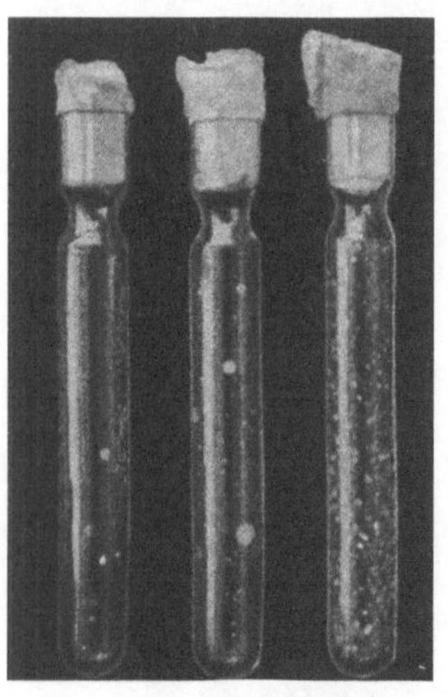

Abb. 93. Rollröhrchen mit Milch von verschiedenem Keimgehalt beimpft. Nach Bebrütung

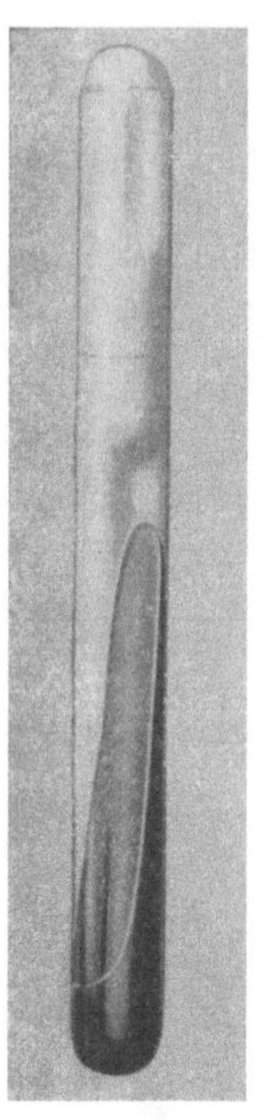

a

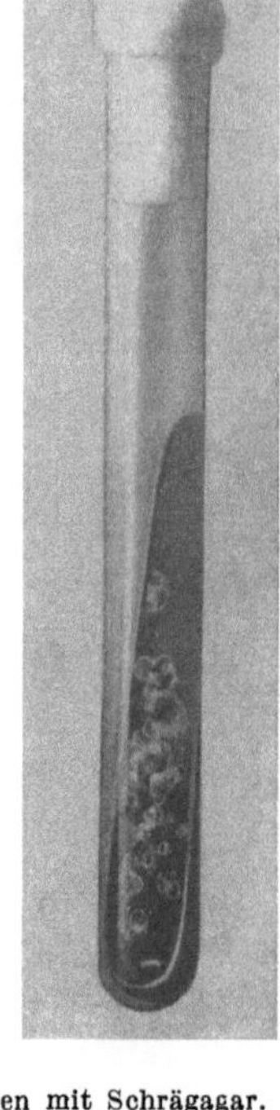

b

Abb. 94a u. b. *a* Röhrchen mit Schrägagar. *b* Schrägagarröhrchen mit Kolonien

Mit einem solchen Verfahren wäre es dann auch möglich, die Reinheitsprobe bei der Qualitätsbeurteilung durch eine Keimzählung zu ersetzen, was in USA bereits in großem Umfang geschehen ist. Es ist sehr leicht einzusehen, daß eine Milch, die vom Bauern einwandfrei durch Filtration von ihrem Schmutzgehalt befreit wird, bei der Reinheitsprobe günstig beurteilt wird, obwohl die Bakterien das Filter passieren und in der Milch in reichem Maße vorhanden sind. Es wäre zu begrüßen, wenn eine Weiterentwicklung bzw. Abwandlung des Verfahrens und der Apparatur erfolgen würde und dadurch das uns einst vorschwebende Ziel erreicht würde.

d) *Burri-Methode*

Auch die Schräg-Agar-Methode nach BURRI ist eine für die Praxis geeignete indirekte Keimzählmethode. Als Züchtungsgefäße dienen Reagenzgläser mit schräg erstarrtem Nährboden. Die Nährbodenfläche, auf der das Untersuchungsmaterial mit der 0,001 ml fassenden BURRI-Öse (genau kalibrierte Öse aus Platindraht) ausgestrichen wird, ist zwar durch das Schräglegen der Röhrchen erheblich vergrößert. Trotzdem liegen nur bei der Untersuchung keimarmer Milchproben die Kolonien so weit voneinander entfernt, daß eine Zählung leicht möglich ist. Der Anwendung der BURRI-Methode ist also bezüglich einer genauen Ermittlung der Keimzahl nach oben eine Grenze (etwa 150000 Keime/ml) gesetzt, falls man nicht mit Verdünnungen arbeiten will. Die Abweichungen der Platinöse vom Sollinhalt liegen in solchen Grenzen, daß sie für praktische Zwecke in Kauf genommen werden können.

Ist das Röhrchen beimpft, so wird es zur Bebrütung in den Brutschrank gebracht (30° C). Nach 1–2 Tagen haben sich die Kolonien auf der Oberfläche des Agars entwickelt (Abb. 94) und können gezählt werden. Durch Multiplikation mit 1000 erhält man die Zahl der Keime in 1 ml.

e) *Zählung nach Breed*[1]

Die indirekten Keimzählmethoden haben den Nachteil, daß das Ergebnis der Keimzählung erst nach 1–2 Tagen erhalten wird. Dieser Nachteil fällt bei der direkten Keimzählung weg. Hier kann man bereits in

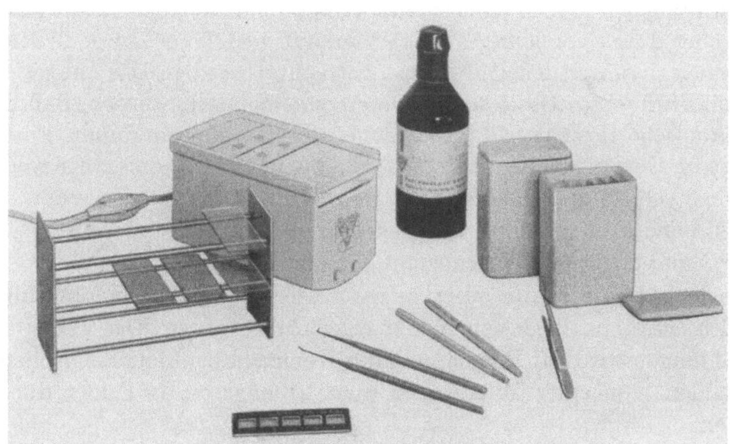

Abb. 95. Ausrüstung für die Keimzahlbestimmung nach BREED

[1] BREED: Zbl. Bakteriol. Abt. II, **30**, 337/349 (1911).

kürzester Zeit (½ Stunde) das Ergebnis in Händen haben. Das bekannteste Verfahren dieser Art ist von BREED vorgeschlagen worden (Abb. 95).

Mit einer Spezialpipette bringt man $^1/_{100}$ ml der zu untersuchenden Milch auf einen Objektträger und streicht ihn mit Hilfe einer Ausstrichschablone und einer rechtwinklig abgebogenen Nadel auf die Fläche von 1 cm^2 aus (Abb. 96).

Durch gelindes Erwärmen über der Flamme oder auf einem Spezialtrockengestell werden die Präparate getrocknet. Nach dem Trocknen

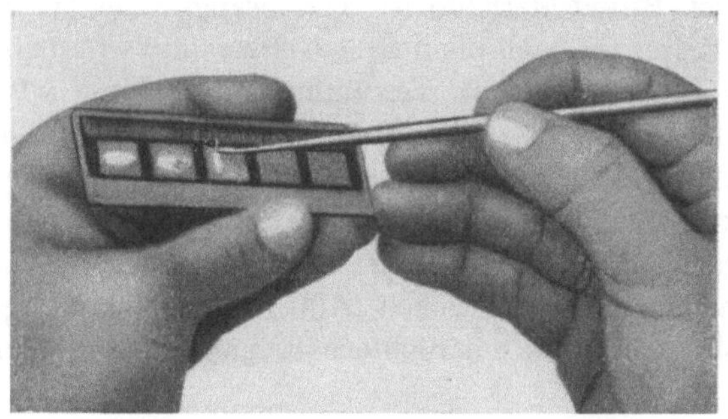

Abb. 96. Ausstreichen der Milchprobe (nach DEMETER)

werden sie in eine Küvette mit Färbelösung getaucht, wobei sie gleichzeitig fixiert, entfettet und gefärbt werden. Hiernach werden sie auf Filtrierpapier gelegt und an der Luft vollständig getrocknet. Nach dem Trocknen befreit man die Ausstriche von dem überschüssigen Farbstoff durch Eintauchen in eine Küvette mit Wasser und trocknet sie auf Fließpapier oder durch vorsichtiges Erwärmen auf dem Trockengestell. Hierauf können sie unter dem Mikroskop betrachtet werden. Das Mikroskop muß mit Hilfe eines Objektmikrometers so eingestellt werden, daß das mikroskopische Gesichtsfeld eine Fläche von $^1/_{3000}$ cm^2 einnimmt. Findet sich also im Gesichtsfeld ein Bakterium, dann entspricht dies einer Keimzahl von $3000 \times 100 = 300000$ Bakterien je ml. Mikroskope werden auf Wunsch bereits so geliefert, daß das Gesichtsfeld bei Verwendung von Okular 2 und einer $^1/_{12}$ Öl-Immersion die gewünschte Größe hat.

Um brauchbare Werte zu erhalten, müssen bei keimärmeren Milchproben mindestens 30 Gesichtsfelder ausgezählt werden. Das Mittel aus den Zählungen wird zur Berechnung der Keimzahl benutzt. Bei größeren Keimzahlen, von einer Million und mehr, genügt es, 10 Felder durchzuzählen.

Während man bei den beschriebenen indirekten Keimzählmethoden nur die lebensfähigen Keime ermittelt, zählt man bei der BREEDschen Methode auch die abgetöteten Bakterien. Für die Betriebskontrolle, bei der häufig Infektionsquellen und die bakterientötende Wirkung von Erhitzern ermittelt werden müssen, ist die BREEDsche Keimzählung also nicht zu verwenden.

3. Bestimmung der Art der Keime

Weder die Reduktionsprobe noch die direkten oder indirekten Keimzählmethoden geben uns Aufschluß über die Art der Keime. Die Art der Keime ist aber für die Qualität der Milch und ihre Verarbeitung zu Milcherzeugnissen von größerer Bedeutung als die Keimzahl. Den Verfahren zur Bestimmung der Keimart kommt deshalb in der Milchuntersuchung erhöhte Bedeutung zu.

a) Gär- und Labgärprobe[1]

Die ältesten Verfahren, die Art der Bakterien zu ermitteln, sind die *Gär- und Labgärprobe.* Bei der Gärprobe bringt man die in der Milch vorhandenen Bakterien durch Aufstellung der Milch bei höherer Temperatur (38—40° C) rasch zur Entwicklung. Je nach Art und zahlenmäßigem Verhältnis der einzelnen Bakterien wird die Milch in verschiedener Weise verändert. Die Proben werden nach 12 bzw. 24 Stunden beurteilt. Die erste Besichtigung findet nach 12 Stunden statt. Sauber gewonnene Milch gesunder Kühe soll nach dieser Zeit noch nicht geronnen sein. Indessen kann eine gleichmäßig geronnene Milch noch nicht als fehlerhaft bezeichnet werden. Unregelmäßig geronnene Milch ist fehlerhaft.

a) Herrschen in einer Milch die Milchsäurebakterien vor, so wird die Probe eine gleichmäßige gallertige Gerinnung ohne Molkenabscheidung aufweisen und einen reinen, milchsauren Geschmack und Geruch zeigen. Type I (Abb. 97).

b) Sind zahlreiche labbildende Bakterien vorhanden, so zeigt sich die käsige Gerinnung, bei der sich der Käsestoff stark zusammenzieht. Dieser an und für sich harmlose Fehler kann für die Käserei nachteilig werden, wenn die Milch schon vor der Anlieferung gerinnt. Type II (Abb. 97).

c) Die zigerige Gerinnung, bei der der Käsestoff in Flocken oder Körnern ausgeschieden wird, ist auf eiweißlösende Bakterien zurückzuführen. Type III (Abb. 97). Für die Käserei ist solche Milch nicht geeignet.

d) Enthält die Milch zahlreiche gasbildende Bakterien, so erhält man eine geblähte Gärprobe, ein Zeichen wenig sorgfältiger Gewinnung der Milch. Das Milchgerinnsel ist hierbei von vielen Gasblasen durchsetzt. Solche Milch ist durchaus ungeeignet für die Käserei, weil die Käse gebläht werden. Als Säuglingsmilch ist sie keineswegs zu verwenden. Type IV (Abb. 97).

---

[1] ROEDER, H., u. A. WINDZSUS: Dtsch. Molkerei-Ztg. **56**, 1293 (1935).

Zur Durchführung der Milchgärprobe werden 40 cm³ Milch in keimfrei gemachte Gläser gefüllt und die Gläser mit einem keimfreien Deckel verschlossen. Dann werden diese in Stativen in ein Wasserbad übergeführt, das bei einer Temperatur von 38–40° gehalten wird. Unter 38° darf die Temperatur nicht sinken, weil sich sonst die Gasbildner wenig oder gar nicht entwickeln. Über 40° tritt eine zu starke Entwicklung der Blähungserreger ein, infolgedessen erhält man von vielen Milchproben ein falsches Bild, denn dann liefern auch normale Milchen geblähte Gärproben.

Vielfach findet heute statt der einfachen Gärprobe die Gär-Reduktionsprobe Verwendung. Hierbei wird die Gärprobe mit der auf S. 121 beschriebenen Reduktionsprobe kombiniert.

Die Labgärprobe wird ähnlich ausgeführt wie die Milchgärprobe. Sie unterscheidet sich von ihr dadurch, daß der Milch 2 ml einer Lablösung, die man aus einer HANSENschen Labtablette durch Auflösen in 500 ml sterilem Wasser herstellt, zugesetzt werden.

Bei der Labgärprobe ähneln die Vorgänge noch mehr denen bei der Verkäsung als bei der Gärprobe. Durch das zugesetzte Lab wird die Milch wie bei der Verkäsung zur Gerinnung gebracht. Die von den Gasbildnern erzeugten Gasblasen können nicht mehr entweichen und bleiben im Gerinnsel eingeschlossen. Mit der Zeit zieht sich das Gerinnsel im Glas zusammen und bildet das für die Beurteilung bei der Labgärprobe so wichtige Käschen, das zu diesem Zweck aufgeschnitten werden muß.

Die Beurteilung erfolgt nach 12 Stunden. Gute, einwandfreie Milch ergibt ein langgestrecktes festes Käschen ohne Narben. Beim Aufschneiden des Käschens (nach Abgießen der Molke) zeigen sich im Innern keine oder nur einzelne kleine Bläschen (Abb. 98). Eine schlechte, reichlich mit Blähungserregern infizierte Milch kann man daran erkennen, daß das Käschen schrauben- oder pfropfenartig in die Höhe getrieben ist, oft den Deckel des Gläschens abstößt und beim Aufschneiden zahlreiche große Blählöcher zeigt. MOSER und DANNHOFER beschreiben die Labgärprobe nach Typus und Punktzahl wie in Tab. 11 zusammengestellt.

Milch, die Käschen nach Typ I bildet, ist bestimmt käsereitauglich. Käschenbildung nach Typ II weist auf mehr oder weniger fehlerhafte Milch hin. Solche Milch ist nur noch bedingt käsereitauglich. Bei Typ III handelt es sich um stark fehlerhafte Milch, die für Käsereizwecke auf keinen Fall benützt werden kann.

Die Labgärprobe bietet auch die Möglichkeit, die Labfähigkeit der Milch zu prüfen. Labträge Milch ist daran zu erkennen, daß sie überhaupt nicht gerinnt oder eine breiige, griesige Masse statt des Käschens bildet. Auch Geschmack, Geruch und Aussehen der Molke lassen gewisse Schlüsse auf die Beschaffenheit der Milch zu. Fehlerhaft ist auch solche Milch, deren Käschen sich wenig zusammenzieht und viel Molke enthält.

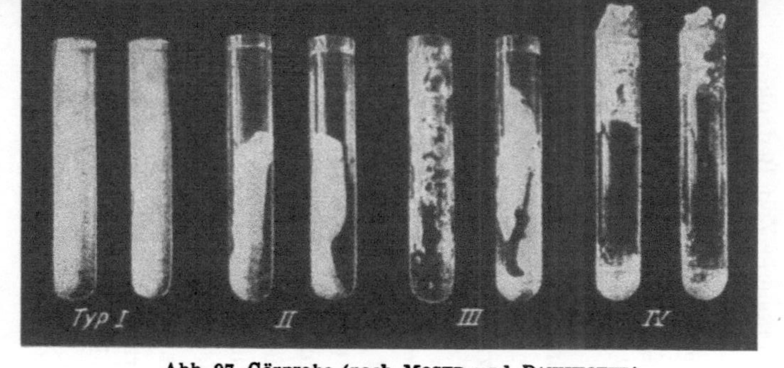

Abb. 97. Gärprobe (nach Moser und Dannhofer)

Abb. 99

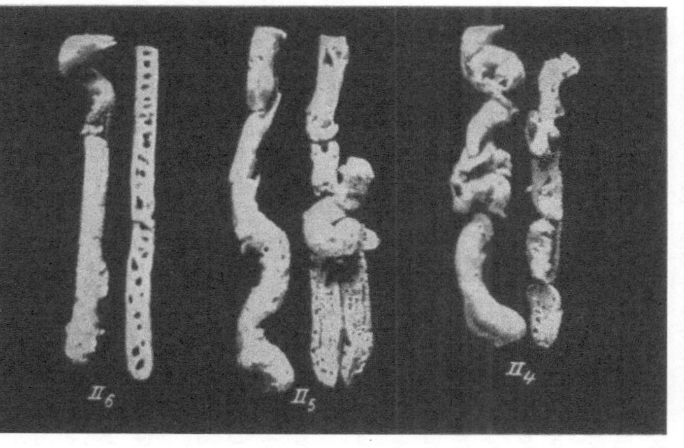

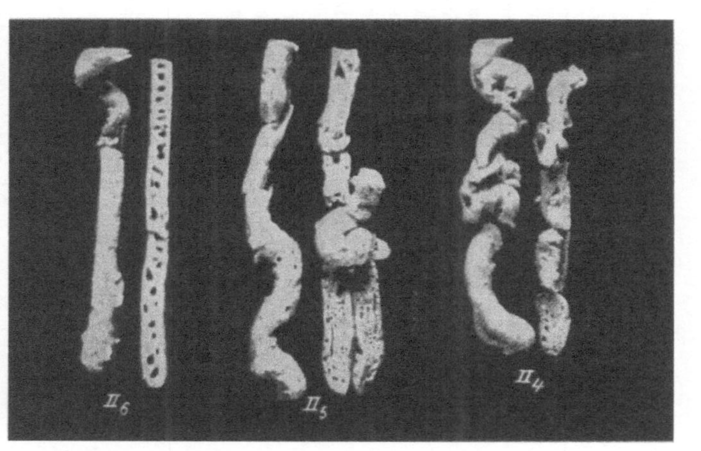

Abb. 98 Abb. 98–100. Labgärprobe (nach Moser und Dannhofer) Abb. 100

Tabelle 11

Typ	Punktzahl	Beschreibung
I	9	Lang und glatt, festes Gefüge, fast ohne Löcher ....
	8	Lang, noch glatt, festes Gefüge, wenig kleine Löcher ....
	7	Noch lang, Oberfläche glatt bis leicht porig, Gefüge weniger fest, kleine Löcher ....
II	6	Lang bis leicht gewunden, Oberfläche porig oder gerissen, Gefüge weniger fest, klein bis mittelgroß gelocht ....
	5	Wie 6, doch stärker gewunden, lochig ....
	4	Wie 6, stark gewunden und gelocht ....
III	3	Gedreht, pfropfenartig in die Höhe getrieben, lochig.........
	2	Gebläht, schwammig, fast ohne Form ....
	1	Schwammig, loses zerrissenes Gerinnsel ohne jede Form ....

Für die Durchführung der Gär- und Labgärprobe benötigt man die gleichen Wasserbäder wie unter „Reduktionsprobe“ beschrieben. Als Gläser wählt man meistens solche von 40—60 ml Inhalt.

b) Milchagar-Schüttelkultur[1]

Obwohl die Gär- und Labgärprobe bisher in der Untersuchung der Käsereimilch eine führende Rolle spielten, sind in neuerer Zeit Bedenken über die Zuverlässigkeit der Proben von den verschiedensten Seiten geäußert worden. Die von HÜTTIG empfohlene Milchagar-Schüttelkultur soll für die Käserei geeigneter sein. Die Milchagar-Schüttelkultur dient lediglich dem Nachweis von Blähungserregern, der nur dann positiv ausfällt, wenn gleichzeitig in der betreffenden Milch nur wenige oder langsam säuernde Milchsäurebakterien enthalten sind. Man beschränkt sich dabei also darauf, nur die Gegenwart von Gasbildnern und nicht auch das Einlabungsvermögen der Milch festzustellen, wie es bei der Labgärprobe der Fall ist.

Ausführung der Probe: 5 ml Bouillonagar werden in einem Prüfglas verflüssigt (Wasserbad) und nach Erreichung einer Temperatur von 55—60° C mit der gleichen Menge der zu untersuchenden Milch versetzt. Durch Umstürzen (2-mal) mischt man den Inhalt gut durch. Nach 24-stündiger Aufbewahrung bei 30° C erfolgt die Beurteilung.

Für die Beurteilung der Milchagar-Schüttelkultur ist nach HÜTTIG das 3 Punkte-System vollkommen ausreichend. Die Milch ist bei fehlender bis geringer Gasbildung käsereitauglich, bei mäßiger Gasbildung bedingt käsereitauglich und bei starker Gasbildung unbrauchbar. Sie erhält dementsprechend den Normalpreis allein oder mit einem Abzug. Als Anhalt

[1] HÜTTIG, C.: Milchwirtsch.-Ztg., Berlin **38**, 881 (1933); Molkerei-Ztg. Hildesheim **48**, 1438 (1934).

für die Einreihung der Milch in die einzelnen Bewertungsstufen kann die in Abb. 101 gegebene Einteilung dienen.

Die Vorteile der Milchagar-Schüttelkultur gegenüber der Labgärprobe bei der Qualitätskontrolle der Käsereimilch, besonders auch in kleineren Molkereien ohne Laboratorium, bestehen nach HÜTTIG in folgenden Punkten:

1. Die Milchagar-Schüttelkultur ist zum Nachweis von Blähungserregern zuverlässiger als die Labgärprobe, da sie nur dort Gasbildung durch Zerreißen des Agars zeigt, wo auch im Käse Blähungslöcher entstehen, eine Übereinstimmung, die bei der Labgärprobe wegen der hohen Bebrütungstemperatur bei 37 °C und der dadurch bedingten Beeinträchtigung der gewöhnlichen Milchsäurestreptokokken bei weitem nicht immer erfüllt wird.

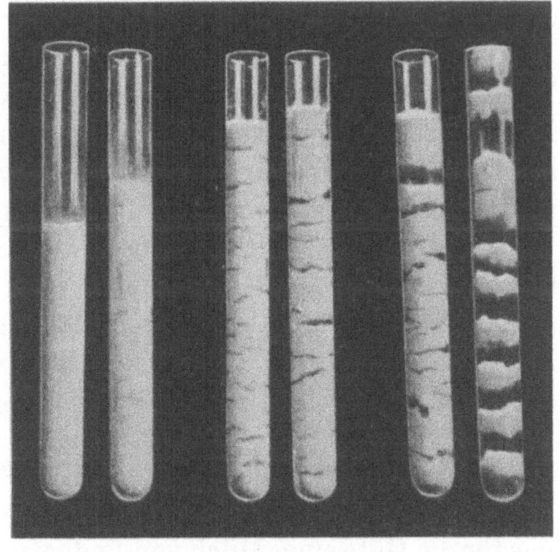

Abb. 101. 3 Qualitätsstufen bei der Milchagar-Schüttelkultur (nach HÜTTIG)

2. Die bei der Labgärprobe nötige, für viele Betriebe mit mangelnder Laboratoriumseinrichtung aber schwierige Sterilisierung der Röhrchen fällt fort. Für die Schüttelkultur genügt das Auskochen in Wasser mit einem Sodazusatz und darauf folgendes Nachspülen mit sauberem kalten Wasser. Ein Verschluß der Röhrchen mit Watte, Korken und dergleichen erübrigt sich infolgedessen ebenfalls.

3. Die Innehaltung einer bestimmten Temperatur, die bei der Labgärprobe nur durch Brutschrank oder Wasserbad möglich ist, macht bei der Milchagar-Schüttelkultur keine Schwierigkeiten, da die Röhrchen hier bei 20—30° C aufbewahrt werden können, was z. B. im Kesselraum an einer geeigneten Stelle jederzeit leicht durchführbar ist.

4. Die Milchagar-Schüttelkultur ist im Gegensatz zur Labgärprobe für Serienuntersuchungen gut geeignet, da sie schnell und einfach auszuführen ist und die Erkennung der abgestuften Grade der Blähung auch für den bakteriologisch nicht Geschulten keine Schwierigkeiten macht.

5. Die Milchagar-Schüttelkultur läßt sich im Kühlraum oder nach Zugabe eines Tropfens Formalin und Verschluß mit einem Korkstopfen monatelang in demselben Zustande aufbewahren, kann also bei Gelegenheit den Lieferanten gezeigt werden.

6. Die Untersuchungsergebnisse einer Molkerei sind mit denen einer anderen gut vergleichbar, da bei Anstellung der Milchagar-Schüttelkultur keine in ihrer Einheitlichkeit schwer kontrollierbaren Zusätze wie z. B. Menge und Stärke des Labs erforderlich sind.

7. Die Milchagar-Schüttelkultur bietet eine so genügende Gewähr für die Sicherheit der Ergebnisse, daß hierdurch eine unterschiedliche Bezahlung der Lieferantenmilch gerechtfertigt ist, während bei der Labgärprobe eine unbedingt gerechte Bezahlung auch für den Geübten schwer durchzuführen ist.

Das Resultat der Untersuchung ist leider bei den drei geschilderten Verfahren erst nach 12—24 Stunden erkennbar, wenn die Milch schon längst verarbeitet worden ist. Es kann daher nicht verhütet werden, daß auch solche Milch zur Käsebereitung verwendet wird, die später als minder tauglich oder unbrauchbar befunden wird.

Es wäre daher sehr zu wünschen, daß ein Verfahren erfunden wird, mit dem man die Käsereitauglichkeit der eingelieferten Milch schon nach spätestens einer Stunde ermitteln kann, so daß die Käsereien, besonders Hartkäsereien, in der Lage sind, Milch von der Verarbeitung zu Käse auszuscheiden, die zu viele Blähungserreger enthält.

c) Nachweis von Säure- und Alkalibildnern[1]

Zur Bestimmung des Verhältnisses von Säure- und Alkalibildnern, das für die Güte einer Milch von Bedeutung ist (gute Milch soll mindestens 75% Säurebildner aufweisen), empfiehlt HENNEBERG einen Spezialnährboden, den Chinablau-Milchzucker-Agar. Dieser kann entweder bei der Plattenmethode nach KOCH oder beim Rollröhrchen-Verfahren Anwendung finden. Auf diesem blaugrün gefärbten Nährboden erscheinen Säurebildner als tiefblaue Kolonien, während Alkalibildner den Nährboden entfärben. Indifferente Bakterien beeinflussen die Farbe des Nährbodens überhaupt nicht.

d) Nachweis von Gasbildnern

Zum Nachweis von Gasbildnern verwendet man deren Eigenschaft, in zuckerhaltigen Nährböden Gas zu entwickeln. Das Gas wird aufgefangen und aus seiner Menge auf Anwesenheit und Zahl der gasbildenden Bakterien geschlossen. Zum Nachweis bestimmter Gruppen gasbildender Bakterien verwendet man selektive Nährböden, in denen andere Bakterien nicht zur Entwicklung kommen.

Hauptsächlich findet als Nährboden Gentianaviolett-Galle-Milchzucker-Peptonwasser Verwendung, der von KESSLER und SWENARTON[2] angegeben wurde. Zum Nachweis von typischen *Bact. coli* benützt man die Indolprobe, s. S. 38.

---

[1] HENNEBERG, W.: Molkerei-Ztg. Hildesheim 44, 363 (1930).

[2] KESSLER, M. A., u. J. C. SWENARTON: J. Bacteriol. 14, 47 (1927).

Der Nachweis kann in Gärkölbchen nach DANNHOFER, in DURHAM-Röhrchen (Abb. 102) oder in KIELER-Röhrchen (Abb. 103) durchgeführt werden. In die mit steriler Nährflüssigkeit gefüllten und mit einem Wattebausch verschlossenen Kölbchen nach DANNHOFER wird mit einer Platinöse eine kleine Menge der zu untersuchenden Milch geimpft. Die Kölbchen werden dann in einem Stativ in einen Brutschrank gebracht, der

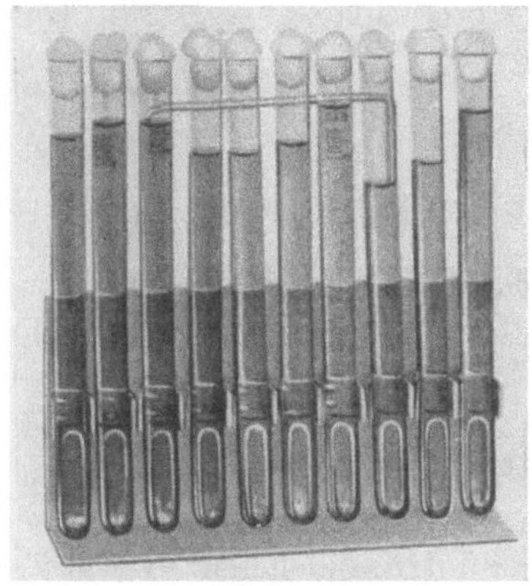

Abb. 102. Nachweis von Gasbildnern in DURHAM-Röhrchen

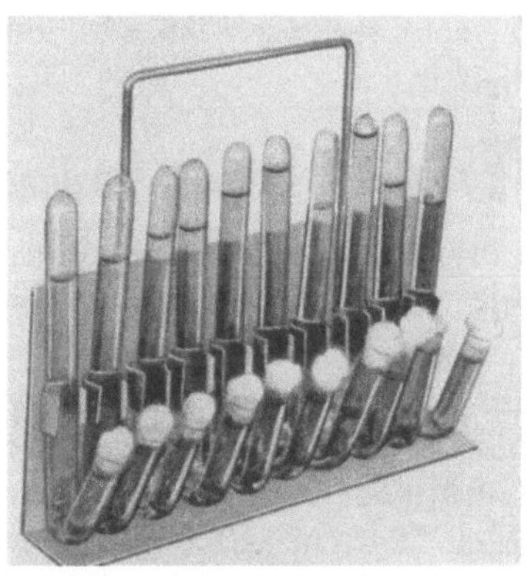

Abb. 103. KIELER-Röhrchen zum Nachweis von Gasbildnern

auf einer Temperatur von etwa 37° gehalten wird. Nach 24 oder 48 Stunden kann man aus der aufgetretenen Gasmenge, die sich an der Skala des Röhrchens in ml ablesen läßt, auf den Gehalt an gasbildenden Bakterien schließen. Bei dem Verfahren mit der DURHAM-Röhre dient zum Auffangen des Gases ein umgekehrt in einem Reagenzglas mit steriler Nährflüssigkeit stehendes Röhrchen, das bei Versuchsbeginn völlig mit dem Nährboden gefüllt sein muß. Bei den KIELER-Röhrchen sammelt sich das Gas in dem geschlossenen Schenkel eines U-förmigen Rohres, dessen anderer offener Schenkel etwas verkürzt ist.

Die zu untersuchende Milch impft man in verschiedenen Verdünnungen in die einzelnen Röhrchen. Bei Kindermilch genügen Verdünnungen bis 1 : 1000, während man für gewöhnliche Milch Verdünnungen bis 1 : 10000 wählen muß. Für pasteurisierte Milch verwendet man 1 ml und mehr. Bei Kindermilch soll in der Verdünnung 1 : 10 kein Gas auftreten. Bei gewöhnlicher Trinkmilch soll die Verdünnung 1 : 1000 negativ bleiben.

Für die Untersuchung der Kindermilch auf Coli-Bakterien wird nach dem Reichsmilchgesetz ein Spezialnährboden, nämlich Lactose-Bromthymolblau-Trypaflavin-Agar[1], verwendet. 0,1 ml der zu untersuchenden

[1] RÜHMEKORF, E.: Milchwirtsch.-Forsch. 11, 600 (1931).

Milch wird mit einer sterilen Pipette auf den gut getrockneten Nährboden einer Petrischale gebracht und mit dem DRIGALSKY-Spatel, einem rechtwinklig abgebogenen Glasstab, ausgestrichen. Nach einer Bebrütung von 18 Stunden können die Kolonien der Coli-Bakterien auf der Platte ausgezählt werden. Die Coli-Bakterien bilden gelbe Kolonien. Kindermilch darf nicht mehr als 30 Bakterien dieser Art in 1 ml enthalten.

Für den Nachweis anaerober Bakterien wurde vielfach die WEINZIRL-Probe[1], die mit Paraffinpfropfen arbeitet, vorgeschlagen (s. S. 36). Da sie nicht spezifisch ist, wird ihr Wert von DEMETER und MEYN angezweifelt.

I. Nachweis der Erhitzung von Milch und Milcherzeugnissen

Wie bereits früher erwähnt, bilden Milch und Milcherzeugnisse sehr gute Nährböden für das Wachstum fast aller Mikroben. Es können sich deshalb auch pathogene Keime in der Milch ansiedeln und vermehren. Um dem Verbraucher eine hygienisch einwandfreie Milch zu liefern, wird diese in der Molkerei nach verschiedenen Verfahren erhitzt. In fast allen Kulturländern gibt es gesetzliche Vorschriften, die die Erhitzung der Milch (Pasteurisation, nach dem berühmten Mikrobiologen PASTEUR) nach amtlich zugelassenen Verfahren vorschreiben. Als Erhitzungsverfahren sind nach der 3. Verordnung zur Ausführung des Milchgesetzes vom 3. April 1934 folgende Erhitzungsarten zugelassen:

I. Die Hocherhitzung auf mindestens 85° C. – II. Die Kurzzeiterhitzung auf 71–74° C etwa 40 Sekunden. – III. Die Dauererhitzung auf 62–65° C auf die Dauer von mindestens einer halben Stunde. – IV. Die Hocherhitzung im Wasserbad auf mindestens 85° C auf die Dauer von mindestens 1 Minute.

Im Bundesgebiet sind die einzelnen Länder für den Erlaß von diesbezüglichen Gesetzen zuständig; in manchen Ländern besteht bereits Erhitzungszwang.

Das Viehseuchengesetz schreibt bei Ausbruch einer Viehseuche eine ausreichende Erhitzung der in den Handel gebrachten Milch, Magermilch und Molke vor.

In der Verordnung über Handelsklassen für Butter wird gefordert, daß „Deutsche Markenbutter“ und „Deutsche Molkereibutter“ aus Rahm hergestellt werden, die nach einem amtlich zugelassenen Erhitzungsverfahren erhitzt wurde.

Auch Käse, Joghurt und andere Milcherzeugnisse werden aus Milch hergestellt, die in geeigneter Weise erhitzt wurde. – Nicht nur aus hygienischer Rücksicht findet aber eine Erhitzung der Milch statt, sondern auch, um die Milch von ihrer zufälligen natürlichen Flora zu befreien,

[1] WEINZIRL, I., u. M. V. VELDEE: Amer. J. Publ. Health **5**, 862 (1915); **11**, 149 (1921).

damit je nach Verarbeitung durch die Verwendung von Reinkulturen gewünschte Umsetzungen sicher geleitet werden können. Auch zur Haltbarmachung von Milch, sei es in Form von Trocken-, Kondens- oder Sterilmilch, werden bestimmte Erhitzungsverfahren angewandt.

Nach den gemachten Ausführungen ist nun leicht einzusehen, daß der sichere Nachweis der Erhitzung von Milch und Milcherzeugnissen aus verschiedenen Gründen erwünscht ist.

Der Nachweis der Erhitzung kann natürlich nur auf Veränderungen beruhen, welche die Milch durch das Erhitzen in chemischer, physikalischer oder biologischer Hinsicht erfährt. Brauchbare Verfahren, die bis jetzt in die Milchuntersuchung Eingang gefunden haben, beruhen alle auf der Tatsache, daß in der Milch Fermente oder Enzyme enthalten sind, die durch die Erhitzung geschädigt oder zerstört werden. Bisher ist versucht worden, folgende Fermente der Milch zu diesem Zwecke zu verwenden: Peroxydase, Phosphatase, Amylase, Reduktase und Katalase. Bedeutung haben aber für die Praxis nur 2 Fermente erlangt, und zwar für den Nachweis der Hocherhitzung die Peroxydase, für den Nachweis der Dauererhitzung die Phosphatase.

1. Nachweis der Erhitzung mit Hilfe der Peroxydase[1, 2]

Die Peroxydase ist ein Enzym, das die Eigenschaft hat, aus Wasserstoffsuperoxyd oder einem sonstigen Peroxyd Sauerstoff auf oxydierbare Substanzen zu übertragen. Benutzt man Substanzen, die durch diese Sauerstoffaufnahme (Oxydation) gefärbt werden, so hat man die Möglichkeit, dieses unsichtbare Ferment, das in roher bzw. nicht genügend erhitzter Milch in aktivem Zustand vorhanden ist, während es in richtig erhitzter Milch zerstört ist, nachzuweisen.

Zum Zustandekommen einer positiven Peroxydasereaktion sind also drei Faktoren erforderlich:

1. Anwesenheit des Ferments Peroxydase in aktivem Zustande. — 2. Anwesenheit eines Peroxydes. — 3. Anwesenheit eines Stoffes, der durch den aus dem Peroxyd abgespaltenen Sauerstoff gefärbt wird.

Ohne die Kenntnisse dieser Zusammenhänge ist bereits im Jahre 1820 von Plansch die Eigenschaft der Rohmilch beobachtet worden, Guajaktinktur zu bläuen. Die Reaktion wurde dann von Arnold zur Unterscheidung frischer und gekochter Milch verwendet.

Bekanntlich wurde die nicht immer sichere Guajakreaktion durch Zusatz von Wasserstoffsuperoxyd verbessert, denn dadurch wurde die Anwesenheit des Peroxydes dem Zufall entzogen. Das Versagen der Guajak-

---

[1] Schwarz, G., u. G. Sydow: Milchwiss. 1/2, 424 (1947); s. d. weitere Literatur.

[2] Schulz, M. E., u. G. Sydow: Milchwiss. 10, 151 (1955). Dort weitere Literatur.

reaktion war nämlich darauf zurückzuführen, daß das Peroxyd sich nicht immer in der Lösung vorfand. In manchen Büchern konnte man auch lesen, daß man für die Herstellung der Guajaktinktur möglichst altes Aceton verwenden solle oder solches, das einer Sonnenbelichtung ausgesetzt war. Aber auch diese Vorschriften führten nicht immer zum Ziel. Es ist das Verdienst von SCHRÖTER und GLUSCHKE, durch eingehende chemische Forschungsarbeit ein Reagenz auf der Basis Guajakharz entwickelt zu haben, mit dem ein sicherer Nachweis der Hocherhitzung geführt werden konnte, ein Reagenz, das einige Monate haltbar war. Während SCHRÖTER ein Reagenz schuf, das aus 2 Teilen bestand, nämlich aus einer Lösung von Guajakharz und aktiviertem Aceton, ist es das Verdienst von GLUSCHKE, ein Verfahren entwickelt zu haben, das beide Komponenten in einer Lösung vereinigte. Dieses Reagenz wurde durch einen Erlaß als einziges Reagenz im Jahre 1937 als amtliches Guajak-Hocherhitzungs-Reagenz „Neu“ zugelassen.

Bei der Peroxydasereaktion unter Verwendung von Guajaklösung kommt es unter der oxydierenden Einwirkung des durch das Enzym aus Peroxyden freigemachten Sauerstoffes zu einer Blaufärbung durch Bildung von Guajakblau aus Guajakonsäure.

Noch andere Reaktionen können zum Nachweis hocherhitzter Milch Verwendung finden, die auf der Anwesenheit des Enzyms Peroxydase in der Milch beruhen. Auch für diese Reaktionen müssen die oben erwähnten drei Voraussetzungen erfüllt sein. Die bekanntesten Stoffe, die als Farbbildner hierbei verwendet werden, sind Guajakharztinktur, Guajakol, Para-phenylendiamin und Benzidin. Als Sauerstoff liefernde Substanzen werden verwendet: Wasserstoffsuperoxyd, Bariumsuperoxyd, Magnesiumperborat, aktiviertes Aceton und Äthylhydroperoxyd. Am meisten Verwendung fand bis zum 2. Weltkriege neben der Guajaktinktur nur noch die Pfeffer- und Salz-Probe nach TILLMANNS. Diese wird wie folgt ausgeführt:

Zu 5 ml Milch wird je eine Prise von festem Para-phenylendiamin (Reagenz I) und Bariumsuperoxyd (Reagenz II) gegeben und gut durchgeschüttelt. Bei nicht genügend hoher bzw. nicht genügend langer Erhitzung nimmt die Milch einen blaugrauen Farbton an, während genügend hoch- oder langerhitzte Milch farblos bleibt.

Mit den Verfahren zum Nachweis der Hocherhitzung der Milch haben sich eingehend SCHWARZ und Mitarbeiter beschäftigt. Ihre Bemühungen führten zur Schaffung des „Hocherhitzungsreagenzes N 3“.

Dieses Reagenz ist nach Angabe der Autoren dem amtlichen Guajakreagenz „Neu“ bezüglich seiner Empfindlichkeit weitgehend angepaßt und auch in verschiedenen Bundesländern amtlich zugelassen.

Auch das „Hocherhitzungsreagenz Traventol“ nach HINGST findet neuerdings Verwendung und ist ebenfalls in einzelnen Bundesländern amtlich zugelassen. Im folgenden werden die Gebrauchsanweisungen angeführt, wie sie von den Herstellerfirmen der Reagenzien angegeben werden:

Gebrauchsanweisung für das amtliche Guajakreagenz „Neu". 5 ml Milch werden in einem kleinen Reagenzglas (für die Praxis werden Gläschen mit 2 Ringmarken geliefert) mit 0,5 ml Guajakreagenz versetzt und das Glas mit dem Daumen verschlossen und die Reagenzien durch Schütteln gut gemischt. Die auftretende Färbung wird nach Verlauf von 3 Minuten beobachtet. Tritt eine tiefe Blaufärbung auf, dann ist die Milch nicht erhitzt worden bzw. kann ihr nur ein kleiner Prozentsatz erhitzte Milch hinzugefügt worden sein. Ist durch Erhitzen das Ferment Peroxydase zerstört worden, so kann eine Übertragung des Sauerstoffs nicht stattfinden, weil ein Glied in der oben angegebenen Kette fehlt. In diesem Falle erhält man nur eine gelbliche bis bräunliche Färbung.

Die ausgelieferten Reagenzien sind mit einem Aufdruck versehen, der Auskunft über die Verwendungsdauer gibt.

Gebrauchsanweisung für das Hocherhitzungsreagenz „N 3". Zum Nachweis der Hocherhitzung der Milch wird die zu untersuchende Probe in eines der beiden zum Taschenbesteck gehörenden starkwandigen Reagenzgläser bis zur Marke eingefüllt (5 ml). Hierauf gibt man je eine der die Reagenzlösung bzw. das Peroxyd enthaltende und sich durch ihren verschiedenfarbigen Lacküberzug unterscheidenden Ampullen hinzu, zerdrückt beide mit dem beigefügten Glasstab und mischt damit gut durch. Nach 3 Minuten wird der Farbton der Probe mit der Farbtafel verglichen und beurteilt.

Gebrauchsanweisung für das Hocherhitzungsreagenz Traventol. Zu je 5 ml Milch werden 0,5 ml des Reagenzes (Marke an der Pipette) zugegeben und gut durchgemischt. Nach 2 Minuten wird der Farbton der Mischung mit der auf dem Etikett angebrachten Farbskala verglichen und die Milchprobe beurteilt:

weiß	= 0	ausreichend erhitzte Milch,
blaßrosa	= +	nicht ausreichend erhitzte Milch oder Mischung mit Rohmilch,
rötlich braun	= ++	Rohmilch oder ungenügend erhitzte Milch.

Durch eingehende Versuche konnte nachgewiesen werden, daß erhitzte Milch die geschwächte Peroxydase nach einer gewissen Zeit wieder regeneriert, wodurch ein positiver Befund der Reaktion vorgetäuscht wird. Auch hoher Kupfergehalt der Milch kann die Ursache für einen positiven Ausfall der Peroxydasereaktion in erhitzter Milch sein. Eine Regeneration der Peroxydase wird durch Spontansäuerung der Milch wieder aufgehoben.

Es ist deshalb ratsam, bei einem positiven Ausfall der Peroxydaseproben die Milch säuern zu lassen und die Untersuchung mit der gesäuerten Milch zu wiederholen. Tritt dann nochmals eine positive Reaktion ein, so ist einwandfrei erwiesen, daß die Milch ungenügend erhitzt wurde.

2. Nachweis der Dauererhitzung mit Hilfe der Phosphatase[1–3]

Der Nachweis der Dauererhitzung, d.h. der Erhitzung der Milch auf 63,5° C während einer halben Stunde, ist mit Hilfe der Peroxydase nicht möglich, da durch dieses Erhitzungsverfahren die Peroxydase nicht restlos zerstört wird. Versetzt man also eine so erhitzte Milch z.B. mit Guajaktinktur „Neu", so wird die Milch eine Blaufärbung aufweisen. Mit den anderen Hocherhitzungsreagenzien werden entsprechende Färbungen erhalten. Da die Dauererhitzung der Milch noch häufig Anwendung findet, haben schon früh Bemühungen eingesetzt, ein geeignetes Reagenz zum Nachweis der Dauererhitzung zu entwickeln. Man versuchte z.B. für diesen Zweck die Tatsache zu verwenden, daß durch die Erhitzung die Aufrahm- und Labfähigkeit der Milch geschwächt wird. Auch die verminderte Albuminflockung und die Schwächung des Fermentes Amylase wurden für diesen Zweck ausgenützt. UMBRECHT und VOGT versetzten Milch mit Ammoniumsulfat und gewannen ein Milchserum, das bei Zusatz von ESBACH-Reagenz (Pikrinsäure in zitronensaurer Lösung) eine Fällung von Albumin ergab, wenn die Milch nicht erhitzt ist. Zur genauen Bestimmung der Albuminmenge zentrifugiert man und bestimmt das Volumen des abgesetzten Albumins. Da aber ein sicherer Nachweis mit den erwähnten Verfahren nicht möglich ist, soll hier nicht weiter darauf eingegangen werden.

Immer größere Bedeutung bekommt für diesen Zweck die Phosphataseprobe. KIEFERLE schreibt zu diesem Thema:

> Der Phosphatase-Nachweis wurde von KAY entwickelt, von SCHARER modifiziert und von SCHWARZ und FISCHER für die Eignung zu serienmäßigen Untersuchungen abgewandelt. Für den praktischen Gebrauch und besonders für die ambulante Kontrolle ordnungsgemäßer Dauer- und Kurzzeiterhitzung hat die Firma *Heyl und Co.*, Berlin-Hildesheim, dem Phosphatase-Nachweis eine handliche Besteckform verliehen, die unter der Bezeichnung „Lactognost" Heyl im Handel erschienen ist.

In einigen Ländern ist die Phosphataseprobe gesetzlich vorgeschrieben. Im Bundesgebiet gibt es noch keine gesetzlichen Vorschriften für die Kurzzeit- und Dauererhitzung der Milch.

Der Nachweis der Dauererhitzung mit der Phosphataseprobe beruht darauf, daß das Enzym Phosphatase, das in Rohmilch enthalten ist, nicht nur bei der Hocherhitzung der Milch, sondern auch bei der Dauer- und Kurzzeiterhitzung geschwächt bzw. zerstört wird. Das Enzym Phospha-

---

[1] KIEFERLE, F., u. A. SEUSS: Die Molkerei-Ztg. **5**, 412 (1951).
[2] SCHULZ, M.: Süddtsch. Molkerei-Ztg. **72**, 425 (1951).
[3] SCHWARZ, G., u. W. LANGE: Süddtsch. Molkerei-Ztg., **72**, 1094 (1951).

tase ist nämlich in der Lage, unter geeigneten Versuchsbedingungen Phosphorsäureester zu spalten. Man setzt der zu untersuchenden Milch einen Phosphorsäureester, z. B. Dinatriumphenylphosphat zu. Die Phosphatase spaltet letzteren Ester in Dinatriumphosphat und Phenol.

$$C_6H_5{-}O{-}\overset{\displaystyle ONa}{\underset{\displaystyle \overset{\|}{O}}{P}}{-}ONa \xrightarrow[\text{Phosphatase}]{H_2O} C_6H_5{-}OH + HO{-}\overset{\displaystyle ONa}{\underset{\displaystyle \overset{\|}{O}}{P}}{-}ONa$$

Mit einem geeigneten Phenolreagens kann man durch eine Farbreaktion Phenol und damit die Anwesenheit von Phosphatase in der Milch nachweisen. Als Phenolreagens findet nach GIBBS das 2.6-Dibromchinonchlorimid Verwendung. Durch Wechsel der Phosphorsäureester läßt sich die Probe variieren. In Deutschland bringt die Firma *Heyl*, Berlin und Hildesheim, eine solche Variation der Phosphataseprobe, die bereits oben erwähnt ist, unter dem Namen „Lactognost“ in den Handel. Als Reagenzien finden hierbei Chemikalien in Tablettenform Verwendung.

Die Arbeitsvorschrift mit „Lactognost“ lautet (Qualitative Methode): In eines der beiden Reagenzgläser des Taschenbesteckes füllt man bis zur unteren Marke (10 ml) lauwarmes (37–39° C), nach Möglichkeit destilliertes Wasser und läßt darin je eine Tablette „Lactognost“ I und II zerfallen. Gegebenenfalls werden die Tabletten mit einem Glasstab zerdrückt. Das Lösen der „Lactognost“-Tabletten soll möglichst kurz vor dem Ansetzen der Probe erfolgen. Dann wird die zu prüfende Milch (1 ml) bis zur oberen Marke hinzugegeben und das Ganze gut durchgemischt. Zur Herstellung einer Kontrollprobe benutzt man eine durch Erhitzen auf 85° C phosphatasefrei gemachte und wieder abgekühlte Milch, mit der man das zweite Reagenzglas der Packung wie oben beschrieben, beschickt. Sodann werden beide Reagenzgläser in einem Wasserbad auf 37° C angewärmt und darin oder in einem Brutschrank mindestens eine Stunde bei 37° C gehalten. Werden keine Ansprüche an höchste Empfindlichkeit des Erhitzungsnachweises gestellt, so genügen 10 Minuten Warmhaltung, notfalls in der warmen Hand oder der inneren Westentasche.

Nach Ablauf der genannten Zeit gibt man in jedes Reagenzglas einen Dosierlöffel „Lactognost“ III (gestrichen voll), läßt 10 Minuten stehen, mischt dann durch mehrmaliges Stürzen des Reagenzglases gut durch und vergleicht nach weiteren 3–5 Minuten eine im ersten Reagenzglas gegebenenfalls entstandene Blaufärbung mit der Kontrollprobe (zweites Reagenzglas) und bestimmt an Hand des beigefügten Farbstufenschemas die Farbstufe.

Milchproben sind dabei günstig im auffallenden Licht, sinngemäß untersuchte Molkeproben im durchfallenden Licht zu beurteilen.

Beim Phosphatasetest im Rahm verfährt man wie bei Milch angegeben. Beim Phosphatasetest in Butter schmilzt man etwa 10 g Butter in einem konischen Zentrifugenglas im Wasserbad bei 40° C und untersucht das abgeschleuderte Butterserum wie bei Milch angegeben.

Da mit der Phosphataseprobe noch ein Zusatz von 0,2–0,5% Rohmilch zu erhitzter Milch nachgewiesen werden kann, ist die Probe äußerst wichtig.

Der Verband der großstädtischen Milchversorgungsbetriebe verlangt z. B., daß die Phosphataseprobe für erhitzte Milch negativ ausfallen muß.

3. Störungen, die bei der Durchführung des Erhitzungsnachweises auftreten können

Auf die Regeneration der Peroxydase und den Einfluß von Kupfer auf den Ausfall des Peroxydasenachweises wurde bereits früher hingewiesen. Auch der Zusatz von Konservierungsmitteln zur Milch kann zu Störungen der Untersuchung führen. Das Hocherhitzungsreagenz „N 3“ soll weder durch die Anwesenheit von Kupfer (7,5 mg- oder mehr /liter) noch durch die übliche für die Konservierung der Milch verwendete Kaliumdichromatmenge gestört werden. 0,2% Kaliumdichromat stören den Ausfall der Phosphataseprobe nicht.

IV. Die Untersuchung der Milch auf Fettgehalt

A. Entwicklung der Verfahren zur Fettbestimmung

Schon immer ist Milch mit höherem Fettgehalt vom Verbraucher bevorzugt worden. Da in den meisten Ländern der größte Teil der Milch zu Butter verarbeitet wird und auch fettreiche Käse geschmacklich den fettärmeren und den Magerkäsen vorgezogen und besser bezahlt werden, bildet das Fett den wirtschaftlich wichtigsten Bestandteil der Milch. Deshalb baut sich die Qualitätsbezahlung in erster Linie auf dem Fettgehalt auf. Es ist darum verständlich, daß die Bestimmung des Fettgehaltes der Milch neben der Bestimmung des spezifischen Gewichtes die älteste Methode ist, die in der Milchuntersuchung Eingang fand. Es kam noch hinzu, daß die Ermittlung des Fettgehaltes zur Feststellung von Milchverfälschungen, besonders der Entrahmung, verwendet werden konnte.

Verschiedenartig sind nun die Wege, die zur Bestimmung des Fettgehaltes der Milch eingeschlagen wurden. Während die ersten tastenden Versuche dahin gingen, den Gehalt der Milch an Fett durch einfache Sinnenprüfung zu ermitteln (Stricknadelprobe, Nagelprobe), beruhte das Cremometer schon auf der Verwendung eines Gerätes, bei dem aus der Höhe der beim Stehen abgeschiedenen Fettschicht auf den Fettgehalt der Milch geschlossen wurde. Es kamen dann verschiedene optische Methoden auf, die aus der Durchsichtigkeit einer Milch auf ihren Fettgehalt schlossen. Von den hierzu benutzten Geräten, den sog. Laktoskopen, sei nur das im Jahre 1877 von FEHSER angegebene, angeführt. Mit einer Genauigkeit von etwa 0,25% ermöglicht es eine Fettbestimmung ohne Anwendung von Chemikalien.

Die später aufkommenden Verfahren unterscheiden sich von den genannten grundsätzlich dadurch, daß das Fett durch Anwendung von Chemikalien aus der Milch isoliert wird. Das erste Verfahren dieser Art war das von ADAM, bei dem die auf Papier eingetrocknete Milch 3 Stunden mit Äther und Alkohol extrahiert wurde. Nach Verdunsten des Äthers und Alkohols wurde das Fett gewichtsmäßig ermittelt.

Um Fettbestimmungen durch Extraktion auch in der nicht eingetrockneten Milch durchführen zu können, mußte das Fett durch Zusatz von Lauge erst in einen Zustand übergeführt werden, in dem es in Äther löslich ist. Die in dem Äther enthaltene Fettmenge wurde auf verschiedene Weise ermittelt. SOXHLET bestimmte das spezifische Gewicht dieser Lösung mit dem Aräometer, während WOLLNY die Lichtbrechung der Äther-Fettlösung im Refraktometer ermittelte und daraus auf den Fettgehalt schloß. Wegen des großen Aufwandes an Chemikalien, Zeit und Arbeit sowie gewisser Fehlerquellen wurden diese Verfahren durch andere verdrängt.

Eine Methode, welche die Vorzüge der Verfahren von ADAM und SOXHLET vereinigt, ist die nach RÖSE-GOTTLIEB. Hierbei wird die zu untersuchende Milch in einem Extraktionsgefäß nach Zusatz von Ammoniak (zur Lösung des Eiweißes) mit Alkohol, Äther und Petroläther extrahiert, die ätherische Fettlösung vom Äther befreit und das zurückbleibende Fett gewichtsmäßig bestimmt.

Da das Verfahren nach WEIBULL-STOLDT[1] die besten Werte liefern soll und auch bei allen fetthaltigen Milcherzeugnissen Verwendung finden kann, sei hier eine Aufstellung von SCHULZ[2] mit Gebrauchsanweisungen angeführt. ,,Das Material wird nach dem Verrühren mit 100 ml Wasser (bei größeren Mengen des Lebensmittels, wie Milch, entsprechend weniger oder ohne Wasser) und mit 60 ml rauchender Salzsäure (spez. Gew. 1,19) nach Zugabe von einigen Bimssteinstückchen, bei Käse sind auch Glasperlen sehr praktisch, kurze Zeit auf dem Wasserbad erwärmt (600-ml-Becherglas mit Glasstab). Dann wird unter Umrühren auf einem Asbestdrahtnetz bei direkter, kleiner Flamme zum Sieden erhitzt und anschließend bei aufgelegtem Uhrglas in stetem Kochen erhalten. Noch heiß wird die Flüssigkeit mit heißem Wasser versetzt (Uhrglas abspülen) und durch ein angefeuchtetes Faltenfilter (Schleicher & Schüll Nr. 588 ∅ 27 cm) filtriert. Nach gründlichem Auswaschen (3-mal aus dem vorher benutzten Becherglas) mit heißem Wasser (es genügt Leitungswasser) und gutem Abtropfen der Flüssigkeit wird das Filter mit dem Fett bald

[1] STOLDT, W.: Milchwiss. 6, 152 (1951).

[2] SCHULZ, M. E.: Molkerei-Lexikon, Verlag Dtsch. Molkerei-Ztg. Kempten, S. 170.

zusammengefaltet und auf einem Uhrglas im Trockenschrank bei etwa 105° C getrocknet. Die Dauer des Trocknens richtet sich nach Art und Menge des Materials (2–4 Stunden). Nun wird das Filter direkt, also ohne Extraktionshülse, in den Soxhlet-Apparat gegeben (Uhrglas mit Äther nachspülen!). Bei geringsten Mengen an verkohltem Rückstand tritt bisweilen Fett (besonders bei Anwesenheit größerer Mengen) beim Trocknen durch das Filter. In diesem Fall ist es zweckmäßig, vor dem Nachspülen mit Äther zunächst die Hauptmenge des Fettes vom Uhrglas mit Filterpapier bzw. Watte aufzunehmen (in die Apparatur verbringen). Nach dem Extrahieren mit Äther bei guter Durchlaufgeschwindigkeit (siedendes Wasserbad) wird das Lösungsmittel aus dem 150 bis 200 ml fassenden Kolben, welcher vorher mit einem feinen Glasstäbchen (zur Vermeidung von Siedeverzug) getrocknet und gewogen war (analytische Waage), abgedunstet. Der Kolben mit dem Fett wird dann eine Stunde lang (teilweise in waagerechter Stellung) bei etwa 105° C getrocknet und nach halbstündigem Abkühlen im Exsikkator gewogen. Bei Ausbeuten von über 2 g Fett ist der Kolben nochmals für eine halbe Stunde unter den gleichen Bedingungen in den Trockenschrank zu bringen.

An dieser Stelle sei auf Grund von vergleichenden Untersuchungen erwähnt, daß das auf diese Weise gewonnene Fett für die Bestimmung der Buttersäurezahl (Butterfettanteil) gut geeignet ist.

In der folgenden Übersicht sind die einzelnen Erzeugnisse, welche mit der Milchwirtschaft zusammenhängen, zusammengefaßt (Ausgangsmengen in Klammern).“

Kochzeit etwa 30 Minuten	Extraktion etwa (Stdn.)
1. Käse (je etwa 5 g, auf Zellophan genau gewogen)	1
2. Speisequark jeder Art (je 20 g)	1
3. Voll-, Mager-, Buttermilch (je 100 g)	1
Kochzeit etwa 20 Minuten	
1. Butter (je etwa 5 g, auf Zellophan genau gewogen)	1
2. Eingedickte Milch (je 20 g)	1
3. Gezuckerte Kondensmilch (je 20 g)	2
4. Kaffeesahne (je 20 g)	1
5. Molkenpaste, Molkenpulver (je 20 g)	3
6. Schlagsahne (je 10 g)	1
7. Sahnepulver (je 10 g)	3
8. Speiseeis (je 20 g oder mehr)	2
9. Vollmilch-, Magermilchpulver, Kindernährmittel auf Milchbasis (je 20 g)	3

Für Schnelluntersuchungen kommt aber das Verfahren nach RÖSE-GOTTLIEB nicht in Frage, da es einen sehr erheblichen Zeitaufwand erfordert. Dieser wird in der Hauptsache bedingt

1. Durch die für die Trennung der Äther-Fettlösung von der wäßrigen Phase notwendige Zeit.

2. Durch die für die Verjagung des Äthers und das Trocknen des Fettes benötigte Zeit.

Das ursprünglich von Röse-Gottlieb angegebene Verfahren hat verschiedene Abwandlungen, besonders hinsichtlich der verwendeten Extraktionskolben, erfahren (Abb. 104 u. 105). Früher wurden mit einer Teilung versehene Extraktionskolben verwendet, aus denen nur ein aliquoter Teil Fettlösung abgehebert und zur Fettbestimmung benutzt wurde; später benutzte man skalenlose Kölbchen, aus denen die gesamte

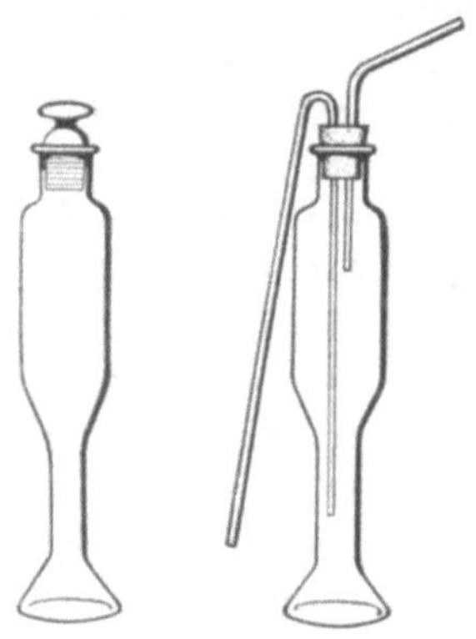

Abb. 104. Extraktionsröhrchen für die Fettbestimmung nach van Gulik-Eichloff-Grimmer

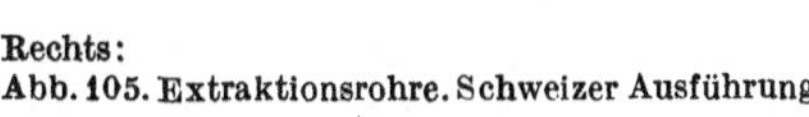

Rechts:
Abb. 105. Extraktionsrohre. Schweizer Ausführung

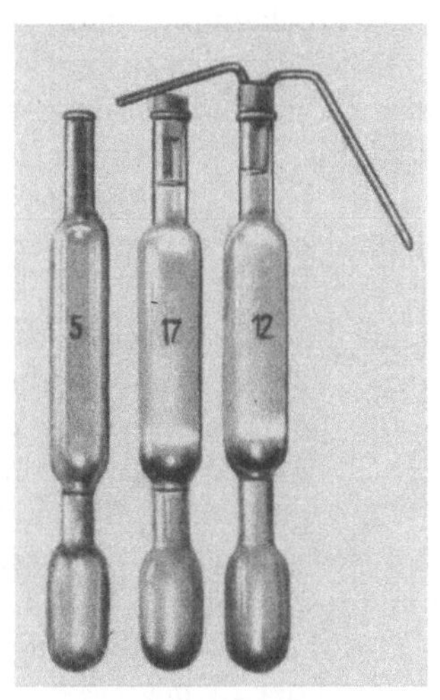

Fettlösung entnommen und für die gewichtsmäßige Fettbestimmung verwendet wurde. Diese konnten wegen der fehlenden Teilung kürzer gestaltet und daher so ausgebildet werden, daß in sie direkt die zu untersuchenden Produkte eingewogen werden konnten (Abb. 104). Die Untersuchung einer Milchprobe nach dieser Methode geht also folgendermaßen vor sich:

In das Extraktionskölbchen werden direkt etwa 10 g Milch genau eingewogen, dann fügt man zur Lösung des Kaseins 1 ml Ammoniak vom spezifischen Gewicht 0,96 hinzu, schüttelt gut durch und versetzt das Gemisch mit 10 ml 96-proz. Alkohol. Nach erneutem guten Durchmischen werden nacheinander je 25 ml Äther und Petroläther hinzugefügt, wobei nach jedem Zusatz die Mischung energisch geschüttelt werden muß. Das Gemisch bleibt dann bis zur vollständigen Abtrennung der Äther-Fettlösung stehen; diese Trennung erfordert einen Zeitaufwand von wenigstens 2 Stunden; besser ist es, wenn man die Abscheidung noch während längerer Zeiträume vor sich gehen läßt, um eine klare Trennung zu erhalten. Nach ausreichender Trennung wird die Fettlösung bis auf eine etwa 2 mm hohe Schicht in ein vorher gewogenes Schälchen abgehebert; der Heber und die Wandungen des Extraktionsgefäßes werden 2-mal nacheinander mit je 25 ml Äther nachgespült, um das restliche Fett zu gewinnen, und die so erhaltenen Äthermengen ebenfalls in das gewogene Schälchen abgehebert. Die Hauptmenge des Äthers wird dann auf dem Wasserbade abgedunstet und der verbleibende Fettrest im Trockenschrank bei 100° C zur Gewichtskonstanz getrocknet. Auch diese Manipulation erfordert einen Zeitraum von mehreren Stunden.

Mit Hilfe dieser Methode kann mit kleinen durch die Art der zu untersuchenden Produkte bedingten Änderungen der Fettgehalt auch in Butter, Käse, Trockenmilch usw. bestimmt werden[1]. Das Verfahren entspricht hinsichtlich der zu erzielenden Genauigkeit allen Ansprüchen, die man an eine genaue Methode zur Fettbestimmung stellen muß. Der Hauptnachteil des Verfahrens für betriebstechnische Zwecke liegt vor allem in der langen Zeitdauer, die für die Durchführung der Untersuchung notwendig ist. Verbesserungen der Methode, die eine Einführung in die praktische Betriebskontrolle ermöglichen sollen, müssen sich also in erster Linie darauf erstrecken, die für die Untersuchung notwendige Zeit abzukürzen. Vor allem *müssen* die für die Trennung der Äther-Fettlösung und die für die Trocknung des Fettes notwendigen Zeiträume verkürzt werden; weiterhin ist es auch wünschenswert, die Zeiten, die für die einzelnen Wägungen notwendig sind, durch Wahl einer geeigneten Waage möglichst weitgehend zu verkürzen.

Der ersten Forderung, Verkürzung der Trennungszeit der Äther-Fettlösung, wurde eine Verbesserung des Verfahrens gerecht, die durch das Laboratorium der Firma *Funke* im Jahre 1927 vorgeschlagen wurde. Mit Hilfe einer Zentrifuge wurde die Abtrennung und Klärung der Äther-Fettlösung beschleunigt, so daß die Wartezeit für diese Phase des Verfahrens auf ein Minimum verkürzt werden konnte. Wie aus Abb. 106 ersichtlich, erfolgte der Antrieb der für diese Verbesserung verwendeten Zentrifuge von Hand durch einen aufsetzbaren Kurbelapparat. Dieser Handantrieb konnte durch Aufsetzen eines einfachen Motors in einen elektrischen Antrieb umgewandelt werden. SCHÜTZLER, der diese Verbesserungen im Laboratorium der Firma *Funke* ausarbeitete, konnte bei seinen Untersuchungen feststellen, daß ein Zentrifugieren von 1–2 Minuten bei einer Umdrehungszahl von 600–800 in der Minute ausreicht, um eine vollständig klare und scharfe Abtrennung der Äther-

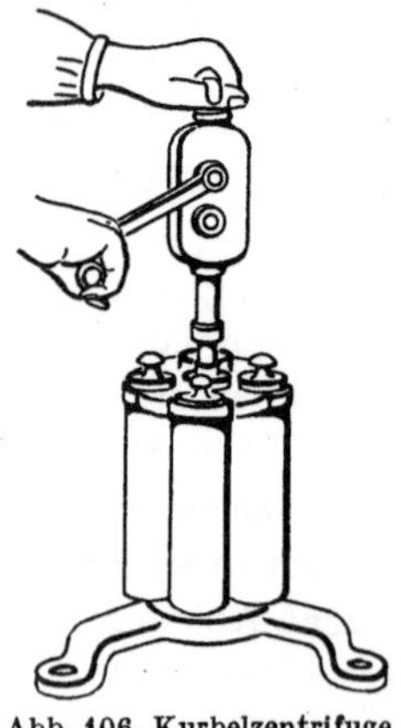

Abb. 106. Kurbelzentrifuge

[1] Siehe auch Vorschläge der Deutschen Methodenkommission zur Vereinheitlichung der Untersuchungsmethoden für Milch und Molkereiprodukte. Milchwiss. **9**, 93 (1954).

Fettschicht zu erzielen. Durch die Anwendung dieser Verbesserung war es möglich, die Untersuchungszeit bei Milch, Butter und Rahm auf etwa $2\frac{1}{2}$ und bei Käse auf etwa 3 Stunden abzukürzen. Für die praktische Betriebskontrolle war aber auch dieser Zeitraum noch zu lang, während bei der Durchführung der Untersuchungen in Untersuchungsämtern die benötigte Zeit keine besondere Verkürzung zu erfahren brauchte; die Verbesserung wurde deshalb nur vereinzelt angewendet und konnte eine weitergehende Einführung des Verfahrens in der milchwirtschaftlichen Praxis nicht bewirken.

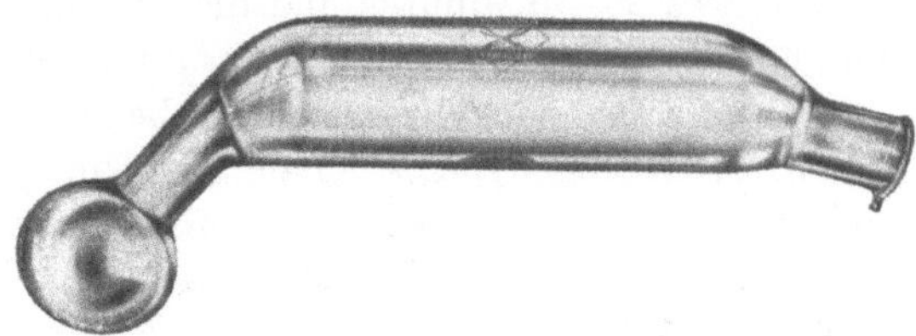

Abb. 107. Mojonnierrohr nach SCHULZ

In Amerika hat sich dagegen eine abgeänderte RÖSE-GOTTLIEB-Methode, verbunden mit einer Schnell-Trockensubstanz-Bestimmung, unter der Bezeichnung „*Mojonnier-Test*"[1] (Abb. 108) seit Jahren in allen solchen Betrieben durchgesetzt, in denen es auf schnelle und dabei sehr genaue Bestimmung der Trockenmasse und des Fettgehalts ankommt. Die Ein-

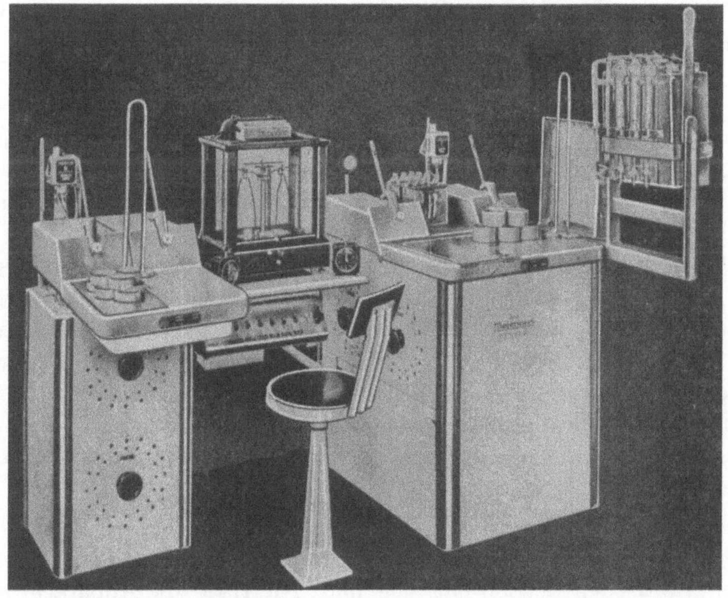

Abb. 108. Ausrüstung für das Mojonnierverfahren zur Bestimmung von Fett- und Wassergehalt

[1] Instruction Manual for setting up and operating the Mojonnier Milk Tester, Mojonnier Bros. Co., Chicago.

führung dieses Verfahrens wurde dadurch ermöglicht, daß bei ihm auch die zweite Forderung, Abkürzung der Trockendauer, weitgehend erfüllt ist. Durch dieses Verfahren wird die für eine Fettbestimmung benötigte Zeit auf etwa 30—40 Minuten und die für eine Trockensubstanz-Bestimmung benötigte Zeit auf etwa 25—30 Minuten herabgesetzt. Da beide Bestimmungen von einem Untersucher nebeneinander durchgeführt werden können, ist es möglich, eine genaue Fett- und Trockensubstanz-Bestimmung in etwa 40 Minuten durchzuführen. Gegenüber den Originalmethoden bedeutet dies eine Verkürzung der Untersuchungsdauer auf den 15.–17. Teil.

Die Verkürzung der Untersuchungszeit wird bei dieser Methode dadurch erreicht, daß bei der Fettbestimmung die Hauptmasse des Äthers, bei der Trockensubstanz-Bestimmung die Hauptmasse des Wassers auf Heizplatten, die auf eine bestimmte Temperatur eingestellt sind, verdampft werden und daß die endgültige Trocknung in Vakuumtrockenschränken bei Temperaturen von 135° C bzw. von 100° C ebenfalls innerhalb weniger Minuten erfolgt. Eine weitere Verkürzung der Zeit wird dann noch durch Verwendung von Wasserkühlschränken erreicht, in denen eine schnelle Abkühlung der getrockneten Schalen auf Wägetemperatur erfolgt.

Über die Genauigkeit dieser Methode sollen die in Tab. 12 zusammengestellten sechs Vergleichsuntersuchungen der Herstellerfirma, die von verschiedenen Personen durchgeführt wurden, unterrichten.

Tabelle 12

	Fettbestimmung	Trockenmasse-bestimmung
Nr. 1	8,38	73,27
Nr. 2	8,44	73,41
Nr. 3	8,38	73,41
Nr. 4	8,38	73,50
Nr. 5	8,37	73,50
Nr. 6	8,36	73,51

Die Untersuchung nach der offiziellen Methode lieferte folgende Werte: Fettbestimmung: 8,35, 8,36%, Trockenmassebestimmung: 73,54, 73,54 und 73,50%.

Auch in Deutschland ergab sich in der Praxis das Bedürfnis nach einer Apparatur zur schnellen Bestimmung der Trockensubstanz und des Fettes, die bei ausreichender Genauigkeit eine betriebstechnische Bestimmung ermöglicht. In Zusammenarbeit mit der Praxis wurde von mir und meinen Mitarbeitern eine Apparatur entwickelt.

Die Apparatur gliedert sich in zwei Teile, einen für die Fettbestimmung und einen zur Trockenmassebestimmung.

Im praktischen Betrieb hat sich nach Richter[1] die Apparatur sehr gut bewährt, sie gestattet auf einfache Weise eine sehr genaue Be-

[1] Richter, K.: Milchwirtsch.-Ztg. 40, 803 (1935).

stimmung des Fettgehaltes und der Trockenmasse von Milch, Kondensmilch und anderen flüssigen Milcherzeugnissen.

Die älteren Verfahren, einschließlich der unabgeänderten RÖSE-GOTTLIEB-Methode, entsprachen nicht den Bedürfnissen der Praxis. Hier bedurfte man einer Methode, mit der man rasch und auf einfache Weise eine größere Zahl von Fettbestimmungen durchführen konnte. Verfahren, bei denen das abgeschiedene Fett volumetrisch ermittelt wird, schienen dieser Forderung am meisten gerecht zu werden. Hier wurden der Milch Chemikalien zur Lösung der Eiweißstoffe zugesetzt. Sie unterscheiden sich dadurch, daß die einen eine Fettlösung zur Abscheidung bringen (MARCHAND und NAHM), aus deren Volumen auf den Fettgehalt geschlossen wird, während bei den andern das Fett selbst durch Zentrifugieren abgetrennt wird (THÖRNER, LINDSTRÖM, DE LAVAL und BABCOCK).

Von diesen Verfahren hat sich das von BABCOCK erhalten, das besonders in Amerika Verwendung findet und mit Schwefelsäure ohne Amylalkohol arbeitet.

B. Gerber-Verfahren[1]

Fast gleichzeitig wie in Amerika das BABCOCK-Verfahren, kam in Europa das acidbutyrometrische Verfahren auf. Im Jahre 1890 erließ nämlich der Schweizerische Milchwirtschaftliche Verein ein Preisausschreiben zur Auffindung weiterer einfacher Fettbestimmungsmethoden in Milch. Das von NICOLAUS GERBER in Zürich ausgearbeitete Verfahren erwies sich als das beste und hat seit 1893 weite Verbreitung gefunden. Der Unterschied dieser Methode gegenüber der von BABCOCK angegebenen besteht darin, daß dem Milch-Schwefelsäure-Gemisch zur besseren Abscheidung des Fettes Amylalkohol zugesetzt wird. Außerdem unterscheiden sich die Methoden durch Anwendung verschiedenartiger Zentrifugen und Kölbchen.

1. Butyrometer

Bei dem GERBER-Verfahren werden in besondere Prüfer, die Butyrometer (Abb. 109), nacheinander 10 ml Schwefelsäure, 11 ml Milch und 1 ml Amylalkohol gegeben. Nach Verschließen der Prüfer mit einem Stopfen wird kräftig geschüttelt, wobei sich die Mischung stark erwärmt. Das Fett wird durch Zentrifugieren abgeschieden und an der Skala des Instrumentes der Fettgehalt in Prozenten abgelesen.

Abb. 109. Vollmilch-Butyrometer

Das Butyrometer ist das wichtigste Gerät bei der Fettbestimmung. Das Vollmilchbutyrometer besteht aus dem Rumpfteil oder Corpus mit dem Hals, der Meßröhre oder dem Skalenteil und der Birne. Früher besaß der Skalenteil

[1] ROEDER, G.: Milchwirtsch.-Forsch. 20, 200 (1940).

einen kreisförmigen Querschnitt. Später wurde von PAUL FUNKE das Butyrometer mit flachem Skalenteil eingeführt, das eine bessere Ablesung ermöglicht und deshalb bis heute beibehalten worden ist. Die Skala, die eine Ablesung des Fettgehaltes bis zu 8% ermöglicht, ist in Zehntelprozente geteilt.

Die ganzen Prozente sind durch Ziffern gekennzeichnet. Es gab aber auch Instrumente, bei denen diese Bezifferung fehlte, mit denen der Geübte den Fettgehalt ebenso schnell und sicher abzulesen vermochte, da hierbei die ganzen und halben Prozente durch verschieden gefärbte Striche besonders hervorgehoben waren.

Während die älteren Butyrometer eine Genauigkeit von ± 0,1% aufwiesen, werden die neueren Instrumente mit einer Genauigkeit von ± 0,05% hergestellt, d.h. die Abweichung vom Sollwert der Skala darf nicht mehr als 0,05% nach oben oder unten betragen. Der durch die Abweichung der Skala bedingte Fehler kann daher 0,1% nicht überschreiten. Butyrometer mit größeren Abweichungen in der Skala sind deshalb von der Verwendung auszuschließen. Ältere Instrumente müssen daher einer Prüfung unterzogen und nötigenfalls durch neue ersetzt werden.

Früher gab es auch Butyrometer ohne Einteilung der Meßröhre, skalenlose Butyrometer, bei denen durch Anlegen einer Skala der Fettgehalt ermittelt werden konnte.

Solche Butyrometer, bei denen nur eine Skala Verwendung finden soll, müssen Meßrohre von absolut einheitlichem Durchmesser haben. Die Konstruktion solcher Butyrometer war erst möglich, nachdem es gelungen war, Röhren mit vollständig gleichem Durchmesser, KPG-Rohre, herzustellen.

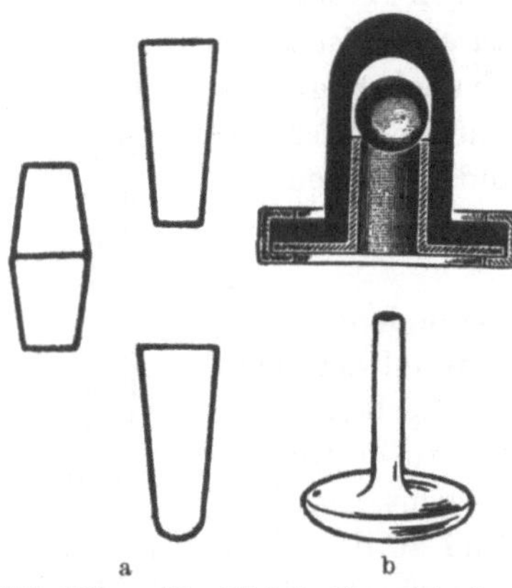

Abb. 110 a und b. *a* Einfache Gummistopfen, *b* Fibu-Stopfen

Die Gummistopfen zum Verschließen der Butyrometer können einfach- oder doppelt-konisch sein (Abb. 110a). Der Vorteil der doppelt-konischen Stopfen ist der, daß sie beiderseitig benutzt werden können und ihre Lebensdauer infolgedessen länger ist. Ein Nachteil bei der Einstellung der Fettsäule in der Skala durch Hinein- oder Herausdrehen des Gummistopfens liegt darin, daß die Fettsäule leicht ruckartig in die Höhe geht, wobei Fett an die Wand gespritzt wird, dessen Sammlung man erst vor dem Ablesen abwarten muß. Hier schafft der Patentverschluß Abhilfe (Fibu-, Gerbal- und HH-Verschluß). Der Fibu-Verschluß (Abb. 110b) besteht aus einer Gummikappe in Metallfassung und einem zylindrischen Füllkörper, der den Gummi gegen die Wandung des Butyrometerhalses drückt. Im unteren Teil der Gummikappe liegt eine Porzellankugel. Drückt man mit einem Regulierstift auf diese Kugel, so wird der Gummi ausgedehnt und der Verschluß läßt sich leicht in das Butyrometer einführen. Durch sanften Druck mit dem Regulierstift auf die Porzellankugel kann die Fettsäule bewegt werden, ohne daß Fett verspritzt. Ein weiterer Vorzug des Fibu-Stopfens liegt darin, daß bei Serienuntersuchungen die Finger geschont werden.

Es sind viele Bemühungen unternommen worden, einen geeigneten Verschlußstopfen für Butyrometer zu schaffen. Neben dem Fibu-Stopfen in der ursprünglichen Ausführung, der durch DRP. geschützt war, kamen Variationen dieses Stopfens auf den Markt. Eine Ausführung verzichtet auf die Kugel, ist zweiteilig und besteht aus einem Gummi- und Metallteil. Ist der Gummi beschädigt, so kann der Metallteil für einen neuen Stopfen Verwendung finden. Trotz der Vorzüge der Patentstopfen konnten sie sich nicht allgemein einführen, da der Preis wesentlich höher ist als der für gewöhnliche Stopfen. Eine gute Gummiqualität ist für Patentstopfen unerläßlich, da sonst die Stopfen brüchig und leicht durchgestoßen werden.

Um das Ablesen der Fettsäule im Butyrometer zu erleichtern, wurden Ablesevorrichtungen geschaffen, die z. T. mit Lampe und Lupe versehen sind.

2. Abmeßvorrichtungen

a) Geräte für die Einzelabmessung. Im Rahmen der Bemühungen, die Fettgehaltsbestimmung nach GERBER zeitlich zu verkürzen, was ja nur durch Beschleunigung der einzelnen Vorgänge erreicht werden kann, wurden bereits einige Jahre nach der Einführung des Verfahrens Geräte entwickelt, die es ermöglichen, die Abmessung von 10 ml Schwefelsäure, 11 ml Milch und 1 ml Amylalkohol schnell und genau durchzuführen.

Während man früher z. B. zum Abmessen von Schwefelsäure Pipetten mit 2 Sicherheitskugeln verwendete, die verhindern sollten, daß Säure in den Mund gesaugt wurde, benutzt man seit längerer Zeit für Serienuntersuchungen automatische Abmeßgeräte, z. B. den Permanent-Automaten. Er besteht aus einem kugelförmigen Vorratsgefäß (Abb. 111a), das in ein Auslaufrohr mündet, in dem sich 1 Hahn mit 2 Abmeßkammern befindet. Bei einer halben Drehung des Hahnes füllt sich eine Kammer, während die andere die abgemessene Säuremenge abfließen läßt. Eine ähnlich arbeitende Abmeßvorrichtung für Amylalkohol ist die Fixbürette (Abb. 111b) für 1 ml Flüssigkeit. Laut Verordnung über die Eichung vom 29. 6. 1938 müssen die Geräte zur Abmessung von Milch und Chemikalien für die Fettbestimmung nach GERBER geeicht werden[1]

[1] Dtsch. Molkerei-Ztg. **59**, 954 (1938). – Molkerei-Ztg. Hildesheim **53**, 2533 (1939).

Da das Abmessen der Milch sehr genau vorgenommen werden muß und die geringsten Ungenauigkeiten beim Abmessen Fehler bei der Fettbestimmung verursachen, finden als Milchabmeßgeräte fast ausschließlich Pipetten oder Milchspritzen Verwendung.

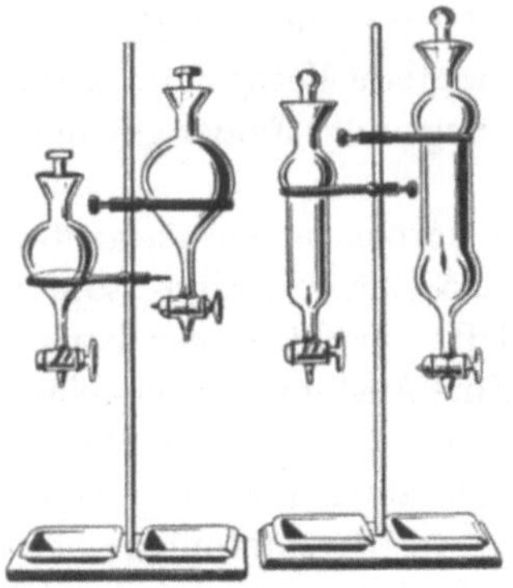

a b

Abb. 111 a und b. *a* Permanentautomat zur Abmessung von 10 ml Schwefelsäure, *b* Fixbürette zur Abmessung von 1 ml Amylalkohol

Die Eichvorschrift verlangt eine Genauigkeit der Abmessung von 11,00 ± 0,075 ml.

Die Eichfehlergrenze beträgt ± 75 Mikroliter.

Die Pipette hat seit ihrer Einführung wenig Veränderungen erfahren. Der Querschnitt des Saugrohres, der im allgemeinen kreisförmig ist, kann bei der Milchpipette auch elliptisch sein. Der Inhalt der üblichen Pipette (Vollpipette) wird begrenzt durch eine Ringmarke am Ansaugrohr und die selbsttätige Einstellung an der Auslaufspitze nach Beendigung des Auslaufs. Da nur die obere Grenze der Flüssigkeit von dem Handhabenden auf die Ringmarke eingestellt werden muß, kann man die gewöhnliche Pipette als eine halbautomatische Abmeßvorrichtung ansehen. An eine eichfähige Vollpipette für Milch werden hauptsächlich folgende Forderungen gestellt:

Die Auslaufzeit muß mindestens 5 Sekunden betragen. Die Pipetten müssen ohne Einhaltung einer Wartezeit benutzt werden, d.h. die Pipettenspitze muß sofort nach dem zusammenhängenden Auslauf an der Gefäßwand abgestrichen werden.

Bei kreisförmigem Querschnitt ist am oberen Rand, bei flachem Querschnitt am unteren Rand des Meniskus abzulesen.

Die Pipetten müssen die Aufschrift tragen: 11 ml Milch 20°, außerdem muß auf die Art der Ablesung, z.B. „Ablesung oben“, „Ablesung unten“ hingewiesen sein.

Von einer guten Pipette verlangt man, daß sie aus durchsichtigem Glase hergestellt ist. Die Ringmarke muß gut sichtbar und nicht zu weit oben am Saugende angebracht sein; sie darf sich beim Gebrauch nur wenig abnutzen.

Im Gegensatz zum Chemiker macht dem Praktiker das Pipettieren gewisse Schwierigkeiten. Diesem Umstand verdankt eine Anzahl mehr oder weniger glücklicher Umkonstruktionen der Pipette ihre Entstehung.

Zur Abmessung von Milch und Rahm können auch Spritzen Verwendung finden. Für diese Zwecke hat sich die Rekordspritze eingeführt. Der Inhalt einer Spritze wird durch den Kolbenhub bestimmt. Dieser wird durch eine auf die Kolbenstange aufgeschraubte Mutter begrenzt, die beim Hochziehen des Kolbens am Verschluß des Zylinders anschlägt. Die Nachteile der Rekordspritze liegen in der schwierigen Ersatzbeschaffung bei Beschädigung des Glaszylinders. Die Spritze muß zur Reparatur an die Herstellerfirma eingesandt werden, um neu eingestellt zu werden, da ein einfaches Auswechseln nicht möglich ist.

Die KPG-Spritze bedeutet im dieser Hinsicht einen Fortschritt, da hier die Zylinder und die übrigen Teile durch Ersatzteile ersetzt werden können. Hier finden Zylinder aus KPG-Rohr Verwendung. Im Gegensatz zu den gewöhnlichen Zylindern sind diese untereinander in der lichten Weite praktisch gleich und deshalb austauschbar. Die Abweichungen betragen höchstens 0,005 mm und können deshalb vernachlässigt werden. Aber nicht nur der Zylinder ist austauschbar. Durch Einhaltung einer Toleranz von $\pm$ 0,005 mm in allen Teilen der Spritze, die sich auf das Abmessen auswirken, wurde erreicht, daß alle Einzelteile verschiedener Spritzen wahllos vertauscht werden können. Es ist gelungen, eine KPG-Spritze für Milchabmessungen zu entwickeln, die zur Eichung zugelassen wurde. Weitere Einzelheiten s. MUNDINGER, „Eichfähige Geräte usw."[1]

b) Geräte für die Serienabmessung von Flüssigkeiten. Wie im Abschnitt Geräte zur Einzelabmessung für Flüssigkeiten bereits ausgeführt wurde, hat die Durchführung von zahlreichen gleichartigen Analysen dazu geführt, daß Geräte entwickelt wurden, mit denen es möglich ist, schnell und sicher eine genaue Flüssigkeitsmenge abzumessen. Es ergaben sich die unter der Überschrift Einzelabmessung angeführten halb- oder vollautomatischen Geräte. Allmählich wurde die Zahl der Untersuchungen, die z.B. in Molkereilaboratorien zur Ermittlung des Fettgehaltes der Milch durchgeführt werden mußten, immer größer, so daß diese Geräte nicht mehr genügten. Im Rahmen der Qualitätsbezahlung der Milch nach Fettgehalt werden beispielsweise in den Laboratorien der Milchprüfringe 1000–2000 Fettgehaltsbestimmungen der Milch nach GERBER je Tag durchgeführt. Es sind systematische Untersuchungen der Entwicklungslaboratorien der Gerätefirmen vorgenommen worden mit dem Ziel, alle Manipulationen bei der Fettbestimmung nach GERBER zu verkürzen bzw. die Manipulation serienweise durchzuführen. Die Abmessung der Schwefelsäure, der Milch und des Amylalkohols waren solche Arbeitsvorgänge, die durch serienmäßige Kopplung vereinfacht werden sollten. Die ersten derartigen Geräte kamen um das Jahr 1934 auf den Markt; die Geräte, mit denen gleichzeitig 18 Butyrometer mit Schwefelsäure, Milch und Amylalkohol beschickt werden konnten, werden hauptsächlich in zwei Ausführungen geliefert. Das Gerät der Firma *Funke* (Abb. 112), das von

[1] MUNDINGER, E.: Molkerei-Ztg. Hildesheim **56**, 2 (1942).

dem Verfasser und seinen Mitarbeitern entwickelt wurde, verwendet Ventilpipetten.

Die Ventilpipetten werden über eine Versorgungsleitung aus einem Druckgefäß bis zu einer bestimmten Marke gefüllt, die überschüssige Flüssigkeit fließt aus den Ventilpipetten durch das Zuführungsrohr in

Abb. 112. Serien-Abmeßgerät für 10 ml Schwefelsäure

die Vorratsflasche zurück. Die Füllung des auf dem Tisch befindlichen Druckbehälters erfolgt durch Umstellung des Zweiwegehahns und Evakuieren des Behälters mit einer Handpumpe. Das Stativ wird mit den Butyrometern durch Hebelwirkung angehoben, der Butyrometerhals drückt auf einen mit der Ventilstange der Pipette gekoppelten Porzellankonus, wodurch sich der Inhalt der Pipette selbständig entleert.

Die Geräte müssen den Bestimmungen des Eichgesetzes genügen. Ventilpipetten müssen Abmessungen liefern, die innerhalb einer Toleranz von $\pm$ 100 mm^3 Schwefelsäure liegen. Nach Angabe der Herstellerfirma sollen mit einem Gerät für 18 Proben 1000 Abmessungen in einer Stunde gemacht werden können. Ein entsprechendes Gerät für die Abmessung von 1 ml Amylalkohol wird von der gleichen Firma geliefert.

Das Prinzip des Serien-Abmeßgerätes der Firma Gerber ist ähnlich (Abb. 113). Es finden ebenfalls Überlaufpipetten Verwendung, die aber keine Ventilpipetten, sondern Hahnpipetten sind. Eine besondere Säureförderanlage mit Bleileitung und Vorratsglasgefäß dient dazu, die Vorratswanne, aus der die Einzelpipetten gespeist werden, mit Schwefelsäure zu beschicken. Die Pipetten sind an eine gemeinsame Saugleitung angeschlossen, die mittels eines Aspirators oder einer elektrischen Vakuumpumpe die Evakuierung der Pipetten ermöglicht und dadurch das Einfließen der Schwefelsäure aus der Wanne in die Pipetten bewirkt. Hört die Saugwirkung auf, dann fließt der Überschuß aus den Pipetten in die Vorratswanne. Die Pipetten sind für die Abmessung gefüllt. Durch eine mechanische Vorrichtung ist man in der Lage, das Butyrometerstativ anzuheben und gleichzeitig die Schiebehähne zu öffnen, so daß sich die Schwefelsäure aus den Pipetten in die Butyrometer entleeren kann. Die Eichvorschriften sind die gleichen wie oben erwähnt. Es werden Geräte für 12 und 18 Proben geliefert. Nach diesem Prinzip sind auch Geräte für die Serienabmessung von Milch und Amylalkohol entwickelt worden. Das Gerät für die Abmessung von Milch (Abb. 114) unterscheidet sich nur dadurch, daß statt der gemeinsamen Füllwanne

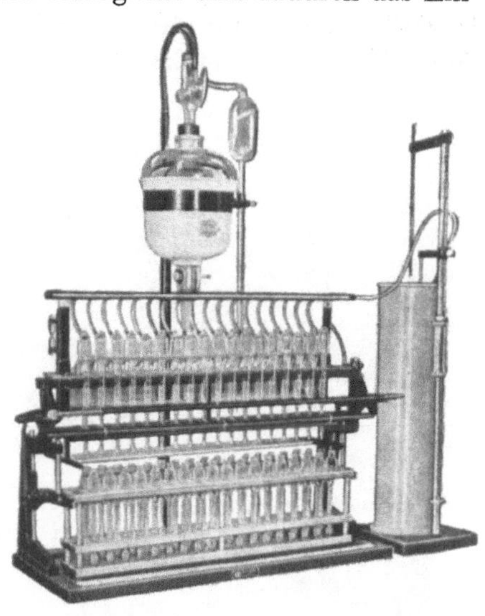

Abb. 113. Serien-Abmeßgerät für 10 ml Schwefelsäure

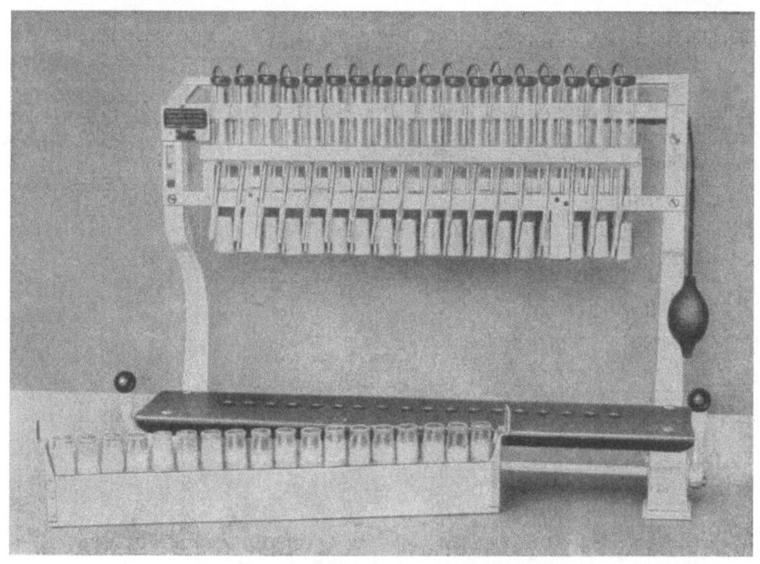

Abb. 114. Serien-Abmeßgerät für 11 ml Milch

für Schwefelsäure oder Amylalkohol ein Stativ mit den zu untersuchenden Probeflaschen mit Milch in einem Magazin an die Saugleitung gesetzt wird. Eine komplette Ausrüstung für die Abmessung von Schwefelsäure, Milch und Amylalkohol nebst Schüttelmaschine und einer im

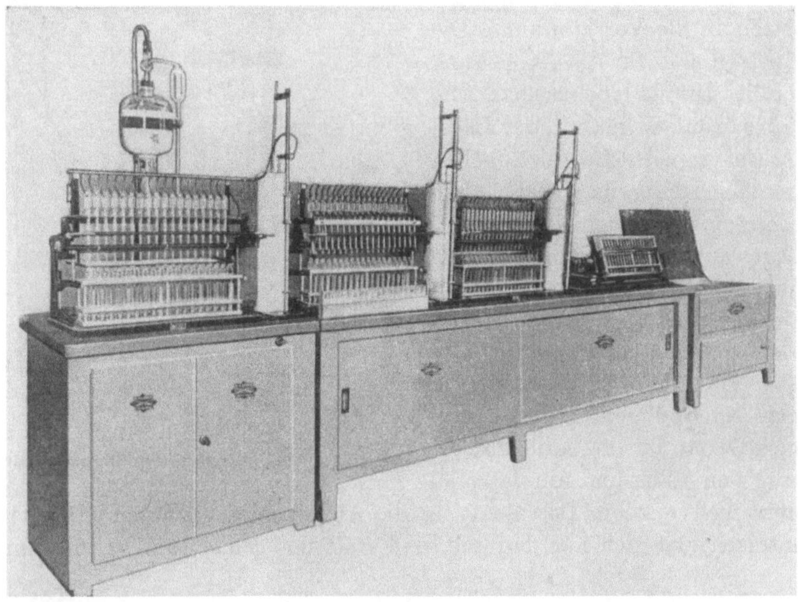

Abb. 115. Gesamtausrüstung für die Serienfettbestimmung in Milch einschließlich eingebauter Zentrifuge

Tisch eingebauten Zentrifuge ist aus Abb. 115 ersichtlich. Nach Angaben der Lieferfirma beträgt der Arbeitsaufwand zur Füllung von 1000 Butyrometern mit Milch, Schwefelsäure und Amylalkohol mit:

einfachen Saugpipetten	21 Stunden,
mit Permanentautomaten	14 Stunden,
mit Pipettierapparaten	2 Stunden.

Das bedeutet eine Zeitersparnis nach Angaben der Firma von 85 bis 90 Prozent. Der Einsatz von solchen Geräten lohnt sich für ein Laboratorium, das 200 und mehr Proben je Tag untersuchen muß.

Es gibt zahlreiche andere Wege, solche Abmeßgeräte zu entwickeln; es liegen auch viele Ansätze vor, und zwar von Geräten, die nach ganz anderen Prinzipien arbeiten, zur Zeit sind aber außer diesen beiden Geräten keine anderen auf dem Markt.

Von einem guten Abmeßgerät muß man verlangen, daß eine möglichst große Leistung je Stunde erzielt wird, daß die Geräte narrensicher arbeiten, daß die Anforderungen der Eichbehörde erfüllt werden, daß möglichst keine Verletzungen durch ausfließende Schwefelsäure vorkommen können, d.h. also, daß die Geräte möglichst bruchsicher sein müssen. Ersatzteile müssen leicht eingebaut werden können.

3. Schüttelgestelle und Schüttelmaschinen

Zur Erleichterung des Schüttelns der Butyrometer bei Serienuntersuchungen dienen besondere Schüttelgestelle, bei denen das Schütteln

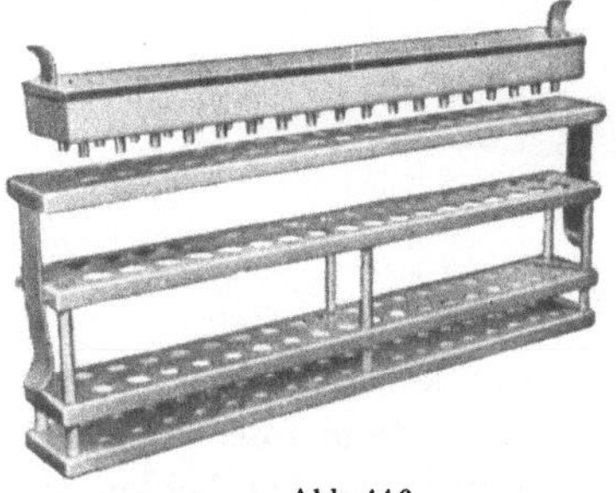

Abb. 116
Stativ mit Ausgußplatte und Reinigungsaufsatz

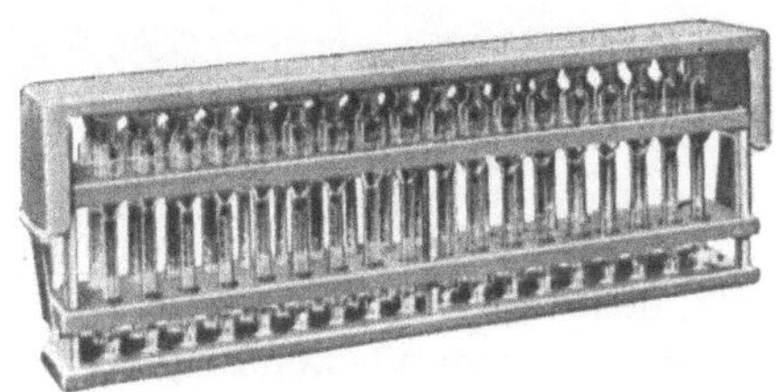

Abb. 117
Stativ mit Schüttelhaube

und Durchmischen einer größeren Zahl von Proben auf einmal durchgeführt werden kann. Hierdurch erzielt man eine gleichzeitige Erhitzung der Proben, die noch heiß zentrifugiert werden können. Außerdem erleichtern diese Stative das Einmessen der Flüssigkeiten und dienen zur Aufbewahrung der Butyrometer. Am zweckmäßigsten sind Stative aus Leichtmetall, besonders solche, die mit einer Schüttelhaube (Abb. 116 und 117) versehen sind. Die Butyrometer können damit gleichzeitig entleert und unter Benutzung eines besonderen Kastens auch gereinigt werden.

Butyrometer-Schüttelmaschine. Um auch das Schütteln der Butyrometer automatisch durchführen zu können, wurden für die Serienuntersuchungen besondere Schüttelmaschinen konstruiert. In diesen Geräten können 36 Proben im Schüttelstativ so bewegt werden,

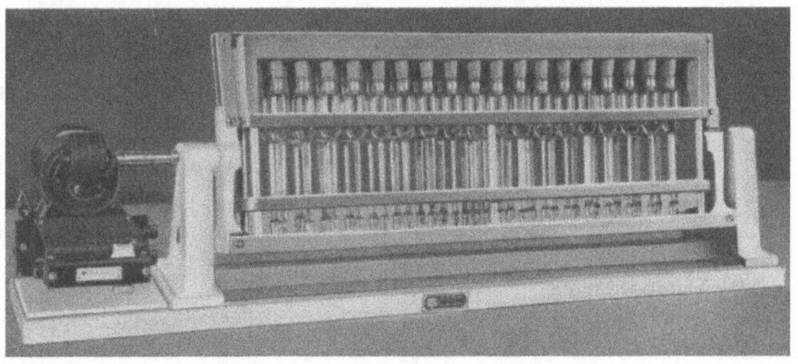

Abb. 118. Schüttelmaschine für Butyrometer

daß eine Durchmischung von Milch und Chemikalien in den einzelnen Butyrometern gleichzeitig erfolgt. Die Geräte bestehen aus einem Grundrahmen mit Lagerböcken oder einer mit Kunststoff belegten Tisch-

Abb. 119. Schüttelmaschine für Butyrometer

platte, dem Schüttelrahmen mit Stativ und Brücke. Als Antrieb findet ein Getriebemotor Verwendung. Ein Schiebewiderstand oder Ringleitwiderstand ermöglicht die Regulierung der Tourenzahl. Die beiden auf dem Markt befindlichen Geräte sind aus Abb. 118 und 119 ersichtlich. Während das Gerät der Firma *Gerber* dem Stativ mit Butyrometern eine rotierende Bewegung erteilt, führt das Gerät der Firma *Funke* zu der rotierenden eine schüttelnde Bewegung aus.

4. Wasserbad

Die Wasserbäder bestehen entweder aus einem runden Topf mit entsprechendem Einsatzgestell, aus einem 4- oder 6-eckigen Kasten, der den Vorteil hat, daß man sich bei der Reihenfolge der Proben nicht so leicht irren kann, wenn die Butyrometer nicht numeriert sind. Die Wasserbäder können aus emailliertem Blech, Zink-, Kupfer- oder Messingblech hergestellt sein.

Abb. 120. Trockenheizbad für Butyrometer

Sowohl die runden als auch die viereckigen Einsätze der Wasserbäder können mit einem Deckel versehen werden, der es gestattet, die Butyrometer nach dem Einmessen und Zustopfen auf einmal zu schütteln. Dadurch kann auch ein besonderes Schüttelgestell aus Holz erspart werden.

Besondere Vorzüge hat das Trockenheizbad (Abb. 120), das im Einsatz Metallhülsen zur Aufnahme der Butyrometer besitzt. Die Erhitzung kann auch durch einen elektrischen Tauchsieder geschehen. Der Vorteil gegenüber den gewöhnlichen Wasserbädern besteht darin, daß die Butyrometer trocken bleiben und das Arbeiten damit leichter und angenehmer ist.

5. Zentrifuge

Die Zentrifuge ermöglicht die schnelle Trennung von Substanzen mit verschiedenem spezifischen Gewicht. Zentrifugen finden deshalb auf zahlreichen Gebieten von Wissenschaft und Technik Verwendung, so z. B. technische Zentrifugen (Separatoren) in der Milch-, Zucker- und chemischen Industrie, Laboratoriumszentrifugen für chemische, physikalische und bakteriologische Untersuchungen.

Im Molkereilaboratorium werden Zentrifugen bei der Fettbestimmung und für die Herstellung von Sedimenten für bakteriologische Zwecke gebraucht. Durch Zusatz von konzentrierter Schwefelsäure zur Milch im Butyrometer werden sämtliche Bestandteile der Milch mit Ausnahme des Fettes und einiger mineralischer Bestandteile gelöst. Man erhält also im Butyrometer Substanzen von verschiedenem spezifischen Gewicht, die sich durch Zentrifugieren rasch trennen lassen, so daß eine quantitative Bestimmung des Fettes ermöglicht wird. Da das Fett ein viel niedrigeres spezifisches Gewicht als die Schwefelsäure mit den gelösten Milchbestandteilen hat, sammelt es sich beim Schleudern in dem Teil des Butyrometers, welcher der Zentrifugenachse näher liegt.

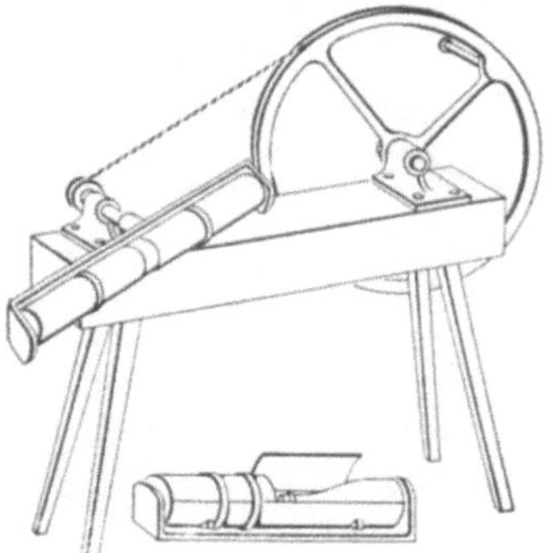

Abb. 121. Zentrifuge „einst“

Welch gewaltiger Unterschied zwischen einer vor 70 Jahren gebräuchlichen Zentrifuge (Abb. 121) und den heutigen Zentrifugen besteht, ist aus den Abbildungen zu entnehmen.

Zentrifugen mit und ohne Schutzmantel gibt es in den verschiedensten Größen für 2–36 Proben. Der Antrieb kann mit der Hand, elektrisch, durch Wasser- oder Dampfturbine erfolgen. Die Zentrifugen mit Handantrieb sind durchweg mit Kugellagern versehen, um das Drehen möglichst leicht und geräuschlos zu gestalten. Die meisten Handzentrifugen haben keinen Schutzmantel. In Betrieben, in denen aus irgendwelchen Gründen die Anschaffung einer elektrischen Zentrifuge oder einer Dampfzentrifuge unmöglich ist, jedoch laufend Serienuntersuchungen durchgeführt werden müssen, wird zweckmäßig eine Kurbelzentrifuge mit gußeisernem Schutzmantel angewendet. Dampfzentrifugen kommen nur für Betriebe in Frage, die keinen elektrischen Strom haben.

Eine moderne, elektrisch angetriebene Zentrifuge besteht aus:

Motor mit Fuß, – Schleudertrommel bzw. Butyrometerhalter, – Schutzmantel, – Schwebering, – Tourenzähler, – Zeitschalter, – Bremse, – Heizvorrichtung mit Regler, – Signallampe.

Als Elektromotore finden Universal-, Gleich- und Wechselstrommotore von besonderer Bauart Verwendung. Sie haben eine Umdrehungszahl von 1200/Minute. Zur Erhöhung der Lebensdauer sind sie mit Kugellagern versehen. Um bei der Aufstellung der Zentrifugen vom Platz unabhängig zu sein, werden heute fast sämtliche Elektrozentrifugen in Schwebevorrichtungen aufgehängt. Hierdurch wird auch ein geräuschloser, erschütterungsfreier, die Zentrifuge schonender Gang gewährleistet. Solche Zentrifugen können ohne irgendwelche Befestigung auf jedem Tisch aufgestellt werden. Neben den gewöhnlichen Elektrozentrifugen, die eine Umdrehungszahl von 1200 je Minute haben, gibt es solche mit 2 Geschwindigkeiten. Bei Verwendung einer Spezialkapsel können diese Zentrifugen gleichzeitig für Sedimentierzwecke verwendet werden. Durch Aufsetzen der Kapsel schaltet sich dann die Zentrifuge automatisch auf die höhere Tourenzahl von 2000 um.

Zentrifugen in moderner Ausführung der in Frage kommenden Firmen zeigen die Abbildungen 122 und 123. Diese Zentrifugen haben ähnlich wie das Auto ein Armaturenbrett, auf dem die Schalter für den Antrieb

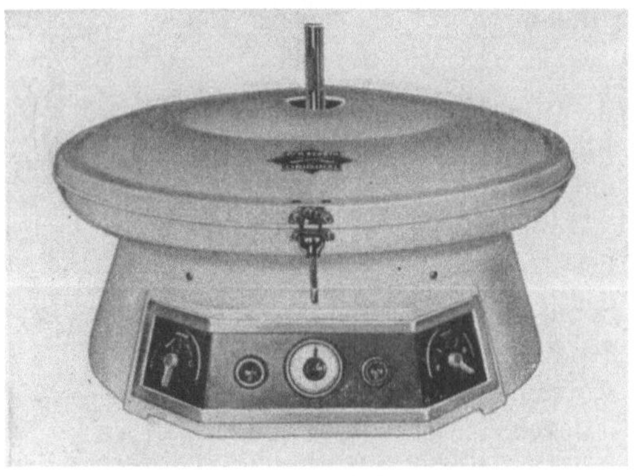

Abb. 122

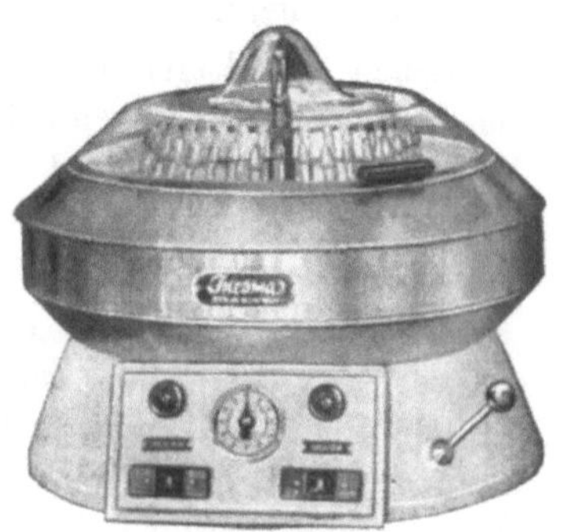

Abb. 123

Elektrische Zentrifuge für 36 Proben

der Zentrifuge, die Heizung, die Bremse und ein Zeitschalter sich befinden. Auch Signallampen sind angebracht, die aufleuchten, wenn Zentrifuge und Heizung eingeschaltet werden. Zentrifugen können auch auf fahrbaren Stativen untergebracht werden.

Während die bisherigen Zentrifugen Trommeln enthielten, in denen die Butyrometer starr horizontal gelagert waren, fanden schon seit längerer Zeit in Dänemark Zentrifugen Verwendung, bei denen die Butyrometer in Haltern untergebracht sind, in denen sie beim Zentrifugieren in horizontale Lage ausschwingen können. In der Ruhelage der Zentrifuge stehen die Butyrometer nahezu senkrecht. Nach dem Zentrifugieren kehren sie in diese Ruhelage wieder zurück. Als Vorzüge werden angegeben: Schnelles Einsetzen und Herausnehmen der Butyrometer und Vermeidung des nachträglichen Vermischens der Fettsäule mit dem Schwefelsäuregemisch. Diese Zentrifugen werden neuerdings auch in Deutschland hergestellt und vertrieben.

Von einer guten Zentrifuge verlangt man einen ruhigen, geräuschlosen Lauf. Der Motor muß in kurzer Zeit die vorgeschriebene Tourenzahl erreichen. Eine gute Sicherung gegen Gefahren bei Störungen ist eine selbstverständliche Voraussetzung. Auch eine formschöne Gestaltung sollte nicht vergessen werden.

Gebrauchsanweisung für eine Elektrozentrifuge

Spannung. Die Elektrozentrifugen werden im allgemeinen mit Motoren für Gleich- oder Wechselstrom von 110 oder 220 V, bei Wechselstrom für eine Periodenzahl von 50 geliefert.

Anschluß. Die Elektrozentrifugen werden mittels Steckers an die Lichtleitung angeschlossen. Bei häufigerem Gebrauch der Zentrifuge ist es zweckmäßig, einen Zwischenschalter (einen gewöhnlichen Lichtschalter) in die Leitung einzubauen, der das Ein- bzw. Ausschalten erleichtert. Bei modernen Zentrifugen befindet sich der Schalter auf dem Armaturenbrett. Die Zentrifuge soll geerdet werden.

Drehzahl. Die Drehzahl der Zentrifuge muß laut Eichvorschrift 800–1200/Minute betragen. Sie wird nach etwa 1–2 Minuten durch Linkslauf erreicht.

Wartung. Die Motoren sind mit Kugellagern, teilweise auch noch mit Kohlebürsten ausgerüstet und bedürfen zunächst keiner besonderen Wartung. Bei einem Versagen des Motors ist zunächst zu prüfen, ob die Anschlüsse in Ordnung, d.h. die Leitungsdrähte an den Verbindungsstellen sauber und richtig festgeklemmt sind. Ist dies der Fall, so muß die Zentrifuge von einem Fachmann überprüft werden.

Behandlung der Kugellager. Die größten Feinde der Kugellager sind Staub und Schmutz, die daher von den Lagern möglichst ferngehalten werden müssen.

Schmieren und Ölen der Kugellager ist wegen der damit verbundenen Verschmutzungsgefahr nicht zweckmäßig. Die Kugellager bedürfen aber auch im Gegensatz zu Gleitlagern keiner Schmierung. Sie besitzen daher keine Schmiervorrichtung. Das Fett hat beim Kugellager nur konservierende Bedeutung. Bei der Lieferung werden die Lager in der Fabrik mit einem geeigneten Fett versehen. Diese Fettmenge genügt mindestens

1 Jahr lang bei täglich 8-stündiger Benutzung. Bei geringerer Inanspruchnahme reicht die Fettmenge noch länger aus. Nach dieser Zeit ist eine gründliche Reinigung des Motors erforderlich, wobei gleichzeitig die Reinigung der Kugellager erfolgen kann.

Erwärmt sich das Lager ungewöhnlich stark oder verursacht es ein lautes Geräusch, so ist es schadhaft und muß von einem Fachmann ausgewechselt werden.

Aufstellung der Zentrifuge. Die Elektro-Zentrifugen sind in einem möglichst trockenen Raum aufzustellen.

6. Chemikalien

Die zur Fettbestimmung benutzte Schwefelsäure muß ein spezifisches Gewicht von 1,820–1,825 haben. Beim Abfüllen aus Ballons bedient man sich am besten besonderer Kippgestelle, da sonst leicht Unfälle vorkommen können. Verspritzte Schwefelsäure muß sofort mit Wasser verdünnt und dann mit Salmiakgeist oder Soda neutralisiert werden. Spritzer auf den Kleidern sind sofort mit Salmiakgeist zu neutralisieren. Die Augen sind durch eine Brille zu schützen.

Die Schwefelsäure braucht nicht „chemisch rein" zu sein, es genügt „technisch reine". Sie sollte möglichst frei von Stickoxyden sein. Wenn sie durch Hineinfallen von Holzwolle oder Stroh infolge Verkohlung dunkel gefärbt ist, so hat das auf die Untersuchung keinen nachteiligen Einfluß. Die Flaschen sind stets verschlossen zu halten, da die Schwefelsäure rasch Wasser aus der Luft anzieht und dadurch für die Untersuchung zu schwach wird. Die Stärke kann mit einem Aräometer nachgeprüft werden. Über die Beziehung zwischen spezifischem Gewicht bei 15° C und Stärke der Säure gibt Tab. 13 Aufschluß.

Ist die Schwefelsäure durch Aufnahme von Wasser zu dünn geworden, so kann sie durch Zusatz von stärkerer Schwefelsäure wieder auf den richtigen Grad eingestellt werden. Beim Mischen von Schwefelsäure mit Wasser gieße man stets die Schwefelsäure vorsichtig in das Wasser und

Tabelle 13

Spez. Gew.	° Beaumé	Gew.-%	Spez. Gew.	° Beaumé	Gew.-%
1,800	64,2	86,92	1,825	65,2	91,00
1,805	64,4	87,60	1,826	65,3	91,25
1,810	64,6	88,30	1,827	65,3	91,50
1,815	64,8	89,16	1,828	65,4	91,70
1,820	65,0	90,05	1,829	65,4	91,90
1,821	65,0	90,20	1,830	65,4	92,10
1,822	65,1	90,40	1,835	65,7	93,56
1,823	65,1	90,60	1,840	65,9	95,60
1,824	65,2	90,80			

nicht umgekehrt, da sonst das Wasser sofort ins Sieden gerät und Schwefelsäure verspritzt wird. Bei der Prüfung des spezifischen Gewichtes ist darauf zu achten, daß die Angabe des spezifischen Gewichtes sich auf eine Temperatur von 15° bezieht und die zu prüfende Säure erst auf diese Temperatur gebracht werden muß.

Da das spezifische Gewicht der Schwefelsäure 1,825 beträgt, wiegt 1 Liter Schwefelsäure etwa 1,8 kg. Die Schwefelsäure wird meist nach Kilogramm gehandelt. 1 kg entspricht 550 ml und reicht daher für 55 Bestimmungen aus.

Wie bereits erwähnt, findet bei der Fettbestimmung neben der Schwefelsäure zur besseren Abscheidung des Fettes Amylalkohol Verwendung. Amylalkohol entsteht als Nebenprodukt bei der alkoholischen Gärung und ist ein Bestandteil des Fuselöles. Es gibt 8 verschiedene Amylalkohole, von denen aber praktisch nur einer zur Milchuntersuchung Verwendung finden kann, nämlich das bei 128° siedende Sekundärbutylcarbinol, das bei 15° ein spezifisches Gewicht von 0,815 besitzt. Ein Liter wiegt daher nur 815 g. Ein kg hat ein Volumen von 1226 ml und reicht für ebenso viele Proben. Amylalkohol ist eine farblose, klare Flüssigkeit, die sich mit Wasser nicht mischt, einen unangenehmen Geruch hat und zum Husten reizt. Wenn man 1 ml Amylalkohol mit 10 ml Schwefelsäure und 11 ml Wasser im Butyrometer vermischt und 3 Minuten in der Zentrifuge schleudert, dürfen keine öligen Abscheidungen auftreten.

Vielfach findet auch gefärbter Amylalkohol Verwendung. Die Ablesung der Fettsäule wird dadurch erleichtert.

Über neue Erkenntnisse bei der Verwendung von Alkoholgemischen berichtet KIEFERLE[1]. Er faßt seine Ergebnisse wie folgt zusammen:

Hinweise des Schrifttums sowie eigene Erfahrungen lassen keinen Zweifel mehr darüber bestehen, daß die Beschaffenheit des für die Fettbestimmung nach GERBER in Milch und Milcherzeugnissen vorgesehenen Amylalkohols von erheblichem Einfluß ist. Unstimmigkeiten, die durch den Gebrauch von Amylalkohol in das GERBER-Verfahren gebracht werden, können durch die uneinheitliche Zusammensetzung des in den Verkehr gebrachten Amylalkohols begründet sein, der gelegentlich auch noch durch Nebenprodukte der alkoholischen Gärung verunreinigt sein kann. Von verschiedener Seite wurde der Auffassung Ausdruck verliehen, daß möglicherweise in der Anwendung genau definierter, einheitlicher Alkohole oder Alkoholgemische ein Vorzug gegenüber Amylalkohol zu erblicken ist. Die Ergebnisse außerordentlich umfangreicher Untersuchungen und Versuche an dem Austauschstoff Drawin M gaben vorstehender Auffassung recht. Drawin M stellt ein genau definiertes, einer zuverlässigen Kontrolle zugängliches Alkoholgemisch dar, das dem Gärungsamylalkohol nicht nur gleichzusetzen, sondern erwiesenermaßen vorzuziehen ist.

7. Arbeitsweise (s. Abb. 124—131)

Die zur Untersuchung kommenden gekennzeichneten Proben werden in derselben Reihenfolge aufgestellt, wie sie im Registrierbuch einge-

[1] KIEFERLE, F.: Dtsch. Molkerei-Ztg. 74, 633 (1953).

tragen sind. Die Butyrometer werden entweder mit Nummernschildchen gekennzeichnet, oder man schreibt die Nummern mit Bleistift auf die Mattscheibe an der Birne (nicht mit Tintenstift). Die Butyrometer werden nun mit der Birne nach unten in der richtigen Reihenfolge in das

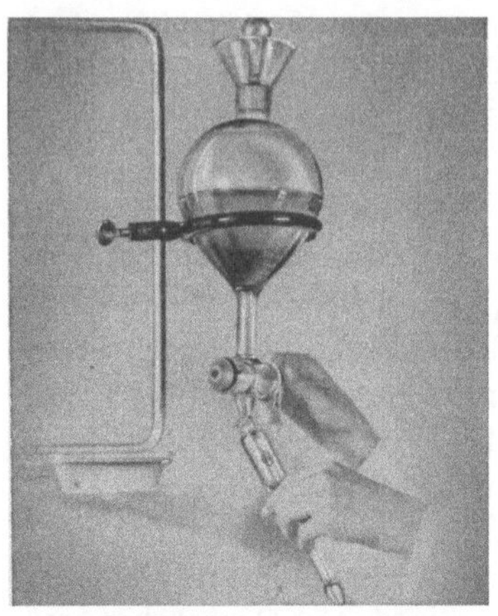

Abb. 124. Abfüllung von 10 ml Schwefelsäure mit Permanentautomat

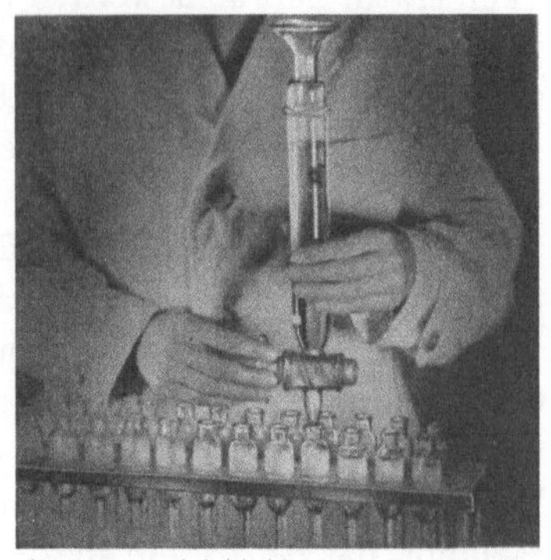

Abb. 126. Zusatz von 1 ml Amylalkohol mit Hilfe einer Fixbürette

Abb. 125. Einfüllen von 11 ml Milch mit einer geeichten Milchpipette

Abb. 127. Verschließen der Butyrometer mit einem Patentstopfen

Abb. 124–131. Fettbestimmung nach GERBER in 8 Etappen dargestellt

Stativ gestellt, und zwar von links nach rechts fortschreitend. Mit einer der beschriebenen Abmeßvorrichtungen für Schwefelsäure bringt man zuerst 10 ml Schwefelsäure vom spezifischen Gewicht 1,82 in die Butyrometer. Vor Entnahme der Milch wird der Inhalt der Probeflaschen durch Hin- und Herwenden gut durchgemischt, wobei darauf zu achten ist, daß nicht durch zu heftiges Schütteln Luft in die Milch hineingebracht wird. Mit der Pipette oder sonst einem Abmeßgerät schichtet man nun 11 ml Milch vorsichtig auf die Schwefelsäure, indem man die Milch lang sam an der Innenwand des Butyrometers herablaufen läßt. Auf diese Weise wird eine zu starke vorzeitige Erwärmung durch die konzentrierte

Schwefelsäure, die zu einer teilweisen Verkohlung der Milch führt, vermieden. Beim Abmessen der Milch ist zu beachten, daß nach dem zusammenhängenden Auslauf nur der erste Tropfen noch in das Butyrometer einzulassen ist. Zuletzt fügt man 1 ml Amylalkohol hinzu und

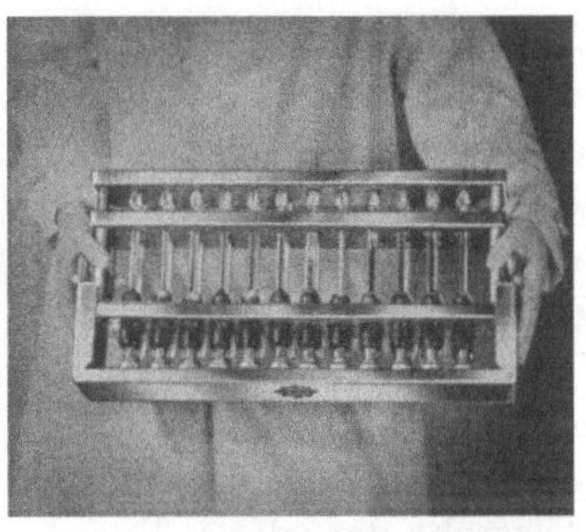

Abb. 128. Schütteln der Butyrometer im Stativ

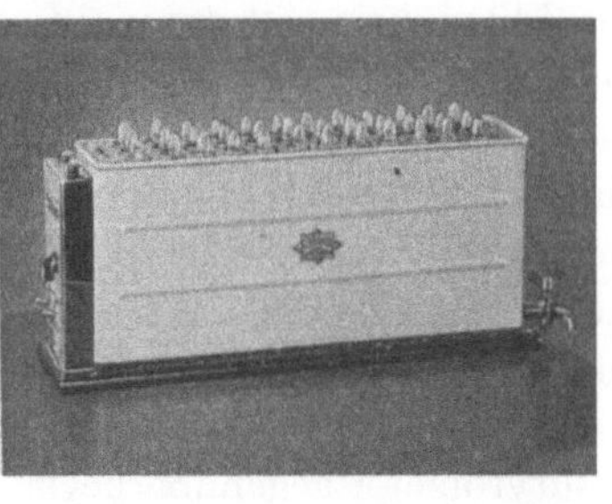

Abb. 130. Vorbereitung der Butyrometer für die Ablesung des Fettgehaltes im Trockenheizbad (65° C)

Abb. 129. Zentrifugierung der Butyrometer

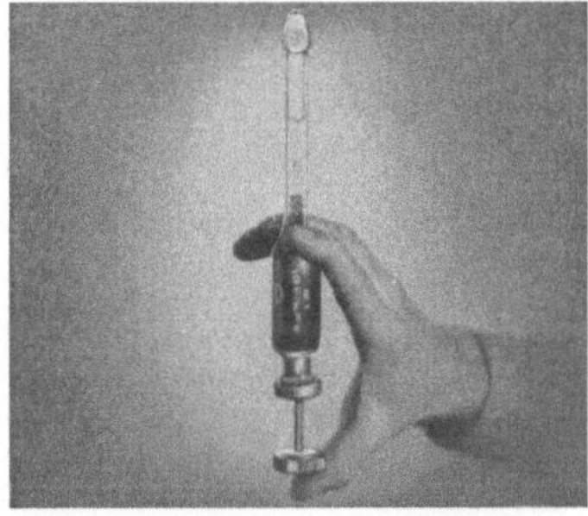

Abb. 131. Einstellung der Fettsäule im Butyrometer mit Stift und Ablesung des Fettgehaltes an der Skala in Gewichtsprozenten

verschließt das Butyrometer mit einem gewöhnlichen Gummistopfen oder besser mit einem Patentverschluß. Der Gummistopfen ist so weit in das Butyrometer hineinzudrehen, daß er 2–3 mm in den Korpus hineinragt und beim Zentrifugieren nicht herausfliegt. Die Butyrometer können einzeln oder in besonderen Stativen in größerer Zahl geschüttelt und nach Auflösung des Käsestoffes mehrmals gewendet werden, bis der Inhalt gleichmäßig vermischt ist. Hierbei steigt die Temperatur stark an, was darauf zurückzuführen ist, daß sich das Wasser der Milch mit der Schwefelsäure mischt. Bekanntlich entsteht beim Mischen von Schwefelsäure und Wasser immer eine erhöhte Temperatur (70–80°).

Die Schwefelsäure löst sämtliche Bestandteile der Milch mit Ausnahme des Fettes auf. Die Calciumverbindungen geben das Ca^{++} an die Schwefelsäure ab, es entsteht $CaSO_4$ (Gips), der sich als schwerer, unlöslicher Niederschlag beim Zentrifugieren über dem Stopfen absetzt. Die Flüssigkeit selbst nimmt eine rotbraune und bei unrichtigem Einfüllen der Milch eine schwarze Farbe an. Zur Abtrennung des spezifisch leichteren Fettes werden die Butyrometer mit dem Stopfen voran in die Hülsen der flachen Zentrifugentrommel eingesetzt. Nach Aufschrauben des Deckels werden die Proben 5 Minuten bei 1000–1200 Touren je Minute geschleudert. Beim Beschicken der Zentrifuge ist auf eine gleichmäßige Belastung zu achten. Eine ungerade Zahl von Butyrometern wird durch ein mit Wasser gefülltes Butyrometer ergänzt, so daß sich jeweils 2 Butyrometer gegenüberliegen. In der Mitte des Trommeldeckels ist ein Tourenzähler oder Geschwindigkeitsmesser aufgeschraubt. Er stellt ein geschlossenes, mit Ringmarken versehenes Glasrohr dar, das z.T. mit Glycerin gefüllt ist. Je nach Geschwindigkeit der Zentrifuge steigt die Flüssigkeit mehr oder weniger an den Wänden hoch. Aus dem Stand des Flüssigkeitsmeniskus kann die Tourenzahl der Zentrifuge abgelesen werden. Eine höhere Tourenzahl als 1200 bietet keinerlei Vorteile bei der Fettbestimmung, sondern führt zu falschen Resultaten. Nach dem Zentrifugieren setzt man die Butyrometer in ein auf 65° erwärmtes Wasserbad. Die Einhaltung einer Ablesetemperatur von 65° ist deshalb notwendig, weil das Fett natürlich bei verschiedenen Temperaturen ein verschiedenes Volumen aufweist und daher der bei verschiedenen Wärmegraden abgelesene Fettgehalt innerhalb ziemlich weiter Grenzen schwankt. Ein Unfug ist deshalb das Ablesen des Fettgehalts unmittelbar nach dem Herausnehmen der Butyrometer aus der Zentrifuge.

8. Ablesen des Fettgehaltes

Arbeitet man mit gewöhnlichen Gummistopfen, so dreht man sie nach dem Zentrifugieren so weit in die Butyrometer hinein bzw. aus ihnen heraus, daß die Fettsäule in eine für das Ablesen günstige Lage in der Skala kommt. Beim Ablesen hält man das Butyrometer mit der Birne senkrecht nach oben, so daß sich der Meniskus der Fettsäule in der Höhe der Augen befindet. Das Fett muß klar sein und sich scharf von dem darunter befindlichen Säuregemisch abheben. Befinden sich in der Säule Luftblasen, so beseitigt man sie durch sanftes Anschlagen der Butyrometer an die innere Handfläche. Nach dem Herausnehmen der Butyrometer aus dem Wasserbad muß der Fettgehalt *möglichst rasch abgelesen* werden, weil sich durch Abkühlung die Fettsäule zusammenzieht. Ist die Fettsäule nicht klar oder nicht scharf abgegrenzt, so wird das Butyrometer noch einmal kurz ausgeschleudert, nachdem man es vorher zweckmäßig im Wasserbad bei einer Temperatur von 60–70° kurze Zeit erwärmt hat. Beim Ablesen hält man das Butyrometer gegen das Licht, stellt die Trennungsschicht zwischen Fett und Säure durch leichtes Drücken oder Ziehen des Gummistopfens zweckmäßig so ein, daß sie mit einem die ganzen Prozente bezeichnenden, großen Teilstrich der Skala zusammenfällt und liest dann als obere Grenze an der Skala den Punkt ab, der durch die untere Grenze des Fettbogens angezeigt wird. Bei Benutzung des Patentverschlusses bringt man durch leichtes Drücken auf den Regulierstift die Fettsäule in eine für das Ablesen günstige Lage.

Zum besseren Ablesen der Butyrometerfettsäule finden Hilfsgeräte Verwendung, die im wesentlichen 3 Funktionen erfüllen. Es soll eine günstige Beleuchtung erzielt werden, die Fettsäule wird durch eine Lupe vergrößert und das Butyrometer wird auf ein Stativ aufgesetzt, das es ermöglicht, bei Verwendung von Patentstopfen die Fettsäule durch einen Stift zu bewegen.

Abb. 132. Ausgußbehälter für Butyrometerinhalt

9. Entleeren und Reinigen der Butyrometer

Man entleert die Butyrometer möglichst warm, bringt die Gummistopfen in lauwarmes Wasser und spült die Butyrometer mehrere Male entweder mit klarem warmem Wasser oder mit Sodawasser aus. Die Butyrometer darf man nicht zu lange gefüllt stehen lassen, da das Fett erstarrt und diese dann nicht so bequem zu reinigen sind. Zum Reinigen der Skalenröhrchen müssen dann kleine Bürsten oder Federposen benutzt werden. Diese Mühe kann man sich ersparen, wenn man die Butyrometer sofort nach der Untersuchung unter Benutzung von warmem Wasser mehrfach ausspült. Butyrometer mit erkaltetem Inhalt werden am besten vor der Reinigung wieder auf 60—70° C im Wasserbade erwärmt.

Für das Ausgießen der Butyrometer in den Stativen sind geeignete Behälter zur Aufnahme der Schwefelsäure-Milch-Mischung aus Steingut oder Kunststoff entwickelt worden (Abb. 132).

C. Fettbestimmungsverfahren ohne Verwendung von Säure

Wenn auch das Schwefelsäureverfahren sich wegen seiner Billigkeit und Eleganz allgemein durchgesetzt hat und auch kaum zu verdrängen sein wird, so ist doch nicht zu übersehen, daß ihm gewisse Nachteile anhaften. Die Schwefelsäure ist in der Konzentration, wie sie zur Fettbestimmung verwendet wird, eine überaus ätzende Flüssigkeit, die in kurzer Zeit Löcher in Kleider, Holz und andere organische Stoffe frißt. Auch Körperverletzungen können bei unvorsichtigem Arbeiten vorkommen. Es hat deshalb nicht an Versuchen gefehlt, Fettbestimmungsverfahren ohne Verwendung von Schwefelsäure herauszubringen. Maßgebend für diese Bestrebungen war auch der Umstand, daß bei der GERBERschen Fettbestimmung eine Zentrifuge benötigt wird. Von den verschiedenen Verfahren, die ohne Schwefelsäure, aber mit Zentrifuge arbeiten, hat sich bis heute nur das NEUSAL-Verfahren erhalten. Verfahren ohne Schwefelsäure und ohne Zentrifuge sind das HOYBERG- und das MORSIN-Verfahren. An Stelle der Schwefelsäure werden bei allen diesen Verfahren Salzlösungen benutzt, die beim NEUSAL-Verfahren neutral, beim HOYBERG- und MORSIN-Verfahren alkalisch sind.

Da diese Verfahren für die Bezahlung der Milch nach Fettgehalt nicht zugelassen sind, soll eine nähere Beschreibung wie in der 1. Auflage unterbleiben.

D. Weiterentwicklung der Verfahren zur Bestimmung des Fettgehaltes der Milch

Mehr als ein halbes Jahrhundert ist seit der Einführung der Fettbestimmung nach GERBER vergangen. Viele hundert Millionen Fettbestimmungen sind nach diesem Verfahren durchgeführt worden. Es gibt wohl kein Untersuchungsverfahren (mit Ausnahme der p_H-Bestimmung in Milch), auch auf keinem anderen Gebiet, das soviel Anwendung findet. Es liegt durchaus im Bereich der Möglichkeit, daß dieses Verfahren durch ein anderes, moderneres abgelöst wird, das nicht nur einfacher und schneller, sondern vor allem auch ohne ätzende Chemikalien durchgeführt werden kann.

Es hat nicht an Bestrebungen gefehlt, solch ein Verfahren zu entwickeln. Abgesehen von den eben erwähnten säurelosen Verfahren, die aus verschiedenen Gründen nicht in Frage kommen, wurde versucht, eine optische Fettbestimmung ohne Verwendung von Chemikalien zu schaffen. Im Prinzip ähnelten diese Verfahren dem Laktoskop. Auch sie beruhten auf der Durchlässigkeit der Milch für Licht. Die neueren Verfahren unterscheiden sich nur dadurch, daß sie nicht gewöhnliches Tageslicht, sondern Licht bestimmter Wellenlänge verwenden. Die Durchlässigkeit wird nicht mit dem Auge, sondern mit der Photozelle bzw. mit Thermosäulen gemessen. Erwähnt sei in diesem Zusammenhang das DRP., das Dr. STRAUSS erteilt wurde. Auch nach dem 2. Weltkriege sind Versuche in dieser Richtung unternommen worden. Ein brauchbares Gerät ist aber vorläufig nicht auf dem Markte erschienen. Wie bereits früher erwähnt, ist das Fettbestimmungsverfahren nach GERBER als Frucht eines Preisausschreibens entstanden. Welche Früchte haben diese paar tausend Mark inzwischen getragen.

Die Genauigkeit der Fettbestimmung ist immer wieder zur Diskussion gestellt worden[1] und hat in neuerer Zeit zu Abänderungsvorschlägen geführt (s. S. 56, Vorschlag der Deutschen Methodenkommission zur Vereinheitlichung der Untersuchungsmethoden für Milch und Milchprodukte).

Zur Frage, ob die *Fettbestimmungs-Methode* nach Dr. GERBER abgeändert werden müßte, äußerte sich ROEDER[2] folgendermaßen:

„Er beschäftige sich schon seit langem mit dem Problem und sei zu dem Schluß gekommen, daß Dr. GERBER bei Eichung seiner Butyrometer infolge schlechter Zentrifugen andere Werte bekommen hat. Reihenuntersuchungen im Bundesgebiet hätten zur Schlußfolgerung geführt, daß bei den heutigen Apparaten der Fettgehalt um ein Geringes zu hoch gefunden wird. Eine Änderung der Butyrometer wäre unpraktisch, und man könne genauso zum Ziel kommen, wenn man die Milchpipetten von 11 auf 10,7 ml reduziere."

V. Eiweißbestimmung in Milch durch Formoltitration[3,4]

Im Rahmen der Gehaltsbestimmung der Milch für die Qualitätsbezahlung ist man bestrebt, neue und einfache Verfahren, die für die Praxis geeignet sind, zu entwickeln. Da bei der Käserei der Eiweißgehalt der Milch die Ausbeute stark beeinflußt, ist schon immer der Mangel eines Schnellverfahrens zur Ermittlung dieser Größe empfunden worden, denn der Eiweißgehalt ist beträchtlichen Schwankungen unterworfen. Als geeignetes Verfahren zur Bestimmung des Eiweißtiters der Milch ist die bekannte Formoltitration vorgeschlagen worden. M. E. SCHULZ und Mitarbeiter[5] haben über dieses Thema verschiedene Veröffentlichungen gemacht. Bei der Durchführung von 4500 Untersuchungen hat sich das Verfahren bewährt. Wenn 2 Personen an einem Gerät arbeiten, werden bei Serienuntersuchungen nur 2 Minuten für eine Untersuchung benötigt. Auch andere Autoren haben sich in letzter Zeit mit diesem Thema befaßt. R. SCHOBER und A. FRICKER[6] kommen in einer neueren Arbeit zu folgendem Ergebnis:

---

[1] MULDER, H., u. IR. RADEMA: Ref. Milchwiss. 4, 87 (1949).

[2] ROEDER, G.: Dtsch. Molkerei-Ztg. 73, 1489 (1952).

[3] SCHULZ, M. E.: Molkerei-Käserei Ztg. 3, 45 (1952); Kieler Milchwirtsch. Forschungsber. 5, 273 (1953).

[4] SCHOBER, R., u. A. FRICKER: Milchwiss. 9, 83 (1954); 91 (1954).

[5] SCHULZ, M. E., E. VOSS, U. KOCK u. G. MROWETZ: Milchwiss. 9, 77 (1954). – M. E. SCHULZ u. G. MROWETZ: Milchwiss. 8, 93 (1953).

[6] SCHOBER, R., u. A. FRICKER: Milchwiss. 9, 83 (1954); 91 (1954).

Bei Kolostralmilch ist die Abweichung (gegenüber der KJELDAHL-Methode) hoch, Altmelke-Milch zeigt extrem niedrige Eiweißwerte. Zwischen dem 30. und 300. Tag der Laktation stimmen KJELDAHL-Bestimmung und Formoltitration gut überein ($\pm$ 0,15%). Fütterung und Erbanlagen beeinflussen den Eiweißgehalt der Milch stark. Galtmilch hat einen erniedrigten Eiweißgehalt. Bei der Säuerung erhöhen sich die Formolwerte nur bei Gegenwart von eiweißabbauenden Bakterien.

Das Verfahren beruht auf der Tatsache, daß die Eiweißstoffe der Milch eine Aminosäure (Lysin) enthalten, die eine freie Aminogruppe hat. Diese freie Aminogruppe reagiert mit dem Formaldehyd zu einer Methylolverbindung:

$$R{-}NH_2 + CH_2O = R{-}NH{-}CH_2OH\,.$$

Bekanntlich ist Eiweiß ein amphoterer Stoff, d. h. er enthält saure und basische Gruppen. Es ist leicht einzusehen, daß durch die Abbindung der Aminogruppe eine Verschiebung zum Sauren eintritt, die durch Titration mit Natronlauge gegen Phenolphthalein erfaßt werden kann. Da der Lysingehalt im Milcheiweiß konstant ist, kann man aus dem Titrationsergebnis auf den Gehalt an Eiweiß schließen.

Arbeitsvorschrift für die Bestimmung des Eiweißtiters (Eiweiß-Randgruppen-Formoltitration) nach SCHULZ:

25 ml Milch (genau abgemessen) werden mit 0,25 ml 2%iger Phenolphthaleinlösung (in benzinvergälltem Alkohol, 90%ig) und 1 ml ges. Kaliumoxalatlösung versetzt und nach frühestens 2 Minuten mit einer 0,143-n. CO_2-freien Natronlauge bis zu einem bestimmten rosa Farbton neutralisiert. Um den richtigen rosa Farbton erkennen zu können, wird eine Vergleichslösung benutzt, die aus 25 ml Milch, 0,5 ml einer 5%igen Kobaltsulfatlösung und 1 ml obiger Kaliumoxalatlösung besteht. Dann werden 5 ml 40%iges Formalin zugegeben und nach mindestens 1 Minute Einwirkungszeit erneut bis zum Farbton der Vergleichslösung titriert. Die zuletzt verbrauchten Kubikzentimeter Lauge stellen den Eiweißtiter dar.

VI. Bestimmung des Milchzuckers in Milch und Milcherzeugnissen

Neben Fett und Eiweiß ist Milchzucker, der zu 4—5% in der Milch enthalten ist, der wertvollste Bestandteil der Milch. Da er weder bei der Verarbeitung der Milch auf Butter noch auf Käse in größerem Maße Verwendung findet, wird eigentlich der Milchzucker nicht seinem Werte entsprechend ausgenutzt. Wie im Kapitel über Molke ausgeführt, wird nur ein Teil des Milchzuckers der menschlichen Ernährung zugeführt. Der größte Teil wird an das Vieh verfüttert.

Die Bestimmung des Milchzuckergehaltes wird in Milch, Butter, Käse, Kasein, in Kondens- und Trockenmilch und in Molke durchgeführt. Da

Milchzucker am häufigsten in Kondensmilch bestimmt wird, sei hier nur orientierend darüber berichtet. Da Kondensmilch sowohl gesüßt, d. h. mit Rohrzucker versetzt, als auch ungesüßt, hergestellt wird, muß neben dem Milchzucker häufig auch der Rohrzuckergehalt ermittelt werden. Für die Bestimmung des Milchzuckers wählt man entweder das gravimetrische Verfahren, wobei die Reduktionswirkung des Milchzuckers auf FEHLINGsche Lösung ausgenutzt wird oder die polarimetrische Bestimmung, wobei man von der Tatsache Gebrauch macht, daß Milchzucker die Ebene des polarisierten Lichtes um einen bestimmten Wert dreht. Außerdem kann man den Milchzucker auch titrimetrisch nach verschiedenen Verfahren bestimmen. Auch kolorimetrische Methoden finden Verwendung. Hierbei wird der Milchzucker beispielsweise durch Kochen mit Pikrinsäure in eine gelbe Substanz übergeführt und der Gelbton mit einem Kolorimeter ermittelt.

Bei der gravimetrischen Methode klärt man 10 ml Milch wie üblich nach CARREZ (s. S. 27) und gibt dann nach dem Methodenbuch in ein Jenaer Becherglas 25 ml Fehling I, 25 ml Fehling II und 60 ml Wasser und läßt aufkochen. Hierauf gibt man 40 ml des geklärten Filtrates mit einer Pipette. Nach einer Kochzeit von 6 Minuten vom Wiederbeginn des Siedens an gerechnet, wird das Becherglas vom Feuer genommen und das ausgeschiedene Kupfer(I)-oxyd noch heiß durch eine Glasfritte (ALLIHNsches Rohr, Schott-Jena 15 a G 4) filtriert. Das Kupfer(I)-oxyd wird zunächst mit heißem Wasser, dann mit Alkohol und Äther gewaschen und 20 Minuten bei 105° C getrocknet. Die der gewogenen Menge Kupfer(I)-oxyd entsprechende Menge Milchzucker wird der Tabelle IV S. 299–301 entnommen. Die Tabelle stammt von SOXHLET und ist den verschiedenen Wägungsformen (als Cu_2O und CuO) rechnungtragend von W. GRIMMER erweitert worden. Bei Gegenwart von nicht-zuckerartigen Stoffen, die durch FEHLING-Lösung gefällt werden, ist das abgeschiedene Kupfer(I)-oxyd durch Glühen in Kupfer(II)-oxyd zu überführen.

Die Bestimmung des Milchzuckers in den übrigen Milcherzeugnissen wird in analoger, zweckentsprechender Weise durchgeführt. Über Polarisationsapparate s. S. 27.

VII. Nachweis einer Verfälschung der Milch

A. Nachweis einer Wässerung

Bekanntlich befinden sich die einzelnen Bestandteile der Trockensubstanz in verschieden feiner Verteilung in der Milch. Der Teilchendurchmesser der einzelnen Bestandteile ist in Tab. 14 zusammengestellt.

Nach WIEGNER sind nun die Schwankungen des Gehaltes der Milch an einem ihrer Bestandteile um so größer, je gröber er darin verteilt ist. Die Ermittlung einer Milchverfälschung gründet sich auf den Nachweis von

Tabelle 14

Milchbestandteil	Durchmesser in millionstel mm
Fett	10000—100 (sichtbar im Mikroskop)
Kasein	100—5 } (sichtbar im Elektronen-
Albumin	15—5 } mikroskop)
Milchzucker	1 }
Salze (Ionen)	0,5 } (nicht sichtbar zu machen)

Abweichungen von dem normalen, durchschnittlichen Gehalt an diesen Stoffen. Ein Verfahren zum Nachweis einer Milchverfälschung wird also um so zuverlässiger sein, je feiner die Verteilung des Stoffes in der Milch ist, auf dessen Bestimmung es sich gründet.

1. Bestimmung des spezifischen Gewichtes

Da das spezifische Gewicht der Milch innerhalb der Grenzen 1,026 bis 1,034 liegt und damit einigermaßen konstant ist, ist diese Eigenschaft der Milch schon frühzeitig zum Nachweis einer Verfälschung benutzt worden. Unter spezifischem Gewicht der Milch versteht man die Zahl, die angibt, wieviel mal schwerer bei 15° C ein Raumteil Milch ist als der gleiche Raumteil Wasser von 15° C. Da 1 Liter Wasser 1 kg wiegt, hat 1 Liter Milch vom spefizischen Gewicht 1,030 ein Gewicht von 1,030 kg. Bei Milch von Einzeltieren sinkt bisweilen das spezifische Gewicht unter 1,026 und steigt bis 1,038.

Da das Fett der Milch ein spezifisches Gewicht von 0,93, die fettfreie Trockenmasse ein solches von 1,60 aufweist, ergibt sich ein durchschnittliches spezifisches Gewicht der Milch von 1,032. Es ist also leicht ersichtlich, daß das spezifische Gewicht der Milch durch einen Wasserzusatz erniedrigt und durch Fettentziehung bzw. Magermilchzusatz erhöht wird. Schon seit langem hat deshalb die Bestimmung des spezifischen Gewichtes zum Nachweis einer solchen Milchverfälschung Verwendung gefunden. Die Ermittlung des spezifischen Gewichts unter Verwendung eines Pyknometers ist auf S. 10 beschrieben.

Ist G das Gewicht des mit Milch gefüllten Pyknometers, L das Gewicht des leeren trocknen Pyknometers und V das wahre Volumen des Pyknometers, so ergibt sich das spezifische Gewicht s der Milch aus folgender Gleichung:

$$s = \frac{G - L}{V}\,.$$

In der Praxis wird die Bestimmung des spezifischen Gewichtes mit dem Laktodensimeter durchgeführt.

Das Laktodensimeter (Milchprober) ist eine Senkwaage (Aräometer). Da Unterschiede im spezifischem Gewicht der Milch sich erst von der zweiten Dezimalen ab auswirken, sind an der Skala des Laktodensimeters die beiden ersten Ziffern fortgelassen worden. Grad 30 entspricht einem spezifischen Gewicht von 1,030, Grad 28 einem solchen von 1,028.

Man gießt die zu prüfende Milch in einen sauberen Glaszylinder. Nach Verschwinden des Schaumes läßt man das Laktodensimeter langsam in die Milch einsinken und zur Ruhe kommen; dann liest man an der Skala das Ergebnis ab.

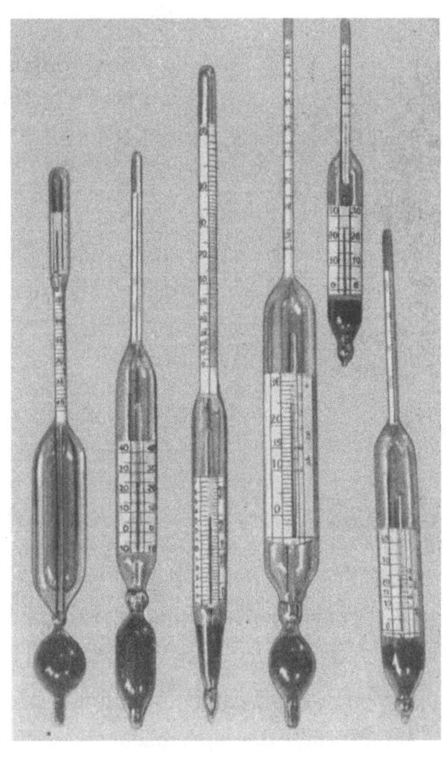

Abb. 133. Milchspindeln (Laktodensimeter) verschiedener Ausführung

Da das Laktodensimeter auf eine Temperatur von 15° C geeicht ist, ist die Bestimmung entweder bei 15° C vorzunehmen oder die bei anderen Temperaturen erhaltenen Ergebnisse müssen umgerechnet werden. Hierzu dient Tab. VIII.

Beispiel: Man sucht in der mit „Laktodensimetergrade" bezeichneten horizontalen Spalte die am Instrument abgelesenen Grade, z. B. 29, in der mit „Temperatur der Milch" bezeichneten vertikalen Reihe die am Thermometer abgelesene Temperatur der Milch, z. B. 20° auf. An dem Kreuzungspunkt der vertikalen Reihe von 29 und der horizontalen von 20 findet man die Zahl 30,2, d. h. das spezifische Gewicht der geprüften Milch beträgt bei 15° C 1,0302.

Im Handel befindet sich eine große Zahl von Milchspindeln (Abb. 133), die sich sowohl der Form als der Größe nach unterscheiden. Es gibt Spindeln mit und ohne Thermometer. Das Thermometer kann entweder im Rumpfteil oder oberhalb der Skala angebracht sein. Mit den kleinen Laktodensimetern kann man ganz geringe Milchmengen untersuchen. Die größeren ermöglichen allerdings eine genauere Ablesung. Wünscht man eine möglichst genaue Bestimmung, so wählt man ein möglichst großes Instrument mit leichtem, langen Stiel ohne eingebautes Thermometer. Die Praxis bevorzugt jedoch Laktodensimeter mit eingebautem Thermometer. Besonders bequem abzulesen ist die Temperatur, wenn sich das Thermometer oberhalb der Skala im Stiel befindet. Ist das Thermometer im Korpus eingebaut, so muß zur Ablesung der Temperatur das Instrument aus der Milch herausgenommen und abgewischt werden. Dafür ist hier die Genauigkeit der Temperaturmessung größer.

Die größeren Laktodensimeter ermöglichen eine Ablesung auf 0,2 Spindelgrade, während die kleineren meist nur eine Unterteilung in 0,5 Grade aufweisen. Bei dem Polizei-Vollmilchprober nach Bischoff ist die Skala von 7–20 geteilt. Durch Multiplikation mit 2 erhält man die Laktodensimetergrade. Teilweise sind an der Skala die Zuschläge bzw. Abzüge angegeben, die bei Temperaturen über und unter 15° vorzunehmen sind.

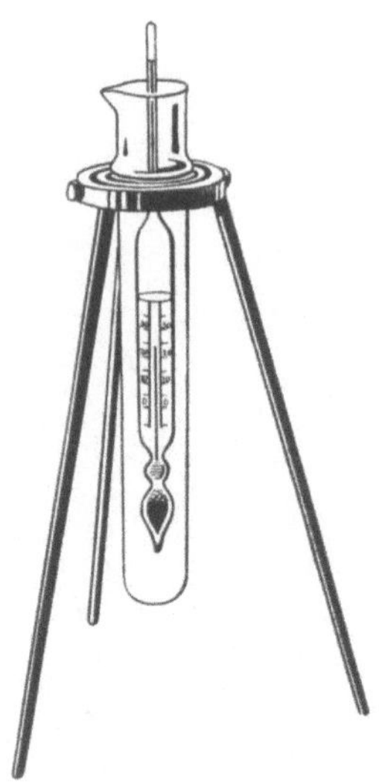

Abb. 134. Laktodensimeter mit Zylinder in kardanischer Aufhängevorrichtung

Das sog. Münsterbesteck enthält 3 Laktodensimeter ohne eingebautes Thermometer. Um die Genauigkeit beim Ablesen zu erhöhen, sind die Skalenabstände möglichst weit. Für gewässerte Milch verwendet man das Laktodensimeter von 21–28°, für normale das von 28–33° und für entrahmte das von 33–41°. Das zum Besteck gehörige Thermometer wird mit einer Klammer auf den Standzylinder aufgesetzt.

Die Milch kann entweder in einem gewöhnlichen Standzylinder, der auf einer ebenen Unterlage steht, oder in einem Zylinder mit kardanischer Aufhängung (Abb. 134) gespindelt werden. Diese Art der Aufhängung gewährleistet eine lotrechte Lage des Zylinders und verhindert ein Anstoßen der Spindel an die Zylinderwand.

2. Bestimmung der fettfreien Trockenmasse

Wenn auch das spezifische Gewicht gewisse Schlüsse auf eine Entrahmung oder Verwässerung ziehen läßt, so kann doch kein sicherer Nachweis einer Milchverfälschung darauf aufgebaut werden. Wie oben erwähnt, beeinflussen das spezifische Gewicht der Milch alle Milchbestandteile, also auch das Fett, das den größten Schwankungen unterworfen ist. Deshalb wird der Nachweis einer Milchverfälschung sicherer sein, wenn er sich auf einem vom Fettgehalt unabhängigen Wert aufbaut. Ein solcher Wert ist die *fettfreie Trockenmasse.*

Unter Trockenmasse versteht man den Teil der Milch, der beim Verdunsten des Wassers aus der Milch zurückbleibt. Zieht man von diesem Wert das Fett ab, so erhält man die fettfreie Trockenmasse. Nach Fleischmann sinkt die fettfreie Trockenmasse bei der Tagesmilch einer größeren Kuhherde selten unter 7,8%. Meist liegt ihr Wert bei 8,8 Prozent.

Die Bestimmung der Trockenmasse kann so durchgeführt werden, daß eine abgewogene Milchmenge bis zur Gewichtskonstanz getrocknet wird. Hiervon wäre dann zur Ermittlung der fettfreien Trockenmasse der Fettgehalt abzuziehen. In der Praxis genügt es, die fettfreie Trockenmasse nach einer Formel von HERZ, nach der die fettfreie Trockenmasse aus spezifischem Gewicht und Fettgehalt errechnet wird, zu ermitteln. Die Formel lautet:

$$r = \frac{d}{4} + \frac{f}{5} + 0{,}26\,.$$

Hierbei bedeuten:

d Laktodensimetergrade,
f Fettgehalt in %,
r fettfreie Trockenmasse in Prozent.

Beispiel: Eine Milch zeige den Laktodensimetergrad 24 und einen Fettgehalt von 2,5%. Wie groß ist ihre fettfreie Trockenmasse?

$$r = \frac{24}{4} + \frac{2{,}5}{5} + 0{,}26 = 6{,}76 \text{ Prozent.}$$

Die Milch kann demnach mit ziemlicher Sicherheit als verwässert angesehen werden.

Nach MORRES kann man im allgemeinen sagen, daß bei Milch mit einer fettfreien Trockenmasse von:

bei Höhenvieh	bei Niederungsvieh
1. mehr als 9% eine Verwässerung unwahrscheinlich,	bei mehr als 8,8%,
2. 8,5–9,0% eine Verwässerung nicht ausgeschlossen,	bei 8,3–8,8%,
3. 8,0–8,5% eine Verwässerung zu vermuten,	bei 7,8–8,3%,
4. 7,5–8,0% eine Verwässerung ziemlich wahrscheinlich,	bei 7,3–7,8%,
5. 7,0–7,5% eine Verwässerung höchst wahrscheinlich,	bei 6,8–7,3%,
6. 6,5–7,0% eine Verwässerung ziemlich sicher sei.	bei 6,3–6,8%.

3. Bestimmung der Brechung des Milchserums

Da auch das Eiweiß gewissen Schwankungen unterworfen ist, ist es sicherer, den Nachweis einer Milchverfälschung auf einen Wert aufzubauen, auf den das Eiweiß keinen Einfluß hat. Ein solcher Wert ist die *Brechung des* vom Eiweiß befreiten *Milchserums.*

Zur Herstellung dieses Serums werden 30 ml Milch mit 0,25 ml einer Calciumchloridlösung vom spezifischen Gewicht 1,1375 versetzt und 15 Minuten im siedenden Wasserbade erhitzt. Durch Filtration dieses Gemisches erhält man ein vollständig klares Serum, das man bei genau 17,5° mit einem *Eintauchrefraktometer* (Abb. 135) auf seine Brechung, d.h. Ablenkung eines Lichtstrahles, untersucht. Da der Refraktometerwert des Serums normaler Milch gesunder Kühe im allgemeinen nur zwischen 38—40° schwankt, ist jede Milch mit weniger als 38 Refraktometergraden der Wässerung verdächtig. Dieses Verfahren zum Nachweis einer Milchverfälschung spielt in den Nahrungsmittel-Untersuchungsämtern für gerichtliche Zwecke die erste Rolle. Es wird an Zuverlässigkeit höchstens durch die Bestimmung des Gefrierpunktes übertroffen. Wegen seines großen Moleküls wirkt sich von den im Serum zurückgebliebenen Bestandteilen der Milch der Milchzucker weitaus am stärksten auf die Brechung aus. Da der Milchzuckergehalt bedeutend konstanter ist als der Fett- und Eiweißgehalt, ist der Nachweis einer Milchverfälschung, der sich auf einem hauptsächlich vom Milchzuckergehalt abhängigen Wert aufbaut, viel sicherer als ein sich auf die beiden anderen Größen gründender Nachweis.

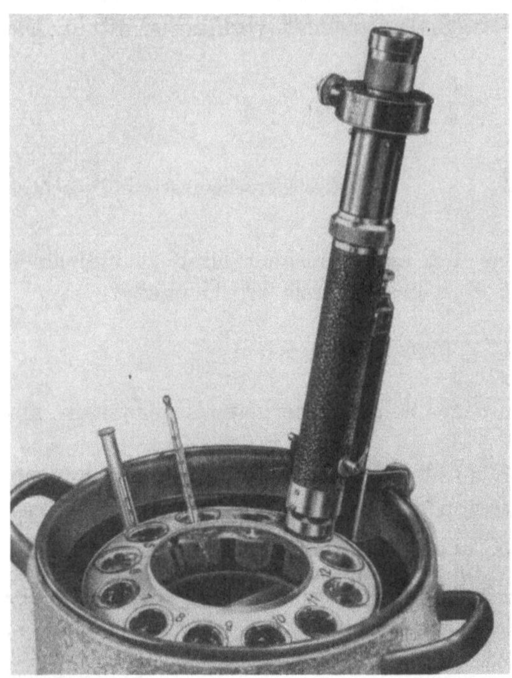

Abb. 135. Eintauchrefraktometer mit Wasserbad

Statt der Brechung kann auch das spezifische Gewicht des Calciumchloridserums zum Nachweis einer Fälschung Verwendung finden. Das spezifische Gewicht des Serums einer normalen Milch beträgt 1,025—1,027.

4. Gefrierpunktsbestimmung[1, 2]

Da immerhin der Gehalt an Milchzucker, besonders bei kranken Tieren, gewissen Schwankungen unterworfen sein kann, hat man nach einem Wert gesucht, der nahezu konstant ist. Ein solcher Wert ist der *Gefrierpunkt* der Milch. Der Gefrierpunkt stützt sich auf eine Eigenschaft der Milch, die durch die beiden feinst gelösten Milchbestandteile, nämlich Milchzucker und Salze, bedingt ist (Osmotischer Druck). Dieser Wert wird durch den Milchzucker weniger beeinflußt als der Refraktometerwert.

Der Gefrierpunkt normaler Milch liegt bei —0,555° C. Bekanntlich kann man durch Salzzusatz den Gefrierpunkt des Wassers erniedrigen. Aus diesem Grunde gefrieren auch Solen unter 0°. Der Gefrierpunkt

[1] Dastur, N. N.: Ref. D. S. A. **13**, 207 (1951).

[2] Beckel, A.: Z. Unters. Lebensmittel **62**, 170 (1931); **64**, 144 (1932).

einer 3,42-proz. Rohrzuckerlösung sinkt beispielsweise von —0,186° auf —1,86°, wenn die Konzentration auf das Zehnfache gesteigert wird. Da durch Zusatz von Wasser der Milchzucker- und Salzgehalt der Milch, von denen ja wie erwähnt der Gefrierpunkt allein abhängig ist, erniedrigt wird, nähert sich der Gefrierpunkt einer verwässerten Milch dem des Wassers, der bekanntlich bei 0° C liegt. Die Abhängigkeit des Gefrierpunktes vom Wasserzusatz ist aus Tab. 15 zu entnehmen.

Tabelle 15

°C	Wasser (%)	°C	Wasser (%)
— 0,53	3,63	— 0,44	20,00
— 0,52	5,45	— 0,43	21,81
— 0,51	7,27	— 0,42	23,63
— 0,50	9,09	— 0,41	25,45
— 0,49	10,90	— 0,40	27,27
— 0,48	12,72	— 0,39	29,09
— 0,47	14,34	— 0,38	30,90
— 0,46	16,36	— 0,37	32,72
— 0,45	18,18	— 0,36	34,54

Es entspricht also einer Erhöhung des Gefrierpunktes um 0,01° ein Wasserzusatz von 2 Prozent. Im allgemeinen sind Milchproben mit einem Gefrierpunkt oberhalb — 0,53 als verdächtig, oberhalb —0,50° als sicher verwässert anzusehen. Die angegebenen Werte beziehen sich ausschließlich auf Milch mit normalem Säuregrad.

Apparate für die Gefrierpunktsbestimmung, die ja nicht nur in Milch durchgeführt wird, gibt es in verschiedener Ausführung. Ein solcher Apparat besteht im wesentlichen aus folgenden Teilen: Glasgefäß oder Behälter aus anderem Material zur Aufnahme der Kältemischung und dem eigentlichen Gefrierrohr, in das die zu untersuchende Substanz gebracht wird. Das Gefrierrohr ist ein zylinderförmiges Glasrohr, das oben eine passende Erweiterung für die Aufnahme eines durchbohrten Stopfens hat. Seitlich ist ein Rohr angeschmolzen, durch das zur Impfung der Untersuchungsflüssigkeit kleine Eisstückchen gegeben werden können. Die Seele des Gerätes bildet ein Thermometer, das in $^1/_{100}$ Grad eingeteilt ist. Als weiterer Zubehör kommt hinzu: Ein Metallrührer zum Mischen der Kältemischung, ein Thermometer zur Kontrolle der Temperatur der Kältemischung, ein kleiner Rührer, um die Untersuchungsflüssigkeit durchzumischen, ein kleines Glasrohr, das in die Kältemischung eintaucht und in dem sich eine kleine Pipette für das Übertragen der Impfkristalle befindet. Auf dem Behälter für die Kältemischung befindet sich eine passende Abdeckplatte mit Durchbohrungen zur Aufnahme der einzelnen Geräte, wie aus der Abb. 136 ersichtlich ist.

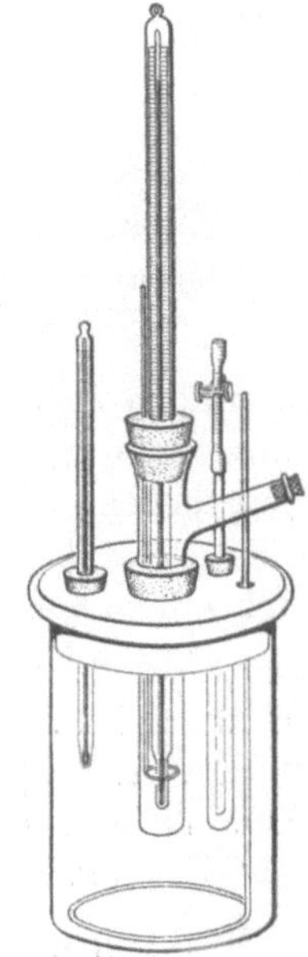

Rechts: Abb. 136. Apparat zur Gefrierpunktsbestimmung nach BECKMANN

Diese ursprüngliche Ausführung eines Apparates zur Bestimmung des Gefrierpunktes hat im Laufe der Zeit gewisse Abwandlungen erfahren. Es hat sich nämlich gezeigt, daß es nicht ganz einfach ist, übereinstimmende Doppelbestimmungen durchzuführen. Es wurde sehr eifrig gearbeitet, um die Fehlerquellen auszumerzen. Die Gestaltung des Thermometers spielte hierbei eine nicht unwesentliche Rolle. Diese Schwierigkeiten sind heute überwunden. Die Industrie liefert heute einwandfreie Thermometer. Statt mit BECKMANN-Thermometer arbeitet man mit Thermometern, die einen festen Nullpunkt haben, während ja bekanntlich das BECKMANN-Thermometer die Möglichkeit bietet, den Nullpunkt durch Variation der Quecksilbermenge in Kugel und Kapillare beliebig festzulegen.

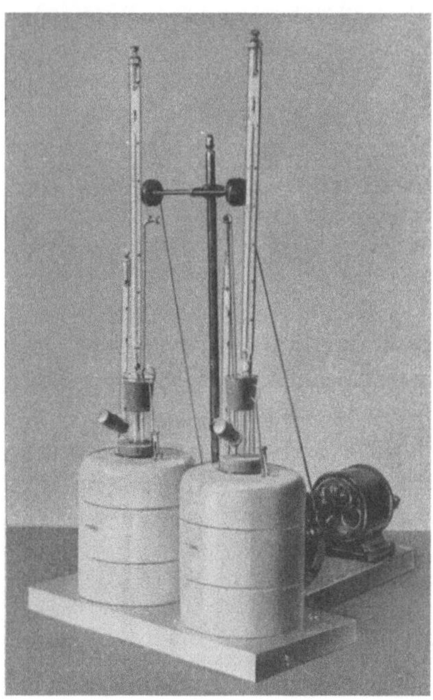

Abb. 137. Apparat zur Gefrierpunktsbestimmung nach MUCHLINSKY

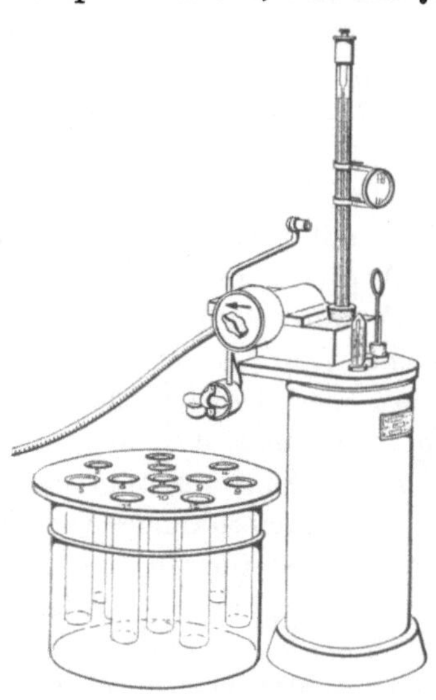

Abb. 138. Apparat zur Gefrierpunktsbestimmung nach GANGL und JESCHKI

Ein Gerät, bei dem der weite Glasteil (Behälter für die Kältemischung) durch ein mit Deckel versehenes Porzellangefäß ersetzt wird, ist der Apparat nach MUCHLINSKY[1]. Zur Aufnahme der Kältemischung dient ein DEWAR-Gefäß (Thermosflasche), das die Kältemischung vor Wärmezutritt schützt. Wie aus Abb. 137 zu entnehmen ist, ist dieses Gerät zum bequemen Durchrühren der Milch während der Untersuchung mit einer mechanischen Vorrichtung, bestehend aus Motor und Übersetzungsgetriebe, ausgerüstet.

[1] MUNDINGER, E.: Molkerei-Ztg. Hildesheim 45, 42 (1931).

Ein Gerät, das sehr zur Zufriedenheit arbeitet, ist der Gefrierpunktsbestimmer von J. Gangl und K. Jeschki[1]. Die Ausrüstung nebst einem Gefäß für die Vorkühlung einer Anzahl Milchproben ist aus Abb. 138 ersichtlich. Die Lieferfirma gibt als Vorteile an: Eine Bestimmung dauert nur 1½–2 Minuten. Für eine Bestimmung werden nur 12 ml Milch benötigt. Das Rühren der Milch sowie das Klopfen des Thermometers zur Überwindung des toten Ganges geschieht durch eine neue, elektromagnetische Einrichtung. Als Stromquelle wird die Lichtleitung unmittelbar verwendet (kein Akkumulator). Durch die Konstruktion eines kleinen, besonders genauen Thermometers, das gegen äußere Einflüsse unempfindlich ist, wurde die Bestimmungsgenauigkeit wesentlich erhöht. Eine Eisfüllung genügt bei mehrmaligen Salzgaben für einen ganzen Arbeitstag.

Die Gefrierpunktsbestimmung wird folgendermaßen durchgeführt: In den Vorratsbehälter für die Kältemischung bringt man Eisstückchen ungefähr bis zur Mitte des Behälters, gibt eine Handvoll Viehsalz hinzu und darauf nahezu bis zum Rand Leitungswasser, rührt gut durch und beobachtet die Temperatur, die zwischen (—3) bis (—5)° liegen soll. Eine Erniedrigung der Temperatur erzielt man durch weitere Zugabe von Salz. In das Gefriergefäß bringt man nun die zu untersuchende vorgekühlte Probe und setzt es in die Kältemischung ein, nachdem man das mit Gummistopfen versehene Thermometer mit feiner Teilung eingesetzt hat. Das Quecksilber sinkt langsam tiefer. Mit einem spiralförmigen Glasrührer rührt man die Milch langsam durch und klopft dabei vorsichtig am Thermometer, damit der Faden nicht an der Kapillare haften bleibt. Sobald das Thermometer um etwa 0,5° unter den zu erwartenden Gefrierpunkt gesunken ist, gibt man durch den seitlichen Tubus ein kleines Stückchen Eis, um die Unterkühlung aufzuheben und den Gefrierprozeß einzuleiten. Nach der Impfung steigt der Quecksilberfaden. Man liest unter gleichzeitigem Klopfen den höchsten Stand des Fadens ab. Dies ist die Temperatur, bei der die Milch gefriert. Auf ähnliche Weise wird der Gefrierpunkt von reinem Wasser (destilliert) bestimmt. Durch Subtraktion der beiden Werte erhält man die Gefrierpunktserniedrigung oder die Gefrierpunktsdepression der Milch. Da es aus technischen Gründen nicht möglich ist, den Nullpunkt des Prüfthermometers für dauernd genau festzulegen, kann man den gefundenen Gefrierpunkt der Milch nicht zur Errechnung des Wasserzusatzes verwenden, da das gleiche Thermometer zu verschiedenen Zeiten für die gleichen Milchproben verschiedene Gefrierpunkte aufweisen kann. Die Gefrierpunktsdepression ist von einer solchen Schwankung unabhängig. Sie wird deshalb zur Ermittlung des Wasserzusatzes verwendet

---

[1] Gangl, J., u. K. Jeschki: Berichte Welt-Milchkongreß (1929).

Aus der so bestimmten Gefrierpunktserniedrigung läßt sich der Wasserzusatz nach folgender Gleichung berechnen:

$$W = 100 - \frac{100 \times D}{0,55}.$$

Hierbei bedeuten:

W die in 100 Teilen verfälschter Milch enthaltenen Teile zugesetzten Wassers,
D Gefrierpunktserniedrigung.

Es ist auch versucht worden, die Kältemischung nicht mit Eis und Kochsalz zu bereiten, da Eis nicht immer zur Verfügung steht. MUCHLINSKY schlug deshalb vor, eine Kältemischung aus bestimmten Salzgemischen und Wasser zu bereiten.

In USA findet für die Gefrierpunktsbestimmung eine Apparatur Verwendung, bei der durch Verdunstung von Äther die erforderliche Kälte erzeugt wird. Diese HORTVET-Apparatur zeigt Abb. 139, sie ist in Deutschland bisher nicht verwendet worden.

Ein weiteres Gerät zur Bestimmung des Gefrierpunktes ist das von STÜBER. Es arbeitet wie die vorher beschriebenen Geräte unter Verwendung von Eis und Salz als Kühlmittel. Das Gerät ist in Abb. 140 dargestellt.

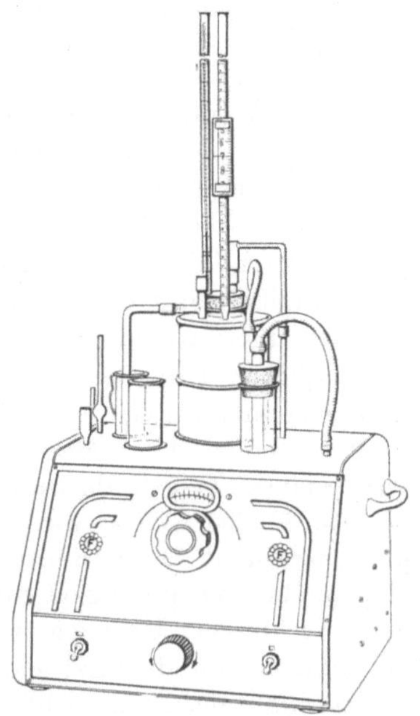

Abb. 139. Apparat zur Gefrierpunktsbestimmung nach HORTVET

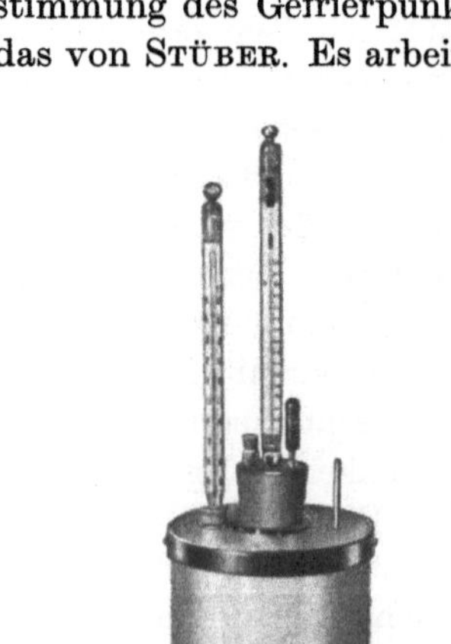

Abb. 140. Apparat zur Gefrierpunktsbestimmung nach STÜBER

Die Thermometer mit festem Nullpunkt werden von den Firmen mit einer Angabe für die Korrektur des Nullpunkts geliefert. Der mit diesem

Thermometer ermittelte Gefrierpunkt der Milch muß unter Verwendung dieses Wertes korrigiert werden. Zeigt also z.B. das Thermometer eine Abweichung um +0,01°, so muß von dem gefundenen Wert für den Gefrierpunkt dieser Betrag abgezogen werden. Nach den Erfahrungen des Verfassers ist es aber für eine einwandfreie Bestimmung erforderlich, wie bereits früher erwähnt, zu jeder Gefrierpunktsbestimmung in Milch eine solche in destilliertem Wasser auszuführen.

Für die Gefrierpunktsbestimmung verwendet man am besten nur frische, nicht gesäuerte Milch, da leicht einzusehen ist, daß der Übergang von Milchzucker in Milchsäure den Gefrierpunkt beeinflußt. Bei der Milchsäuregärung entstehen nämlich, wie aus der folgenden Gleichung ersichtlich ist, aus einem Molekül Milchzucker 4 Moleküle Milchsäure:

$$C_{12}H_{22}O_{11} + H_2O = 4C_3H_6O_3 .$$

Der osmotische Druck und damit der Gefrierpunkt ist aber nur von der Konzentration der Teilchen in einer Lösung abhängig. Kommt gesäuerte Milch zur Untersuchung, so muß für jeden Säuregrad über 7 0,008° zugezählt werden. Die Untersuchung von Milch über 9 Säuregrade ist nicht ratsam.

5. Nitratprobe[1]

Zum Schluß sei noch erwähnt, daß ein qualitativer Nachweis des Wasserzusatzes durch die Nitratprobe geführt werden kann. Hierbei wird der Milch ein Reagens auf Nitrate und Nitrite zugesetzt, die meist im gewöhnlichen Wasser vorhanden sind, während sie in unverfälschter Milch nicht vorkommen. Aus einer evtl. auftretenden Farbreaktion wird auf eine Wässerung geschlossen.

Bei der Prüfung auf Nitrate werden 2 ml Milch mit 1 Tropfen Nitratreagens (Lösung von Diphenylamin in Schwefelsäure) versetzt. Dann werden 2 ml chemisch reine konzentrierte Schwefelsäure zugegossen, welche die Milch unterschichtet. Bei Anwesenheit von Nitraten oder Nitriten bildet sich an der Berührungsstelle ein blauer Ring und die Milch wird beim Schütteln blau. Eine Milchwässerung, die mit nitratfreiem Wasser vorgenommen wurde, kann durch die Nitratprobe natürlich nicht erkannt werden.

6. Berechnung des Wasserzusatzes

Der Nachweis einer Wässerung bzw. die Berechnung des Wasserzusatzes kann mit den erwähnten Methoden nur unter Berücksichtigung der Werte der unverfälschten Milch durchgeführt werden. Hierzu ist bei allen Methoden, mit Ausnahme der Gefrierpunktsbestimmung, die Zuhilfenahme einer Stallprobe notwendig, die mit großer Wahrscheinlichkeit die Werte liefert, welche die unverfälschte Milch besaß.

[1] Hänni, H.: Milchwiss. 10, 277 (1955).

Nach Morres sind für die Entnahme der Stallprobe folgende Regeln einzuhalten:

1. Die Stallprobe muß in derselben Weise entnommen werden, wie die verdächtige Probe genommen worden ist, d. h. von denselben Kühen und zu denselben Tageszeiten.

2. Das Melken muß genau zu derselben Stunde und von derselben Person vorgenommen werden, die es vorher besorgt hat.

3. In den Melkeimern darf kein Wasser sein.

4. Die Kühe müssen vollkommen ausgemolken werden; davon überzeuge man sich durch Nachmelken. Während des Melkens ist daher jede Beunruhigung der Kühe zu vermeiden, die ein Zurückhalten der Milch und unvollkommenes Ausmelken verursachen könnte.

5. Es muß eine gute Durchmischung der Milch vorgenommen werden, damit eine richtige Durchschnittsprobe zustande kommt.

6. Die Entnahme der Stallprobe muß in Gegenwart vollgültiger, unparteiischer Zeugen geschehen; am besten eignen sich dazu beeidete Personen, wie Gemeindevorsteher, Gendarmen, Polizeiorgane usw.

7. Die Stallprobe ist möglichst bald nach Einlieferung der verdächtigen Milch, spätestens nach 3 Tagen, zu entnehmen.

8. Die Milch ist in eine reine, trockene Flasche von mindestens $\frac{1}{2}$ Liter Inhalt zu füllen und mit Formalin (auf $\frac{1}{2}$ Liter nicht mehr als 10 Tropfen) zu konservieren. Die Flaschen werden gut verkorkt, mit lesbarer Aufschrift und deutlichem Siegel versehen.

9. Es ist nachzuforschen, ob seit dem Tage, an dem von der verdächtigen Milch eine Probe entnommen wurde, ein Wechsel in der Fütterung und Pflege oder im Gesundheitszustande der Tiere und in der Witterung stattgefunden hat und ob vielleicht irgendwelche Kühe gerindert haben, wodurch an dem Tage eine Verminderung des Fettgehaltes verursacht worden sein könnte.

10. Endlich empfiehlt es sich, der Untersuchungsstelle mitzuteilen, welcher Rasse die Kühe angehören, ob sie gut oder schlecht genährt und gepflegt aussehen, ob sie gesund oder krank, ob sie frischmelk oder altmelk sind und ob sie zeitweise zur Arbeit gebraucht werden und in welchem Maße.

In der Praxis wird der Wasserzusatz meist unter Verwendung der fettfreien Trockenmasse der Verdachts- und Stallprobe ermittelt. Er errechnet sich nach folgender Formel:

$$W = \frac{(r_1 - r_2)\,100}{r_1}.$$

Hierbei bedeuten:

W % zugesetztes Wasser in der verfälschten Milch,
r_1 fettfreie Trockenmasse der Stallprobe,
r_2 fettfreie Trockenmasse der verdächtigen Milch.

Beispiel: Der Laktodensimetergrad der Stallprobe betrage $d_1 = 31{,}0$, der von der verdächtigen Milch $d_2 = 25{,}0$. Die Fettgehalte der beiden Proben seien $f_1 = 3{,}4$ bzw. $f_2 = 2{,}8$. Daraus ergeben sich für die fettfreien Trockenmassen der beiden Milchen die Werte $r_1 = 8{,}69$ und $r_2 = 7{,}06$. Durch Einsetzen dieser Zahlen in die obige Formel erhält man:

$$W = \frac{(8{,}69 - 7{,}06) \cdot 100}{8{,}69}$$

$$= \frac{1{,}63 \cdot 100}{8{,}69} = 18{,}75 \text{ Prozent.}$$

Will man den Wasserzusatz aus der Refraktometerzahl des Serums errechnen, so hat man die in Tab. 16 zusammengestellten Beziehungen zwischen Refraktometerzahl und Wasserzusatz in % der verfälschten Milch zu berücksichtigen.

Tabelle 16

Wasserzusatz	Refraktometerzahl
0	39,0
5	37,7
10	36,7
15	35,7
20	34,8
25	34,0
30	33,3
35	32,6
40	32,0
45	31,4
50	30,9

B. Nachweis einer Entrahmung

Durch Entrahmung oder Magermilchzusatz ändert sich das spezifische Gewicht einer Milch nur wenig, und zwar wird es höher und nähert sich dem spezifischen Gewicht der Magermilch, das durchschnittlich etwa 3 Spindelgrade höher ist als das der Vollmilch. Wesentlich ändert sich dagegen der Fettgehalt, so daß aus dem Ergebnis der Fettgehaltsbestimmung und noch mehr aus dem Fettgehalt der Trockenmasse auf eine Entrahmung geschlossen werden kann. Der Fettgehalt der Trockenmasse errechnet sich wie folgt:

$$p = \frac{100 \cdot f}{T}.$$

p Fettgehalt der Trockenmasse in %, T Gesamttrockenmasse $= r + f$.
f Fettgehalt der Milch,

r ist bekanntlich die fettfreie Trockenmasse, die nach der früher angegebenen Formel errechnet wird.

Als Anhaltspunkt für die Wahrscheinlichkeit einer Entrahmung können folgende Angaben nach Morres dienen. Es ist bei Milch mit einem Fettgehalt der Trockenmasse von:

mehr als 27,5% eine Entrahmung unwahrscheinlich,
25,0–27,5% eine Entrahmung nicht ausgeschlossen,
22,5–25,0% eine Entrahmung wahrscheinlich,
20,0–22,5% eine Entrahmung höchst wahrscheinlich,
unter 20,0% eine Entrahmung sicher vorhanden.

C. Nachweis einer Doppelfälschung

Eine Milch kann nicht nur gewässert oder entrahmt sein, sondern beides zugleich. Diesen Fall nennt man Doppelfälschung oder kombinierte Fälschung. Beide Fälschungsarten erniedrigen den Fettgehalt. Das spezifische Gewicht kann durch eine Doppelfälschung auf dreierlei Weise beeinflußt werden. 1. Es wird erniedrigt, wenn der Wasserzusatz mehr als 10% vom Magermilchzusatz beträgt. – 2. Das *spezifische Gewicht* wird erhöht, wenn der Magermilchzusatz mehr als 10-mal größer ist als der Wasserzusatz. – 3. Das spezifische Gewicht ändert sich nur wenig oder gar nicht, wenn der Milch etwa 10-mal soviel Magermilch wie Wasser zugesetzt wird.

Beispiele für die drei oben genannten Fälle:

1. Wenn 50 Liter Milch 1 Liter Wasser und höchstens 8 Liter Magermilch enthalten: Spezifisches Gewicht erniedrigt.
2. Wenn 50 Liter Milch 1 Liter Wasser und mindestens 12 Liter Magermilch enthalten: Spezifisches Gewicht erhöht.
3. Wenn 50 Liter Milch 1 Liter Wasser und etwa 10 Liter Magermilch (nicht weniger als 9 und nicht mehr als 11 Liter Magermilch) enthalten: Spezifisches Gewicht unverändert.

Bei allen Verfälschungsarten ist es notwendig, aus dem Fettgehalt und dem spezifischen Gewicht (Spindelgrade) der Milch die fettfreie Trockenmasse und den Fettgehalt der Trockenmasse zu berechnen. Sind beide Zahlen für r und p auffallend niedrig, so muß auf Doppelverfälschung der Milch geschlossen werden, oder es liegt wenigstens der Verdacht auf eine solche vor. Volle Gewißheit, ob eine Milch verfälscht ist oder nicht, kann man aber nur dann erlangen, wenn zum Vergleich mit der verdächtigen Probe eine *Stallprobe* untersucht wird, die, wie schon erwähnt, mit größter Wahrscheinlichkeit dieselbe Zusammensetzung hat, wie sie bei der unverfälschten Milch vorgelegen hat. Sind r und p der Stallprobe nicht wesentlich höher als dieselben Werte bei der verdächtigen Milch, so liegt keine Verfälschung vor. Sind aber beide Werte erheblich niedriger als bei der Stallprobe, so kann man auf Doppelverfälschung schließen und den Prozentsatz jeder Verfälschungsart berechnen.

D. Berechnung des Grades der Verfälschung

Die Höhe des Wasserzusatzes wird am besten aus der Differenz der *fettfreien Trockenmassen* von Stallprobe und verdächtiger Probe mit Hilfe einfacher, oben angegebener Formeln ermittelt. Für die Berechnung der Entrahmung oder des Magermilchzusatzes kann dagegen der Fettgehalt der Trockenmasse nicht verwendet werden, sondern nur die Differenz zwischen den *Fettgehalten* der Stallprobe und der verdächtigen Probe.

Diese Differenz kann auch verwendet werden, um bei doppelter Verfälschung den gesamten Prozentsatz beider Verfälschungsarten zu berechnen. Bei Verdacht auf doppelte Verfälschung kann man die Entrahmung nur aus der Differenz zwischen Gesamtfälschung und Wasserzusatz berechnen. Man berechnet also zuerst den Grad der Gesamtfälschung aus den Fettgehalten der zwei Milchproben (Formel I) und zieht davon den aus den beiden fettfreien Trockenmassen berechneten prozentischen Wasserzusatz ab (Formel II). Die erhaltene Zahl (Formel III) ergibt die Höhe der Entrahmung oder des Magermilchzusatzes.

Formeln zur Berechnung einer Doppelfälschung

G = Gesamtfälschung $$G = \frac{(f_1 - f_2)\,100}{f_1}\,, \qquad \text{(I)}$$

W = Wässerung $$W = \frac{(r_1 - r_2)\,100}{r_1}\,, \qquad \text{(II)}$$

E = Entrahmung $$E = G - W\,. \qquad \text{(III)}$$

E. Nachweis einer Neutralisation der Milch

Nicht selten wird im Sommer gesäuerter Milch ein Neutralisations-Mittel, häufig Natriumbicarbonat, zugesetzt, um die Säure abzustumpfen und einen Frischegrad vorzutäuschen, den die Milch nicht besitzt. Ein solcher Zusatz ist verboten. Es handelt sich also um eine Fälschung im Sinne des Lebensmittelgesetzes, die bestraft wird. Zum raschen Nachweis kann man zur Orientierung ein Schnellverfahren nach MÜHLSCHLEGEL anwenden. Hierbei titriert man 11 ml Milch unter Verwendung von Phenolphthalein (5 Tropfen 2-proz.) mit $n/4$-Natronlauge bis zur schwachen Rotfärbung. Hierauf säuert man mit 1 ml $n/40$-Schwefelsäure und erhitzt bis zu 3- bis 4-maligem Aufwallen. Gibt die Flüssigkeit nach raschem Abkühlen mit 2 ml Phenolphthalein (2-proz.) eine schwache Rotfärbung, so läßt dies bei Milch mit 11 Säuregraden (SH.) auf Neutralisation mit Carbonaten schließen.

Nach dem Verfahren von TILLMANNS und LUCKENBACH[1] arbeitet man wie folgt:

Man titriert in 50 ml Milch den Säuregrad nach SOXHLET-HENKEL, setzt dann 38 ml kolloides Eisen (Liquor ferri oxydati dialysat. D. A. B.), das vorher im blinden Versuche mit frischer Milch geprüft war, hinzu, mischt gut durch, läßt $^1/_4$ Stunde stehen und filtriert durch ein Faltenfilter. Von dem klaren Serum gibt man 20 ml in einen farblosen Zylinder von 2,5 cm Weite und 13 cm Höhe (wie von GRÜNHUT für Aminosäuren vorgeschrieben), träufelt so lange $n/10$-Natronlauge zu, bis die Phenol-

[1] TILLMANNS, J., u. W. LUCKENBACH: Z. Unters. Lebensmittel 50, 103 (1925).

phthaleinfärbung eben erscheint, und darüber hinaus noch einen Tropfen der Lauge. In einem zweiten gleichen Zylinder gibt man 20 ml einer Pufferlösung vom p_H-Wert 3,2 (21,008 g Zitronensäure und 200 ml *n*-Natronlauge zu 1 l gelöst, 43 ml davon mit 57 ml 0,1-*n*·Salzsäure gemischt). Zu beiden Flüssigkeiten setzt man jetzt 0,13 ml einer Lösung von 1 g Dimethylgelb (Dimethylaminoazobenzol) in 1 l Alkohol (90%), mischt gut und titriert nun das Serum im Zylinder I mit 0,1-*n*·Salzsäure, bis es die gleiche Farbe wie die Pufferlösung zeigt. Von dem Verbrauche subtrahiert man 0,17 ml und rechnet die Differenz unter Berücksichtigung aller Zusätze auf 100 ml Milch um.

Der dem Verbrauche entsprechende Säuregrad ist der Tab. VII zu entnehmen. Liegt er niedriger oder höchstens 1° über dem nach SOXHLET-HENKEL titrierten, so ist der Beweis der Neutralisation nicht erbracht. Liegt er 2° höher, so kann die Neutralisation als erwiesen angesehen werden (nur bei Milch mit mehr als 15 Säuregraden scheinen etwas größere Abweichungen vorzukommen).

VIII. Kindermilch – Frauenmilch[1]

Die Bemühungen, Kuhmilch als Ersatz für Frauenmilch in eine geeignete Form zu bringen, sind nahezu 100 Jahre alt. LIEBIG und nach ihm SOXHLET haben sich um diese Dinge bemüht. Ärzte, Chemiker und Mikrobiologen haben bis in die jüngste Zeit Versuche unternommen, einen möglichst guten Ersatz für die fehlende Frauenmilch zu schaffen. Verschiedene Kindermilchsorten in flüssiger und getrockneter Form sind im Handel. Ein besonderer Fortschritt war es, als man erkannte, daß für diesen Zweck gesäuerte Milch Verwendung finden kann. Die Anregung dazu gab der amerikanische Arzt MARRIOT. Er behandelte an Dyspepsie erkrankte Säuglinge mit gesäuerter Milch. Buttermilch fand auch in Deutschland früher schon teilweise für diesen Zweck Verwendung. Es würde zu weit führen, hier auf die Dinge näher einzugehen. Erwähnt sei aber noch, daß neben der leichten Verdaulichkeit, die auf eine feine Gerinnung im Kindermagen zurückzuführen ist, diese Milch eine Bifidusflora im Darm fördert. Man ist in neuerer Zeit zu der Überzeugung gekommen, daß das Auftreten dieser Bifidusflora im Stuhl der Kinder ein Kriterium für die Güte einer Kindermilch darstellt. *L. bifidus* könnte deshalb als Indikator für eine gute Kindermilch angesehen werden.

1. Nachweis von Kuhmilch in Frauenmilch

Bei der Bedeutung, die der Frauenmilch zukommt, deren ausreichende Beschaffung nicht immer leicht ist, ist es nicht zu verwundern, daß Fäl-

[1] MUNDINGER, E.: Die Molkerei-Ztg. 5, 995 (1951).

schungen von Frauenmilch durch Zusatz von Kuhmilch nicht selten vorkommen. Der Nachweis von Kuhmilch in Frauenmilch kann nach verschiedenen Verfahren erfolgen. Da die Buttersäurezahl des Fettes der Frauenmilch bei etwa 0,4 liegt, während das Kuhmilchfett eine solche von 18–25 zeigt, kann der Zusatz von Kuhmilch durch die Ermittlung der Buttersäurezahl (s. S. 234) geführt werden.

2. Nachweis von Ziegenmilch in Kuhmilch

Da der Preis der Ziegenmilch unter dem der Kuhmilch liegt, kommt es nicht selten vor, daß Kuhmilch durch Ziegenmilch verfälscht wird. Für den Nachweis kann der Unterschied in der Buttersäurezahl Verwendung finden. Die Buttersäurezahl von Kuhmilchfett liegt zwischen 18 und 25, während die des Ziegenmilchfettes um 16 liegt. Zweckmäßig verwendet man das bei der GOTTLIEB-RÖSEschen Fettbestimmung gewonnene und gereinigte Fett.

Ziegenmilch ist ein hochwertiges Nahrungsmittel und wird in ländlichen Gegenden viel getrunken. Bei der Ernährung von Kindern mit Ziegenmilch ist Vorsicht geboten, da eine besondere Form der Anämie auf den Genuß von Ziegenmilch zurückgeführt wird. Erwähnt sei noch, daß der Carotingehalt geringer ist als der der Kuhmilch.

IX. Untersuchung der Milcherzeugnisse

A. Untersuchung der Magermilch

Magermilch ist die fast restlos vom Fett befreite Vollmilch und wird durch Entrahmung mit Hilfe eines Separators (Zentrifuge) gewonnen. Ihre weiß-bläuliche Farbe verdankt sie den Spuren von Fett, die noch in ihr enthalten sind. Es handelt sich um Fett in Form sehr kleiner Kügelchen, die der Wirkung der Zentrifugalkraft im Separator entgehen[1].

Die Magermilch wird in normalen Zeiten wenig geschätzt, was eigentlich verwunderlich ist. Sie enthält die wertvollen Eiweißstoffe Kasein und Lactalbumin, wovon der letztere die wichtigen essentiellen Aminosäuren enthält, d.h. die Aminosäuren, die für den Aufbau des Körpereiweißes unentbehrlich sind.

Auch der Gehalt an Milchzucker, Salzen, Vitaminen und anderen Milchbestandteilen macht die Magermilch zu einem wertvollen Nahrungsmittel. Da die Milch in der Hauptsache auf Butter verarbeitet wird, gibt es sehr große Mengen Magermilch. Viele Bemühungen sind unternommen worden, um diese Magermilchmengen der menschlichen Ernährung zuzuführen.

---

[1] JAX, P.: Molkerei-Ztg. Hildesheim **55**, 61 (1941).

In jeder gut geleiteten Molkerei muß die Magermilch von Zeit zu Zeit auf ihren Fettgehalt untersucht werden, um die Entrahmungsschärfe der Zentrifuge zu kontrollieren. Bereits 0,1% zu viel Fett in der Magermilch vermindert die Ausbeute bei 1000 kg Milch um etwa 1 kg Butter und würde in einem Jahre einen Verlust von etwa 7 Zentnern Butter mit einem Wert von etwa 2000 DM bedeuten. Für eine Butterei mit einer Tagesverarbeitung von 10000 Litern Milch würde der jährliche Verlust 20000 DM betragen. Die Entrahmungsschärfe der Zentrifugen ist in den letzten Jahren sehr gesteigert worden. Während man sich vor 50 Jahren mit einer Entrahmungsschärfe von 0,3% begnügen mußte, entrahmen die neuesten Zentrifugen die Milch bis auf 0,02 Prozent.

Eine sehr genaue Fettbestimmung in der Magermilch wird mit der bereits früher (S. 145) beschriebenen Fettbestimmungsmethode nach GOTTLIEB-RÖSE durchgeführt.

In der Praxis finden Magermilchbutyrometer Verwendung, die bis in 0,01% unterteilte Skalen aufweisen. Das Prinzip der Untersuchung ist dasselbe wie bei der Fettbestimmung in Vollmilch nach GERBER. Es ist aber nötig, die Butyrometer nach dem ersten Schleudern im Wasserbad nochmals zu erwärmen und dann ein zweites Mal 5 Minuten lang zu zentrifugieren, worauf sie abermals in ein Wasserbad von 65° überführt werden und der Fettgehalt abgelesen wird. Maßgebend ist hierbei der mittlere Meniskus. Darunter versteht man die mittlere Linie zwischen der oberen und unteren Begrenzung des Fettbogens.

Es gibt verschiedene Arten von Magermilchbutyrometern. Dem gewöhnlichen Vollmilchbutyrometer nach GERBER am ähnlichsten ist das Butyrometer nach KEHE (Abb. 141), mit dem sowohl Vollmilch als auch Magermilch untersucht werden können. Es hat eine Einteilung von 0–5% und eine Unterteilung in 0,05 Prozent. Während beim gewöhnlichen Butyrometer eine Länge der Skala von 0,9 cm 1% entspricht, hat das KEHE-Butyrometer für 1% eine Skalenlänge von 1,4 cm.

Das *Planpräzisions*-Butyrometer ist mit einer verjüngten Skala versehen; der untere, weite Teil trägt eine Teilung von 0–3%, die in 1% unterteilt ist. 1% entspricht einer Länge der Skala von 0,75 cm. Die verjüngte Skala reicht von 4–5,5% und ist in 0,02% unterteilt. 1% entspricht 3 cm. Das Instrument besitzt oben einen Schraubverschluß. Dies ermöglicht eine leichte Reinigung und ein leichteres Bewegen der Fettsäule.

Das *Präzisionsbutyrometer* hat ebenfalls eine weite und eine verjüngte Skala. Die weite Skala umfaßt 0—5% mit einer Teilung in 0,5 Prozent. Dabei entspricht 1% 0,6 cm. Die verjüngte Skala umfaßt den Bereich von 7–9% und ist in 0,1% geteilt. 1% entspricht 1,6 cm. (Wird nicht mehr angefertigt.)

Das *Butyrometer nach* SICHLER (Abb. 142) hat eine gleichmäßig enge

Skala, die von 0–1% reicht und in 0,02% unterteilt ist. 1% entspricht einer Länge von 5,2 cm. Eine zweite Ausführung des Instrumentes zeigt eine Unterteilung in 0,01 Prozent.

Das *Butyrometer nach* SIEGFELD (Abb. 143) weicht in seiner Form am meisten von dem gewöhnlichen Butyrometer ab, da bei ihm nicht wie bei den anderen Magermilchbutyrometern 10 ml Schwefelsäure, 1 ml Amylalkohol und 11 ml Magermilch zur Untersuchung verwendet werden, sondern die doppelten Mengen. Die Skala hat einen Bereich von 0–0,5% und ist in 0,01% unterteilt. Auf 1% entfallen 6,6 cm.

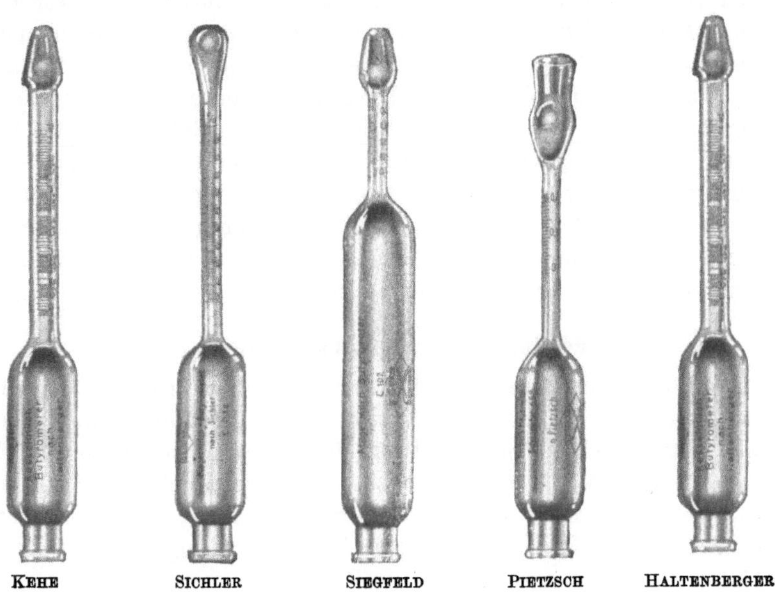

KEHE SICHLER SIEGFELD PIETZSCH HALTENBERGER

Abb. 141–145. Magermilchbutyrometer verschiedener Ausführung

Butyrometer nach PIETZSCH und nach HALTENBERGER zeigen Abb. 144 und 145.

Das spezifische Gewicht der Magermilch beträgt ungefähr 1,032 bis 1,036, im Mittel 1,034. Da ein Wasserzusatz das spezifische Gewicht natürlich wesentlich herabsetzt, kann die Bestimmung des spezifischen Gewichtes zum Nachweis einer Wässerung verwendet werden. Zur Untersuchung können die gewöhnlichen Laktodensimeter benutzt werden.

B. Untersuchung der Buttermilch

Buttermilch entsteht im Butterfaß als Nebenprodukt bei der Bildung der Butter. Sie enthält die Bestandteile der Magermilch und ist bei Herstellung von Sauerrahmbutter leicht gesäuert. Der Fettgehalt schwankt wie unten gezeigt wird. Buttermilch ist schon immer gern getrunken worden. Ihre Heilwirkung wird gerühmt. Im Sommer steigt in den Städten die Nachfrage so, daß der Bedarf nicht mit echter Buttermilch gedeckt werden kann. Die Molkereien bereiten deshalb aus gesäuerter Magermilch durch Schlagen im Butterfaß sog. „geschlagene Buttermilch".

Bei der Untersuchung der Buttermilch kommt die Bestimmung des Fettgehaltes und des spezifischen Gewichtes in Frage.

1. Bestimmung des Fettgehaltes

Neben dem Fettgehalt der Magermilch muß in einer gut geleiteten Molkerei auch regelmäßig der Fettgehalt der Buttermilch bestimmt werden. Bekanntlich kann der Fettgehalt unter normalen Bedingungen zwischen 0,4 und 0,7% schwanken und unter ungünstigen Butterungsverhältnissen bis auf 1,5% steigen. Die große Bedeutung der Fettgehaltsbestimmung in der Buttermilch geht daraus hervor, daß schon 0,1% Fett zuviel in der Buttermilch bei 1000 Litern täglich verarbeiteter Milch einen Verlust von 150 g und im Jahre von 55 kg Butter bedeutet. Für die Untersuchung in der Praxis genügt die Bestimmung nach GERBER in gewöhnlichen Vollmilchbutyrometern. Wie bei der Magermilchuntersuchung ist der mittlere Meniskus maßgebend.

2. Bestimmung des spezifischen Gewichtes

Die Bestimmung des spezifischen Gewichtes, die zur Ermittlung einer Verwässerung der Buttermilch dient, kann mit der Spindel nicht direkt in der Buttermilch erfolgen, weil sich der Käsestoff in geronnenem Zustand befindet. Man bestimmt deshalb das spezifische Gewicht vom Serum der Buttermilch. Eine Verwässerung der Buttermilch kann durch verschiedene Umstände erfolgen (Spülen von Zentrifuge, Kühler, Rahmbehälter, Butterfaß usw.). Nach § 9, Ziffer 3 der ersten Verordnung zur Ausführung des Milchgesetzes ist Buttermilch als nachgemacht oder verfälscht anzusehen, wenn das dem Butterungsgut zugesetzte Wasser mehr als 10% des anfallenden Erzeugnisses beträgt. Jede Molkerei muß also laufend den Wassergehalt ihrer Buttermilch kontrollieren, um sich vor Strafe zu schützen.

Die Untersuchung beruht darauf, daß das spezifische Gewicht des Serums entsprechend dem Wasserzusatz vermindert wird. Am einfachsten wird es, wie bei der Milchuntersuchung, mit der Spindel ermittelt. Zur Berechnung des Wasserzusatzes bedient man sich folgender Formel:

$$W = \frac{(s - s_1)\,100}{s}.$$

Hierbei bedeuten:

W Wasserzusatz in 100 Teilen der gewässerten Buttermilch,
s die Spindelgrade des unverfälschten Serums,
s_1 die Spindelgrade des verfälschten Serums.

Für praktische Zwecke kann das spezifische Gewicht des unverfälschten Buttermilchserums als konstant (nämlich 26 Spindelgrade) angenommen werden. Deshalb kann die Spindel direkt in Prozent Wasserzusatz geeicht werden.

Für sehr genaue Untersuchungen muß das für die Buttermilch eines Ortes zur Zeit der Untersuchung maßgebende spezifische Gewicht der unverfälschten Buttermilch ermittelt und zugrunde gelegt werden. An Hand obiger Formel kann dann der Wasserzusatz errechnet werden.

Durch Auswertung der Formel für verschiedene Werte von s und s_1 ergeben sich Tabellen, aus denen man für die bei der Untersuchung gefundenen Werte den Wasserzusatz entnehmen kann (Tab. 17).

Die Herstellung des Serums geschieht entweder durch Filtrieren oder Zentrifugieren der erwärmten Buttermilch.

Tabelle 17

Abgelesene Spindelgrade	Spindelgrade des unverfälschten Buttermilchserums					
	25,5	26,0	26,5	27,0	27,5	28,0
27,0	—	—	—	—	1,8	3,6
26,5	—	—	—	1,8	3,6	5,3
26,0	—	—	1,9	3,7	5,4	7,1
25,5	—	1,9	3,7	5,5	7,2	8,9
25,0	2,0	3,8	5,6	7,4	9,0	10,7
24,5	3,9	5,8	7,5	9,2	10,8	12,5
24,0	5,9	7,7	9,4	11,1	12,7	14,3
23,5	7,8	9,6	11,2	12,9	14,5	16,1
23,0	9,7	11,5	13,1	14,9	16,4	17,9
22,5	11,7	13,5	15,0	16,6	18,2	19,6
22,0	13,7	15,4	17,0	18,5	20,0	21,4
21,5	15,6	17,3	18,8	20,3	21,8	23,2
21,0	17,5	19,2	20,7	22,2	23,6	25,0
20,5	19,4	21,2	22,6	24,0	25,4	26,8
20,0	21,4	23,1	24,5	26,9	27,2	28,6
19,5	23,4	25,0	26,4	27,7	29,0	30,3
19,0	25,3	26,9	28,3	29,6	30,8	32,1
18,5	27,2	28,8	30,2	31,5	32,6	33,9
18,0	29,2	30,8	32,0	33,3	34,5	35,7
17,5	31,2	32,7	33,9	35,2	36,3	37,5
17,0	33,2	34,6	35,8	37,0	38,2	39,3
16,5	35,1	36,5	37,7	38,8	40,0	41,1
16,0	37,0	38,5	39,6	40,7	41,8	42,9
15,5	39,0	40,4	41,5	42,5	43,6	44,6
15,0	41,0	42,3	43,4	44,4	45,4	46,4
14,5	42,9	44,2	45,3	46,2	—	—
14,0	45,0	46,2	47,2	48,1	—	—
	Prozent Wasserzusatz zur Buttermilch					

Das Verfahren nach SCHULZ-DIGESER[1] ist wesentlich einfacher und hat sich in die Praxis eingeführt. Nach Angaben der Verfasser wird es wie folgt durchgeführt: „200 ml Buttermilch werden in einem mit Markierungsstrich versehenen Zylinder mit 100 ml Buttermilchlauge vermischt, nach mehrmaligem, vorsichtigem Durchmischen durch Umkippen ist alles Eiweiß in Lösung gegangen. Die jetzt dünnflüssige Buttermilch wird mit einer normalen Milchspindel gespindelt. Die Berechnung des Wassergehaltes kann unter Verwendung der auf S. 298 befindlichen Tab. III erfolgen. Die Buttermilchlauge besteht aus 1 Teil 2,5-n · Natronlauge plus 1,8 Teile 2,5-n · Ammoniak-Wasser. Geht man von festem Ätznatron aus, so löst man zunächst das Ätznatron in Wasser und fügt dann nach dem Erkalten Ammoniak zu, und zwar benötigt man auf etwa 10 l destilliertes Wasser 357 g Ätznatron und 665 ml 25-proz. Ammoniak.

Die Wasserzugabe wird so dosiert, daß sich ein spezifisches Gewicht von 1,032 bei 15° C ergibt."

C. Die Untersuchung der Molke[2]

Unter Molke versteht man das Serum der Milch, das bei der Herstellung von Käse als Nebenprodukt entsteht. Bei der Bereitung von Labkäsen erhält man süße Labmolken, bei der Herstellung von Sauermilchkäsen entsteht gesäuerte Molke (Sauermolke). Die Zusammensetzung der beiden Molkenarten ist aus Tab. 18 ersichtlich; sie unterscheiden sich hauptsächlich im Säuregrad oder p_H-Wert und im Albumingehalt, der durch p_H-Wert und Erhitzung beeinflußt wird.

Tabelle 18

	Labmolke	Sauermolke
Säuregrad	4–5 SH.	12 und mehr SH.
p_H-Wert	6,2–6,6	4,5–5,0
Milchzucker	4,9%	3,5%
Asche	0,7%	0,8%
Spezifisches Gewicht	1,026–1,028	1,024–1,026 bei 15° C
Lactalbumin	0,65%	

Die Untersuchung der Molke erstreckt sich auf die in Tab. 18 aufgeführten Werte. Da die Untersuchung der Molke in normalen Zeiten nicht sehr häufig durchgeführt wird, möge dieser Hinweis ohne nähere Gebrauchsanweisungen genügen.

[1] SCHULZ, M., u. A. DIGESER: Molkerei-Ztg. Hildesheim 51, 781 (1937).
[2] DEMMLER, G., u. K. KUMETAT: Milchwiss. 3, 138 (1948).

Die Molke ist lange, um mit SCHULZ zu sprechen, das vernachlässigte Drittel der Milch gewesen (Fett für Butter, Eiweiß für Käse). Sie fand in der Hauptsache Verwendung für Fütterung von Schweinen. Teilweise wurde sie zur Gewinnung von Milchzucker und Milchsäure ausgenutzt. Nur in Notzeiten tritt die Molke in den Vordergrund und wird geschätzt. So zahlte man beispielsweise in Berlin in der schweren Nachkriegszeit 40–50 Pfennige/Liter, d.h. der Preis lag über dem der Milch in normalen Zeiten. Es ist erstaunlich, wozu die Molke in solchen Zeiten verarbeitet wurde. Es gab Molkensekt, Molkenbier, Molkeneiweiß, Molkenwurst, auch Hefen und Schimmel wurden auf Molken gezüchtet und zu Nährhefe und Pilzwurst verarbeitet. Molkengetränke aller Art, auch in ungegorenem Zustande, wurden auf dem Markt angeboten. Während bei den alkoholischen Molkegetränken der Milchzucker durch Milchzucker vergärende Hefen in Alkohol umgesetzt wurde, fand bei der Bereitung von Nährhefe und Pilzwurst (Oospora) eine biologische Eiweißsynthese statt. Erwähnt sei noch, daß Molke auch zeitweilig für die Züchtung von *Penicillium notatum* zur Erzeugung von Penicillin herangezogen wurde.

D. Untersuchung von Kondens- und Trockenmilch

Milch und Milcherzeugnisse werden schon seit vielen Jahren in Form von Dauermilcherzeugnissen auf den Markt gebracht. Die Herstellung von Milch in haltbarer Form, sei es als eingedickte oder kondensierte Milch und als Trockenmilch, wurde um die Mitte des vorigen Jahrhunderts fabrikmäßig aufgenommen. Die Bedeutung der Kondens- und Trockenmilchindustrie geht schon daraus hervor, daß in USA rund 6,5% der verarbeiteten Milch als Kondensmilch verwendet werden. Auch Trockenmilch wird in großen Betrieben hergestellt. Sowohl bei der Herstellung von Kondens- als auch von Trockenmilch wird der Milch durch Erhitzung Wasser entzogen. Der Entzug des Wassers muß auf so schonende Weise durchgeführt werden, daß möglichst wenig am Charakter der Milch und ihren Bestandteilen geändert wird. Während Kondensmilch einen Wassergehalt von etwa 75% aufweist, hat Milchpulver 4–6%

Tabelle 19. *Mittlere Zusammensetzung in % von*

	Vollmilch	Kondensmilch ungesüßt	Kondensmilch gesüßt	Vollmilchpulver
Wasser	87,8	66,0	26,5	4
Fett	3,4	7,5–8,2	9,0	24
Eiweißstoffe	3,5	–	8,5	27
Milchzucker	4,6	25,5–26,4	13,3	38
Rohasche	0,7	–	1,8	6
Rohrzucker	–	–	etwa 40,0	–

Wasser. Kondensmilch kommt entweder ohne Zuckerzusatz oder mit einem Zuckerzusatz von 40% in den Handel (Rohrzucker). Die Trockenmilch wird nach verschiedenen Verfahren hergestellt. Man unterscheidet Sprühmilch oder Zerstäubungsmilch, die nach dem KRAUSE-Verfahren in Türmen versprüht und durch Heißluft getrocknet wird, und Walzenmilch, die auf heißen, rotierenden Metallzylindern in dünnen Filmen getrocknet wird. Es wird nicht nur Vollmilch, sondern auch Magermilch, Buttermilch und Molke getrocknet.

1. Die Untersuchung der Trockenmilch[1–3]

Sie erstreckt sich auf die Bestimmung des Wassergehaltes (Trockenmasse), des Fettgehaltes, des Säuregrades bzw. des p_H-Wertes, des Aschegehaltes, der Löslichkeit und die Ermittlung des Herstellungsverfahrens. Es kommt hinzu die mikrobiologische Untersuchung. Gelegentlich muß auch der Milchzucker und der Stickstoffgehalt ermittelt werden.

a) Bestimmung des Wassergehaltes. 3–5 g Trockenmilch werden in einer Nickelschale von 8–10 cm Durchmesser und 2 cm Höhe innig mit Seesand vermischt und bei 85–88° C bis zur Gewichtskonstanz getrocknet. An Stelle einer Nickelschale kann auch ein Wägeglas oder ein Planwägeglas Verwendung finden. Teilweise wird auch die Trocknung ohne Verwendung von Seesand durchgeführt.

b) Bestimmung des Fettgehaltes. Hier findet die Methode von WEIBULL Verwendung, die von SCHWARZ und MUMM[1] wie folgt abgewandelt wurde: 5 g Milchpulver werden mit 20 ml Wasser im Becherglas angerührt und nach Zugabe von 30 ml Salzsäure ($s = 1{,}124$–$1{,}126$) unter Bedecken mit einem Uhrglas 15–20 Minuten gekocht. Zweckmäßig gibt man etwas Bimsstein hinzu und rührt zeitweilig mit einem Glasstab um, bis das Schäumen der Flüssigkeit aufhört. Die noch heiße Flüssigkeit wird mit der gleichen Menge heißen Wassers verdünnt und durch ein angefeuchtetes Filter filtriert. Der Rückstand wird bis zum Verschwinden der Salzsäurereaktion mit heißem Wasser ausgewaschen und das Filter mit Rückstand bei 105° C getrocknet. Nach der Trocknung wird das Filter in eine Extraktionshülse übergeführt und mindestens eine Stunde im SOXHLETschen Apparat mit Äther extrahiert. Das Lösungsmittel wird verdampft und das Fett bei 105° C bis zur Gewichtskonstanz getrocknet. Wie für alle fetthaltigen Lebensmittel kann auch hierfür das Verfahren nach WEIBULL-STOLD Verwendung finden (s. S. 145).

Auch das MOJONNIER-Verfahren findet in Trockenmilchfabriken zur schnellen Durchführung einer Fettgehaltsbestimmung Verwendung.

---

[1] SCHULZ, M. E., J. EFFERN u. F. ROLAND: Milchwiss. 7, 14 (1952).
[2] MOHR, W.: Milchwiss. 3, 321 (1948).
[3] KUMETAT, K.: Milchwiss. 10, 274 (1955).

Die Praxis arbeitet aber hauptsächlich mit dem butyrometrischen Verfahren, mit dem auf schnellste Weise für die meisten Zwecke eine ausreichend genaue Fettbestimmung in Trockenmilch durchgeführt werden kann. Es finden Spezialbutyrometer nach TEICHERT Verwendung. Die Untersuchung wird wie folgt durchgeführt: Man gibt in das TEICHERT-Butyrometer zunächst 10 ml Schwefelsäure, 8 ml Wasser und 1 cm^3 Amylalkohol unter Vermeidung des Mischens, darauf füllt man 2,5 g Milchpulver und schüttelt bis zur völligen Lösung. Nach dem Erwärmen auf 70° C zentrifugiert man, bis die Fettschicht nicht mehr zunimmt (¼ Stunde).

Das Trockenmilch-Butyrometer nach TEICHERT besitzt eine sehr große Birne, die das Durchschütteln erleichtert. Das Butyrometer ist 19,5 cm lang und hat eine Skalenteilung, die entweder bis 35% oder bis 70% reicht.

Das Einwägen des Milchpulvers führt man zweckmäßig in einem Papierschiffchen durch, das man samt Inhalt in das Butyrometer einführt. Auf diese Weise verhindert man, daß Milchpulver an dem Einfülltrichter, der häufig Verwendung findet, hängenbleibt.

Wie bei der Fettgehaltsbestimmung in Milch erfolgt die Ablesung bei 65° C.

c) Bestimmung des Säuregrades. Die Ermittlung des Säuregrades erfolgt in der Auflösung, wie sie auch für die Bestimmung der Löslichkeit Verwendung findet (s. dort). Die Titration wird entweder mit n/4- oder n/10-Natronlauge durchgeführt. Je nachdem man 20 oder 50 ml der Flüssigkeit anwendet, muß man den erhaltenen Wert mit 5 bzw. 2 multiplizieren. Als Indikator findet eine 2-proz. alkoholische Phenolphthaleinlösung Verwendung. Auf je 20 ml der Lösung gibt man 1 ml Indikator. Verwendet man n/10-Natronlauge, so müssen die erhaltenen Werte außerdem durch 2,5 dividiert werden.

d) Bestimmung des p_H-Wertes. Die Bestimmung des p_H-Wertes wird am besten unter Verwendung der Glaselektrode und eines modernen elektronischen Meßgerätes durchgeführt. Verwendung findet die unter Bestimmung der Löslichkeit beschriebene Auflösung von Trockenmilch. Arbeitsweise wie bei Milch.

e) Bestimmung der Asche. Die Bestimmung der Asche erfolgt in der auf S. 20 beschriebenen Weise. Verwendung finden 3 g Trockenmilch, die bei 400° C vorverascht werden.

f) Bestimmung der Löslichkeit. Nach W. MOHR wird die Löslichkeit bei Walzenpulver bei 40° C bestimmt. Bei Zerstäubungspulver bestimmt man außerdem die Löslichkeit auch bei 20° C. Die Arbeitsweise ist wie folgt:

13,5 g Vollmilchpulver werden mit 100 g destilliertem Wasser von 40° C und 100 Glasperlen (Durchmesser 6 mm, Gewicht von 100 Stück etwa 25 g) zehn Minuten in einer verschlossenen 250-ml-Flasche in einem Wasserbad von 40° C geschüttelt. Nach dem Abkühlen auf Zimmertemperatur werden etwa 50 ml der Mischung in einem dicht verschlossenen Zentrifugenglas 20 Minuten bei 2000 Umdrehungen je Minute geschleudert. Die abgeschiedene Fettschicht wird mit dem Spatel entfernt. In 5 ml der über dem Bodensatz stehenden Flüssigkeit wird die Trockenmasse durch Trocknung bei 85–88 ° C bis zur Gewichtskonstanz bestimmt. Gleichzeitig wird der Fettgehalt der Auflösung nach der Säuremethode unter Verwendung von Butyrometern für entrahmte Milch ermittelt. Die Löslichkeit wird auf das fettfrei gedachte Vollmilchpulver bezogen, wobei die Berechnung nach folgender Formel vorgenommen wird.

Abb. 146. Walzen-Milchpulver (nach W. Grimmer)

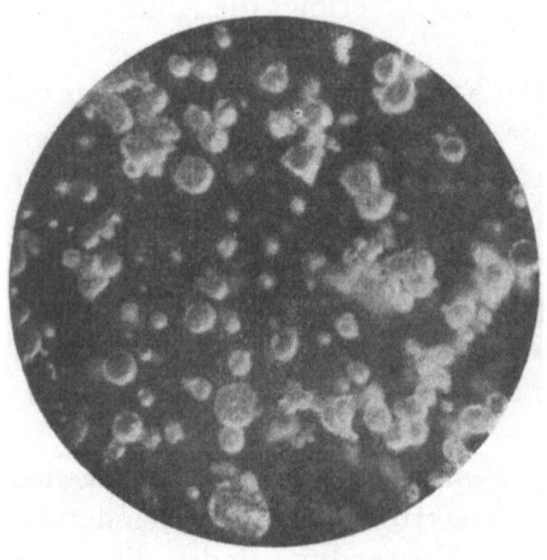

Abb. 147. Krause-Milchpulver (nach W. Grimmer)

% Löslichkeit

$$= \frac{(t_2 - f_2) \cdot (841 - f_1)}{t_1 - f_1}.$$

Hierbei bedeuten:

t_1 % Trockenmasse des Milchpulvers,
t_2 % Trockenmasse der Auflösung,
f_1 % Fett des Vollmilchpulvers,
f_2 % Fett der Auflösung.

Der mittlere Fehler der Löslichkeit beträgt ± 0,7 Prozent.

Nach W. Mohr bestimmt man die Löslichkeit in Pulver aus entrahmter Milch in ähnlicher Weise. Bei Walzenpulver bei 40° C, bei Zerstäubungspulver zusätzlich bei 20° C.

g) Unterscheidung von Milchpulver. Um festzustellen, ob Trockenmilch nach dem Walzen- oder Zerstäubungsverfahren hergestellt wurde, bringt man eine kleine Probe Trockenmilch auf einen Objektträger und befeuchtet mit etwas Glycerin oder Xylol, legt ein Deckgläschen auf und betrachtet das Präparat bei schwacher Vergrößerung. Die Abb. **146** und **147** zeigen das Ergebnis der Untersuchung bei Vorliegen von Walzen- bzw. Zerstäubungsmilch.

2. Die Untersuchung der Kondensmilch[1]

Als Untersuchungsmethoden für Kondensmilch kommen in Frage: Die Bestimmung der Trockenmasse, des spezifischen Gewichtes, des Fettgehaltes, der Asche, des Säuregrades bzw. der Wasserstoffionenkonzentration, der Viscosität und öfters auch die Bestimmung des Gehaltes der Milch an Milch- und Rohrzucker. Als Vorproben können noch die Spionprobe und die Siebprobe bezeichnet werden.

a) Spionprobe. Bei dieser Probe prüft man die Milch in einer dünnen Lamelle, die man durch Eintauchen einer Drahtöse von 1 cm Durchmesser in die Milch erhält. In dieser dünnen Milchschicht sind Verunreinigungen oder Gerinnsel leicht zu erkennen.

b) Siebprobe. Gießt man die zu prüfende Milch durch ein Sieb mit einer Maschenweite von etwa 1 mm, so kann man darauf grobes Gerinnsel leicht erkennen.

c) Bestimmung der Viscosität. Die Viscosität oder Zähflüssigkeit der Milch ist eine Eigenschaft, die von verschiedenen Faktoren, wie Säuregrad bzw. p_H-Wert, Eindickungsgrad, Art und Dauer der Vorwärmung und Menge des Calciums im Calciumkaseinatkomplex[2] abhängig ist. Die Ermittlung der Viscosität ist deshalb von Bedeutung. Verwendung findet dazu das aus der Abb. 14 ersichtliche HÖPPLER-Viscosimeter. Die Durchführung der Bestimmung ist auf S. 12 beschrieben.

d) Bestimmung der Trockenmasse (Wassergehalt). 3—5 g Kondensmilch werden mit 25—30 g ausgeglühtem Seesand in einer Nickelschale von 8—10 cm Durchmesser und 2 cm Höhe vermischt und bei 85—88° C bis zur Gewichtskonstanz getrocknet. Erfahrungsgemäß erhält man die brauchbarsten Werte, wenn man die Trocknung 6 Stunden durchführt. Das Einwägen der Milch muß schnell durchgeführt werden, damit man keine Verdunstungsverluste hat. Häufig findet für diesen Zweck deshalb auch ein Wägeglas Anwendung.

e) Bestimmung des spezifischen Gewichtes. Der Eindampfungsgrad der Kondensmilch wird durch Bestimmung des spezifischen Gewichtes mit der BEAUMÉ-Spindel oder mit Spezialrefraktometern ermittelt. Das spezifische Gewicht der ungesüßten Kondensmilch beträgt 1,0658 bis 1,0706, im Mittel 1,0682. Ihr BEAUMÉ-Grad schwankt zwischen 8,7—9,5.

f) Bestimmung des Fettgehaltes. Hierbei muß unterschieden werden zwischen der Untersuchung von kondensierter Milch mit Zuckerzusatz und solcher ohne Zuckerzusatz.

---

[1] HUNZIKER, O. F.: Condensed Milk and Milk Powder Illinois: La Grange (1946).
[2] SCHWARZ, G.: Festschrift Dtsch. Molkerei-Ztg. 1935.

Ungezuckerte Kondensmilch wird nach dem Verfahren von SCHMID-BONDZYNSKI untersucht. Dieses Verfahren ist eine Abwandlung der Methode von RÖSE-GOTTLIEB und wird nach NOTTBOHM folgendermaßen durchgeführt: 5 g Kondensmilch werden nach Zusatz von etwas Bimsstein im ERLENMEYER-Kölbchen, das mit einem Trichter bedeckt ist, mit 10 ml Salzsäure ($s = 1{,}124$) auf freier Flamme bis zum Nachlassen des Schäumens und dann noch 15 Minuten auf dem Asbestdrahtnetz zum schwachen Sieden erhitzt. Die warme Flüssigkeit gibt man in ein GOTTLIEB-RÖSE-Rohr, spült mit 10 ml Alkohol, dann 25 ml Äther nach und gibt 25 ml Petroläther zu. Nach mehrstündigem Stehen wird die Äther-Petroläther-Schicht in einen vorher gewogenen weithalsigen ERLENMEYER-Kolben abgehebert. In das GOTTLIEB-RÖSE-Rohr gibt man nochmals 50 ml eines Gemisches von Petroläther und Äther (1 : 1), schüttelt gründlich durch und läßt wiederum eine Stunde stehen. Das Äther-Petroläther-Gemisch wird wieder abgehebert, und zwar in den gleichen Kolben. Auf dem Wasserbade verdampft man die Hauptmenge des Lösungsmittels und bringt den Kolben mit dem Fettrückstand in einen Trockenschrank und trocknet so lange, bis ein leichter Gewichtsanstieg beobachtet wird. Der Wert vor dem Gewichtsanstieg zeigt die richtige Fettmenge an.

Gezuckerte Kondensmilch wird nach WEIBULL auf den Fettgehalt untersucht, wie unter Trockenmilch beschrieben. Angewandt werden nicht wie bei Trockenmilch 5 g, sondern die doppelte Menge. Der Fettgehalt der Kondensmilch kann auch nach der GERBER-Methode in gewöhnlichen Vollmilchbutyrometern bestimmt werden. Hierbei verfährt man nach GRIMMER wie folgt: Etwa 30 g Kondensmilch werden abgewogen und in einem 100-ml-Meßkolben mit Wasser bis zur Marke aufgefüllt. 11 ml dieser Mischung werden in der üblichen Weise untersucht. Der am Butyrometer abgelesene Fettgehalt wird nach folgender Formel umgerechnet:

$$F = \frac{103 \cdot f}{a}.$$

Hierbei bedeuten:

F Fettgehalt der Kondensmilch in %,
f am Butyrometer abgelesene Fettprozente,
a abgewogene Kondensmilchmenge.

Da Kondensmilch meistens aus homogenisierter Milch bereitet wird, und dadurch die Fettkügelchen sehr klein sind, müssen die Butyrometer, um eine quantitative Abscheidung zu erreichen, 2–3-mal zentrifugiert werden. Dazwischen müssen sie im Wasserbad wieder erwärmt und geschüttelt werden.

Kondensmilch kann auch in Rahmbutyrometern nach der Wägemethode untersucht werden (Vorschrift s. S. 207).

Auch das Produktenbutyrometer findet hierfür Verwendung. Hierunter versteht man ein an beiden Enden offenes Butyrometer mit rundem Skalenrohr, das eine Einteilung bis 100% aufweist. Die Arbeitsweise ist im Prinzip dieselbe, wie sie bei der Rahmuntersuchung nach der Wägemethode geschildert ist. Die Untersuchung von gezuckerter Kondensmilch kann auf diese Weise nicht durchgeführt werden, da Zucker bei der Vermischung mit Schwefelsäure unter Verkohlung zersetzt werden.

g) Bestimmung der Asche. Die Aschebestimmung wird in der üblichen Weise wie auf S. 20 beschrieben, ausgeführt. Hierzu werden 10 g Kondensmilch auf dem Wasserbade vorsichtig eingedampft.

h) Bestimmung des Säuregrades. Die Ermittlung des Säuregrades wird, wie bei Milch geschildert, durchgeführt. Verwendung finden 20 g Kondensmilch. Der erhaltene Wert ist mit 5 zu multiplizieren, um Säuregrade nach SOXHLET-HENKEL zu erhalten. Teilweise wird auch die Titration mit einer n/10-Natronlauge empfohlen. In diesem Falle muß der erhaltene Wert nur mit 2 multipliziert werden.

i) Bestimmung des p_H-Wertes. Die Bestimmung des p_H-Wertes in Kondensmilch ist sehr wichtig, da, wie bereits früher ausgeführt, die Ausflockung von Eiweiß eng mit dem p_H-Wert verknüpft ist. Die Messung kann entweder direkt oder in einer auf den Trockenmassegehalt der Milch verdünnten Lösung durchgeführt werden. Elektroden und Geräte sind dieselben, wie für Milch beschrieben.

k) Bestimmung des Milch- und Rohrzuckergehaltes. Diese wird nach H. FINCKE[1] ausgeführt: 100 g Kondensmilch werden mit 300 ml Wasser verdünnt und nach Zugabe von 20 ml Bleiessig im Meßkolben auf 500 ml aufgefüllt. Nach Filtration wird im 200-mm-Rohr polarisiert und der erhaltene Wert zur Berechnung der korrigierten Drehung mit dem Faktor 0,962 multipliziert (Wert 1). Alsdann werden in einem 50-ml-Meßkolben 40 ml des Filtrates mit 0,75 g fein zerriebenen Calciumoxyd versetzt. Die Mischung wird unter wiederholtem Umschwenken eine Stunde im Wasserbad auf 75–80° C erhitzt. Hierauf kühlt man das Gemisch ab und säuert nach Zugabe von 2 Tropfen Phenolphthaleinlösung vorsichtig mit verdünnter Schwefelsäure (1 : 3) an. Nach Zugabe von 2 ml Bleiessig schüttelt man gut durch und versetzt mit einigen ml gesättigter Natriumphosphatlösung. Der Kolbeninhalt wird auf 20° C gebracht, bis zur Marke aufgefüllt und filtriert. Zum Schluß wird wiederum im 200-mm-Rohr polarisiert. Der jetzt erhaltene Wert muß um $\frac{1}{4}$ erhöht werden und ergibt nach Multiplikation mit dem Faktor 0,942 die zweite korrigierte Drehung (Wert 2). Durch Multiplikation der zweiten korri-

---

[1] FINCKE, H.: Z. Unters. Lebensmittel **50**, 351 (1925).

gierten Drehung (Wert 2) mit dem Faktor 3,75 ergibt sich der Saccharosegehalt, während die Differenz der beiden korrigierten Drehungen (Wert 1 minus Wert 2) nach Multiplikation mit 4,76 den Milchzuckergehalt der kondensierten Milch ergibt.

Im Prinzip beruht das Verfahren darauf, daß durch die Ermittlung der Polarisation des unbehandelten Milchserums der Drehwert von Milch- und Rohrzucker gemessen wird. In dem mit Säure behandelten Serum wird der Drehwert von Milchzucker plus invertiertem Rohrzucker gemessen. Aus diesen beiden Werten kann man sowohl den Rohr- als auch den Milchzuckergehalt berechnen.

l) Haltbarkeitsprobe. Für die bakteriologische Untersuchung der Kondensmilch findet die Haltbarkeitsprobe Verwendung, die nach dem Methodenbuch[1] wie folgt ausgeführt wird:

Einige Dosen Milch werden bis zu einer Woche im Brutschrank bei 37° C aufbewahrt. Falls Auftreiben (Bombage) der Dosen oder eine Veränderung im Geschmack, Geruch oder Aussehen der Milch eintritt, ist auf die Arten der aufkommenden Keime durch einen Petrischalenausstrich zu prüfen und die Untersuchung auf Bakterien der *Coli-Aerogenes*-Gruppe und die Anaerobienprobe durchzuführen. Die Ausführung des Petrischalenausstriches ist folgendermaßen vorzunehmen:

Es wird je eine Petrischale mit Biomalzagar (statt Würzeagar) Bouillonagar und Chinablau-Milchzucker-Bouillonagar ausgegossen und erstarren gelassen. Von der zu untersuchenden Milch kommt eine Öse voll auf die Oberfläche des Biomalzagars und wird mittels eines rechtwinklig gebogenen und durch Abflammen sterilisierten Glasspatels gleichmäßig ausgestrichen. Mit demselben Glasspatel wird danach auch über die Oberfläche des Bouillonagars und des Chinablau-Milchzucker-Bouillonagars ausgestrichen. Die Beurteilung der Platten erfolgt nach zweitägiger Bebrütung bei 30° C. Der Biomalzagar wird darüber hinaus nach einem Tag bei etwa 20° C aufbewahrt.

Herstellung von Biomalzagar:

Biomalz ohne Zusätze	20 g
Agar	30 g
Destilliertes Wasser	1000 g

Zunächst löst man 20 g Biomalz in einer geringen Menge Wasser und fügt dieses der übrigen Wassermenge zu. Dann gibt man 30 g gewässerten Agar hinzu und kocht das Gemisch ½ Stunde im Dampftopf. Hierauf wird durch Watte filtriert und mit Milchsäure auf etwa $p_H = 5,0$ eingestellt. Nach dem Abfüllen des Agars erfolgt die Sterilisierung im Dampftopf oder im Autoklaven.

---

[1] Methodenbuch Bd. VI, Radebeul-Berlin, Neumann-Verlag 1950.

E. Untersuchung des Rahmes (Sahne)

Das RMG unterscheidet Kaffeesahne und Schlagsahne. Unter Kaffeesahne versteht es das durch Abscheiden von Magermilch aus Milch gewonnene Erzeugnis mit einem Mindestfettgehalt von 10 Prozent. Schlagsahne ist Sahne mit einem Mindestfettgehalt von 28 Prozent. Die Zusammensetzung von Sahne von verschiedenem Fettgehalt ergibt sich nach SCHULZ[1] aus Tab. 20.

Tabelle 20. *Zusammensetzung von Sahne in %*

	%	%	%	%	%	%	%
Fettgehalt	10	15	20	25	30	35	40
Wassergehalt etwa	81,8	77,3	72,9	68,5	64,0	59,6	55,3
Eiweißgehalt etwa	3,4	3,2	3,0	2,8	2,6	2,4	2,0
Milchzuckergehalt	4,2	3,9	3,6	3,3	3,0	2,7	2,4
Fettfreie Trockenmasse	8,2	7,7	7,1	6,5	5,9	5,4	4,7

Die Untersuchung der Sahne erstreckt sich auf die Ermittlung des Fettgehaltes, des Säuregrades bzw. des p_H-Wertes, der Verfälschung und bei der Schlagsahne auf Feststellung der Schlagfähigkeit, Festigkeit und Grad des Absetzens. In der Schweiz wird auch für die Bezahlung des Rahmes die Reduktionsprobe angewendet. Die Durchführung erfolgt wie unter Milch beschrieben. Der Nachweis der Pasteurisation kann mit der Phosphataseprobe geführt werden, die auf S. 142 beschrieben ist. Für die Hocherhitzung bzw. deren Nachweis verwendet man entweder das amtliche Guajakreagens oder die anderen unter Erhitzungsnachweis beschriebenen Verfahren.

1. Die Ermittlung des Säuregrades

Der Säuregrad des Rahms wird in der Molkerei sehr häufig bestimmt, da der butterungsreife Rahm einen Säuregrad von 21–28 je nach Fettgehalt haben muß (s. S. 83). Das Verfahren ist im Prinzip dasselbe wie das auf S. 83 beschriebene für Milch. Es finden die üblichen Säuregradsbestimmer Verwendung, die aber mit Spezialbüretten versehen werden. Bei einer Verwendung von 25 ml Rahm kann man bei diesen Geräten Säuregrade bis 40 direkt ablesen.

2. Die Bestimmung des p_H-Wertes

Wie auf S. 95 ausgeführt, ist es viel zweckmäßiger, statt des Säuregrades den p_H-Wert im Rahm zu bestimmen. Die einzelnen Werte für Rahm und Butter bezüglich p_H-Wert sind aus der auf S. 97 angeführten Tabelle ersichtlich und zeigen deutlich die Bedeutung des p_H-Wertes für

[1] SCHULZ, M. E.: Molkerei-Lexikon, Verlag Deutsche Molkerei-Ztg. Kempten, S. 541.

Rahm und Butter. Für die Untersuchung wählt man die unter p_H-Messung beschriebenen Geräte. Als Elektrode kommt hauptsächlich die Glaselektrode in Frage.

3. Nachweis einer Verfälschung

Diese wird entweder durch Ermittlung des Gefrierpunktes, wie auf S. 178 beschrieben, durchgeführt oder durch Ermittlung der Trockenmasse des fettfreien Rahmes nach der Formel:

$$TrM = \frac{100[100 - (w + f)]}{100 - f}.$$

TrM % Trockensubstanz im fettfreien Rahm (fettfrei gedachte Magermilch),
W Wassergehalt des Rahmes in %,
f Fettgehalt des Rahmes in %.

4. Bestimmung des Fettgehaltes

Die Fettgehaltsbestimmung im Rahm ist wichtig, weil in neuerer Zeit teilweise Rahm an Stelle von Milch in den Buttereien angeliefert und nach dem Fettgehalt bezahlt wird. Die Einstellung der Schlagsahne und der Kaffeesahne muß auf einen bestimmten Fettgehalt erfolgen (Kaffeesahne 10%, Schlagsahne 30%). Außerdem ist die Fettgehaltsbestimmung für die Betriebskontrolle in der Butterei von Bedeutung, da ja der zu verbutternde Rahm auf einen bestimmten Fettgehalt eingestellt werden muß. Auch die richtige Einstellung der Rahmschraube kann durch die Fettgehaltsbestimmung des Rahmes kontrolliert werden.

Für sehr genaue Bestimmungen muß die GOTTLIEB-RÖSE-Methode, evtl. in ihrer Abwandlung als Schnellmethode (S. 145) angewendet werden.

In der Praxis wird meist das Prinzip der GERBER-Methode verwendet. Hierbei unterscheidet man grundsätzlich 2 Ausführungsarten. Bei der einen wird der Rahm abgemessen, bei der anderen abgewogen. Man unterscheidet deshalb:

I. Meßmethode, — II. Wägemethode.

Vorbereitung der Rahmprobe für die Untersuchung. Die Rahmprobe muß gut durchgemischt werden, was man am besten durch mehrfaches vorsichtiges Umgießen (keine Luftblasen) von einem Gefäß in das andere erreicht. Da bei der Meßmethode Luftblasen Fehler bedingen können, ist es ratsam, den Rahm vor der Untersuchung im Wasserbad auf 30—40° zu erwärmen. Gerinnt hierbei der Rahm, so setzt man einige Tropfen Ammoniak zu und schüttelt, um ihn wieder flüssig zu machen.

a) Meßmethode[1]

Das Abmessen des Rahms kann entweder mit der Pipette, mit der Spritze oder mit einem Spezialpyknometer vorgenommen werden.

[1] SCHULZ, M. E., u. W. KLEY: Milchwiss. 10, 328 (1955).

Wird mit der Pipette abgemessen, so bedient man sich der Nachspülpipette nach Du Roi-Hoffmeister, die eine weite Ausbauchung hat und oben eine größere Öffnung aufweist. Hat man den Rahm aus der Pipette in das Butyrometer überführt, so läßt man aus einer zweiten Pipette 5 ml Wasser durch die Rahmpipette fließen und spült dadurch die Rahmreste von den Wänden der Pipette ab.

Durchführung der Meßmethode unter Verwendung einer Rahmpipette.

1. Man beschickt die Rahmbutyrometer mit 10 ml Schwefelsäure vom spezifischen Gewicht 1,820–1,825.

2. Darauf stellt man die Wasserpipette in ein mit Wasser gefülltes Gefäß, in dem sie sich selbsttätig bis über die Marke hinaus füllen kann.

3. Vor dem Einfüllen der ersten Rahmprobe spült man die Rahmpipette mit Wasser aus, weil beim Einpipettieren weiterer Proben die Wandung der Pipette von der Nachspülung her stets von Wasser benetzt ist. Da diese Wassermenge bei der Eichung der Pipette berücksichtigt ist, darf diese nicht trocken in Gebrauch genommen werden.

4. Ohne Rahm unnötig weit über die Marke hinaus aufzusaugen, pipettiert man nunmehr von der gut vorbereiteten Probe 5 ml mittels der Rahmpipette ein.

5. Während die Spitze der Rahmpipette im Butyrometerhals verbleibt, nimmt man die Rahmpipette in die linke Hand, hebt mit der rechten die Tauchpipette aus dem Wasser heraus und läßt bis zur Marke abfließen.

6. Sodann steckt man die Wasserpipette in die Rahmpipette hinein und dreht, während das Wasser durch die Rahmpipette hindurchfließt, diese zwischen den Fingern so, daß das Wasser alle Teile der Rahmpipette gründlich ausspült (s. Abb. 148).

7. Im übrigen verfährt man genau wie bei der Milchfettbestimmung, man gibt 1 ml Amylalkohol zu, verschließt die Butyrometer mit einem Gummistopfen, schüttelt kräftig durch, zentrifugiert 5 Minuten und liest bei 65° C ab.

8. Da das mit dem Fettgehalt sich ändernde spezifische Gewicht des Rahmes in der Skala berücksichtigt ist, verläuft dieselbe nicht gleichmäßig. Daher muß die Fettschicht stets vom 0-Strich aus abgelesen werden. Das Einstellen der Fettschicht geschieht in Butyrometern ohne Kugel derart, daß der unterste Punkt der oberen Begrenzungsfläche, welche einen Bogen bildet, mit dem 0-Strich zusammenfällt (s. Abb. 149).

Abb. 148. Spülen der Rahmpipette

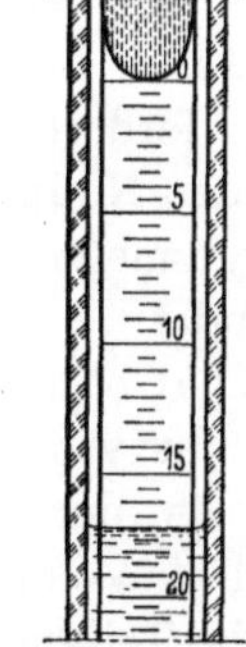

Abb. 149. Fettsäule im Rahmbutyrometer. Einstellung auf Null

Durchführung der Meßmethode unter Verwendung einer Rahmspritze. Statt mit der Rahmpipette kann der Rahm auch mit einer Spritze abgemessen werden. Das Arbeiten mit der Spritze hat folgende Vorzüge: Es kann schneller gearbeitet werden, da ein Einstellen der abzumessenden Flüssigkeit auf eine Marke wie bei der Pipette nicht nötig ist. Sowohl dünner als auch hochprozentiger Rahm (bis 50-proz.) kann mit großer Genauigkeit abgemessen werden. Die Rahmspritze hat auch den Vorzug, daß sie nicht nachgespült werden muß. Bei der Pipette ist ein Nachspülen unbedingt erforderlich, da je nach der Zähflüssigkeit des Rahms eine größere oder kleinere Menge an den Wänden haften bleibt, während bei der Spritze der für die Untersuchung bestimmte Rahm restlos durch das Ausstoßen mit dem Stempel in das Butyrometer gebracht wird.

Durchführung der Meßmethode unter Verwendung einer Spritze. Diese Methode wird bis auf das Abmessen des Rahmes genau so ausgeführt, wie die vorher beschriebene Nachspülmethode.

Beim Arbeiten mit der Spritze beachte man folgendes:

Zuerst saugt man mit der Spritze (Abb. 150) etwas Rahm an, der dann zur Entfernung der Luftbläschen wieder ausgestoßen wird. Man füllt nun die Spritze, indem man den Kolben drehend herauszieht und beachtet, daß sich kaum Luftbläschen in dem Glasrohre finden. Nun hält man die Spritze senkrecht mit der Öffnung nach oben und entfernt durch Drücken des Kolbens die an die Auslaufspitze gestiegenen Luftbläschen. Nach Eintauchen in den Rahm wird der Kolben bis zum Anschlag zurückgezogen. Die Spitze der Spritze ist dann vorsichtig abzutrocknen.

Nun spritzt man den Rahm vorsichtig an die Wand des Butyrometers, so daß er sich auf die Schwefelsäure schichtet. Der noch in der Spritze befindliche Rahm wird entfernt. Dann nimmt man, ohne auszuwaschen, die nächste Rahmabmessung vor. Sind alle Butyrometer mit Rahm gefüllt, so beseitigt man die Rahmreste in der Spritze durch einmaliges Ausspülen mit Wasser und füllt dann mit ihrer Hilfe in die Butyrometer 5 ml Wasser.

Erforderlich für das richtige Ablesen ist die Einstellung der Fettsäule auf den Nullpunkt, ohne Rücksicht darauf, ob er sich oben wie bei den Butyrometern ohne Kugel oder unten wie bei den Prüfern mit Kugel befindet.

Die Untersuchung erfolgt in Rahmbutyrometern (Abb. 151), die den Milchbutyrometern ähnlich sind. Ihre Skala umfaßt aber einen größeren Bereich, der entweder in ganze oder halbe Prozente unterteilt ist. Während die Vollmilchbutyrometer eine durchweg gleichmäßige Skala haben, ist die Teilung bei den Rahmbutyrometern aus folgendem Grunde ungleichmäßig: Da die Butyrometer Angaben in Gewichtsprozenten machen, muß ihrer Skalenteilung ein bestimmtes Rahmgewicht zugrunde gelegt werden. Weil nun aber bei der Meßmethode der Rahm abgemessen wird, werden je nach dem Fettgehalt des Rahms infolge seines verschiedenen spezifischen Gewichtes wechselnde Gewichtsmengen in das Butyrometer

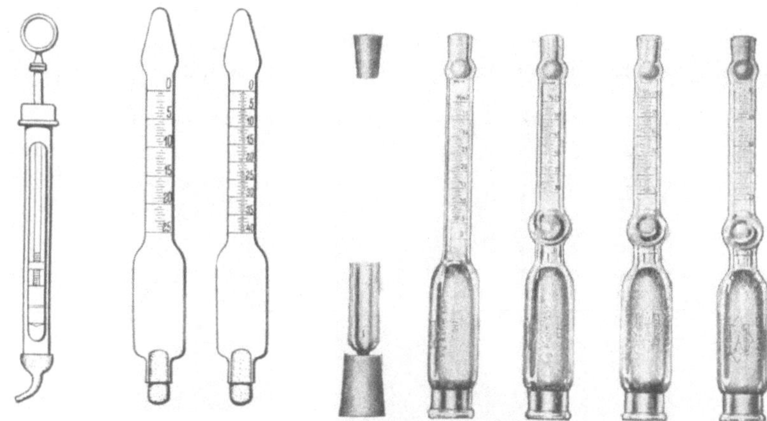

Abb. 150. Rahmspritze

Abb. 151. Rahmbutyrometer für die Meßmethode

Abb. 152. Rahmbutyrometer für die Wägemethode

gebracht. In den einzelnen Bereichen der Skala wird also 1% Fett durch wechselnde Volumina dargestellt. Da aber das Skalenrohr einen einheitlichen Durchmesser hat, muß die Teilung ungleichmäßig verlaufen.

Wie sehr das spezifische Gewicht des Rahmes wechselt, möge Tab. 21 zeigen.

Durch den Durchmesser der Schleudertrommel ist man an eine bestimmte Länge der Skala der Butyrometer gebunden. Um auf ½ bzw. 1% genau ablesen zu können, sind für die einzelnen Fettbereiche verschiedene Butyrometer geschaffen worden:

Bereich (%)		Teilung (%)
0–30	:	1/2
0–40	:	1/2
0–50	:	1/1
0–60	:	1/1
0–70	:	1/1

Es soll hier erwähnt werden, daß in Deutschland Rahmbutyrometer für die Meßmethode nicht eichfähig sind.

Tabelle 21

Fettgehalt in %	Spezifisches Gewicht
10	1,022
15	1,017
20	1,012
25	1,007
30	1,002
32	1,000
35	0,997
40	0,992
45	0,987
50	0,982
55	0,977
60	0,972

b) Wägemethode

Da die Butyrometer auf Gewichtsprozente geeicht sind, erhält man die genauesten Resultate, wenn der zu untersuchende Rahm nicht abgemessen, sondern abgewogen wird. Saurer und hochprozentiger Rahm läßt sich bekanntlich auch schwer abmessen. Wenn auf eine genauere Untersuchung Wert gelegt wird, muß man das umständlichere Abwägen des Rahms in Kauf nehmen.

Hierzu verwendet man eine zweischalige Waage (s. Abb. 153). Man stellt auf jede Schale der Waage gleichviel Becherchen und Stopfen und

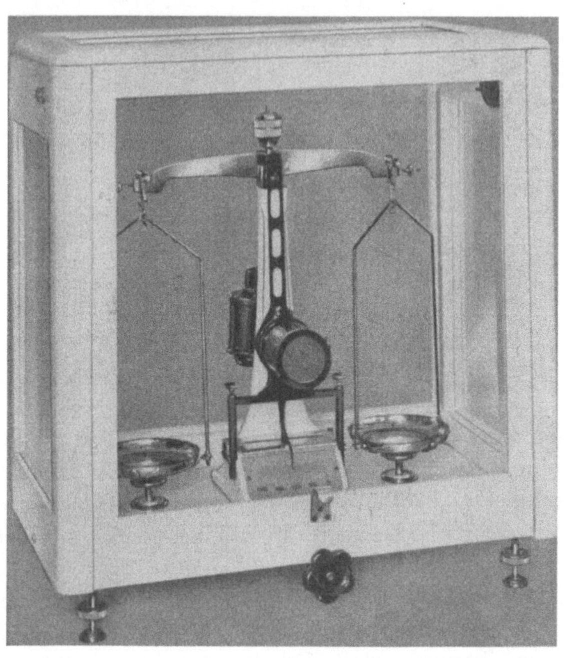

Abb. 153. Zweischalige Waage zur Durchführung der Rahmfettbestimmung

tariert mit Hilfe der Schrauben am Waagebalken die Waage bis zum genauen Einspielen der Zunge auf den Nullpunkt aus. Dann hängt man das 5-g-Rahmgewicht, in den dazu bestimmten Haken oder belastet eine Schale mit einem 5-g-Gewicht und läßt aus einer Pipette oder Rahmspritze (Abb. 150) in ein Becherchen auf der anderen Waagschale den gut gemischten Rahm einlaufen. Sobald die Waage einzupendeln beginnt, gibt man nur tropfenweise Rahm hinzu, bis die Zunge einspielt.

Nach Abnehmen des Gewichtes füllt man in derselben Weise ein Becherchen der anderen Schale. Durch derart wechselseitiges Einwägen der Rahmproben kann man fortlaufend sämtliche Becher füllen, ohne sie einzeln tarieren zu müssen. Ein vorheriges Erwärmen des Rahmes ist bei dieser Methode überflüssig, da der Luftgehalt beim Abwägen des Rahmes keine Rolle spielt.

Nachdem der Rahm in das Becherchen eingewogen ist, wird es vorsichtig in den Korpus des Prüfers eingeführt. Dieser wird durch Hineindrehen des Stopfens fest verschlossen. Darauf läßt man aus einer 20-ml-Pipette so viel verdünnte Schwefelsäure vom spezifischen Gewicht 1,53 zufließen, bis die Flüssigkeit in den Anfang der Skaleneinteilung reicht, und zwar bei den

Butyrometern ohne Kugel bis zu 0–10%,
bei den 55-proz. Prüfern mit Kugel bis zu 30%,
bei den 75-proz. Prüfern mit Kugel bis zu 50%.

Will man mit unverdünnter Schwefelsäure vom spezifischen Gewicht 1,820–1,825 arbeiten, so gibt man erst 9–10 ml Wasser und dann so viel von der Säure zu, daß die Flüssigkeit wieder die angegebene Höhe in der Butyrometerskala erreicht.

Nach Zugabe von 1 ml Amylalkohol schüttelt man kräftig durch und setzt die Prüfer in ein Wasserbad von 70° C. Nach kurzer Zeit nimmt man die Butyrometer aus dem Wasserbad und schüttelt nochmals kräftig, bis eine vollständige Lösung eingetreten ist. Man läßt dann die Prüfer noch einige Minuten im heißen Wasser und zentrifugiert etwa 5 Minuten bei ungefähr 1200 Umdrehungen in der Minute.

Nach dem Zentrifugieren stellt man die Fettsäule durch vorsichtiges Hinein- bzw. Herausdrehen des unteren Stopfens ungefähr auf die Nullmarke ein und bringt die Prüfer dann in ein Wasserbad von 65° C.

Nach einigen Minuten liest man, um eine Abkühlung zu vermeiden, schnell den Fettgehalt ab, indem man die Fettsäule genau auf Nullmarke einstellt. Der untere Rand des Meniskus ist für die Ablesung des Fettgehaltes maßgebend.

Die Wägebutyrometer unterscheiden sich schon äußerlich von den Butyrometern für die Meßmethode dadurch, daß sie an beiden Seiten offen sind. Die Öffnung am Korpus ist besonders weit, da hierdurch der Wägebecher (s. Abb. 152) in das Butyrometer eingeführt wird. Da bei dieser Methode immer dasselbe Rahmgewicht zur Untersuchung kommt, ist die Skala (abgesehen von den ersten 5%) gleichmäßig geteilt und nach der Gottlieb-Röse-Methode geeicht.

Auch hier hat es sich als vorteilhaft erwiesen, Butyrometer mit verschiedenem Meßbereich anzuwenden, und zwar:

ungeteilt (%)	geteilt (%)	in (%)
0–5	–40	1/2
0–30	–55	1/2
0–50	–75	1/2
0–70	–90	1/2

Um die lästige Einwaage von genau 5 g zu vermeiden, hat Schulz[1]

[1] Schulz, M. E.: Molkerei-Lexikon, Kempten, Verlag Dtsch. Molkerei-Ztg. 1952, S. 705.

Tab. 22 zusammengestellt, mit der Einwaagen von 4,8–5,2 g korrigiert werden können.

Tabelle 22. *Korrekturtabelle für Einwaagen von 4,8–5,2 g*

Abgelesener Fettgehalt

Rahm-einwaage	20,0	22,0	24,0	26,0	28,0	30,0	32,0	34,0	36,0	38,0	40,0
	Korrektur										
5,20	−0,8	−0,9	−1,0	−1,1	−1,2	−1,2	−1,3	−1,3	−1,4	−1,5	−1,6
5,18	−0,8	0,8	0,9	1,0	1,0	1,1	1,1	1,2	1,3	1,4	1,5
5,16	−0,7	0,7	0,8	0,9	0,9	0,9	1,0	1,1	1,2	1,2	1,4
5,14	−0,6	0,7	0,7	0,8	0,8	0,8	0,9	0,9	1,0	1,1	1,2
5,12	−0,5	0,6	0,6	0,7	0,7	0,7	0,8	0,8	0,9	1,0	1,0
5,10	−0,4	−0,5	−0,5	−0,6	−0,6	−0,6	−0,6	−0,7	−0,7	−0,8	−0,8
5,08	−0,3	0,4	0,4	0,5	0,5	0,5	0,5	0,6	0,6	0,7	0,7
5,06	−0,2	0,3	0,3	0,4	0,4	0,4	0,4	0,5	0,5	0,6	0,6
5,04	−0,2	0,2	0,2	0,3	0,3	0,3	0,3	0,3	0,3	0,4	0,4
5,02	−0,1	0,1	0,1	0,2	0,2	0,2	0,2	0,2	0,2	0,2	0,2
5,00	±0	±0	±0	±0	±0	±0	±0	±0	±0	±0	±0
4,98	+0,1	0,1	0,1	0,1	0,2	0,2	0,2	0,2	0,2	0,2	0,2
4,96	+0,2	0,2	0,2	0,2	0,3	0,3	0,3	0,3	0,3	0,4	0,4
4,94	+0,3	0,3	0,3	0,3	0,4	0,4	0,4	0,5	0,5	0,6	0,6
4,92	+0,3	0,3	0,4	0,4	0,5	0,5	0,5	0,6	0,6	0,7	0,7
4,90	+0,4	+0,4	+0,5	+0,5	+0,6	+0,6	+0,6	+0,7	+0,7	+0,8	+0,8
4,88	+0,4	0,5	0,5	0,6	0,7	0,8	0,8	0,8	0,9	0,9	1,0
4,86	+0,5	0,6	0,6	0,7	0,8	0,9	0,9	1,0	1,0	1,1	1,2
4,84	+0,6	0,7	0,7	0,8	0,9	1,0	1,0	1,1	1,2	1,2	1,4
4,82	+0,7	0,8	0,8	0,9	1,0	1,1	1,1	1,2	1,3	1,4	1,5
4,80	+0,8	+0,9	+0,9	+1,0	+1,1	+1,2	+1,3	+1,4	+1,4	+1,5	+1,6

5. Prüfung der Schlagsahne

Die Schlagfähigkeit von Sahne ist von verschiedenen Faktoren abhängig, so z. B. vom Fettgehalt, Säuregrad, Eiweißgehalt, Temperatur, Größe der Fettkügelchen und anderen zum Teil unbekannten Faktoren. Ein Gerät zur Prüfung der Schlagfähigkeit der Sahne zeigt Abb. 154.

a) Prüfungsvorschrift nach Mohr. 100 ml der gealterten Sahne werden bei 5° C in einem Becher von 7,2 cm innerer Weite und 8,9 cm lichter Höhe mit zwei Schlägern geschlagen, die aus sechsseitigen zylinderförmig angeordneten Drahtkörben von Drähten mit 1,5 mm Stärke und 8 cm Länge, bei denen die jeweilige Zylinderanordnung einen Durchmesser von 3 cm hat, bestehen. Beide Zylinderkörbe bewegen sich um eine gemeinsame und außerdem um ihre eigene Achse im gleichen Sinne, so daß jeder einzelne Draht 900 Umdrehungen in der Minute durchführt. Die günstigste Schlagdauer für Festigkeit der geschlagenen Sahne wird mittelst Stoppuhr und Wattmeter bei Erreichung der höchsten Wattzahl[1] (als Leistungsänderung des verwendeten Motors) gemessen. Die Volumenzunahme läßt sich ohne weiteres im Becher durch Eintauchen eines Meßstabes ablesen. Die Festigkeitsbestimmung erfolgt durch Messen der Zeit, in der ein Stempel von 30 g unter Zusatzgewichten 3 cm tief einsinkt. Der Stempel selbst setzt sich aus einem Schaft von 4 mm Durchmesser und zwei konzentrisch angeordneten Drahtringen von 1 mm Dicke, die in einem Abstand von 2,5 und 5 cm um den Schaft am unteren Ende angebracht und durch 4 Verstrebungen mit ihm verbunden sind, zusammen.

Abb. 154. Schlagsahneapparatur zur Prüfung der Schlagfähigkeit

F. Untersuchung der Butter

Nach FLEISCHMANN und HITTCHER hat die Butter im Durchschnitt die in Tab. 23 angegebene Zusammensetzung.

Eine Vorstellung von der komplizierten Zusammensetzung des Milchfettes vermitteln uns die Angaben von HILDITSCH[2], wonach das Milchfett aus neun gesättigten und sieben ungesättigten Fettsäuren besteht, die wieder in flüchtige und nichtflüchtige Fettsäuren aufgeteilt werden können. Bei den letzteren unterscheidet man feste und flüssige Fettsäuren. Nach diesem Autor ergeben sich folgende Mittelwerte in Prozent:

Tabelle 23

%	ungesalzen	gesalzen
Fett	83,47	82,8
Wasser	15,00	14,82
Eiweiß	0,6	0,665
Milchzucker	0,8	0,285
Asche	0,13	1,43

Buttersäure	4,3	Caprinsäure	1,2	Palmitinsäure	14,8
Capronsäure	1,6	Laurinsäure	5,0	Stearinsäure	3,4
Caprylsäure	1,2	Myristinsäure	16,4	Ölsäure	44,8

[1] Bei der abgebildeten Apparatur wird die günstigste Schlagdauer mit einem mechanischen Schleppzeiger gemessen.

[2] HILDITSCH, T. P.: The chemical constitution of natural fats. London: Chapman und Hall Ltd. 1949.

Die Untersuchung der Butter erstreckt sich auf ihre Zusammensetzung und Qualität. Die Prüfung der Zusammensetzung umfaßt hauptsächlich die Bestimmung des Wasser- und Fettgehaltes, die den gesetzlichen Vorschriften genügen müssen, und den Nachweis einer Verfälschung durch Fremdfette. Die Prüfung auf Qualität ist in erster Linie eine Sinnenprüfung und erstreckt sich auf Geruch, Geschmack und Aussehen. Die Ursachen schlechter Qualität, der Butterfehler, sind physikalischer, chemischer oder bakteriologischer Natur und daher nur durch chemische, physikalische und bakteriologische Untersuchungen aufzufinden.

1. Verfahren zur Gehaltsbestimmung

a) Ermittlung des Fettgehaltes

Die Bestimmung des Fettgehaltes erfolgt nach der gewichtsanalytischen Methode von Röse-Gottlieb, wie sie auch für Milch Verwendung findet. Hierzu bringt man etwa 1 g Butter in ein Eichloff-Grimmer-Kölbchen oder in ein Röse-Gottlieb-Rohr, in dem man diese in etwa 10 ml heißem Wasser löst und mit Hilfe eines Trichters in das Kölbchen überführt. Nach Zugabe der erforderlichen Reagenzien (s. S. 147) schüttelt man so lange durch, bis sich die Eiweißstoffe gelöst haben, wodurch das Fett für die Lösungsmittel freigelegt wird. Im übrigen verfährt man wie auf S. 147 beschrieben.

In der Praxis kann auch folgendes Verfahren Anwendung finden, welches gleichzeitig die wasserfreien Nichtfettstoffe der Butter liefert. Der Rückstand der bei der Wasserbestimmung verwendeten Butter im Aluminiumbecher wird gelinde erwärmt. Dann fügt man 100 ml Petroläther hinzu und rührt mit einem Glasstab gründlich durch. Der Glasstab wird entfernt, worauf man den Becher einige Minuten in eine geneigte Lage bringt. Die festen Bestandteile, Eiweiß und Salze, setzen sich ab. Die Fettlösung wird jetzt vorsichtig dekantiert (abgegossen). Die festen Bestandteile bleiben zurück. Nun gießt man weitere 50 ml Petroläther in den Aluminiumbecher. Danach gießt man ein zweites Mal ab. Die restlichen Äthermengen werden durch gelindes Erhitzen vertrieben. Es ist darauf zu achten, daß nicht zu hoch erhitzt wird, damit nicht durch Spritzen Eiweißverluste auftreten. Mit Rücksicht auf den Petroläther muß man eine offene Flamme vermeiden. Man erhitzt so lange, bis der Inhalt nicht mehr nach Petroläther riecht. Nach dem Abkühlen im Exsikkator wird der Becher mit Inhalt auf einer Butterwasserwaage oder einer analytischen Waage gewogen. Der Gewichtsverlust ergibt den Fettgehalt. Der im Becher verbleibende Rückstand stellt die wasserfreien Nichtfettstoffe dar. Verwendet man eine Butterwasserwaage, die bei Einwaage von 10 g Butter den Wassergehalt in Prozenten ergibt, so muß man den gefundenen Wassergehalt in Prozenten von den gefundenen Prozenten bei der 2. Wägung abziehen und erhält den Fettgehalt in Prozenten. Als Petroläther verwendet man ein reines Präparat mit der Dichte 0,634–0,66.

Im Butterprüfer kann der Fettgehalt auch nach dem GERBER-Verfahren ermittelt werden. Verwendet man den Butterfett-Prüfer, so kann man nur den Fettgehalt ermitteln, während man mit dem Universal-Butterprüfer in einem Untersuchungsverfahren Fettgehalt und Wassergehalt bestimmen kann. Für genaue Messungen kommt dieses Verfahren allerdings nicht in Frage.

b) Untersuchung der Butter auf Wassergehalt

Nach der Butterverordnung § 12, Anlage 2 darf gesalzene Butter nicht mehr als 16% Wasser und nicht weniger als 80% Fett, ungesalzene Butter nicht mehr als 18% Wasser und nicht weniger als 80% Fett enthalten. Da die Molkerei bestrebt sein muß, den gesetzlich vorgeschriebenen Wassergehalt nicht zu überschreiten, andererseits aber aus wirtschaftlichen Gründen den Wassergehalt nicht zu niedrig zu halten, ist für die Betriebskontrolle eine dauernde Überwachung des Wassergehaltes unbedingt nötig.

Probenahme. Bei der Probenahme von Butter müssen jedesmal Proben aus mehreren Stellen der Buttermasse entnommen werden. Man bedient sich dabei eines Butterbohrers (Abb. 155), den man so tief in die Buttermasse hineindreht, daß er auf der anderen Seite herausragt. Dann zieht man ihn unter Drehen heraus; 2–3 Proben werden in dieser Weise entnommen und vermischt. Es ist notwendig, die Butterproben in luftdicht abgeschlossenen Behältnissen aufzubewahren, da sonst ein Teil des Wassers verdunstet. Sollte man die Untersuchung nicht gleich nach der Probenahme vornehmen können, so ist es am besten, die Butter an einem kühlen, dunklen Ort aufzubewahren.

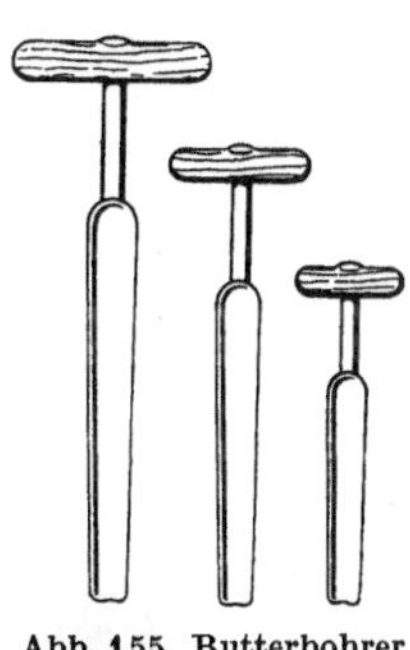

Abb. 155. Butterbohrer verschiedener Größe

Standardmethode. Die Standardmethode ist die gewichtsanalytische, wie sie für Wasserbestimmungen allgemein in der Nahrungsmittelchemie üblich ist. Nach GRIMMER werden hierzu etwa 5 g Butter auf der analytischen Waage in eine vorher mit ausgeglühtem Bimssteinpulver oder Seesand beschickte flache Nickelschale eingewogen und im Trockenschrank bei 105° 30 Minuten getrocknet. Danach läßt man im Exsikkator erkalten, bestimmt das Gewicht und ermittelt hieraus den prozentischen Wassergehalt.

Schnellmethoden. In der Praxis arbeitet man mit Schnellmethoden, die ebenfalls auf dem gewichtsanalytischen Prinzip beruhen. Die Beschleunigung wird durch das Trocknen im Aluminiumbecher über freier

Flamme erzielt. Man benutzt Spezialwaagen, die z. T. bei einer Einwaage von 10 g den Wassergehalt direkt in Prozenten abzulesen gestatten. Es gibt verschiedene Spezialwaagen für die Butterwasserbestimmung. Entweder bedient man sich einer Zeigerwaage (Mowawaage) oder einer Hebelwaage mit einer Waagschale oder mit zwei Waagschalen. Während die einschalige Waage nur für Wassergehaltsbestimmungen verwendet werden kann, können auf der mit zwei Schalen versehenen Waage auch andere Wägungen vorgenommen werden. Eine Waage ohne Reiter ist die HAUPTNER-Kettenwaage.

α) Butterwasserbestimmung mit der einschaligen Waage. Diese Waage ist eine ungleicharmige, achatgelagerte Präzisionswaage mit einer Tragkraft von 100 g und einer Empfindlichkeit von 10 mg. Sie ist eine Spezialwaage für die Wasserbestimmung in Butter und Käse und ermöglicht unter Verwendung von Reitergewichten die direkte Ablesung der Wasserprozente bei einer Einwaage von 10 g (Käse 5 g). Als Beispiel sei die Perplex-Waage, ihr Aufbau und ihre Arbeitsweise beschrieben (Abb. 156).

Aufbau der Waage. Die Waage wird wie folgt aufgebaut: Man setzt die Fußplatte so vor sich hin, daß der Arretierhebel dem Be-

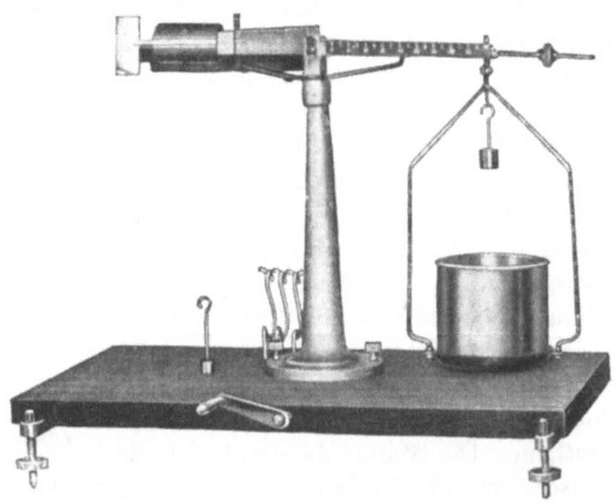

Abb. 156. Perplex-Waage

schauer zugekehrt ist. In den Arretierhebel schraubt man den dazugehörigen Stift. In die Löcher der Platte werden von unten her die Fußschrauben eingesetzt. Nun hakt man die Trägersäule aus Messing mit der am Fuß befindlichen Zunge in den unter der Fußplatte befindlichen Zapfen der Arretiervorrichtung und schraubt dann die Säule mit den beiden Stiftschrauben an der Platte fest. Durch Bewegen des Arretierhebels muß sich der auf der Säule ruhende Lagerbock leicht auf und ab bewegen lassen. Alsdann setzt man den Waagebalken so in den Lagerbock, daß die Zahlen dem Beschauer zugekehrt sind. Hierauf öffnet man das Kreuz des für die Schale bestimmten Waagebügels und hängt ihn so in den am Waagebalken befindlichen oberen Haken, daß das Waagekreuz auf der Fußplatte aufsitzt. Legt man nun noch die Schale auf das Waagekreuz, so ist die Waage vorschriftsmäßig aufgebaut und gebrauchsfertig.

Durchführung der Bestimmung. Auf die Waagschale gibt man den Becher und hängt das 10-g-Gewicht an dem Haken über dem Becher auf. Nun wird durch Drehen der Tarierschraube am Waagebalken die Waage ins Gleichgewicht gebracht. Man entfernt nunmehr das 10-g-Buttergewicht und bringt etwa 10 g Butter in den Schmelzbecher, welchen man zu diesem Zwecke in die Hand nimmt. Durch Umlegen des Hebels wird die Waage wieder aus der Arretierung ausgehoben. Zeigt die Waage zuviel oder zuwenig Butter an, so arretiert man von neuem, nimmt mit dem Spatel einen Teil wieder heraus oder umgekehrt und tariert mit Butter so lange, bis der Zeiger der Waage genau auf dem Haupt- bzw. Mittelstrich der Skala steht. Nun faßt man den Becher mit der Zange und erwärmt ihn über der Flamme unter beständigem Umschwenken. Die Butter schmilzt, und das Wasser entweicht mit knisterndem Geräusch unter Bildung von Blasen. Man halte den Becher nicht direkt in die Flamme, sondern etwas über die Flamme, da sonst leicht Fett aus dem Becher spritzt und das Eiweiß anbrennt, wodurch Fehlresultate entstehen. Das Verdunsten des Wassers aus der Butterprobe ist in einigen Minuten beendet. Drei charakteristische Merkmale lassen die völlige Verdunstung des Wassers erkennen:

1. Gänzliches Aufhören des Knisterns; — 2. Bildung eines feinen weißen Fettschaumes, welcher mit dem Aufhören des Knisterns zusammenfällt; — 3. Angenehmer Geruch, welcher beim Bräunen von Butter auftritt.

Besonders charakteristisch ist ferner, daß in dem Augenblick, in dem der letzte Tropfen Wasser verdunstet ist, sich die Butter zu bräunen beginnt. Das Auftreten des bekannten Geruches nach angebranntem Fett ist ein Zeichen, daß die Erhitzung zu weit getrieben wurde. In solchen Fällen wird der Wassergehalt der Butter bis zu $^{4}/_{10}$% zu hoch gefunden. Nachdem der Becher erkaltet ist, bringt man ihn wieder auf die Waage. Um den Wassergehalt zu ermitteln, verfährt man wie folgt:

Man setzt den großen Reiter auf die Kerbe des Waagebalkens, bei der die Waage nahezu einspielt. Durch Aufsetzen des kleinen Reiters wird die Waage nun vollständig zum Einspielen gebracht. Spielt die Waage mit dem großen Reiter bereits ein, so bleibt der kleine Reiter an seinem Platze hängen. Der große Reiter zeigt die ganzen, der kleine Reiter die zehntel Prozente an.

Beispiel I: Der große Reiter steht auf 15, der kleine auf 6; die Butter hat einen Wassergehalt von 15,6 Prozent.

Beispiel II: Der große Reiter steht auf 12, der kleine auf 9; die Butter hat einen Wassergehalt von 12,9 Prozent.

β) Butterwasserbestimmung mit der zweischaligen Waage. Als Beispiel sei die „Novita“-Waage gewählt. Die Waage ist eine zweischalige, achatgelagerte Präzisionswaage mit einer Tragkraft von 100 g und einer Empfindlichkeit von 2 mg. Sie ist eine Spezialwaage für die Wasserbestimmung und so konstruiert, daß man direkt den Wassergehalt in Prozenten ablesen kann. Unter Verwendung eines Gewichtssatzes kann sie auch für alle sonstigen in der Molkerei vorkommenden Wägungen Verwendung finden.

Abb. 157. Novita-Waage

Aufbau der Waage: Waage nach dem Aufstellen mit Hilfe der Stellschrauben am Gehäuse in waagerechte Lage bringen. (Prüfung durch Libelle oder Wasserwaage.) Gleichgewicht der Waage prüfen und eventuell durch die Tarierschrauben am Waagebalken einstellen. (Der geschlossene blaue Tarierreiter muß hierbei auf der 0-Marke des Reiterlineals sitzen.)

αα) Bestimmung eines unbekannten Gewichtes. Auf die *linke* Waagschale Wägegut (max. 100 g) bringen, auf die *rechte* Waagschale Gewichte setzen.

Durch Aufsetzen des vernickelten 1-g-Reiters auf das Reiterlineal das Bruchgrammgewicht ermitteln. (Der blaue Tarierreiter bleibt auf der 0-Marke!)

1 Teilstrich der Skala am Lineal entspricht $^1/_{100}$ g.

Beispiel: Gewicht auf der rechten Waagschale: $50 + 5 + 2 + 1 = 58$ g. Stellung des vernickelten 1-g-Reiters zwischen 4 und 5 auf dem 6. Teilstrich: 0,46 g.
Gewicht des Wägegutes: $58 + 0{,}46$ g $= 58{,}46$ g.

ββ) Wasserbestimmung in Butter. Auf die rechte Waagschale Aluminiumbecher, auf die linke Waagschale 50-g-Gewicht setzen.

Blauen Tarierreiter zunächst auf „10“ und vernickelten 1-g-Reiter auf die 0-Marke setzen.

Tara-Gewicht mit dem blauen Tarierreiter genau ermitteln.

(Bei Serien-Bestimmung Stellung des Tarierreiters notieren.)

Auf die linke Waagschale 10-g-Gewicht setzen, in den Aluminiumbecher genau 10 g Butter einwägen.

Butterprobe durch Erhitzen entwässern bis Schäumen und Knistern aufhört und leichte Bräunung auftritt.

Nach dem Erkalten des Bechers Gewichtsverlust und damit Wassergehalt durch Verschieben des vernickelten 1-g-Reiters auf dem Reiterlineal feststellen.

Beispiel: Stellung des vernickelten 1-g-Reiters zwischen 16 und 17 auf dem dritten Teilstrich:

Wassergehalt der Butter = 16,3 Prozent.

Bei einem Wassergehalt von mehr als 20% wird der große vernickelte 2-g-Reiter an das Gehänge der rechten Waagschale – auf welcher der Aluminiumbecher steht – gehängt, wodurch 20% fixiert sind. Mit dem vernickelten 1-g-Reiter werden die Restprozente ermittelt und zu 20 addiert.

γ) Butterwasserbestimmung mit der Mowawaage. Die Mowawaage (Abb. 158) nach Mohr und Schulz ist eine Zeigerwaage, die speziell für die Wasserbestimmung in Butter und Käse konstruiert ist. Sie eignet sich aber auch innerhalb ihres beschränkten Meßbereiches von 38,5–41,0 g, der in Abschnitte von 10 mg unterteilt ist, für gewöhnliche Wägungen.

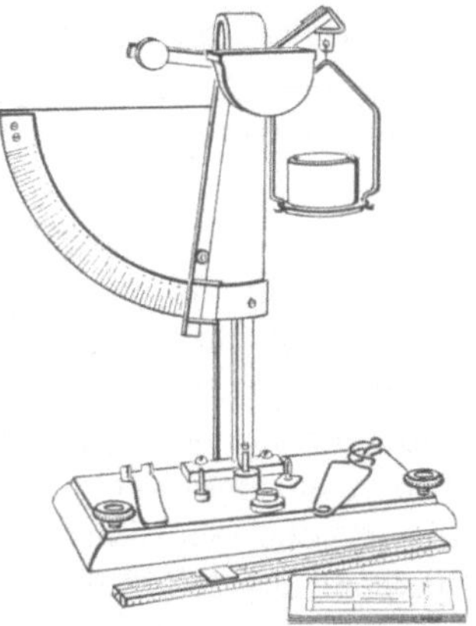

Abb. 158. Mowa-Waage

Sie hat vor den sonst gebräuchlichen Wasserbestimmungswaagen mit direkter Ablesung des Wassergehaltes in Prozenten den Vorteil, daß man den Becher zur Aufnahme des Untersuchungsmaterials nicht auszutarieren braucht und daß man nicht an eine *bestimmte* Einwaage gebunden ist. Bei der Mowawaage genügt es, *ungefähr* 10 g Butter bzw. 2 g Käse abzuwägen. Allerdings hat man dafür eine Berechnung des Resultates in Kauf zu nehmen.

Eine eingehendere Beschreibung wie in der 1. Auflage unterbleibt, da die Waage zur Zeit nicht hergestellt wird.

δ) Butterwasserbestimmung mit der Kettenwaage. Größere Verbreitung hat eine Kettenwaage gefunden (Abb. 159), die durch die Firma *Hauptner* vertrieben wird. Die Waage unterscheidet sich von den bisher gebräuchlichen dadurch, daß die Gewichtsauflage zur Ermittlung des Wasserverlustes nach der Trocknung nicht durch Auflegen von Reitergewichten auf den rechten Waagebalken, sondern durch Änderung des Gewichtes des linken Waagebalkens samt Zubehör erfolgt. Hierzu wird eine am linken Waagebalken aufgehängte Kette bis zum Einspielen der

Abb. 159. Ketten-Waage

Waage verkürzt. Die Verkürzung der Kette wird durch Aufspulung auf ein ausgekehltes Rad bewirkt, das durch eine Achse mit einer beweglichen Skala verbunden ist, die es direkt gestattet, den Wassergehalt der Butter abzulesen. Eine zweite Skala, die mit einem Hebel gekoppelt ist, der ebenfalls eine gewisse Verkürzung der Kette ermöglicht, dient zur Ausgleichung der verschiedenen Bechergewichte. Die Zuverlässigkeit der Waage steht und fällt mit der Präzision der Mechanik, insbesondere der Zuverlässigkeit der Kette (Korrosion und Einheitlichkeit der Kettenglieder). Die Bedienungsweise lautet nach Angabe der Lieferfirma:

Nachdem der leere Becher durch Drehen des oberen Knopfes austariert ist, werden 10 g Butter in den Schmelzbecher eingewogen. Dann wird das Wasser durch Erwärmen in der üblichen Weise verdampft. Mit dem nun leichter gewordenen Becher wird die Waage durch Rechtsdrehen am unteren Knopfe wieder ins Gleichgewicht gebracht und der Wassergehalt in Prozent an der großen Skala abgelesen.

c) Bestimmung des Kochsalzgehaltes

Den Kochsalzgehalt der Butter kann man auf verschiedene Weise bestimmen. Entweder verascht man eine eingewogene Menge (10 g) Butter und zieht die Asche mit heißem Wasser aus. Dann titriert man den Chlorgehalt nach Mohr mit n/10-Silbernitrat. Als Indikator findet Kaliumchromat Verwendung. Die Titration ist beendet, wenn sich die bei der Zugabe von Silbernitrat durch die Bildung von Silberchromat auftretende Braunfärbung beim Umschütteln hält. Ein ml der verbrauchten Silbernitratlösung entspricht 0,00585 g Kochsalz.

$$NaCl + AgNO_3 = AgCl\downarrow + NaNO_3$$

Die Laboratoriumsfirmen liefern für diese Untersuchung zugeschnittene Ausrüstungen unter dem Namen „Salzgehaltsbestimmer“. Bei Anwendung der vorgeschriebenen Mengen kann der Salzgehalt an den Büretten dieser Geräte direkt abgelesen werden. Die Geräte bestehen aus einem Säuregradsbestimmer, wobei das Vorratsgefäß zum Schutze der Silbernitratlösung gegen Lichteinfluß (Zersetzung) aus braunem Glas hergestellt ist, einer Spezialbürette und sonstigen Utensilien.

Eine Schnellmethode verwendet den Rückstand im Aluminiumbecher, der bei der Wassergehaltsbestimmung in Butter erhalten wird. Nach Ermittlung des Fettgehaltes in der auf S. 212 beschriebenen Weise kann man den nunmehr verbleibenden Rest mit etwa 50 ml destilliertem Wasser erwärmen und in einen Erlenmeyer-Kolben überführen. Man spült mehrmals mit warmem Wasser nach und vereinigt die Waschwässer in einem Meßkolben, den man auf 100 ml mit destilliertem Wasser auffüllt. Diese Lösung kann, wie oben beschrieben, mit n/10-Silbernitrat titriert werden. Man kann aber auch in dieser Weise den Rückstand bei der Butterwasserbestimmung direkt zur Salzgehaltsbestimmung verwenden.

d) Bestimmung des Eiweißgehaltes

Der Eiweißgehalt der Butter kann durch eine Stickstoffbestimmung nach KJELDAHL, wie auf S. 20 beschrieben, ermittelt werden. Hierzu verwendet man 10 g Butter, die nach dem Erwärmen auf etwa 50° C, wodurch das Butterfett flüssig wird, mit 20 ml Äther-Alkohol-Gemisch versetzt werden. Hierdurch wird das Fett gelöst. Man filtriert vom Ungelösten ab. Der Rückstand wird nochmal mit Äther-Alkohol nachgewaschen, wodurch die Hauptmenge des Fettes entfernt wird. Der Rückstand mit Filter wird in einen KJELDAHL-Kolben überführt und, wie unter Eiweißbestimmung (s. S. 20, 21) beschrieben, weiterbehandelt.

Eine einfache Methode zur Bestimmung des Eiweißgehaltes ergibt sich, wenn Wassergehalt, Fettgehalt und Kochsalz bestimmt worden sind. Die Subtraktion dieser Prozentzahlen von der Einwaage gleich 100% ergibt den Eiweißgehalt in Prozent.

e) Bestimmung der Asche

Für die Bestimmung der Asche befreit man zweckmäßig die Butter erst von ihrem Wasser, dann von ihrem Fettgehalt. Hierzu trocknet man ungefähr 5 g Butter im Trockenschrank bei 105° C einige Stunden. Nach dem Abkühlen im Exsikkator löst man das Fett in Äther, filtriert durch ein aschefreies Filter und wäscht mit Äther nach, bis das Fett entfernt ist. Das Filter mit Inhalt wird in einen Platintiegel oder notfalls in einen Porzellantiegel überführt und verascht, wie S. 20 angegeben ist.

f) Bestimmung des Milchzuckers

Der Milchzucker kann entweder polarimetrisch oder durch seine Reduktionswirkung gegenüber FEHLINGscher Lösung bestimmt werden. Zu diesem Zweck werden 10 g Butter in einem Becherglas abgewogen, durch Erwärmen verflüssigt und durch mehrmalige Extraktion mit Wasser im Schütteltrichter der Milchzucker in eine wäßrige Lösung überführt. Die vereinigten Auszüge werden in einen Meßkolben von 100 ml gebracht. Nach CARREZ (s. S. 27) klärt man die wäßrige Lösung durch Zugabe von 2 ml Kaliumferrocyanidlösung (15%) und 2 ml (30%) Zinksulfatlösung. Danach füllt man auf 100 ml auf. Nun kann der Milchzucker in der Lösung wie auf S. 201 polarimetrisch oder auf Grund seiner Reduktionswirkung bestimmt werden.

g) Bestimmung des Säuregrades

10 g Butter werden durch Erwärmen in einem ERLENMEYER-Kolben verflüssigt (Wasserbad). Dann gibt man einige Tropfen 1-proz. alkoho-

lischer Phenolphthaleinlösung hinzu und titriert in der auf S. 80 beschriebenen Weise mit n/10-Natronlauge. Die Anzahl der verbrauchten ml Lauge ergibt den Säuregrad der Butter. Die Definition für den Säuregrad der Butter lautet: Anzahl der verbrauchten ml n-Natronlauge/100 g Butter.

Wie sehr der Säuregrad sich mit dem Alter der Butter ändern kann, geht daraus hervor, daß nach MUNDINGER[1] frische Butter einen Säuregrad von 1,75 aufwies, während 44 Tage alte Butter 10 Säuregrade und 60 Tage alte Butter 25 Säuregrade zeigte. Diese Steigerung des Säuregrades ist nicht allein auf eine Zunahme des Milchsäuregehaltes, sondern auch auf die Bildung von freien Fettsäuren zurückzuführen, die infolge Spaltung des Fettes durch Mikroorganismen entstehen.

Tabelle 24

Butterungsacidität des Rahms in %	Titrationsacidität in Butter in %
0,15	0,02–0,04
0,25	0,03–0,05
0,30	0,05–0,07
0,50	0,08–0,12
0,80	0,13–0,20

In USA verwendet man für die Säuregradsbestimmung 18 g Butter und n/50-Natronlauge. Die Butter wird mit Wasser von 65° C versetzt, Phenolphthaleinlösung hinzugefügt und titriert. Jeder verbrauchte ml Alkalilösung entspricht 0,01% Säure. Nach HUNZIKER besteht die in Tab. 24 zusammengestellte Beziehung zwischen Säuregrad des Rahms und Titrationsacidität in Butter.

h) Bestimmung des p_H-Wertes

Die p_H-Bestimmung in Butter kann kolorimetrisch oder elektrometrisch durchgeführt werden. Nach HUNZIKER[2] finden für die kolorimetrische Bestimmung Bromthymolblau oder Alizarin als Indikator Verwendung. Man schmilzt etwa 10 g Butter mit 15 ml destilliertem Wasser und bringt die Mischung zum Kochen. 1 ml des Serums wird mit einigen Tropfen Indikatorlösung versetzt und die auftretende Färbung mit der Farbtafel des entsprechenden Indikators verglichen. Natürlich erhält man hier keine sehr genauen Werte, doch genügen sie für die Bedürfnisse der Praxis in manchen Fällen.

Die elektrometrische Bestimmung des p_H-Wertes wird am besten im Serum durchgeführt. HUNZIKER[3] gibt dafür folgendes Verfahren an: Etwa 35 g Butter werden in ein Reagenzglas von 2,5 cm Durchmesser und 12 cm Länge gegeben. Der Inhalt wird im Wasserbad auf 60° C erwärmt. Dann wird durch Zentrifugieren das Serum abgetrennt, mit einer Pipette, die

---

[1] MUNDINGER, E.: Milchwirtsch. Forsch. 7, 292 (1929).
[2] HUNZIKER, O. F.: The Butter-Industry Illinois: La Grange, 1940, S. 126.
[3] HUNZIKER, O. F.: The Butter-Industry Illinois: La Grange, 1940, S. 130.

durch die Fettschicht geführt wird, das Serum entnommen und dieses in einen Behälter übergeführt, in die man die Elektroden einführt. Die Messung erfolgt mit den üblichen Geräten (s. S. 112ff.) mit Hilfe der Glaselektrode.

Über die Bedeutung des p_H-Wertes der Butter ist an anderer Stelle ausführlich berichtet worden. Es wäre zu begrüßen, wenn die elektrische p_H-Messung mehr und mehr in die Buttereibetriebe Eingang finden würde.

i) Bestimmung von Eisen[1,2]

Die Bestimmung von Eisen in Butter ist deshalb sehr wichtig, weil die geringsten Mengen Eisen zu Butterfehlern führen, wie im einzelnen auf S. 238 ausführlich beschrieben. Das Eisen wird kolorimetrisch bestimmt. Hierzu ist es nach SCHWARZ und FISCHER erforderlich, 5 g Butter mit 2 ml methylalkoholischer Salzsäure (Salzsäure: Methanol 1 : 1) und außerdem mit 0,5 ml einer etwa n/4-Wasserstoffsuperoxydlösung zu versetzen und nach dem Erwärmen auf 40—45° C kräftig durchzuschütteln, worauf man die Mischung 5 Minuten stehen läßt. Nach erneutem Durchschütteln wird die Probe in ein mit Wasser und Eis gefülltes Gefäß gestellt und anschließend in einem Zentrifugenröhrchen bei 3000 Touren geschleudert. Aus der oberen Schicht entnimmt man 8 ml Lösung, versetzt mit 2 ml 10-proz. Ammoniumrhodanidlösung und bestimmt entweder im PULFRICH-Photometer oder mit Hilfe von Vergleichslösungen den Gehalt an Eisen. Es gibt einfache Kolorimeter für die Bestimmung von Eisen in Wasser, die auch hierfür Verwendung finden können.

k) Bestimmung von Kupfer

Auch geringe Mengen Kupfer können zu Butterfehlern führen. Deshalb ist auch die Bestimmung der Kupfermenge wichtig. Ein einfaches Verfahren wird nach RITTERHOFF[3] wie folgt durchgeführt: 10 g Butter werden im Aluminiumbecher abgewogen und über freier Flamme zum Schmelzen gebracht. Man erhitzt so lange, bis die wäßrige Phase deutlich siedet, wodurch etwa vorhandene Peroxydase zerstört wird. Die flüssige Butter wird in ein Reagenzglas übergeführt, mit 5 ml 10-proz. Kaliumrhodanidlösung versetzt. Außerdem gibt man 10 Tropfen Guajakreagens „Neu" zu. An Hand einer entsprechenden Farbtafel ermittelt man den Gehalt der wäßrigen Phase, nachdem man die Probe durchgeschüttelt hat. Der erste auftretende blaue Farbton entspricht einem Kupfergehalt der Probe von etwa 1 γ/g (1 $\gamma = {}^1/_{1000}$ mg).

---

[1] SCHWARZ, G., u. O. FISCHER: Molkerei-Ztg. Hildesheim **54**, **345** (**1940**).

[2] SCHWARZ, G., O. FISCHER u. B. HAGEMANN: Deutsche Molkerei-Ztg. **64**, **143** (**1943**).

[3] RITTERHOFF, H.: Molkerei-Ztg. Hildesheim **53**, **1478** (**1939**).

l) Nachweis von Konservierungsmitteln[1]

Da die Zahl der Konservierungsmittel, die der Butter zugesetzt werden können, recht groß ist, soll auf eine Beschreibung der Nachweisverfahren in diesem Rahmen nicht eingegangen werden. Solche Verfahren müssen von analytisch geschulten Chemikern durchgeführt werden. Erwähnt soll nur werden, daß folgende Konservierungsmittel in Frage kommen können: Borsäure und Borate, Fluorwasserstoff und Fluoride, schweflige Säure und Sulfite, Thiosulfate, Salicylsäure und deren Verbindungen, Benzoesäure und Benzoate. Es sei noch darauf hingewiesen, daß nach dem Entwurfe zu einer Verordnung über Konservierungsmittel sämtliche Konservierungsmittel außer Kochsalz verboten werden sollen.

m) Nachweis von Diacetyl (Butteraroma)[2,3]

Ein wesentlicher Bestandteil des Aromas der Butter ist das Diacetyl, eine chemische Verbindung $CH_3 \cdot CO \cdot CO \cdot CH_3$, wie von Schmalfuss und Mitarbeiter nachgewiesen wurde. *Str. citrovorus* und *paracitrovorus* wandeln die Zitronensäure der Milch in Acetoin um, das durch Oxydation in Diacetyl übergeht. In guter Butter sind pro kg 0,1–0,4 mg Diacetyl enthalten. Nach Davies enthält leicht aromatische Butter 0,2 bis 0,6 mg, vollaromatische Butter 0,7–1,5 mg je kg Butter.

Die quantitative Bestimmung des Diacetyls wird nach Schmalfuss und Bartmeyer[4] wie folgt durchgeführt: Man schüttelt 1 kg Butter mit 650 ml gesättigter Kochsalzlösung, leitet einen CO_2-Strom durch und destilliert bis 110° C und bis 150° C je 50 ml ab. Vom letzten Destillat (bis 150° C) werden wiederum 8 ml überdestilliert, nachdem man vorher mit NaCl abgesättigt hat. Dieses Destillat darf bei der Prüfung (s.u.) kein Diacetyl enthalten.

Auch von dem ersten Destillat (bis 110° C) werden 8 ml in der geschilderten Weise überdestilliert. Nun läßt man 10 Minuten abkühlen und versetzt das gewonnene Destillat mit einer auf 0° C gekühlten Mischung aus:

50 ml H_2O,
2 ml Hydroxylaminchlorid-Lösung (20-proz.).
3 ml $NiCl_2$-Lösung (10-proz).

Nach Aufsetzen des Stopfens wird noch eine Minute weitergekühlt. Jetzt versetzt man mit der 2–3fachen der berechneten Menge von Ammoniak (20-proz. 0° C). Nachdem man eine Stunde die Mischung in Eis gekühlt hat, wird der Niederschlag durch einen Filtertiegel filtriert, mit

[1] Souci, S. W.: Angew. Chem. **67**, 16 (1955).
[2] Schmalfuss, H., u. H. Werner: Fette und Seifen **44**, 509 (1937).
[3] Mohr, W., u. J. Wellm: Ber. Weltmilchkongr. Berlin 1937, Bd. II, S. 97.
[4] Schmalfuss, H., u. H. Bartmeyer: Z. Unters. Lebensmittel **63**, 283 (1932); **70**, 233 (1935).

100 ml Wasser (0° C) nachgespült. Der auf dem Filter befindliche rote Niederschlag von Nickeldioxim wird eine Stunde getrocknet (110 bis 120° C). Nach dem Erkalten im Exsikkator über P_2O_5 (2 Stunden) wird gewogen. Der Schmelzpunkt der Verbindung liegt bei 234–235° C.

2. Nachweis einer Verfälschung von Butter

Der Nachweis einer Verfälschung von Butter, die meist durch Zusatz von Fremdfetten wie Margarine, Kokosfett usw. erfolgt, beruht auf dem Nachweis einer Änderung der Konstanten der Butter bzw. des Butterfetts. Diese Konstanten des Butterfettes sind nun entweder physikalischer oder chemischer Natur. An physikalischen Konstanten kommen in Frage: Die Lichtbrechung (Refraktion), der Schmelz- und Erstarrungspunkt (auch von Fettsäuren), das spezifische Gewicht bei 15 und bei 100° C, der Fließpunkt, der Tropfpunkt.

Chemische Konstanten sind: Menge der freien Fettsäuren, REICHERT-MEISL-Zahl, POLENSKE- und Verseifungszahl, Jod- und Buttersäurezahl.

Leider gibt es keine genau festgelegten Werte, da es keine normierte Milch und daher auch kein normiertes Butterfett gibt. Die Zusammensetzung von Milch- und Butterfett schwankt und wird durch verschiedene Faktoren beeinflußt (Fütterung, Laktationsperiode und Viehrasse). Es ist z. B. bekannt, daß der Ölsäuregehalt der Butter Schwankungen unterworfen ist (18–25%). Hierdurch ergeben sich auch Schwankungen der Kennzahlen. Man gibt daher für die Kennzahlen Intervalle an. Für eine normale Butter gelten folgende Werte:

Physikalische Konstanten:

Spezifisches Gewicht bei 15°	0,926–0,946	Erstarrungspunkt	17–26° C
Schmelzpunkt	28–37° C	Refraktometergrade bei 40° C	39,0–48,0

Chemische Konstanten:

REICHERT-MEISL-Zahl	19–36	Jodzahl	25,7–49,0
Verseifungszahl	220–232	Buttersäurezahl	Mittelwert 20
POLENSKE-Zahl	1,3–5,3		

a) Gewinnung des Butterfettes

Zur Untersuchung des Butterfettes schmilzt man Butter bei 50–60° C und filtriert die Mischung durch ein trockenes Filter. Für die Untersuchung verwendet man das klare, von Wasser und Eiweiß befreite, gut durchgemischte Butterfett.

b) Bestimmung des Schmelzpunktes

Nach MOHR[1] verfährt man in folgender Weise: In ein Reagenzglas von 18 mm Weite und 200 mm Höhe werden 15 ml geschmolzenes Butter-

[1] MOHR, W.: Milchwirtsch. Forsch. 2, 24 (1925).

fett gebracht und ein in $^1/_{10}$ Grade eingeteiltes Thermometer wird so eingeführt, daß sich die Quecksilberkugel in der Mitte des Fettes befindet. Das so vorbereitete Reagenzglas läßt man 12 Stunden auf Eis liegen. Zur Schmelzpunktsbestimmung wird es in ein mit kaltem Wasser gefülltes Becherglas eingetaucht. Bis zu 30° C wird das Fett ziemlich schnell erhitzt, dann so langsam, daß die Temperatur der Badflüssigkeit die des Fettes um nicht mehr als 0,3° überschreitet. Um Überhitzungen zu vermeiden, wird die Flüssigkeit mit einem Glasrührer dauernd gerührt. Als Schmelzpunkt gilt die Temperatur, bei der das Fett vollkommen klar und durchsichtig geworden ist.

c) Bestimmung des Erstarrungspunktes

Nach MOHR[1] gibt man in ein 50-ml-Becherglas von 6,5 cm Höhe und 4 cm Weite 35 ml Butterfett von 50° C. Das Gefäß wird derart in ein Wasserbad mit einer konstanten Temperatur von 15° C gehängt, daß die Oberfläche des Fettes ungefähr 2–3 cm unter dem Wasserspiegel liegt. Sobald die Temperatur des Fettes auf 30° gesunken ist, wird möglichst schnell mit einem Rundrührer gerührt (200-mal in der Minute) und mit dem Rühren aufgehört, wenn die Temperatur des Fettes nach längerem Sinken wieder um 0,2° angestiegen ist. Die dann erreichte Maximaltemperatur wird als Erstarrungspunkt angesehen. Bei Parallelbestimmungen erhält man Schwankungen von höchstens 0,2 Grad.

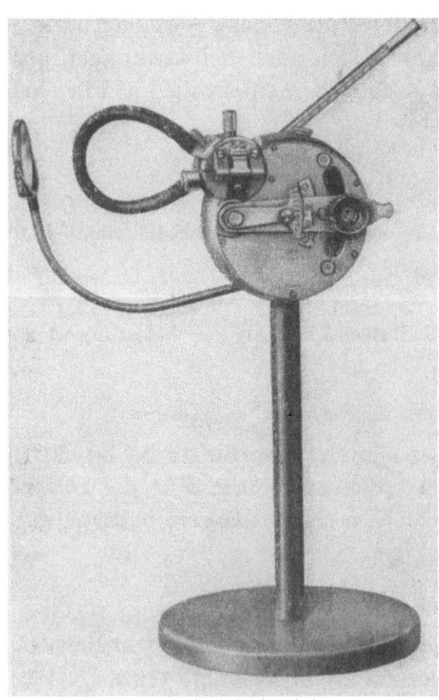

Abb. 160. Öl-Refraktometer

d) Bestimmung der Refraktion (Lichtbrechung)

Mit einem abgerundeten Glasstab bringt man zwischen die Prismen des Refraktometers eine kleine Probe des Butterfettes, nachdem man vorher das Refraktometer auf die richtige Untersuchungstemperatur (40° C) eingestellt hat. Für diesen Zweck läßt man durch das Refraktometer einen Wasserstrom fließen, der aus einem

[1] MOHR, W.: Milchwirtsch. Forsch. **2**, 24 (1925).

Ultrathermostaten (Abb. 14a, S. 12) gespeist wird. Mit Hilfe eines Thermometers, das am Refraktometer angebracht ist, wird die Temperatur kontrolliert. Geeignete Refraktometer zeigen Abb. 160 und 161.

e) *Mikroskopische Untersuchung der Butter*

Auch mikroskopisch kann eine Verfälschung der Butter nachgewiesen werden. Man benutzt hierzu die Tatsache, daß jedes geschmolzene Fett beim Erkalten nadelförmige Kristalle bildet. Da nun alle Speisefette mit Ausnahme der Butter bei ihrer Gewinnung und Reinigung geschmolzen werden, so kann nach MORRES das Auftreten von mehr oder weniger feinen Nadeln als Verdacht auf Fälschung gewertet werden.

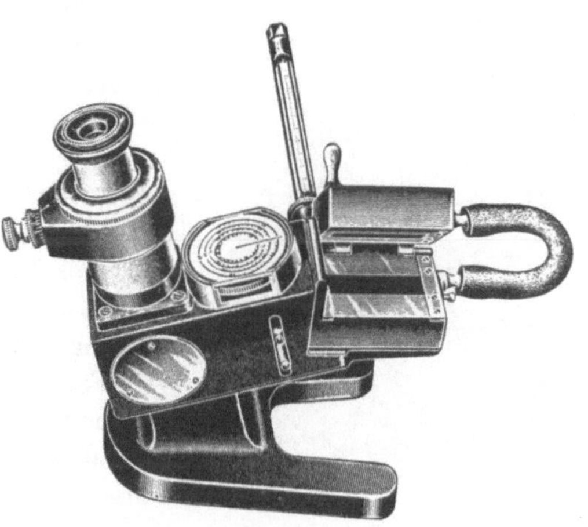

Abb. 161. Öl-Refraktometer

Diese im Fett auftretenden Kristalle können infolge ihrer Doppelbrechung im Polarisationsmikroskop nachgewiesen werden. Doppeltbrechende Substanzen hellen nämlich das sonst dunkle Gesichtsfeld des Polarisationsmikroskopes auf. Bringt man also etwas unverfälschte, nicht erhitzt gewesene Butter unter das Polarisationsmikroskop, so wird das Gesichtsfeld dunkel bleiben. Ist die Butter aber mit Fremdfett vermischt oder geschmolzen gewesen (renovierte Butter), so leuchten in dem dunklen Gesichtsfeld solche Kristalle als helle Punkte auf. Ein einfaches Polarisationsmikroskop ist das *Zeiß-Standard Junior* (Abb. 162), das in der ambulanten Butterkontrolle Verwendung findet. Die zu untersuchende Butter wird in dünner Schicht auf eine dünne Glasplatte, den „Objektträger", ausgestrichen und das Mikroskop auf dieses Präparat mit schwacher Vergrößerung eingestellt. Durch Drehung des Polarisators können die hellen Stellen zum Aufleuchten und Wiederverschwinden gebracht werden. Kochsalzkristalle stören die Untersuchung nicht, da sie nicht doppeltbrechend sind und daher keine Aufhellung verursachen. Auch Konservierungsmittel wie Benzoesäure, Salicylsäure, die in der Margarinefabrikation verwendet werden, hellen das Gesichtsfeld auf.

f) *Nachweis von Margarine*

Nachweis von Sesamöl. Da die Margarine mit Sesamöl versetzt werden muß, läßt sich eine Verfälschung der Butter mit Margarine durch den

Nachweis von Sesamöl erkennen. Nach GRIMMER verfährt man hierbei wie folgt: 2–3 ml des zu untersuchenden geschmolzenen Butterfettes werden im Reagenzglase mit der gleichen Menge 25-proz. Salzsäure (spezifisches Gewicht 1,125) geschüttelt. Tritt hierbei eine Rosafärbung der Salzsäure ein, so war die Butter künstlich gefärbt. Man hebt nun das durch mehrfaches Schütteln in einem Scheidetrichter von dem Farbstoff befreite Butterfett ab und vermischt es nunmehr mit konzentrierter Salzsäure vom spezifischen Gewicht 1,19 und 2–3 Tropfen einer 2-proz. alkoholischen Lösung von Furfurol. Bei Anwesenheit von Sesamöl tritt dann gleichfalls eine Rosa- bis Rotfärbung der Salzsäure ein. Es können vier Fälle eintreten, die in Tab. 25 zusammengestellt sind.

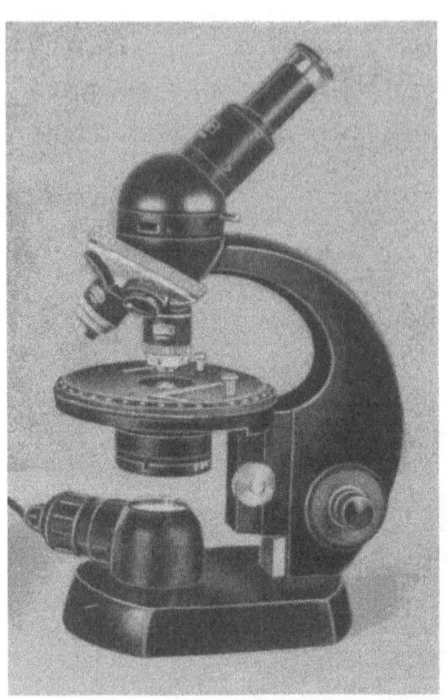

Abb. 162. Polarisationsmikroskop

Nachweis von Kartoffelstärke. Die Vorschrift über den Zusatzzwang von Sesamöl vom 4.7.1897 wurde im 1. Weltkrieg dahin abgeändert, daß als Erkennungsmittel statt Sesamöl Kartoffelstärkemehl zugesetzt werden konnte. Da der Margarine auch heute noch statt Sesamöl Kartoffelstärkemehl zugesetzt werden kann, ist auch der Nachweis von Stärke wichtig. Der Nachweis von Kartoffelstärke nach der amtlichen Methode wird wie folgt durchgeführt: In einem weiten Probierglas werden etwa 10 g Margarine oder Butter geschmolzen, mit 10 ml Wasser aufgekocht und etwa 1 Minute im Kochen gehalten. Nach dem völligen Erkalten werden in die wäßrige Schicht – zweckmäßig durch ein in diese vorher eingeführtes Glasrohr hindurch – einige Tropfen einer Jod-Kaliumjodidlösung gegeben. (5 g Jod und 7,5 g Kaliumjodid werden in wenig destilliertem Wasser gelöst und mit Wasser auf 1000 ml aufgefüllt.)

Tabelle 25

	Mit verdünnter Salzsäure allein	Mit konz. Salzsäure und Furfurol
1. Reine Butter, ungefärbt	farblos	farblos
2. Butter ungefärbt, verfälscht mit Margarine	farblos	rot
3. Reine Butter, gefärbt	rot	farblos } nach dem Auswaschen
4. Butter gefärbt und mit Margarine verfälscht	rot	rot } nach dem Auswaschen

Bei Anwesenheit von Stärkemehl nimmt die wäßrige Schicht eine dunkelblaue Färbung an, aus der sich ein blauschwarzer Niederschlag absetzt, der auch dann noch deutlich auftritt, wenn verfälschte Butter vorliegt, die nur wenige Prozente Margarine mit dem vorgeschriebenen Stärkegehalt enthält. Der Nachweis von Kartoffelstärke kann auch nach vorhergegangener Färbung durch mikroskopische Prüfung erfolgen.

Neuerdings wird der Nachweis der Margarine auch auf ihren Gehalt an Isoölsäure gegründet. Wenn mehr als 2,5% Isoölsäure bei folgenden Untersuchungsverfahren gefunden werden, liegen gehärtetes, fettes Öl und gehärteter Tran vor.

Bestimmung der Isoölsäure. *α) Amtliche Methode.* 1–1,5 g der Probe werden in einem 200-ml-ERLENMEYER-Kolben genau eingewogen und unter Zugabe von etwas grobkörnigem Bimssteinpulver mit 25 ml alkoholischer Kalilauge 15 Minuten lang am Rückflußkühler verseift. Die noch heiße Seifenlösung wird mit 100 ml alkoholischer Bleiacetatlösung, 5 ml Eisessig und mit 20 ml heißem Wasser versetzt und auf dem siedenden Wasserbade am Rückflußkühler bis zur vollständigen Lösung des bei Gegenwart größerer Mengen fester Fettsäuren entstehenden Niederschlages erwärmt. Aus der Lösung scheiden sich beim Erkalten auf Zimmertemperatur die Bleisalze der festen Fettsäuren (einschließlich derjenigen der Isoölsäuren) ab. Die Abscheidung ist durch wiederholtes Umschwenken zu fördern.

Am nächsten Tag wird der Niederschlag auf einem Glasfiltertiegel (*Schott u. Gen.* 2 G 3) gesammelt und mit 50 ml Alkohol (70 Vol.-%) ausgewaschen. Nach gründlichem Absaugen wird der Glasfiltertiegel mit Inhalt umgekehrt in das Extraktionsgerät gebracht. Der Extraktionsraum hat eine Höhe von 150 mm und eine lichte Weite von 55 mm. Nachdem auf den Siebboden 5 ml Eisessig und in den vorher benutzten ERLENMEYER-Kolben 100 ml alkoholische Bleiacetatlösung gegeben sind, wird unter lebhaftem Sieden am Rückflußkühler bis zur vollständigen Lösung der Bleisalze extrahiert. Um dem Alkohol den Durchgang durch den Extraktionsapparat zu ermöglichen, wird in diesem ein dreistrahliger Glasstern eingelegt oder der obere Rand des Glasfiltertiegels an mehreren Stellen ausgeschliffen.

Nach beendeter Extraktion werden zu der heißen Lösung 15 ml heißes Wasser gegeben. Ein etwa entstehender Niederschlag wird durch nochmaliges Erhitzen am Rückflußkühler gelöst. Aus der Lösung läßt man die Bleisalze wiederum bei Zimmertemperatur bis zum nächsten Tage auskristallisieren und fördert die Abscheidung durch wiederholtes Umschwenken.

Die ausgeschiedenen Bleisalze werden wie oben abgesaugt und mit 50 ml Alkohol (70-proz.) ausgewaschen. Darauf wird der Glasfiltertiegel wiederum umgekehrt in das Extraktionsgerät gebracht. Nachdem auf den

Tiegelboden 5 ml Eisessig gegeben sind, wird mit 25 ml Alkohol (90 Vol.-%) in gleicher Weise wie vorher am Rückflußkühler extrahiert.

Zu der alkoholischen Lösung der Bleisalze werden etwa 75 ml Wasser und 10 ml Salpetersäure ($s = 1{,}20$) gegeben. Die Lösung wird im Scheidetrichter einmal mit 60 ml und danach zweimal mit je 30 ml Äther ausgeschüttelt. Die vereinigten ätherischen Auszüge werden dreimal mit je 25 ml Wasser gewaschen und über wasserfreiem Natriumsulfat getrocknet. Die ätherische Lösung wird nunmehr unter Nachspülen mit Äther in einen gewogenen Jodzahlkolben gebracht und in letzterem zunächst auf einem schwach siedenden, nach dem Verjagen des Äthers auf einem kräftig siedenden Wasserbade unter Einblasen von Luft so lange erhitzt, bis Essigsäuredämpfe nicht mehr wahrnehmbar oder mit angefeuchtetem blauen Lackmuspapier nicht mehr nachweisbar sind. Nach dem Erkalten wird der Jodzahlkolben gewogen und mit 15 ml Chloroform und 25 ml Jodlösung nach J. HANUS beschickt. Nach 20 Minuten wird unter Zugabe von 15 ml Kaliumjodidlösung (10-proz.) und etwas Wasser mit Natriumthiosulfatlösung von bekanntem Wirkungswert in üblicher Weise titriert.

Reagenzien: 1. Alkoholische Kalilauge: 40 ml wäßrige Kalilauge (500 g KOH zu 1000 ml aufgefüllt) werden mit Alkohol auf 1000 ml gebracht. 2. Alkoholische Bleiacetatlösung: 50 g neutrales Bleiacetat werden in 150 ml Wasser gelöst, mit 5 ml Eisessig versetzt und auf 1000 ml aufgefüllt. 3. Jodlösung nach J. HANUS: 20 g Jodmonobromid werden in Eisessig zu 1000 ml gelöst.

Berechnung: Nach Gleichung

$$C_{18}H_{34}O_2 \text{ (Molekulargewicht der Isoölsäure} = 282{,}3) + 2J = C_{18}H_{34}J_2O_2$$

entspricht 1 ml n/10-Jodlösung 0,01412 g Isoölsäure. Bezeichnet man die angewendete Probemenge in Gramm mit S, die gewogene Menge der festen Fettsäuren (einschließlich der Isoölsäure) mit a und die Anzahl der verbrauchten, auf n/10-umgerechneten Milliliter Natriumthiosulfatlösung mit b, so beträgt:

der Gehalt der Probe an festen Fettsäuren (einschließlich der Isoölsäure) in

$$\text{Gewichtshundertteilen} = \frac{100 \cdot a}{S}.$$

Die Jodzahl der festen Fettsäuren (einschließlich der Isoölsäure)

$$= \frac{100 \cdot 0{,}012692 \cdot b}{a}.$$

Der Gehalt der Probe an Isoölsäure in Gewichtshundertteilen

$$= \frac{100 \cdot 0{,}01412 \cdot b}{S}.$$

Beispiel: Aus = 1,060 gehärtetem Erdnußöl (Schmelzpunkt = 31,4° C, Erstarrungspunkt = 25,4° C, Jodzahl = 67,9) wurden $a = 0{,}5873$ g feste Fettsäuren (einschließlich der Isoölsäure) abgeschieden und bei der Bestimmung der Jodzahl $b = 20{,}9$ ml n/10-Natriumthiosulfatlösung verbraucht. Demnach beträgt der Gehalt des gehärteten Erdnußöles an festen Fettsäuren (einschließlich der Isoölsäure)

$$= \frac{100 \cdot 0{,}5873}{1{,}060} = 55{,}4 \text{ Prozent.}$$

Die Jodzahl der festen Fettsäuren (einschließlich der Isoölsäure) ist

$$\frac{1{,}269 \cdot 20{,}9}{0{,}5873} = 45{,}2\,.$$

Der Gehalt des gehärteten Erdnußöls an Isoölsäure ist

$$= \frac{1{,}412 \cdot 20{,}9}{1{,}060} = 27{,}8 \text{ Prozent.}$$

β) Halbmikromethode. Die Halbmikromethode ist besonders für Serienbestimmungen geeignet, um aus mehreren Proben die verdächtigen Fette zu erkennen, die dann noch eingehend untersucht werden können. Etwa 500 mg Fett werden in einem 50-ml-ERLENMEYER-Kolben genau eingewogen und mit 5 ml Kalilauge verseift (40 ml Kalilauge /$s = 1{,}5$/ + 40 ml Wasser mit 95 vol.-proz. Alkohol auf 1000 ml aufgefüllt). Die Seifenlösung wird dann mit 20 ml einer Bleiacetatlösung versetzt (50 g kristallisiertes Bleiacetat, 5 ml 96-proz. Essigsäure werden mit 80 vol.-proz. Alkohol gelöst und auf 1000 ml aufgefüllt). Nach Zugabe von 1 ml 96-proz. Essigsäure wird der entstandene Niederschlag durch Erhitzen am Rückflußkühler gelöst. Nach Versetzen mit 3 ml Wasser und weiterem Erhitzen bis zum Verschwinden einer Trübung läßt man 2 Stunden bei 20° C stehen. Der Niederschlag wird durch einen Glasfiltertiegel filtriert, mit 12 ml Alkohol (70 Vol.-%) nachgewaschen und scharf abgesaugt.

Jetzt wird der Tiegel mit dem Boden nach oben in einem Extraktionsapparat unter Verwendung des vorher benutzten ERLENMEYER-Kolbens mit 20 ml der Bleiacetatlösung extrahiert. Auf den Filterboden hat man 0,6 ml Eisessig gegeben. Nachdem sich alles gelöst hat, setzt man zu der Lösung 2 ml Wasser hinzu, läßt wiederum 2 Stunden stehen, saugt ab, wäscht aus und extrahiert nochmals, aber nun mit 20 ml einer Mischung gleicher Raumteile Alkohol—Eisessig.

Die Lösung wird in einen ERLENMEYER-Kolben von 400 ml Inhalt gegeben, 10 ml der Mischung nachgespült und nach dem Erkalten die Jodzahl nach der Schnellmethode von B. M. MARGOSCHES bestimmt. Zu diesem Zweck gibt man 20 ml n/5-alkoholische Jodlösung und 20 ml Wasser hinzu und titriert nach einigen Minuten mit n/10-Natriumthiosulfatlösung zurück. Der Jodverbrauch wird unter Berücksichtigung der Einwaage auf Prozente Isoölsäure umgerechnet.

1 ml n/10-Natriumthiosulfatlösung entspricht 14,1 mg Isoölsäure.

g) Bestimmung der freien Fettsäuren

Amtliche Methode. 5—10 g Fett werden in 30—40 ml einer genau neutralisierten Mischung gleicher Raumteile Alkohol und Äther gelöst und nach Zugabe von 1 ml einer 1-proz. alkoholischen Phenolphthaleinlösung mit n/10-Lauge titriert. Tritt während der Titration eine Abscheidung von Fett ein, so ist noch mehr Alkohol—Äther zuzusetzen.

Die freien Fettsäuren werden in „Säuregraden" angegeben, wobei man unter dem Säuregrad eines Fettes die Anzahl Milliliter n-Lauge versteht, die zur Neutralisation von 100 g Fett erforderlich sind. Unter Säurezahl eines Fettes hingegen werden die Anzahl Milligramm KOH verstanden, die zur Neutralisation von 1 g Fett benötigt werden.

h) Bestimmung der Reichert-Meißl-Zahl

Amtliche Methode. Zu 5 g Butterfett gibt man in einem Kölbchen von 300 ml Inhalt 5 g Glyzerin ($s = 1{,}26$) und 2 ml Kalilauge (100 g Kaliumhydroxyd werden in 100 g Wasser gelöst und das Gelöste dekantiert). Die Mischung wird unter beständigem Schwenken über einer kleinen Flamme erhitzt. Nach dem Verdampfen des Wassers (durchschnittlich nach 5—8 Minuten) wird die Mischung vollkommen klar; die etwa noch an den Wänden haftenden Teilchen werden durch wiederholtes Umschwenken des Kolbens abgespült, und das Erhitzen wird noch kurze Zeit fortgeführt. Nach Abkühlen der flüssigen Seife auf etwa 80 bis 90° C werden 90 g kohlensäurefreies Wasser gleicher Temperatur hinzugefügt. Sollte nicht sofort eine klare Seifenlösung entstehen, so löst man die abgeschiedene Seife durch Erwärmen auf dem Wasserbade auf. Hierauf versetzt man die Seifenlösung mit 50 ml verdünnter Schwefelsäure (25 ml konzentrierte Schwefelsäure in 1000 ml) und gibt einige Glasperlen hinzu. Die Flüssigkeit wird nach sofortigem Verschluß des Kolbens in einer Apparatur, die den in nebenstehender Abb. 163 angegebenen Größen- und Formenverhältnissen entsprechen muß, der Destillation unterworfen.

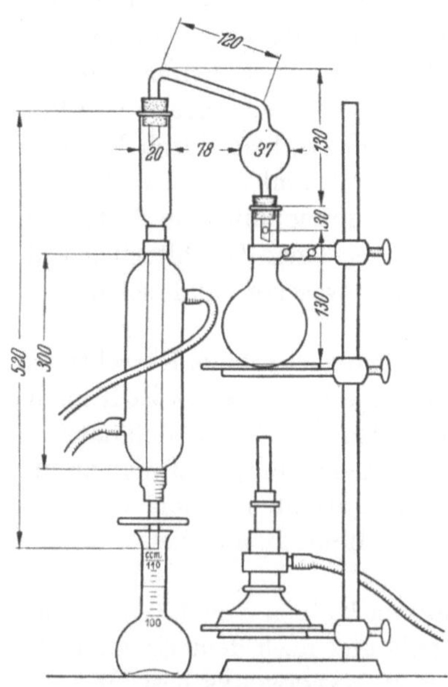

Abb. 163. Apparatur für die Bestimmung der REICHERT-MEISSL-Zahl

Der Kolben wird dabei auf eine Asbestplatte gestellt, aus der eine kreisrunde Scheibe von 65 mm Durchmesser herausgeschnitten ist, so daß nur der Kolbenboden der Einwirkung der Flamme ausgesetzt ist. Die Heizflamme ist so einzustellen, daß in 19–21 Minuten 110 ml Destillat übergehen. Sobald das Destillat die 110-ml-Marke in der Vorlage erreicht hat, wird die Flamme gelöscht und die Vorlage durch ein anderes Gefäß ersetzt. Ohne das Destillat zu mischen, stellt man die Vorlage so tief wie möglich in Wasser von 15° C ein. Nach etwa 10 Minuten wird das Destillat in dem mit einem Glasstopfen verschlossenen Meßkolben durch 4–5-maliges Umkehren unter Vermeidung starken Schüttelns gemischt und dann durch ein gut anliegendes trockenes Filter von 8 cm Durchmesser filtriert. 100 ml des klaren Filtrates titriert man nach Zusatz von 3–4 Tropfen einer 1-proz. alkoholischen Phenolphthaleinlösung mit n/10-Lauge. Die um $^1/_{10}$ ihres Betrages erhöhte Menge der verbrauchten Lauge ergibt den Verbrauch für das gesamte Filtrat. Bei jeder Versuchsreihe ist ein Blindversuch auszuführen. Die im Hauptversuch erhaltene Anzahl Milliliter n/10-Lauge, die zur Neutralisation der flüchtigen, in Wasser löslichen Fettsäuren von 5 g Fett erforderlich sind, ergibt nach Abzug der im Blindversuch verbrauchten Menge Lauge die REICHERT-MEISSL-Zahl.

i) Bestimmung der Polenske-Zahl

Amtliche Methode. Nach Bestimmung der REICHERT-MEISSL-Zahl wäscht man mit je 15 ml Wasser das Kühlrohr des Destillationsapparates, die zweite Vorlage, den 110-ml-Kolben und das Filter 3-mal nacheinander aus und beseitigt das Filtrat. Danach werden die ungelöst gebliebenen Fettsäuren aus Kühlrohr, Vorlage, Kolben und Filter durch 3-maliges Waschen mit je 15 ml neutralem Alkohol (90 Vol.-%) in Lösung gebracht und durch das Filter filtriert. Das Filter wird jeweils erst nach völligem Ablaufen der Flüssigkeit nachgefüllt. Die vereinigten alkoholischen Filtrate titriert man nach Zusatz von 3–4 Tropfen einer 1-proz. alkoholischen Phenolphthaleinlösung mit n/10-Lauge.

Die erhaltene Anzahl Milliliter n/10-Lauge, die zur Neutralisation der flüchtigen, wasserunlöslichen Fettsäuren aus 5 g Fett erforderlich sind, geben die POLENSKE-Zahl an.

k) Bestimmung der Verseifungszahl

Amtliche Methode. 1–2 g Butterfett werden in ein 150-ml-Kölbchen aus Jenaer Glas eingewogen und 25 ml einer n/2-, möglichst farblosen, alkoholischen Kalilauge hinzugefügt. Das Kölbchen mit Inhalt wird nach dem Verschließen mit einem Korken, durch den ein 750 mm langes Kühlrohr führt, auf dem Asbestdrahtnetz 15 Minuten bei schwachem Sieden erhitzt, wobei der Kolbeninhalt durch öfteres Umschwenken gut zu vermischen ist. Die noch heiße Lösung wird nach Zusatz von 3–4 Tropfen einer 1-proz. alkoholischen Phenolphthaleinlösung mit n/2-Salzsäure zurücktitriert. In mehreren Blindversuchen ist der Wirkungswert der alkoholischen Kalilauge gegenüber der n/2-Salzsäure festzusetzen.

Unter Berücksichtigung des Blindversuches berechnet man, wieviel Milligramm Kaliumhydroxyd erforderlich sind, um genau 1 g Butterfett zu verseifen. Die hierbei erhaltene Zahl ist die Verseifungs- oder KÖTTSTORFER-Zahl. Bei ihrer Berechnung ist weiterhin die Säurezahl des Fettes zunächst zu berücksichtigen.

Zur Berechnung der Verseifungszahl dient nachstehende Formel:

$$VZ = \frac{28{,}06 \cdot (a-b)}{e}.$$

a im Blindversuch verbrauchte Milliliter n/2-Salzsäure,
b im Hauptversuch verbrauchte Milliliter n/2-Salzsäure,
e Einwaage in Gramm.

Reagenzien. 28 g Kaliumhydroxyd werden in möglichst wenig destilliertem Wasser gelöst und nach dem Erkalten in etwa 900 ml Alkohol (96-proz.) unter Umrühren eingebracht. Bei dem Versetzen des Alkohols mit der konzentrierten Kaliumhydroxydlösung ist auf möglichst schnelle und gute Verteilung zu achten, da sonst die alkoholishe Kalilauge leicht einen störenden roten Farbton annimmt.

l) Bestimmung der Jodzahl nach H. P. Kaufmann[1]

0,3—0,5 g Butterfett werden in einem Miniaturbecherglas abgewogen und in einem Jodzahlkolben in 10 ml Chloroform gelöst. Hierzu läßt man 25 ml der Bromlösung fließen, wobei ein Teil des Natriumbromids ausfällt. Nach 30 Minuten langem Stehen setzt man 15 ml 1-proz. Kaliumjodlösung hinzu und titriert mit n/10-Natriumthiosulfatlösung zurück. Gleichzeitig mit der Bestimmung muß ein Blindversuch angesetzt werden.

Bromlösung: In 100 Teilen Methanol (über gebranntem Kalk destilliert) werden 12—15 Teile Natriumbromid (bei 130° C getrocknet) gelöst. Zur Bereitung der Bromlösung dekantiert man 1 Liter Natriumbromidlösung und setzt aus einer Bürette 5,2 ml Brom p. a. hinzu. Geht der Titer der Lösung zurück, so kann jederzeit wieder Brom hinzugefügt werden. Zur Berechnung der Jodzahl dient nachstehende Formel:

$$JZ = \frac{1{,}269 \cdot (a-b)}{e}.$$

a im Blindversuch verbrauchte Milliliter n/10-Natriumthiosulfatlösung,
b im Hauptversuch verbrauchte Milliliter n/10-Natriumthiosulfatlösung,
e Einwaage in Gramm.

---

[1] KAUFMANN, H. P.: Dtsch. Einheitsmeth. Wizöff, 362 (1937).

m) Bestimmung der Buttersäurezahl[1]

Makromethode. Zur Bestimmung der Buttersäurezahl werden nach J. KUHLMANN und J. GROSSFELD[2] 5 g Butterfett mit 2 ml Kalilauge (750 g Kaliumhydroxyd in 1000 ml) und 10 ml Glycerin in einem Rundkolben von 300 ml Inhalt (R.M.Z.-Kölbchen) durch Umschwenken über freier Flamme verseift. Die Seifenlösung wird nach Abkühlen unter 100° C, aber noch warm, mit 150 ml gesättigter Kaliumsulfatlösung verdünnt. Eine etwa entstehende Trübung kann vernachlässigt werden. Der Lösung setzt man nach dem Erkalten auf 20° C unter Umschütteln 5 ml verdünnte Schwefelsäure (1 : 3) darauf 10 ml Kokosseifenlösung und eine Messerspitze voll (0,1 g) gereinigte Kieselgur hinzu. Dann läßt man unter wiederholtem Umschwenken 10 Minuten oder länger stehen und filtriert durch ein lufttrocknes Faltenfilter aus feinporigem Papier. Von dem erhaltenen, völlig klaren Filtrat gibt man 125 ml in einen Rundkolben von 500 ml Inhalt, verdünnt mit 50 ml Wasser und destilliert nach Zusatz von Bimssteinpulver in etwa 20 Minuten 110 ml ab, die man dann, ohne zu filtrieren direkt mit n/10-Lauge gegen Phenolphthalein titriert. Bei dem Ergebnis ist der in der gleichen Weise durchgeführte Blindversuch zu berücksichtigen. Der Unterschied, zur Umrechnung auf 5 g Fett mit 1,4 multipliziert und in Milliliter n/10-Lösung ausgedrückt, ergibt die „Buttersäurezahl“.

Die Buttersäurezahl gibt somit an, wieviel in einer mit Kaliumsulfat- und Caprylsäure (Kokosfettsäuren) gesättigten, mit Schwefelsäure angesäuerten, wäßrigen Lösung lösliche und flüchtige Fettsäuren, ausgedrückt in Milliliter n/10-Säure aus 5 g Fett, nach vorstehender Arbeitsweise erhalten werden.

Zur Umrechnung des Titrationswertes von 110 ml Destillat auf die Buttersäurezahl dient Tab. VI.

Kokosseifenlösung: 100 g reines Kokosfett (Palmin), 100 g Glycerin und 40 ml Kalilauge (750 g Kaliumhydroxyd in 1000 ml) werden in einem 1-l-Rundkolben aus Jenaer Glas unter Umschwenken über freier Flamme vorsichtig so lange erhitzt, bis eine klare Seifenlösung entstanden ist. Nach Abkühlen auf unter 100° C verdünnt man sodann mit Wasser, führt in einen 1000-ml-Kolben über und füllt bis zur Marke auf. Nach gehörigem Durchmischen ist die Lösung verwendbar; eine Filtration ist nicht erforderlich.

Halbmikromethode. Zur Bestimmung der Halbmikro-Buttersäurezahl werden 500—550 mg genau eingewogenen Fettes in einem 50-ml-Stehkölbchen mit 5 ml alkoholischer Kalilauge verseift. Nachdem alles Fett

[1] BECKEL, A.: Z. Unters. Lebensmittel **64**, 433 (1932).

[2] KUHLMANN, J., u. J. GROSSFELD: Z. Unters. Lebensmittel **51**, 31 (1926); **53**, 381 (1927).

gelöst ist, setzt man 1 ml Glycerin hinzu und erhitzt die Seifenlösung bis zum eintretenden Schäumen. Durch 15 Minuten langes Trocknen des liegenden Kölbchens bei 100° C werden die Alkoholreste beseitigt und die noch heiße Seife in 15 ml gesättigter Kaliumsulfatlösung gelöst. Dann fügt man nacheinander 0,5 ml verdünnte Schwefelsäure (3 Raumteile Wasser + 1 Raumteil konzentrierte Schwefelsäure), 1 ml Kokosseifenlösung, 1 Messerspitze gereinigte Kieselgur hinzu und filtriert durch ein Faltenfilter von 10 cm Durchmesser in ein Röhrchen nach A. BECKEL bis genau zur Marke 12,5. Der Inhalt des Röhrchens wird in einen 100-ml-Stehkolben übergeführt und mit 5 ml Wasser nachgespült. 11 ml dieser Lösung werden destilliert. Zum Schluß wird das Destillat mit n/100-Natronlauge gegen Phenolphthalein titriert. Gleichzeitig mit der Bestimmung setzt man einen Leerversuch mit 500 mg Kakaofett an. Zur Berechnung wird die Differenz zwischen Hauptversuch und Blindversuch bei einer Einwaage von 500 mg mit dem Faktor 1,40 multipliziert.

Bei reinem Butterfett liegt der Titrationswert über 11, entsprechend einer Buttersäurezahl von mindestens 17. Die erforderliche Kokosseifenlösung ist die gleiche wie bei der Makromethode.

Kalilauge: 40 ml Kalilauge ($s = 1{,}5$) entsprechend 29,4 g carbonatfreiem Kaliumhydroxyd werden mit Alkohol (90 Vol.-%) auf 1000 ml aufgefüllt.

3. Qualitätsprüfung

a) *Qualitätsbeurteilung und Wertmale der Butter*

Die Qualitätsbeurteilung der Butter erfolgt ausschließlich auf Grund der Sinnenprüfung. Es sind viele Bemühungen gemacht worden, die Beurteilung der Butter auf objektive physikalische, chemische und mikrobiologische Werte aufzubauen und die subjektive Sinnenprüfung zu ersetzen. Bisher ist es aber noch nicht gelungen, Verfahren ausfindig zu machen, die eine solche Umstellung der Butterbeurteilung rechtfertigen könnten. Maßgebend für die Beurteilung ist zur Zeit die Anordnung betreffs Regelung des inländischen Buttermarktes vom 29. Juni 1949. Die Höchstwertmale, die erteilt werden können, sind:

Geschmack (Reinheit, Aroma)	10
Geruch	3
Ausarbeitung (Buttermilch- und Wasserlässigkeit)	3
Aussehen (Reinheit, Farbe, Schimmer)	2
Gefüge (Härtegrad, Streichfähigkeit)	2

An Buttersorten werden in Deutschland erzeugt:

Deutsche Markenbutter, mindestens 17 Wertmale, davon mindestens 9 Wertmale für Geschmack;

Deutsche Molkereibutter, mindestens 16 Wertmale, davon mindestens 7 für Geschmack und mindestens 2 für Geruch;

Deutsche Landbutter, mindestens 13 Wertmale, davon mindestens 6 für Geschmack.

Zur Steigerung der Butterqualität im Inland sind Vorschriften ergangen, die die Molkereien verpflichten, in bestimmten Zeiträumen Proben zu Butterprüfungen einzusenden.

Es soll hier nicht unerwähnt bleiben, daß durch die Einführung der Buttermarken in den letzten 30 Jahren die Qualität der deutschen Butter so gesteigert wurde, daß sie mit der besten Auslandsbutter konkurrieren kann. Die Rückschläge, die bezüglich Qualität in der Kriegs- und Nachkriegszeit aufgetreten sind, sind bereits wieder überwunden.

b) Ermittlung des Farbtones der Butter

Um der Butter die gewünschte einheitliche Farbe zu verleihen, muß sie im allgemeinen künstlich gefärbt werden. Die Farbtafel nach SAITNER (Abb. 164), welche den für Deutschland erwünschten Farbton neben abweichenden Farbtönen aufweist, soll die Feststellung, ob die Butter richtig, zuviel oder zuwenig gefärbt ist, ermöglichen.

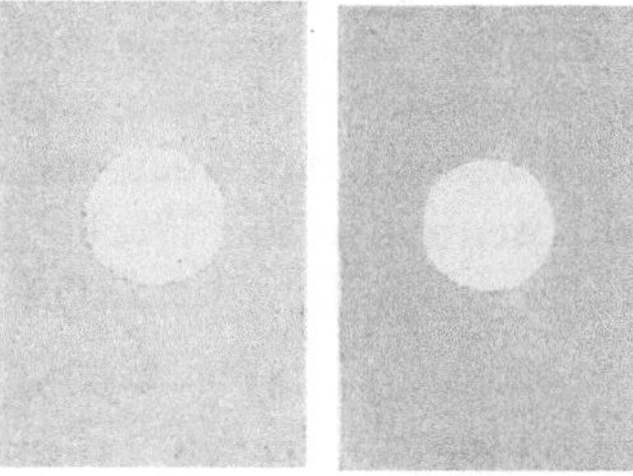

Abb. 164. Farbtafel zur Prüfung der Butterfärbung nach SAITNER

Gebrauchsanweisung. 1. Man legt die Farbtafel auf die zu prüfende, glattgestrichene oder durchgeschnittene Butter. Durch die Schaulöcher kann die Farbe der Butter mit den Standardfarben bequem verglichen werden.

2. Aus bakteriologischen und hygienischen Gründen darf der Standard nur einmal benutzt werden.

3. Die Farbblätter sind stets im Umschlag aufzubewahren und vor Sonnenlicht zu schützen, da dieses eine Veränderung der Farben verursachen kann.

4. Die Prüfung muß bei Tageslicht erfolgen.

c) Prüfung auf Wasserlässigkeit

Wie bereits oben erwähnt, ist bei der Prüfung der Butter auf Qualität die Wasserlässigkeit zu berücksichtigen. Während man früher die Wasserlässigkeit einer Butter dadurch prüfte, daß man mit dem Spatel auf die Oberfläche der Butter drückte und die Bildung von Wassertropfen beobachtete, die bei einer wasserlässigen Butter in verstärktem Maße auftrat, hat man auch hier versucht, objektive Verfahren zu schaffen. Nach S. KNUDSEN und A. SØRENSEN verwendet man hierfür ein Indikatorpapier. Dies ist mit Bromphenolblau getränkt und wird bei der Befeuchtung mit Wasser blau, während es in trocknem Zustande eine gelbe Farbe zeigt. In Dänemark hat dieses Verfahren große Verbreitung gefunden. Es hat sich nämlich gezeigt, daß die gut geknetete Butter viel besser bewertet wird als wasserlässige Butter, daß die Katalasezahl für erstere praktisch 0 ist und daß die Katalasezahlen entsprechend den Zahlen der ermittelten „freien Feuchtigkeit" ansteigen. Auch die Neigung der Butter zur Schimmelbildung steigt mit den Zahlen für „freie Feuchtigkeit", wie sie mit dem Indikatorpapier ermittelt werden kann. Nach der dänischen Vorschrift wird die Prüfung wie folgt durchgeführt:

Mit einem Messer oder einem straffgespannten Metalldraht wird die Butter geschnitten. Auf die frische Schnittfläche wird ein Stück Indikatorpapier gedrückt. Es ist darauf zu achten, daß sich das Papier nicht verschiebt. Nach einer halben Minute wird das Papier abgenommen und etwa anhängende Butter abgeschabt. Gut geknetete Butter wird keine Flecken auf dem Papier hinterlassen (kleine Flüssigkeitströpfchen). Große Flüssigkeitstropfen (wasserlässige Butter) der Butter werden blaue Flecken auf dem Papier verursachen.

Man bekommt einen zahlenmäßigen Ausdruck für die Wasserlässigkeit, wenn man die Fläche der Flecken ausmißt und die Fleckenfläche in Prozenten der Gesamtfläche des Papiers angibt.

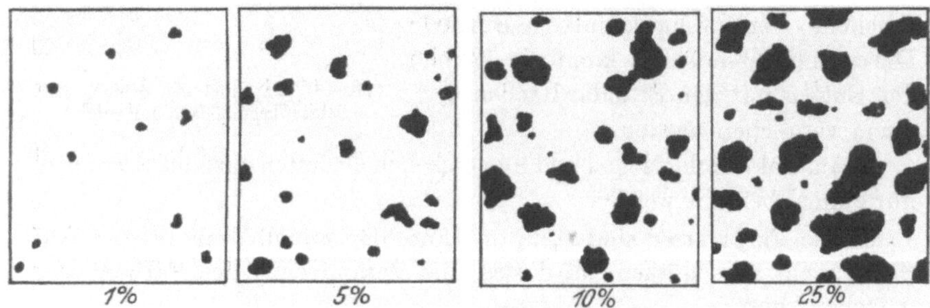

Abb. 165. Vergleichsbilder zur Prüfung der Wasserlässigkeit der Butter (nach SÖNCKE/KNUDSEN/SØRENSEN)

Für die Beurteilung wird eine Vergleichstafel geliefert, die in zwei Reihen je 10 Abbildungen in der Größe der angewandten Indikatorpapiere enthält. Jede Reihe umfaßt Abbildungen mit folgenden Prozentzahlen 1, 2, 3, 4, 5, 6, 8, 10, 15, 25. Die zweite Reihe soll anzeigen, daß beim gleichen Prozentgehalt die Bilder verschieden ausfallen können. Abb. 165 zeigt Papiere mit 1, 5, 10 und 25% freier Feuchtigkeit.

d) Butterfehler

Es gibt eine große Anzahl von Butterfehlern, nämlich Herstellungsfehler und solche, die eine chemische oder bakteriologische Ursache haben. Sie werden hauptsächlich durch die Sinnenprüfung nachgewiesen. Die Butterfehler im einzelnen und ihre mannigfachen Ursachen hier aufzuzählen, würde zu weit führen. Als chemische Ursache der Butterfehler kommt hauptsächlich der Gehalt an Metall wie Eisen und Kupfer in Frage. SCHWARZ konnte nachweisen, daß bereits 8 mg Eisen in 1 kg Butter talgigen Geschmack verursachen. Auch gegen den Einfluß von Licht ist die Butter sehr empfindlich. In den Außenschichten verliert sie ihre gelbliche Färbung und wird weiß. Setzt man Butter nur 5 Minuten dem intensiven Sonnenlicht aus, so weist sie bereits einen deutlich wahrnehmbaren talgigen Geschmack auf.

Unter den Bakterien gibt es eine Anzahl Butterschädlinge, die für die bakteriologischen Butterfehler verantwortlich sind. Die bakteriologische Untersuchung muß deshalb die in der Butter befindlichen Bakteriengruppen ausfindig machen, z.B. die Säurebildner, die Fettzersetzer, die Eiweißzersetzer, die Bakterien der *Coli-Aerogenes*-Gruppe. Die Bestimmung der Hefe- und Schimmelzahl ist ebenfalls von Bedeutung. Es ist Aufgabe der bakteriologischen Anstalten, hierfür Untersuchungsmethoden auszuarbeiten, die in der Praxis durchgeführt werden können.

Näheres über Butterfehler, Ursache und Nachweis s. MUNDINGER[1] und HUNZIKER[2].

G. Untersuchung von Käse und Quark

Nach dem Fettgehalt in der Trockenmasse werden die aus Tab. 26 ersichtlichen Käse unterschieden.

Bei der Untersuchung von Käse kommen folgende Bestimmungen in Frage: Wassergehalt, Fettgehalt, Asche, Kochsalz, Säuregrad bzw. p_H-Wert, Eisen- und Kupfergehalt. Manchmal ist es auch erforderlich, Milchzucker- und Eiweißgehalt zu bestimmen. Da der in den Handel gebrachte Käse bezüglich seines Fettgehaltes in der Trockenmasse gekennzeichnet werden muß, sind die beiden wichtigsten Untersuchungen die auf Wasser- und Fettgehalt. Die Trockenmasse ergibt sich durch Subtraktion des Wassergehaltes von 100. Wichtig ist die Unterscheidung zwischen Fettgehalt des Käses und Fettgehalt in der Trockenmasse. Dies führt

Tabelle 26

	Mindestfettgehalt in % in der Trockenmasse
Doppelrahmkäse	60
Rahmkäse	50
Vollfettkäse	45
Fettkäse	40
Dreiviertelfettkäse	30
Halbfettkäse	20
Viertelfettkäse	10
Magerkäse	unter 10

[1] MUNDINGER, E.: Die Molkerei-Zeitung 4, 1031 (1950), dort auch weitere Literatur.

[2] HUNZIKER, O. F.: The Butter Industry, Illinois, La Grange, 1940, S. 640.

häufig zu Verwechslungen. Dem Käufer ist es z. B. selten bewußt, daß er bei einem Fettgehalt des Käses von 40% nicht 40 g Fett in 100 g Käse erhält, sondern je nach dem Wassergehalt 20–30 g. Bei der butyrometrischen Käseuntersuchung erhält man aber andererseits nicht den Fettgehalt in der Trockenmasse, sondern den absoluten Fettgehalt. Liest man also z. B. 20% Fett am Butyrometer ab, so heißt das, der Käse enthält auf 100 g 20 g Fett. Der Fettgehalt in der Trockenmasse des Käses beträgt aber bei einem Wassergehalt von 40% etwa 33 g.

1. Probenahme

Bei größeren Käsen entnimmt man, nach Entfernung der Rinde, Proben an verschiedenen Stellen, und zwar so, daß das Probestück alle Schichten umfaßt, also von außen bis zur Mitte reicht. Die Zusammensetzung ist nämlich nicht in allen Schichten die gleiche. Falls es möglich ist, wird der Käse auf einem Reibeisen, wenn er hierfür zu weich ist, im Mörser zerrieben.

2. Fettgehaltsbestimmung in Käse und Quark

Die Standardmethode verwendet das Prinzip der bereits früher geschilderten GOTTLIEB-RÖSE-Methode in der Abwandlung nach SCHMID-BONDZINSKY-RATZLAFF (s. a. S. 200).

Die Praxis benutzt butyrometrische Methoden. Die Butyrometer sind an beiden Enden offen und mit einer Skala versehen, die in ganze bzw. halbe Prozente unterteilt ist. Auch diese Butyrometer haben zwischen 0 und 5% keine Teilung.

Verwendet werden zwei Verfahren:

a) die Methode nach VAN GULIK, – b) die Methode nach HAMMERSCHMIDT.

a) Fettbestimmung nach van Gulik. In das Käsebutyrometer nach VAN GULIK, dessen obere Öffnung mit einem kleinen Gummistopfen verschlossen ist, füllt man bis zur Hälfte des Korpus Schwefelsäure vom spezifischen Gewicht 1,53. Mit Hilfe eines Trichters bringt man nun 3 g von der gut zurecht gemachten Käseprobe in das Butyrometer. Ist der Käse breiig, dann verfahre man, wie unter Quark (S. 239) geschildert. Das Butyrometer wird unten mit dem großen Gummistopfen verschlossen und in ein Wasserbad von 65° C gestellt. Die Auflösung des Käses wird beschleunigt, wenn man das Butyrometer öfter hin und her schwenkt und schüttelt. Sobald feste Käseteile nicht mehr wahrgenommen werden, läßt man das Butyrometer noch 15 Minuten stehen.

Nachdem das Butyrometer *nochmals kräftig geschüttelt* ist, gibt man durch die obere Öffnung 1 ml Amylalkohol. Der Butyrometerinhalt wird nun besonders kräftig geschüttelt. Bis zum Teilstrich 35 gibt man Schwefelsäure vom spezifischen Gewicht 1,53 und verschließt das Butyrometer. Durch öfteres Umdrehen des Butyrometers mischt man den Inhalt nochmals gut. Dabei ist zu beachten, daß das Fett, das sich zwischen dem kleinen Stopfen und dem Glas angesammelt hat, in das Säuregemisch aufsteigt.

Das Butyrometer wird nach 5 Minuten in ein Wasserbad von 65° C gestellt und dann *wenigstens* 5 Minuten bei einer Tourenzahl von 1000 in der Minute geschleudert. Hiernach wird das Butyrometer weitere 5 Minuten in einem Wasserbad von 65° C erwärmt, wobei besonders zu beachten ist, daß die Fettsäule ganz im Wasser steht. Der absolute Fettgehalt im Käse wird dann an der Skala abgelesen. Da das Käsebutyrometer eine einheitlich geteilte Skala besitzt, ist ein Einstellen auf den Nullpunkt nicht erforderlich.

Bei dieser Methode muß besonders darauf geachtet werden, daß der Zusatz des Amylalkohols und das Durcheinandermengen genau in der angegebenen Weise geschehen. Nach Zugabe des Amylalkohols muß die Bestimmung unverzüglich zu Ende geführt werden.

Soll nicht Käse, sondern Quark untersucht werden, so ändert sich das geschilderte Verfahren wie folgt: 3 g Quark werden in ein Glasbecherchen, das 16 kleine Löcher hat und auf einen Gummistopfen aufgesetzt ist, eingewogen. Der Gummistopfen mit Becher wird dann in das Butyrometer eingeführt. Nun gibt man Schwefelsäure vom spezifischen Gewicht 1,53 hinzu, bis der Korpus des Butyrometers dreiviertelvoll ist und stellt das Butyrometer in ein Wasserbad von 65°. Im übrigen verläuft die Untersuchung wie vorher beschrieben.

b) Fettbestimmung nach Hammerschmidt. Man tariert auf einer Präzisionswaage den Gummistopfen mit dem Wägelöffel aus und wägt 2,5 g von der vorbereiteten Käseprobe ab. Dann führt man den Wägelöffel so weit in das Butyrometer ein, bis der obere Rand des Gummistopfens mit dem Hals des Butyrometers abschließt. Durch die obere Öffnung gibt man 9 ml einer 4-proz. Boraxlösung und darauf 1 ml Amylalkohol in das Butyrometer und verschließt die Öffnung mit dem kleinen Gummistopfen. Man setzt nun das Butyrometer in 40—45° warmes Wasser und schüttelt es nach etwa 5 Minuten kräftig durch, bis sich der Käse gelöst hat. Hierbei ist darauf zu achten, daß Käsestücke weder im Skalenteil noch in der Birne zurückbleiben. Die Löslichkeit des Käses hängt in erster Linie vom Grad der Zerkleinerung ab. Alle Teilchen müssen gut zerquetscht werden.

Ist der Käse gelöst, so kühlt man den Inhalt des Butyrometers möglichst bis auf den Erstarrungspunkt des Fettes ab, schüttelt das Instrument kräftig und gibt durch die obere Öffnung 10 ml Schwefelsäure vom spezifischen Gewicht 1,53 hinzu. Nun wird das Butyrometer nochmals möglichst schnell und kräftig geschüttelt, und zwar so lange, bis etwa ausgeschiedenes Kasein wieder gelöst ist. Dann zentrifugiert man wie üblich 4–5 Minuten und liest den Fettgehalt bei 65° ab.

3. Wassergehaltsbestimmung

Als Standardmethode gilt auch hier die Methode, bei der eine abgewogene Menge im Trockenschrank bei 106° bis zur Gewichtskonstanz getrocknet wird. Die Praxis arbeitet mit Schnellmethoden. Zur Wägung verwendet man die bei der Butterwasserbestimmung angeführten Spezialwaagen. Als Trockenöfen benutzt man gas-, spiritus- oder elektrisch beheizte Spezialöfen.

Beispielsweise sei hier der Untersuchungsvorgang mit einer 2-schaligen Butterwasserwaage angeführt (s. Abb. 157). Die Herstellerfirma gibt folgende Anweisung:

a) *Paraffin-Methode.* Geschlossenen blauen Tarierreiter auf „10" des Reiterlineals, auf die 0-Marke jedoch einen vernickelten 0,5-g-Reiter setzen und einen zweiten 0,5-g-Reiter an das Gehänge der *linken* Waagschale hängen.

Auf die rechte Waagschale Aluminiumbecher (eventuell mit Glasstab) und auf die linke Waagschale 50-g-Gewicht und zusätzliche Gewichte für Glasstab) setzen.

Taragewicht mit dem blauen Tarierreiter genau ermitteln.

(Bei Serienbestimmung Stellung des Tarierreiters notieren.)

Auf die linke Waagschale 10-g-Gewicht setzen.

5 g Käse oder Quark einwägen.

In den Aluminiumbecher eine Paraffinrolle von genau 5,00 g geben und Käseprobe entwässern (Klumpenbildung vermeiden).

Erkalteten Becher auf die rechte Waagschale setzen.

An den Haken des rechten Gehänges ein Ausgleichsgewicht (20, 40 oder 60%) hängen und kleinen 0,5-g-Reiter von 0-Marke auf dem Lineal versetzen, bis die Waage im Gleichgewicht ist.

Beispiel: Ausgleichsgewicht am rechten Gehänge: 20 Prozent.
Stellung des kleinen 0,5-g-Reiters zwischen 8 und 9 auf dem 6. Teilstrich: 8,6.
Wassergehalt des Käses 28,6 Prozent.

b) *Seesand-Methode.* Geschlossenen blauen Tarierreiter auf „10" des Reiterlineals, auf die 0-Marke jedoch einen vernickelten 0,5-g-Reiter setzen und einen zweiten 0,5-g-Reiter an das Gehänge der *linken* Waagschale hängen.

Auf die rechte Waagschale Aluminiumbecher mit 30–50 g geglühten Seesand und Glasstab setzen.

Auf die linke Waagschale die entsprechenden Grammgewichte und Taragewicht mit dem blauen Tarierreiter genau ermitteln.

(Bei Serienbestimmung Stellung des Tarierreiters notieren.)

Auf die linke Waagschale 5-g-Gewicht setzen.

In den Aluminiumbecher 5 g Käse oder Quark einwägen.

Käseproben entwässern (s. unten).

Erkalteten Becher auf die rechte Waagschale setzen.

An den Haken des rechten Gehänges ein Ausgleichsgewicht (20, 40 oder 60%) hängen und kleinen 0,5-g-Reiter von 0-Marke auf dem Lineal versetzen bis die Waage im Gleichgewicht ist.

Beispiel: Ausgleichsgewicht am rechten Gehänge: 60 Prozent.
Stellung des kleinen 0,5-g-Reiters zwischen 7 und 8 auf dem 2. Teilstrich: 7,2.
Wassergehalt des Quarkes: 67,2 Prozent.

Entwässerung der Käseproben

Man setzt den Becher in den Einsatz des Ofens (s. Abb. 166), dessen Glycerinfüllung auf 130° C gebracht worden ist und läßt ihn dort 5 Minuten stehen. In dieser Zeit wird jeder Käse weich und geschmeidig geworden sein. Man rührt nun Käse und Sand durcheinander, bis eine gleichmäßige, teigartige Masse entsteht und erhitzt unter zeitweisem Rühren 20 Minuten.

Abb. 166. Elektrisch beheizter Trockenofen für die Wassergehaltsbestimmung, für 4 Proben

Wenn der Käse zu trocknen beginnt, bilden sich gesonderte Sandklumpen, die man sofort mit dem Glasstab zerstößt, weil die Teile im Innern schlecht austrocknen würden. Ist das Trocknen beendet, so hat man einen gleichmäßigen, körnigen, trokkenen Sand, der bei Anwesenheit von sehr viel Fett im Käse fettig aussieht.

Will man das Ergebnis einer Nachprüfung unterziehen, so zerkleinere man vorsichtig die Sandmischung und bringe sie nochmals 10—15 Minuten lang in den Ofen. Das Ergebnis darf dann nicht mehr als 0,2% vom ersten abweichen.

4. Bestimmung des Säuregrades

Diese Bestimmung ist vor allem für Quark wichtig. Nach DREWES ist der Säuregrad des Quarks sowohl für seine Haltbarkeit als auch für den Verlauf der Käsereifung von größter Bedeutung. Guter Sauermilchquark soll bekanntlich einen Säuregrad von 140—170° SH. haben. Die Säuregradsbestimmung wird mit den üblichen Säuregradsbestimmern unter Verwendung von n/4-Natronlauge durchgeführt:

10 g Käse oder Quark werden mit Wasser von 40—45° C in einer Reibschale gründlich zerrieben. Die Emulsion wird auf 100 ml mit Wasser verdünnt und mit n/4-Natronlauge unter Anwendung von 2 ml Phenolphthaleinlösung als Indikator titriert. Die Anzahl der verbrauchten Milliliter Lauge mit 10 multipliziert gibt den Säuregrad an.

5. Bestimmung des p_H-Wertes.

Wie bereits auf S. 95 ausgeführt, sind viele Vorgänge bei der Käseherstellung und Reifung vom p_H-Wert abhängig. Die Ermittlung des p_H-Wertes kann entweder direkt im Käselaib vorgenommen werden oder im pulverisierten, mit Wasser angerührten Käseteig erfolgen. Die Messung direkt im Käselaib wird nach HACKENSCHMIED und MEIER[1] mit der Glaselektrode folgendermaßen durchgeführt: „Im Mittelpunkt einer Stirnfläche des Käselaibs wird der Käse mit einem Käsebohrer angebohrt. In das 2–3 cm tiefe Bohrloch wird die Kalomelelektrode so eingeführt, daß der Tonstift sicheren Kontakt mit der Käsemasse hat. Sie verbleibt die ganze Meßdauer über in diesem Bohrloch.

In etwa gleichen Abständen – vom Mittelpunkt dem Rande zu – werden drei Bohrlinge mit rund 6 cm Länge entnommen. Der Durchmesser der Bohrlinge soll möglichst genau dem der Glaselektrode entsprechen. In diese Bohrlöcher wird die Glaselektrode bis zum Halsansatz eingeführt. Die Bohrlöcher wurden zum besseren Ein- und Ausführen der Glaselektrode etwas schräg angesetzt. Die Elektrode muß mit der Käsemasse innige Berührung haben. Die gemessenen Millivoltwerte werden aus einer Eichkurve, die für jede Glaselektrode erstellt werden muß, in p_H-Werten abgelesen. Das rechnerische Mittel aus den Meßergebnissen der drei Bohrlöcher ergibt den Durchschnitts-p2-Wert des gesamten Käses.

Kleinkalibrige Käse, deren Höhe für die Länge der Glaselektrode nicht ausreicht, werden von einer Seitenfläche oder so angebohrt, daß die Glaselektrode bis zum Halsansatz in den Käse eingeführt werden kann, um Meßfehler durch eine zu geringe Berührungsfläche oder durch die Randzone zu vermeiden. Bei Weichkäsen mit Schmierebildung, Käsen, die mit Schimmelkulturen reifen, und auch Tilsitern ist zu beachten, daß besonders im fortgeschrittenen Reifestadium die Randzone annähernd neutral ist, das Käseinnere jedoch zur Mitte hin zunehmend saure Reaktion zeigt. Von größter Wichtigkeit ist es, die Glaselektrode nach jeder Messung mit destilliertem Wasser zweimal abzuspülen und gründlich mit Filterpapier zu reinigen. Nur so lassen sich Meßfehler vermeiden. Ab und zu sollte eine Reinigung mit Leichtbenzin erfolgen. Wie wir uns überzeugen konnten, zeigt die so behandelte Glaselektrode nach rund 50 Messungen bei einer Gesamtmeßzeit von 4 Stunden keinerlei Abweichung in den Eichungsergebnissen. Zur Überprüfung der Meßmethode stellten wir eine große Reihe von Versuchen an, die übereinstimmend das gleiche Bild ergaben und die Genauigkeit der Methode bestätigten. Gemessen wurden Camembert- und Tilsiter Käse verschiedenen Alters sowie verschiedener Reifungsstadien. Die Elektroden wurden vor und nach den

---

[1] HACKENSCHMIED, W., u. K. E. MEIER: Süddtsch. Molkerei-Ztg. **70**, 1484 (1949).

Messungen geeicht, ohne jedoch Abweichungen von mehr als $\pm 0{,}5$ mV zu zeigen.“

Elektroden der Firma *Radiometer* zur direkten p_H-Bestimmung im Käselaib zeigt Abb. 102.

6. Bestimmung des Kochsalzes.

Die Ermittlung des Gehaltes an Kochsalz ist deshalb von Bedeutung, weil bei der Herstellung des Käses bzw. bei seiner nachfolgenden Bearbeitung (Salzbad) unterschiedliche Mengen Kochsalz in den Käse gelangen. Es wird auch versucht, Käsefehler durch Salzgaben zu bekämpfen, so daß häufig stark gesalzene Käse auf den Markt kommen. Nach ERBACHER[1] wird die Bestimmung wie folgt durchgeführt: „1–2 g der zerkleinerten Käsemasse werden in einem 300-ml-ERLENMEYER-Kolben genau eingewogen. Dann gibt man zuerst 25 ml n/10-Silbernitratlösung und anschließend nach mehrmaligem Umschwenken 25 ml konzentrierte Salpetersäure hinzu, wobei der Zusatz in der vorgeschriebenen Reihenfolge zu erfolgen hat. Alsdann wird zum Sieden erhitzt. Zu der schwach kochenden Flüssigkeit fügt man vorsichtig 10 ml einer etwa 7,5-proz. Kaliumpermanganatlösung hinzu. Nachdem die zunächst braune Lösung heller geworden ist, versetzt man sie gegebenenfalls nochmals mit 5–10 ml Permanganatlösung, bis eine genügende Färbung der Flüssigkeit stattgefunden hat. Für die Oxydation benötigt man im allgemeinen je Gramm angewendete Käsemasse 10–15 ml Permanganatlösung. Wurde zuviel Permanganat hinzugefügt, so daß die braune Farbe auch bei längerem Kochen nicht mehr verschwindet, kann man die Lösung durch Hinzufügen von etwas Dextrose oder Oxalsäure entfärben. Die so vorbehandelte Lösung wird durch Zusatz von 150 ml destilliertem Wasser abgekühlt, mit 5 ml einer gesättigten Eisenalaunlösung versetzt und der Überschuß an Silbernitrat mit n/10-Ammoniumrhodanidlösung titriert.

$$1\,\text{ml n/10-}AgNO_3 = 0{,}00585\,\text{g}\ NaCl.$$

7. Bestimmung der Asche

Da bei der Veraschung von Käse infolge des Gehaltes an Kochsalz Verluste an Chloriden auftreten können, versetzt man 3–5 g Käse mit genau 0,5 g Natriumcarbonat in einer Platinschale und erhitzt vorsichtig bis zur Verkohlung. Die Kohle wird mehrmals mit heißem, destilliertem Wasser ausgewaschen. Die Waschwässer werden durch ein kleines, quantitatives Filter filtriert. Filter plus Kohlereste gibt man wieder in die Platinschale und verascht beides vorsichtig. Das Filtrat wird dann in der Schale auf dem Wasserbad zur Trockne eingedampft. Nach dem Glühen wird die Schale zurückgewogen (Erkalten im Exsikkator). Von dem er-

[1] ERBACHER, E.: Deutsche Molkerei-Ztg. **32**, 1074 u. 1075 (1928).

haltenen Rückstand zieht man die eingewogene Menge Natriumcarbonat ab und erhält so die Asche des Käses.

8. Nachweis von Eisen in Quark[1]

Eisengehalt in Quark ist unerwünscht, weil bei der Käsereifung reaktionsfähiger Schwefel auftritt; dieser bildet mit dem Eisen schwarz gefärbtes Eisensulfid, das den Käse unansehnlich macht. Die Bestimmung des Eisengehaltes des zur Verarbeitung kommenden Quarkes ist deshalb von großer Bedeutung. In der Praxis werden zwei Verfahren zur Bestimmung benutzt. Das Verfahren nach SCHÄFFER verwendet als Reagenzien Ammoniak und Ammoniumsulfid. Wegen der geringen Haltbarkeit des Ammoniumsulfids ist von DREWES als Ersatz dafür Natriumsulfid empfohlen worden. Das Ammoniak dient zum Abstumpfen der Säure, da die Reaktion zwischen Eisen und Ammoniumsulfid bzw. Natriumsulfid nur bei alkalischer bzw. neutraler Reaktion vor sich geht. Das zweite Verfahren nach BUTENSCHÖN verwendet als Reagenzien Ammoniumrhodanid und Salzsäure. Bei Anwesenheit von Eisen bildet sich eine rote Eisenrhodanverbindung.

Je größer der Eisengehalt ist, desto tiefer blaugrün wird der Quark bei der ersten Reaktion und um so tiefer rot bei der zweiten.

a) Bestimmung nach Schäffer-Drewes. Von einer gut durchgemischten Probe des zu untersuchenden Quarkes wird ein Teil in den Maßlöffel hineingepreßt und mit dem Holzlöffel glatt abgestrichen. Diese Menge bringt man in die Porzellanreibschale, gibt 20 Tropfen Ammoniak hinzu und arbeitet sie durch Reiben und Drücken mit dem Pistill so lange durch, bis aus dem Quark eine gleichmäßige, glasige Masse entstanden ist. Die Masse muß jetzt deutlich nach Ammoniak (Salmiakgeist) riechen. Ist das nicht der Fall, dann gibt man weiter tropfenweise Ammoniak zu, bis nach gutem Durcharbeiten der Ammoniakgeruch bestehen bleibt. Dann gibt man 4 Tropfen Natriumsulfidlösung zu, arbeitet die Masse wiederum gut durch, kratzt sie mit dem Zelluloidblättchen aus der Reibschale heraus und legt sie auf die Milchglasplatte. Nunmehr vergleicht man nach 5 Minuten die entstandene Färbung mit den Farben der Farbtafel. Ist der Quark ganz frei von Eisen, dann nimmt er die Farbe I an. Bei Auftreten der Farbe II sind wohl bereits Spuren von Eisen vorhanden, aber der Quark kann noch unbedenklich verarbeitet werden. Bei Farbe III empfiehlt es sich, den betreffenden Quark nicht mehr allein, sondern mindestens zu gleichen Teilen mit ganz eisenfreier Ware vermischt zu verarbeiten. Färbt sich jedoch die Masse so dunkel, wie die Farbe IV oder gar V, dann ist der Quark nicht mehr zu verarbeiten, da er in diesem Falle so viel Eisen enthält, daß die Käse bei guter Durchreifung eine dunkle Farbe annehmen müssen.

---

[1] HÄNNI, H.: Mitt. Gebiete Lebensmittelunters. Hyg. **43**, 357 (1952).

Es sei bemerkt, daß die bei der Untersuchung entstehenden Farbtöne um ein geringes von den der Farbskala abweichen können, was jedoch bei einiger Übung bei der Beurteilung nicht zu Täuschungen führen kann.

Nach jeder Probe sind Reibschale, Spatel und Maßlöffel mit Wasser gut zu reinigen.

b) Bestimmung nach Butenschön. In dem Glasschälchen werden mit dem Glasstab 10 g Quark mit 15 ml Salzsäure (25-proz.) (Reagens A) und 10 ml Kaliumrhodanidlösung (10-proz.) (Reagens B) verrieben. Darauf setzt man die Glasschale in den Ring über der Farbtrommel und vergleicht den Farbton des Quarks mit den Farbtafeln, indem man die Trommel dreht und auf die waagerecht liegende Fläche des Fünfecks herabschaut. Stimmen die Farben überein, so liest man den Gehalt des Quarkes an Eisen an der Farbtafel ab.

Der Eisengehalt ist in mg/100 g Quark angegeben, z. B. bedeutet Farbgleichheit mit Tafel II, daß 100 g Quark 0,3 mg Eisen enthalten. Quark, dessen Färbung bei der Untersuchung den Tafeln I—II entspricht, ist gut; er enthält keine nennenswerten Mengen Eisen. Stimmt die Färbung mit Tafel III überein, so enthält der Quark schon zuviel Eisen. Er läßt sich aber noch verwenden, wenn er mit der gleichen Menge metallfreier Ware gut durchgemischt wird. Die Tafeln IV—V zeigen stark eisenhaltigen Quark an, der von der Fabrikation ganz ausgeschlossen werden sollte.

c) Verfahren nach Schwarz s. Methodenbuch[1].

9. Nachweis von Kupfer in Quark

Auch ein Gehalt an Kupfer im Quark ist unerwünscht, weil er ebenfalls die Ursache von Käsefehlern sein kann (Schwarzfärbung). Für die Bestimmung des Kupfergehaltes nach der Schnellmethode von G. Schwarz und O. Fischer[2] versetzt man 10 g Quark mit 50 Tropfen Eisessig (2 ml), fügt eine Perborattablette zu (0,125 g Natriumperborat) und mischt im Porzellanmörser gründlich durch. Nach 10 Minuten fügt man 25 Tropfen (1 ml) 10-proz. Ammoniumrhodanidlösung und 25 Tropfen (1 ml) des amtlichen Guajakreagenses „Neu" zu, rührt gut durch und bringt die Masse in ein, in der Spezialausrüstung enthaltenes

Abb. 167. Ausrüstung zur Schnellbestimmung von Eisen und Kupfer in Quark

[1] Methodenbuch Bd. VI, S. 56, Radebeul u. Berlin: Neudamm-Verl. 1950.

[2] Schwarz, G., u. O. Fischer: Milchwirtsch. Forsch. 17, 314 (1936).

Porzellangefäß. Eine auftretende Blaufärbung wird sofort mit der entsprechenden Farbtafel verglichen. Eine Ausrüstung zur Schnellbestimmung von Eisen und Kupfer ist aus Abb. 167 ersichtlich.

Für sehr genaue Bestimmungen des Kupfergehaltes verascht man den Quark und bestimmt nach SCHWEIBOLD, BLEYER und NAGEL[1], Kupfer mit Dithizon. Ebenfalls eine Kupferbestimmung unter Verwendung von Dithizon, bei der keine Veraschung erfolgt, beschreiben G. SCHWARZ[2] und O. FISCHER.

10. Mikroskopische Untersuchung

Für die mikroskopische Untersuchung der Käseoberfläche fertigt man Deckglaspräparate.

Eine Öse voll Wasser wird auf dem Objektträger mit einer geringen Menge von der Käseoberschicht vermischt, mit einem Deckglas bedeckt und mikroskopisch untersucht.

11. Reifungsprobe[3]

Über die bakteriologische Flora und das Verhalten des Quarks bei seiner Verarbeitung zu Käse gibt die Reifungsprobe Auskunft. Hierbei werden Quarkproben in Glasschalen von 9 cm Durchmesser und 3 cm Höhe im Brutschrank bei 30° C bebrütet. Der Quark wird mit schräger Oberfläche derart in die Schale gepreßt, daß die größte Schichthöhe 3 cm beträgt und ein Teil des Bodens freibleibt. Nach 2–3 Tagen beurteilt man den Reifungsvorgang. Guter Quark reift in 3 Tagen völlig durch. Unbrauchbarer Quark, der einen abfließenden Käse ergeben würde, verflüssigt sich, so daß der freigelassene Teil des Bodens von flüssigem Quark bedeckt ist. Unbrauchbar ist auch ein Quark, der nach Essig- oder Buttersäure riecht oder sich bei der Reifungsprobe überhaupt nicht ändert. Um die Reifungsprobe unter den gleichen Bedingungen wie die Reifung der Sauermilchkäse vor sich gehen zu lassen, wird unter gewissen Umständen ein Zusatz von 2% Kochsalz und 0,5% Natron empfohlen.

H. Die Untersuchung von Sauermilcharten

Gesäuerte Milch findet seit Jahrhunderten in vielen Ländern und unter den verschiedensten Bezeichnungen Verwendung in der menschlichen Ernährung. Es sei nur erinnert an Joghurt, Kefir, natürliche und geschlagene Buttermilch, gewöhnliche dicke Milch, Lange Wei und Leben.

Der Joghurt, der aus Bulgarien stammt, wo er als Volksgetränk gilt und für das lange Leben und den guten Gesundheitszustand der Bevölkerung verantwortlich gemacht wird, hat sich insbesondere nach dem

[1] SCHWEIBOLD, J., B. BLEYER u. G. NAGEL: Biochem. Z. 297, 324 (1938).
[2] Methodenbuch Bd. VI, S. 58, Radebeul u. Berlin: Neudamm-Verl. 1950.
[3] HENNEBERG, W.: Bakteriol. Molkereikontrolle, Berlin: P. PAREY, 1934, S. 67.

ersten Weltkrieg auch in den europäischen Ländern eingeführt. Wenn sich auch die optimistischen Auffassungen über die Wunderwirkung des Genusses von Joghurt nach METSCHNIKOF nicht bestätigt haben, so ist doch nicht in Abrede zu stellen, daß Joghurt und überhaupt Sauermilcharten einen hohen diätischen Wert haben. Infolge einer großzügigen Propaganda steigerte sich der Absatz in dieser Zeit so, daß Milchbetriebe in den großen Städten bis zu 40000 Glas Joghurt pro Tag absetzten. Joghurt kann aus Voll- oder Magermilch durch Zusatz von entsprechenden Reinkulturen (*Thermobact. bulgaricum* und *Str. thermophilus*) bereitet werden. Die Bebrütung nach dem Zusatz der Kultur erfolgt bei 42–44° C. Die Einhaltung der richtigen Temperatur ist wichtig, da bei höherer Temperatur hauptsächlich *Str. thermophilus* zur Entwicklung kommt und der andere Organismus zurückgedrängt wird.

Die Untersuchung der Sauermilcharten erstreckt sich neben der geschmacklichen Prüfung auf die Bestimmung des Säuregrades, des p_H-Wertes, der Konsistenz (absetzen) und des Fettgehaltes. Die mikroskopische Untersuchung geschieht im Färbepräparat und gibt über die mikrobiologische Flora Auskunft (s. Abb. 185 und 186). Die Säuerung von Joghurt soll einen p_H-Wert von 4,3 nicht überschreiten.

Die angegebenen Untersuchungsverfahren sind ausführlich bei der Untersuchung von Milch beschrieben und können in der dort geschilderten Weise Anwendung finden.

I. Untersuchung von Kakaotrunk

Kakaotrunk ist wohl eines der beliebtesten Milch-Mischgetränke, dem besonders im Rahmen der Schulspeisung eine große Bedeutung zukommt. Es handelt sich um eine Mischung von Milch (meist Magermilch) oder einer Mischung von Voll- und Magermilch unter Zusatz von Zucker und Kakaopulver (20–25 g Kakaopulver und 30–40 g Zucker je Liter Magermilch).

Die Untersuchung von Kakaotrunk erstreckt sich auf Geruch und Geschmack, p_H-Wert, Keimzahl, Nachweis der Erhitzung und Colinachweis. Die entsprechenden Verfahren sind an anderer Stelle ausführlich geschildert (s. unter Milchuntersuchung).

K. Untersuchung von Sterilmilch

Da der Verbrauch an Sterilmilch in den europäischen Ländern ständig zunimmt, sollen hier einige Ausführungen über dieses Milcherzeugnis, seine Herstellung und Untersuchung, gemacht werden.

Wie Kondens- und Trockenmilch und auch die Sauermilcharten entspringt die Sterilmilch dem Bestreben, aus der wenig haltbaren Milch ein haltbares Erzeugnis, eine Konserve herzustellen. Wesentlich bei der Herstellung der Sterilmilch ist die Erhitzung der Milch auf Temperaturen über 100° C (130—140°), und solange eine sterile Abfüllung nicht möglich ist, eine Nachsterilisation im Transportgefäß. Bei der Herstellung kommt es hauptsächlich auf die Abtötung verschiedener in der Milch enthaltener Sporenbildner an. Aus diesem Grunde schlägt SCHULZ für die Prüfung der Ausgangsmilch, die zu Sterilmilch verarbeitet werden soll, eine Sporen-Titer-Untersuchung vor, welche die Zahl der Sporen erfaßt, die 30 Minuten bei 100° C hitzeresistent sind. Weiter soll eine Gerinnungs- und Bräunungsprobe mit der Ausgangsmilch im Trockenschrank durchgeführt werden.

Für die Prüfung von Sterilmilch kommen nach SCHULZ folgende Verfahren in Frage:

1. Kontrolle der Haltbarkeit durch Lagerung der gesamten Produktion – 2. Kontrollagerung einzelner Stichproben – 3. Prüfung der Farbe der Milch – 4. Prüfung von Geruch und Geschmack – 5. Ermittlung der Strukturfehler – 6. Bestimmung des Fettgehaltes – 7. Ermittlung der Trockenmasse – 8. Bestimmung des Keimgehaltes – 9. Trübungstest nach ASCHAFFENBURG – 10. Fluoreszenz der fertigen Sterilmilch – 11. Nachweis von reduzierenden Substanzen – 12. Bestimmung der Phosphatase.

Genaue Beschreibung der einzelnen Verfahren s. Untersuchung von Milch und SCHULZ[1].

X. Molkereihilfsstoffe und -Geräte

Als Molkereihilfsstoffe gelten:

Wasser, Salz, Lab, Pergamentpapier, Blattzinn und Aluminiumfolien, Butter- und Käsefarbe.

A. Untersuchung des Wassers[2,3,4]

Das Wasser hat eine große Bedeutung für die Molkerei und findet als Waschwasser bei der Buttererzeugung, als Kesselspeisewasser, als Wasser zum Reinigen der Geräte und als Kühlwasser Verwendung. Die strengsten Anforderungen müssen an das Waschwasser für die Butter gestellt werden, da Qualitätsminderungen durch ein schlechtes Wasser auftreten können. Neben schlechtem Geruch und Geschmack, der von verschiedenen Beimengungen herrühren kann, ist es vor allem der Gehalt an Schwermetallen, insbesondere Eisen und Kupfer, der die Butterqualität vermindert. Wie der Verfasser[5] bereits im Jahre 1927 durch eigene Ver-

[1] SCHULZ, M. E.: Haltbare Milch, Nürnberg: Hans Carl 1954.

[2] KLUT, H., u. W. OLSZEWSKI: Untersuchung des Wassers an Ort und Stelle, seine Beurteilung und Aufbereitung, 9. Aufl., Berlin: Springer 1945.

[3] Deutsche Einheitsverfahren zur Wasser-, Abwasser- und Schlamm-Untersuchung, Verlag Chemie, 1954.

[4] KELLERMANN, R.: Das Wasser im Molkereibetrieb, Nürnberg: H. Carl 1956.

[5] MUNDINGER, E.: Milchwirtsch. Forsch. 4, 369 (1927).

suche feststellte, ist Butter gegen Spuren von Eisen und Kupfer sehr empfindlich. Bereits 0,3 mg Eisen/kg Butter verursachen einen talgigen Geschmack. Näheres s. Butterfehler. In vielen Molkereibetrieben wird das Waschwasser für die Butter durch besondere Enteisungsanlagen von seinem Gehalt an diesem Schwermetall befreit.

Auch der Gehalt an Mikroben spielt für die Butterbereitung eine Rolle. Die beste Butter kann durch ein bakteriologisch nicht einwandfreies Waschwasser verdorben werden. Das Wasser darf weder pathogene Keime enthalten, die durch Butter auf den Menschen übertragen werden können, noch Mikroorganismen, die das Fett spalten oder das Eiweiß zersetzen. Der Nachweis von Keimen der *Coli-Aerogenes*-Gruppe hat deshalb große Bedeutung, weil er die Verunreinigung des Wassers durch Fäkalien anzeigt.

Beim Neubau einer Molkerei ist der Wasserfrage erhöhte Bedeutung beizumessen. Nicht selten müssen Brunnen bis zu 50 m Tiefe gebaut werden, bis man einwandfreies, colifreies Wasser erhält. Manche Molkerei hat für ein brauchbares Wasser kaum tragbare finanzielle Opfer bringen müssen.

Das Kesselspeisewasser muß hauptsächlich auf seinen Gehalt auf Kalk- und Magnesiumverbindungen geprüft werden, da diese Beimengungen zur Bildung des Kesselsteins führen. Die Untersuchung des Wassers auf seinen Härtegrad, der den Gehalt an diesen Stoffen charakterisiert, hat deshalb Bedeutung.

Aus dem Vorangehenden ergibt sich die Notwendigkeit der Untersuchung des Wassers einer Molkerei. Es würde hier zu weit führen, sämtliche Untersuchungsverfahren zu schildern, die zu einer gesamten Wasseranalyse erforderlich sind. Eine solche eingehende Wasseranalyse umfaßt die Bestimmung sämtlicher Anionen und Kationen, die im Wasser vorkommen können. In der Spezialliteratur für Wasseruntersuchung werden bis zu 30 Untersuchungsverfahren für die Prüfung von Wasser angeführt. Nach VOLLHASE und THYMIAN[1] soll ein gutes Trinkwasser bei der Untersuchung folgendes Ergebnis liefern:

Aussehen und Beschaffenheit:	farblos, klar
Geruch:	nicht vorhanden
Temperatur:	gleichmäßig, unter 12° C
Veränderungen beim Stehen:	nicht vorhanden
Reaktion gegen Lackmus:	neutral bis schwach alkalisch
Abdampfrückstand:	unter 500 mg/l
$KMnO_4$-Verbrauch:	unter 12 mg/l
Sauerstoffgehalt:	über 5 mg/l
Ammonium-Ion (NH_4):	höchstens Spuren
Nitrat-Ion (NO_3):	unter 40 mg/l

[1] VOLLHASE, E., u. E. THYMIAN: Ausgewählte Verfahren zur Untersuchung von Lebensmitteln und Bedarfsgegenständen, Jena: G. Fischer 1951, S. 556.

Nitrit-Ion (NO_2):	nicht vorhanden
Chlor-Ion (Cl):	unter 50 mg/l
Sulfat-Ion (SO_4):	unter 80 mg/l
Phosphatgehalt (P_2O_5):	nicht vorhanden
Aggressive Kohlensäure:	nicht vorhanden
Ferro-Ion (Fe):	unter 0,1 mg/l
Mangano-Ion (Mn):	unter 0,1 mg/l
Blei-Ion (Pb):	höchstens 0,3 mg/l bei 24-stündigem Stehen des Wassers in der Leitung
Gesamthärte:	unter 30° dH
Keimzahlen:	unter 100/1 ml
Colibakterien:	nicht nachweisbar in 100 ml Wasser

Hier soll nur kurz auf die wichtigsten Prüfungsverfahren eingegangen werden.

a) Prüfung auf Geruch und Geschmack. Zur Prüfung des Geruchs erwärmt man das Wasser auf 40—60° C; für die Geschmacksprüfung zweckmäßig auf 30° C. Das Wasser wird bezüglich Farbe, Trübung und Bodensatz geprüft.

b) Untersuchung auf Eisen. Die Untersuchung wird in einem Kolorimeter durchgeführt. Als Reagenzien werden Rhodanammonium, konzentrierte eisenfreie Salzsäure und Kaliumchlorat verwendet. Falls Eisen in dem Wasser vorhanden ist, erhält man mehr oder weniger rote Färbungen, aus deren Stärke man an Hand einer Standardlösung im Kolorimeter den Eisengehalt bestimmt. Eine kurze Gebrauchsanweisung für das Kolorimeter nach RIEDEL findet sich auf S. 295. Am besten verwendet man auch hierfür eines der auf S. 314 beschriebenen Kolorimeter bzw. Photometer[1].

c) Bestimmung des Abdampfrückstandes. Hierzu gibt man 100 ml des filtrierten Wassers in eine Platinschale und trocknet auf dem Wasserbade bis zur Gewichtskonstanz.

d) Bestimmung des p_H-Wertes. Für die Bestimmung des p_H-Wertes verwendet man entweder kolorimetrische Verfahren oder ein elektronisches p_H-Meßgerät. Als Indikatoren für die p_H-Bestimmung in Wasser können Bromthymolblau, Bromphenolblau und andere Verwendung finden. Man kann auch mit Lyphanstreifen oder anderen Indikatorpapieren, die für die Wasseruntersuchung zugeschnitten sind, die Messung durchführen.

Die elektrometrische Bestimmung war früher schwierig, da die Wässer schlecht gepuffert sind. Bei den heutigen überaus empfindlichen, elektronischen Geräten kann die p_H-Bestimmung in eleganter Weise mit der Glaselektrode durchgeführt werden.

e) Bestimmung des Verbrauchs an Kaliumpermanganat. Nach BEYTHIEN versetzt man in einem vorher mit 1-proz. $KMnO_4$-Lösung ausgekochten ERLENMEYER-Kolben 100 ml der unfiltrierten Wasserprobe

[1] LANGE, B.: Kolorimetrische Analyse, Weinheim: Verlag Chemie, 1956.

mit 5 ml Schwefelsäure (1 : 3) mit etwas Bimssteinpulver und erhitzt auf dem Asbestdrahtnetz zum Sieden, versetzt rasch mit 15 ml 0,01-n·$KMnO_4$-Lösung und kocht von neubeginnendem Sieden ab genau 10 Minuten. Dann gibt man rasch 15 ml 0,01-n·Oxalsäurelösung hinzu, kocht bis zur Entfärbung und titriert mit der Permanganatlösung bis eine sichtbare Rosafärbung auftritt. 1 ml 0,01-n·Permanganatlösung entspricht 3,16 mg/l $KMnO_4$ oder 0,8 mg/l Sauerstoff. Sind mehr als 300 mg/l Chlorid enthalten, dann kocht man statt mit 5 ml Schwefelsäure mit 0,5 ml Natronlauge (33%) und gibt mit der Oxalsäure gleichzeitig 5 ml Schwefelsäure (1 : 3) zu.

f) Bestimmung von Nitrat. Nach dem Einheitsverfahren versetzt man 2 ml des Wassers mit 5 ml konzentrierter Schwefelsäure, schüttelt um, kühlt ab und gibt eine kleine Messerspitze Brucin zu. Rotfärbung zeigt Nitrat an.

g) Bestimmung von Nitrit. Nach dem Einheitsverfahren versetzt man das Wasser mit Jodzinkstärkelösung und säuert mit 25% Phosphorsäure an. Bei Abwesenheit störender Stoffe zeigt Blaufärbung Nitrit an.

h) Bestimmung von Ammoniak. Ammoniak weist man mit NESSLERS Reagenz nach. 10 ml Wasser versetzt man mit 4—6 Tropfen Reagens. Eine Gelbfärbung zeigt die Anwesenheit von Ammoniak an.

i) Bestimmung der Härte. Als deutschen Härtegrad bezeichnet man den Gehalt von 10 mg Calciumoxyd (CaO) oder von 7,19 mg Magnesiumoxyd (MgO) in 1 Liter Wasser. Man unterscheidet zwischen Gesamthärte, vorübergehender oder Carbonathärte und bleibender (Nichtcarbonat-) Härte.

Bestimmungsverfahren. α) Gesamthärte. Die genauesten Werte erhält man, wenn man die bei der Wasseranalyse gefundenen CaO-Werte mit 10 und die MgO-Werte mit 7,19 dividiert und die beiden Quotienten addiert. Nach einer vereinfachten Methode (Seifenmethode) titriert man 50 ml der Wasserprobe unter kräftigem Schütteln mit einer Seifenlösung nach BOUTRON und BOUDET so lange, bis der entstehende Schaum sich mehrere Minuten lang hält. An der Spezialbürette, die für diesen Zweck Verwendung findet, liest man die verbrauchte Seifenlösung in deutschen Härtegraden ab. Liegt der Wert unter 2° der Härte, so muß der Versuch mit einer Probe wiederholt werden, die mit n/10-Natronlauge unter Verwendung von Phenolphthalein bis zur bleibenden Rosafärbung neutralisiert wurde.

β) Vorübergehende (Carbonat-)Härte. 100 ml des zu untersuchenden Wassers werden mit 0,1-n·Salzsäure mit Methylorange als Indikator titriert. Der Verbrauch von 1 ml Salzsäure entspricht 2,8° vorübergehender Härte.

γ) Bleibende (Nichtcarbonat-)Härte ist der Wert, der sich ergibt, wenn man von der Gesamthärte die vorübergehende Härte subtrahiert.

In der Wasseruntersuchung findet die kolorimetrische Analyse bevorzugt Anwendung. Nahezu sämtliche Bestandteile können auf kolorimetrischem Wege qualitativ und quantitativ ermittelt werden. Die für diese Verfahren erforderlichen Kolorimeter sind auf S. 314ff. beschrieben.

l) Die mikrobiologische Untersuchung des Wassers erstreckt sich nach KELLERMANN auf:

Keimzahlbestimmung (Plattenverfahren) mit Bouillonagar und Bouillongelatine, Chinablau-Milchzucker-Agar (Säure- und Alkalibildner), den Nachweis der *Coli-Aerogenes*-Gruppe mit Gentianaviolett-Milchzucker-Galle-Peptonwasser und Trypsinbouillon zum Indolnachweis. Nachweis von Fäulniserregern und Fettspaltern, Nachweis der Fluoreszenten.

Eine besondere Bedeutung kommt im Rahmen der bakteriologischen Wasseruntersuchung der Membranfilter-Methode zu. Beschreibung s. S. 38.

Mit dieser Methode können nicht nur Colibakterien und Erreger der Typhus-Paratyphus-Enteritis-Gruppe nachgewiesen werden, auch die chemische Wasseruntersuchung kann dadurch vereinfacht werden.

Auch dem Abwasser der Molkerei muß Aufmerksamkeit geschenkt werden, da durch den Gehalt an Faulkörpern eine direkte Ableitung des Abwassers in Flüsse, Seen und Bäche nicht gestattet ist. Die Molkerei ist deshalb gezwungen, das Abwasser in einer Kläranlage auf chemischem, mechanischem oder biologischem Wege zu reinigen. Hierfür gibt es verschiedene Verfahren.

B. Untersuchung von Kochsalz

Das zum Salzen von Butter und Käse verwendete Salz kann chemisch und bakteriologisch verunreinigt sein, so daß es für Molkereizwecke unbrauchbar ist. Da das Salz aus dem Meerwasser durch Verdunstung entstanden ist, enthält es nicht nur Kochsalz, sondern auch die übrigen Meeressalze, die für die Molkereiprodukte mehr oder weniger nachteilig sind. Solche Verunreinigungen sind Sulfate von Calcium (Gips), Natrium (Glaubersalz), Kalium und Magnesium, Chloride von Kalium, Calcium und Magnesium sowie Carbonate von Calcium und Magnesium. Gelegentlich enthält es auch Spuren von Eisen. Die im Handel befindlichen Salze für Molkereizwecke sind von diesen Verunreinigungen durch Umkristallisierung größtenteils befreit. Sie enthalten 99 und mehr Prozent reines Kochsalz (Natriumchlorid). Als Verunreinigungen finden sich in diesen gereinigten Salzen noch kleine Mengen von Gips, Calciumchlorid und Magnesiumchlorid. Gips kann wegen seiner Schwerlöslichkeit sandige Butter verursachen. Calcium- und Magnesiumchlorid in größeren

Mengen bedingen einen bitteren Geschmack und verursachen, daß das Salz Wasser anzieht und zu Klumpen zusammenbackt.

Die Fähigkeit des Salzes, Wasser anzuziehen, ermittelt man wie folgt: Nach Trocknung in einem Wägeglas bestimmt man die Gewichtszunahme in 14 Stunden in einem Raum mit 65% relativer Feuchtigkeit.

Neben der Reinheit ist die Feinheit des Salzes wichtig. Erwünscht ist eine Korngröße von ungefähr 1 mm. Die Korngröße bestimmt man zweckmäßig mit einem Siebsatz. Es darf auch keine mechanischen Verunreinigungen enthalten. Ein Teelöffel Salz, in ein Glas Wasser gegeben, soll keine merkliche Trübung des Wassers bewirken und keinen Rückstand am Boden zurücklassen.

Auch bakteriologisch sollte das Buttersalz vollständig rein sein. Die besseren Buttersalze sind entweder völlig keimfrei oder enthalten weniger als 10 Keime je Gramm. Das Buttersalz muß in der Molkerei vor Infektionen geschützt aufbewahrt werden. Nach WEIGMANN fanden sich in den oberen Schichten eines Salzes Luftkokken, Sporen von Heu- und Erdbazillen sowie Schimmelpilze, teilweise auch Hefen. Die Prüfung des Salzes auf Keime kann bequem mit der Rollkultur erfolgen.

Der Eisengehalt kann mit dem Kolorimeter bestimmt werden. Der Nachweis von Calcium kann durch Zusatz von Ammoniumoxalat zur Salzlösung geführt werden. Bei Anwesenheit von Calcium entsteht ein in Essigsäure unlöslicher Niederschlag. Macht man das mit Ammoniumchlorid versetzte Filtrat ammoniakalisch und setzt ihm Ammoniumphosphat zu, so deutet ein weißer Niederschlag auf einen Gehalt an Magnesium. Die Prüfung auf Sulfate erfolgt durch Zusatz von Bariumchlorid. Ein weißer, in Säuren unlöslicher Niederschlag zeigt eine Verunreinigung durch Sulfate an.

C. Untersuchung von Lab[1,2]

Lab wird durch Auslaugen getrockneter Kälbermägen mit Salzwasser hergestellt. Es kommt in flüssiger Form, als Labessenz, oder trocken, als Labpulver oder in Tablettenform, in den Handel. Lablösungen und Labpulver können verschiedene Stärken aufweisen. Unter Labstärke versteht man die Milchmenge, die von 1 Teil Lab bei 35° in 40 Minuten zur Gerinnung gebracht wird. Labextrakt hat im allgemeinen eine Stärke von 10000, d.h. 1 ml Lab bringt 10000 ml (10 Liter) Milch zur Gerinnung, Labpulver eine solche von 100000, d.h. 1 g Lab bringt 100000 g (100 kg) Milch zur Gerinnung. Wie sehr die Gerinnung der Milch durch Lab vom Säuregrad abhängig ist, geht aus Tab. 27 hervor.

---

[1] HOSTETTLER, H., J. STEIN u. K. IMHOFF: Milchwiss. 10, 196 (1955).

[2] GRIMMER, W., u. KRÜGER: Milchwirtsch. Forsch. 2, 458 (1925).

Tabelle 27

Säuregrad	Gerinnungszeit in Sekunden	Labstärke
7,2	1049	114394
7,4	917	130861
7,6	858	139988
7,8	805	149068
8,0	775	154839
8,2	693	173160

Von einem guten Lab verlangt man, daß es die angegebene Stärke aufweist, unverdorben ist, also nicht schlecht riecht und keine Trübung zeigt, was auf die Anwesenheit und Tätigkeit von schädlichen Bakterien deuten würde.

Die Ermittlung der Labstärke wird nach GRIMMER[1] wie folgt durchgeführt: 1 g Labpulver oder 10 ml Labextrakt werden mit Wasser zu 100 ml gelöst und von dieser Lösung 5 ml auf eine gewisse Menge frischer Milch, z. B. 500 ml, die auf 35 °C angewärmt wurde, gegeben. Man beobachtet nun die Zeit in Sekunden, die bis zum Eintritt der Gerinnung verstreicht, wobei ständig darauf zu achten ist, daß sich die Temperatur von 35° nicht ändert. Die Labstärke L wird dann nach folgender Formel berechnet:

$$L = \frac{M \cdot 100 \cdot 2400}{l \cdot s}$$

In dieser Formel bedeuten L die Labstärke, M die Milchmenge in Gramm (oder Milliliter), l die angewendete Labmenge in Zentigramm (bei Labextrakten in $\frac{1}{100}$ Milliliter), s die Zahl der Sekunden, die zur Gerinnung nötig waren.

Beispiel 1: 1 g Labpulver in 100 ml gelöst. 5 ml davon = 5 Zentigramm bringen 500 ml Milch in 3′ 25″ = 205″ zur Gerinnung. Die Labstärke ist dann

$$\frac{500 \cdot 100 \cdot 2400}{5 \cdot 205} = 117\,000\,.$$

Beispiel 2: 10 ml Labextrakt auf 100 ml verdünnt. 5 ml dieser Lösung $= \frac{50}{100}$ Milliliter bringen 500 ml Milch in 3′ 3″ = 183″ zur Gerinnung. Die Labstärke ist dann

$$\frac{500 \cdot 100 \cdot 2400}{50 \cdot 183} = 13\,100\,.$$

[1] GRIMMER, W.: Milchwirtsch. Praktikum, Leipzig: Akademischer Verlag 1926, S. 197.

D. Untersuchung von Pergamentpapier

Pergamentpapier, das zum Verpacken von Butter und Käse verwendet wird, muß bakteriologisch vollkommen einwandfrei sein und darf keine metallischen Verunreinigungen aufweisen. Es ist nachgewiesen, daß Pergamentpapier durch seinen Gehalt an Stoffen, die zum Geschmeidigmachen zugesetzt werden (Stärkesyrup), zum Nährboden für Bakterien werden kann. Die Prüfung auf Keimfreiheit kann in einfacher Weise mit der Rollkultur durchgeführt werden. Zu diesem Zweck gibt man einige kleine Pergamentpapierschnitzel, die man durch Schneiden mit einer zuvor durch Erhitzen keimfrei gemachten Schere herstellt, mit einer ebenfalls keimfreien Pinzette in den durch Erhitzen verflüssigten und dann auf 45° abgekühlten Nährboden des Rollröhrchens und verfährt weiter wie auf S. 127 beschrieben.

Nach BURR und WOLFF sind an die Beschaffenheit eines guten Pergamentpapiers folgende Anforderungen zu stellen: Der Gehalt des Papiers an wasserlöslichen Stoffen darf 10%, der Gehalt an Zucker 8% und der Gehalt an Asche 4% nicht überschreiten.

Bezüglich eingehender Untersuchung in physikalischer und chemischer Hinsicht wird auf die Vereinbarungen zwischen der Bundesversuchs- und Forschungsanstalt für Milchwirtschaft Kiel und der Vereinigung der Deutschen Pergamentfabriken verwiesen.

E. Blattzinn und Aluminiumfolie

Die zum Einpacken von Käse verwendeten Aluminium- und Zinnfolien sollten möglichst frei von Fremdbestandteilen sein, da diese bei der Reifung der Käse chemische Vorgänge auslösen bzw. beschleunigen können, die zur Bildung von Löchern in den Folien führen. Diese Vorgänge verlaufen um so rascher, je unreiner das Material ist.

Zur Prüfung auf Korrosionsbeständigkeit des Aluminiums bzw. der Gesamtfolie dienen

a) Kochsalz-Ammoniak-Ätzprobe nach BLEYER[1]. Die Folie wird im Format 9 × 12 cm zurechtgeschnitten, durch 5 Minuten langes Kochen mit Alkohol entfettet, abgespült, getrocknet und ein Glasring (2 cm hoch, 5 cm lichte Weite) aufgesetzt. In diesen werden 20 ml von folgender Lösung gegeben:

Natriumchlorid, kristallisiert	99,0 g
Calciumchlorid, kristallisiert	0,5 g
Magnesiumchlorid, kristallisiert	0,5 g

werden in 1000 ml 1-proz. Ammoniaklösung gelöst.

[1] BLEYER, B.: Milchwirtsch. Forsch. 4, 312 (1927).

Die Ätzlösung läßt man 48 Stunden lang einwirken und beobachtet, ob sich nach dieser Zeit Korrosionserscheinungen gezeigt haben. Man setzt die Probe doppelt an, und zwar einmal mit der Unterseite und das andere Mal mit der Oberseite der Folie.

b) Ätzprobe des Chemischen Institutes der Bundesversuchs- und Forschungsanstalt für Milchwirtschaft Kiel. Eine Folie wird so zugeschnitten, daß sie in eine große Petrischale paßt. Sie wird zwischen zwei Rundfilter (12 cm) gelegt und diese mit 20 ml einer Kochsalz-Ammoniak-Lösung (3% $NaCl$, 5% NH_3) angefeuchtet. Nach Aufsetzen des Deckels läßt man die Lösung 8 Stunden auf die Folie einwirken. Nach dieser Zeit wird die Folie abgespült und getrocknet. Gute Folien werden durch diese Probe nicht angegriffen.

F. Geräte zur Bestimmung der Luftfeuchtigkeit

Der Gehalt der Luft an Feuchtigkeit ist sowohl für die Butterei als für die Käserei von großer Bedeutung, da das Wachstum von Mikroorganismen und der Schwund von Butter und Käse hiervon abhängig sind.

Über das Wachstum einzelner Organismen gibt LINDNER folgendes an:

Penicillium und Aspergillus wachsen schon bei 85%, Mucor erst bei 90%, Oidium lactis bei 95%, der Hausschwamm bei 96,5%, Bakterien bei 96–98% relativer Feuchtigkeit.

Tab. 28, die dem Handbuch der Milchwirtschaft[1] entnommen ist, möge eine Übersicht über die geeignetsten Temperaturen und Feuchtigkeitsgehalte für die verschiedenen Käsearten geben.

Tabelle 28

Käsesorte	Trocken- bzw. Beizraum		Reifungsraum	
	Temp. °C	Feuchtigkeit %	Temp. °C	Feuchtigkeit %
Roquefort	10—8	feucht	7—8	90—100
Gorgonzola	13—12	feucht	5—10	—
Cheddar	—	—	3—5	—
Camembert	15—13	60—70	10—12	90—95
Brie	14—13	85—90	11—12	85—90
Limburger	17—15	85—90	11—14	90—95
Sauermilchkäse(Harzer)	15—10	—	12—15	—
Tilsiter	—	—	15—18	90—92
Gouda	—	—	15—17	90
Emmentaler	—	—	17—26	85—90

[1] Handbuch der Milchwirtschaft II/2, Berlin: Springer-Verlag 1931.

Ein Instrument zur Bestimmung der Luftfeuchtigkeit gehört deshalb in jeden Butterei- und Käsereibetrieb. Die Angabe des Feuchtigkeitsgehaltes erfolgt in Prozenten relativer Feuchtigkeit. Die Wasserdampfmenge in Gramm, die in einer bestimmten Menge Luft enthalten ist, bezeichnet man als absolute Feuchtigkeit. Die Aufnahmefähigkeit der Luft für Wasserdampf steigt und fällt mit ihrer Temperatur. Enthält sie die höchstmögliche Menge an Wasserdampf, so ist sie gesättigt. Man bezeichnet die in diesem Zustand vorhandene Wasserdampfmenge als maximale Feuchtigkeit. Die relative Feuchtigkeit gibt an, in welchem Verhältnis die beobachtete Wasserdampfmenge zur Sättigungsmenge steht. Ein Beispiel möge dies erläutern. Aus Tab. 29 entnimmt man, daß 1 ml gesättigter Luft bei + 20° 17,31 g Wasserdampf enthält. Sie hat eine relative Feuchtigkeit von 100 Prozent. Finden wir aber bei einer Temperatur von 20° einen Dampfgehalt von 8,655 g, so sind das vom Maximalgehalt in Prozenten ausgedrückt:

Tabelle 29

t °C	Gewicht in g des Wasserdampfes in 1 m³ gesättigter feuchter Luft
−10	2,36
− 5	3,41
0	4,85
+ 5	6,80
+10	9,41
+15	12,85
+20	17,31
+25	23,07
+30	30,39
+35	39,60

$$\frac{100 \cdot 8{,}655}{17{,}31} = 50 \text{ Prozent.}$$

Man sagt dann, die Luft hat eine relative Feuchtigkeit von 50 Prozent.

Die Apparate zur Messung der Luftfeuchtigkeit beruhen auf verschiedenen Prinzipien. In der Praxis verwendet man meist das Psychrometerprinzip. Das Psychrometer besteht aus zwei Thermometern, von denen die Quecksilberkugel des einen mit einer geeigneten Stoffumhüllung versehen ist. Dieses Thermometer wird entweder vor jeder Messung in Wasser getaucht oder aber die Stoffhülle ist so lang, daß sie in einen mit Wasser gefüllten Behälter reicht und so die Kugel dauernd feucht hält. Ist die Luft nicht mit Wasserdampf gesättigt, so sinkt die Temperatur an dem befeuchteten Thermometer, und aus der Differenz zwischen den Temperaturen des trockenen und feuchten Thermometers kann man mit Hilfe einer Tabelle die relative Feuchtigkeit berechnen.

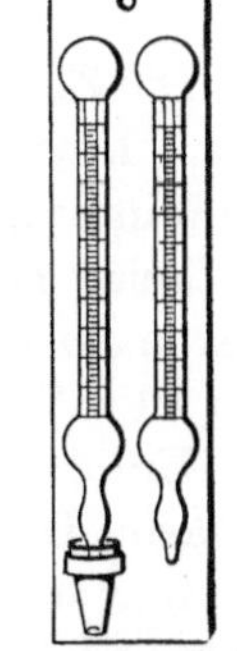

Abb. 168. Psychrometer nach FLEISCHMANN

Die beiden gebräuchlichsten Feuchtigkeitsmesser in der Milchwirtschaft sind das Psychrometer nach HAMMERSCHMIDT und das nach FLEISCHMANN (Abb. 168).

Die Thermometer des Psychrometers nach Fleischmann haben die gleiche Einteilung. Dem Instrument wird eine Tabelle beigegeben, aus der man unter Berücksichtigung der Temperatur des trockenen und feuchten Thermometers die jeweilige relative Feuchtigkeit entnehmen kann.

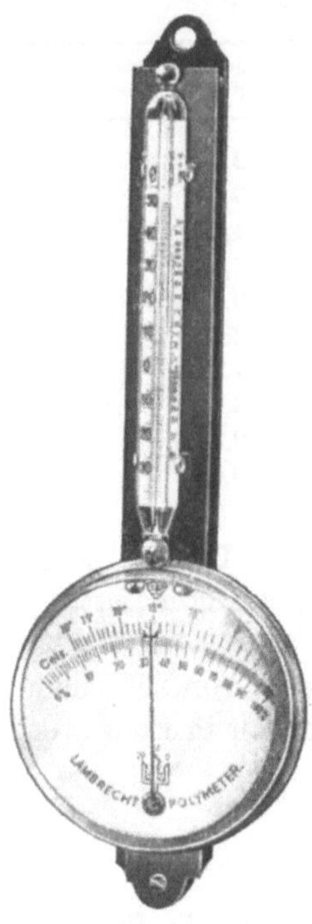

Abb. 169. Haarhygrometer

Die Thermometer des Psychrometers nach Hammerschmidt weisen verschiedene Einteilung auf. Zieht man von der Ablesung am feuchten Thermometer die am trockenen Thermometer ab, so erhält man direkt die Prozente relativer Feuchtigkeit.

Bei der Messung ist nach Fleischmann folgendes zu beachten: „Bei den jeweiligen Beobachtungen ist es nötig, das Instrument einem natürlichen oder künstlichen mäßigen Luftzuge auszusetzen. Man hängt es daher entweder zwischen zwei Ventilationsöffnungen des Käsekellers auf oder setzt die Luft in der Nähe des feuchten Thermometers während der Beobachtungen durch Schwingen der Hand in gelinde Bewegung.“

Es finden auch Haarhygrometer (Abb. 169) zur Messung der Luftfeuchtigkeit Verwendung. Sie machen von der Tatsache Gebrauch, daß ein Haar bei Aufnahme von Wasser seinen Rauminhalt, hauptsächlich aber seine Länge ändert. Die Ausdehnung wird auf einen Zeiger übertragen, der eine Skala bestreicht. Die relative Feuchtigkeit kann direkt abgelesen werden.

G. Untersuchung von Butter- und Käsefarbe

Die Farbe der Butter ist bekanntlich nicht einheitlich über das ganze Jahr. Eine im Sommer erzeugte Butter zeigt eine gelbe Farbe, während im Winter Butter in ungefärbtem Zustande eine hellgelbe bis weiße Farbe aufweist. Die Ursache liegt im Futter, das die Tiere erhalten. Die gelbe Farbe der Sommerbutter ist auf den Gehalt an Carotin des Grünfutters zurückzuführen.

Um diese Unterschiede auszugleichen, wird Butter bereits seit 1875 gefärbt. Da die eingeführte ausländische, insbesondere die dänische Butter immer einheitlich gefärbt auf den Markt kam, wurde diese vom Publikum höher bewertet, da der Laie in der gelben Butter eine bessere Qualität vermutet. Die Butterfärbung ist immer hart umkämpft gewesen und besonders in letzter Zeit sind bis in die Tagespresse alarmierende

Nachrichten gedrungen, die behaupteten, daß ein Zusammenhang zwischen Krebs und Butterfarbe bestehe.

Bei dem fraglichen Farbstoff handelt es sich um den Teerfarbstoff „Buttergelb“ (Dimethylaminoazobenzol).

Zum Problem „Buttergelb und Krebs“ wird auf die unten angeführte Literatur verwiesen[1, 2].

Eindeutig ist nachgewiesen, daß mit Buttergelb bei Ratten Krebs erzeugt werden kann. Buttergelb findet aber seit Jahren keine Verwendung mehr. Von der Kommission zur Bearbeitung des Lebensmittelfarbstoffproblems der Deutschen Forschungsgemeinschaft (Vorsitzender Prof. Dr. A. BUTENANDT) ist eine Liste der Farbstoffe veröffentlicht worden, die zum Färben von Lebensmitteln unbedenklich sind. Die Farbstoffe werden laufend auf ihre krebserzeugende Wirkung in langfristigen Tierexperimenten überprüft. Durch diese Überprüfungen ist die Liste gewissen Änderungen unterworfen. Auch die natürlichen Farben werden von der Kommission überprüft, da es nicht selbstverständlich ist, daß natürliche Farbstoffe vollkommen harmlos sind. Die Liste ist in der Zeitschrift für Lebensmitteluntersuchung und -forschung erschienen. Mitteilungen dieser Kommission erscheinen weiter in dieser Zeitschrift[3].

Für die Butterfärbung benutzt man entweder natürliche oder künstliche Farbstoffe. Als natürlicher Farbstoff findet in der Hauptsache der aus dem Samen der Annattopflanze (Südamerika) gewonnene Farbstoff Verwendung. Zu den natürlichen Farbstoffen gehören außerdem Orléans, Kurkuma, Safran und der Extrakt aus gelben Rüben. Carotin und Lactoflavin, auch wenn sie künstlich hergestellt sind, zählen zu den Naturfarbstoffen.

Eine Butterfarbe besteht aus einem künstlichen oder natürlichen Farbstoff, der in Öl gelöst ist. Zur Lösung darf nur neutrales Öl Verwendung finden (Hanf- oder Sesamöl). Leinöl z.B. ist ungeeignet, da es leicht ranzig wird. Von einer guten Butterfarbe verlangt man, daß sie nicht gesundheitsschädlich ist und keinen Beigeschmack hat, der den Marktwert der Butter beeinträchtigt. Die Färbekraft der Butterfarbe muß so stark sein, daß man mit geringen Mengen auskommt. Im Jahre 1936 wurde eine Standardisierung der Butterfarben angestrebt. Firmen, die standardisierte Butterfarbe liefern wollten, mußten ihre Erzeugnisse einer amtlichen Prüfung unterziehen lassen. Die Anforderungen, die zur Anerkennung notwendig waren, sind:

---

[1] DRUCKREY, H., u. K. KÜPFMÜLLER: Z. Naturforschg. 3b, 254 (1948); 4b, 342 (1949).

[2] BUTENANDT, A.: Verh. Dtsch. Ges. inn. Med. (55. Kongreß) 342 (1949).

[3] Z. Lebensmittel-Unters. u. -Forsch. 96, 98.

a) Das Farböl ergibt einen richtigen Farbton (Farbnuance). – b) Das Farböl besitzt die erforderliche Farbkonzentration (die für chemische Farböle anders festgesetzt ist als für die vegetabilen). – c) Das Farböl zeigt bei 30-tägiger Aufbewahrung bei 5° C keine Trübung bzw. Ausflockung von Farbstoff. – d) Das Farböl ist in geschlossener Originalpackung bei Aufbewahrung bei Zimmertemperatur (18° C) unter Luftabschluß bezüglich Geruch und Geschmack ein Jahr lang haltbar. Die Prüfung dieser Bedingung erfolgt nachträglich. – e) Die Hersteller verpflichten sich, nur allerbestes Speiseöl und vom Reichsgesundheitsamt zum Färben zugelassene Farbstoffe für die Herstellung zu verwenden. Aus dieser Anordnung ergibt sich auch die Richtung, nach der im Molkereilaboratorium eine Butterfarbe zu prüfen ist.

Butterfarbe muß frei sein von Keimen, welche die Butter verderben. Die Untersuchung von Butterfarbe in bakteriologischer Hinsicht erstreckt sich auf die Bestimmung der Keimzahl und den Nachweis von Hefen und Schimmelpilzen. Nach KELLERMANN[1] verfährt man wie folgt:

„Von der Probe werden in einer Verdünnungsflasche 10 g mit 90 ml sterilem Wasser durch Schütteln gut vermischt, und die Keimzahl nach dem Plattenverfahren in Chinablau-Milchzucker-Bouillonagar bestimmt. Verimpft wird 1 ml aus der Verdünnungsflasche. Die Keimzahl ist auf 1 g des Ausgangsmaterials zu beziehen. Der Nachweis von Hefen und Schimmelpilzen erfolgt auf zwei Platten mit Würzeagar, indem 0,5 ml aus der Verdünnungsflasche auf die Oberfläche der einen Würzeagarplatte gebracht wird. Beide Platten werden mit dem gleichen Glasspatel ausgestrichen, ohne ihn zwischendurch zu sterilisieren."

Ihre gesetzliche Verankerung hat die Butterfärbung in der Butterverordnung vom 2. 6. 1951 gefunden. Diese bestimmt, daß der Butter amtlich zugelassene Farbstoffe zugesetzt werden können.

Die chemische Untersuchung der Butterfarbe erstreckt sich auf den Nachweis, ob ein natürlicher oder künstlicher Farbstoff Verwendung fand. Diese wird nach LEEDS[2] folgendermaßen ausgeführt:

Man stellt sich eine alkoholische Lösung der Farbstoffe her und versetzt einige Tropfen der Lösung mit einigen Tropfen konz. Schwefelsäure bzw. Salpetersäure, einem Gemisch beider bzw. mit konz. Salzsäure und beobachtet die dabei auftretenden Färbungen, aus denen man auf die Art des Farbstoffes schließen kann.

Die Identifizierung des Farbstoffs selbst bleibt einem chemischen Untersuchungsamt vorbehalten.

---

[1] KELLERMANN, R.: Milchwirtschaftliche Mikrobiologie, Heinrichs Verlag KG, Hildesheim 1954, S. 245.

[2] LEEDS: Analyst 12, 150 (1887).

Über den Nachweis der Färbung der Butter auf den richtigen Farbton s. Untersuchungsverfahren für Butter (S. 236).

Auch ein Teil der Käsesorten wird gefärbt. Als Käsefarben dienen Farbstoffe, die in Wasser gelöst werden (alkalisch). Zum Färben von Käse kommen zur Verwendung Bixin, Carotin, Lactoflavin und Safran. Lactoflavin hauptsächlich zum Färben von Schmelzkäse. Bezüglich der Anforderungen an eine Käsefarbe gilt das unter Butterfarbe ausgeführte, desgleichen bezüglich der chemischen und bakteriologischen Prüfung.

XI. Bakteriologische und mikroskopische Betriebskontrolle

Die bakteriologische Seite der Qualitäts- und Betriebskontrolle ist im Vorhergehenden nur kurz behandelt worden. Da sie aber mit Recht mehr und mehr Bedeutung erlangt, sollen hier die grundlegenden Geräte und Verfahren für die bakteriologische und mikroskopische Qualitäts- und Betriebskontrolle kurz geschildert werden.

A. Bakteriologische Betriebskontrolle

Neben der bakteriologischen Untersuchung der Milch und Milcherzeugnisse zur Beurteilung ihrer Qualität in hygienischer Hinsicht ist es erforderlich, daß im Betrieb bei der Verarbeitung und Bearbeitung der Milch eine eingehende bakteriologische Betriebskontrolle durchgeführt wird. Darunter versteht man die Probenahme von Milch und Milcherzeugnissen in den einzelnen Etappen der Bearbeitung und Verarbeitung der Milch zur bakteriologischen Untersuchung. Auf diese Weise kann man die Infektionsstellen ausfindig machen und für deren Beseitigung sorgen. Besonders, wenn das Erzeugnis, das die Molkerei verlassen soll, bakteriologisch nicht einwandfrei ist, ist es nötig, eine Rückwärtskontrolle über die einzelnen Etappen durchzuführen, um den Infektionsherd ausfindig zu machen. Ein gut geleiteter Betrieb wird aber solche Untersuchungen nicht nur in dem beschriebenen Fall durchführen, sondern laufend. Das folgende Formblatt zeigt, an welchen Stellen und bei welchen Erzeugnissen man zweckmäßig beispielsweise eine Kontrolle bezüglich Gesamtkeimzahl und Colibakterien durchführt.

Der Vordruck wurde mir freundlicherweise von Herrn Privatdozent Dr. Vogel, Laboratoriumsleiter der Bayerischen Milchversorgung Nürnberg, zur Verfügung gestellt. (Abdruck erfolgt mit Genehmigung der Bayrischen Milchversorgung Nürnberg.)

Bakteriologischer Bericht

des Laboratoriums vom ______________

Wochentag: ______________

Gesamtzahl der Coliuntersuchungen (einschließlich Speiseeis u. Wasser) ________
Gesamtzahl der Keimzahlbestimmungen (einschließlich Speiseeis u. Wasser) ________

Zahl der Coliuntersuchungen

	Ges. Zahl	+ + + +	+ + + −	+ + − −	+ − − −	− − − −
Pasteure (Bericht Nr. 1, 2, 10)						
Milchbehälter						
Zapfstellen						
Abfüllmaschinen						
„ oben						
„ unten						
Flaschenmilch						
Trinkmilch A (einschl. Schulmilch)						
Tr.-Milch						
Kakaotrunk (einschl. Schul-Kakaotrunk)						
Schlagrahm						
Kaffeerahm						
Sauerrahm						
Buttermilch						
Joghurt						
Leerflaschen						
Leerkannen						
Summe:						

	Ges. Zahl	+ + + +	+ + + −	+ + − −	+ − − −	− −
Übertrag:						
Käserei:						
Hochsäure						
Säurewecker						
Käsefertiger						
Quark						
Butterei:						
Säurewecker						
Rahm-Behälter						
Fritz Butter						
„ Rahm						
„ Buttermilch						
Speise-Eis						
Wasser						
Sonderproben						
Konkurrenzproben						
Summe:						

1. Trinkmilch-Coli

Pasteure		1	2	7	

Ausgabe Milch-Tank	Tank Nr.	1	2	16	17
	morgens abends				
Zapfstellen					
Coli					

2. Erhitzungseffekt

Pasteur Nr. Temp.			
Coli	Rohmilch Erhitzte Milch		
Keimzahl Rohmilch	S. B. N. S. B.		
Keimzahl Erhitzte Mi.	S. B. N. S. B.		

Serienuntersuchung auf Coli-Aerogenes nach Kessler und Swenarton

Unter totaler Colikontrolle beschreiben SCHULZ, VOSS und WARNECKE[1] Verfahren und Apparate zur Durchführung der angegebenen Methode nach KESSLER und SWENARTON.

Das Verfahren ist im Prinzip das gleiche geblieben. Der Nährboden und die Geräte wurden für diesen Spezialzweck (einer Serienkontrolle im Molkereibetrieb) abgewandelt. Die Arbeitsweise illustrieren die Abb. 170 bis 176. Die erforderlichen Geräte sind aus der folgenden Aufstellung ersichtlich.

1. 500 bakteriologische Reagenzgläser, 160 × 15/16 mm, Wandstärke 1,3 bis 1,5 mm; — 2. 500 Coliglöckchen (DURHAM-Röhrchen), 20 × 10 mm, Wandstärke 0,5 mm; — 3. 500 Wattesparstopfen; — 4. 30 Verdünnungspipetten (DEMETER); — 5. 2 Pipettenbüchsen, Messing vernickelt; — 6. 30 Probenahmepipetten; — 7. 4 Reagenzglasständer aus Leichtmetall für 50 Reagenzgläser, 250 × 130 × 120 mm; — 8. Brutschrank, 2300 cm² oder 3600 cm² Nutzfläche, je nach Bauart; — 9. 1 Trokkenschrank; — 10. 1 Autoklav (Kleinsterilisator); — 11. Colinährlösung (laufend).

Tab. 30 zeigt nach den oben genannten Autoren die Auswirkung einer solchen totalen Colikontrolle nach 3 Monaten in einem praktischen Betrieb.

Tabelle 30. *Coli-negative Proben (in 1 ml Milch) in % bei Einführung und nach 3-monatiger Durchführung der totalen Colibetriebskontrolle in einem Trinkmilchbetrieb*

Probe	Bei Einführung der totalen Coli-Betriebskontrolle, in 1,0 ml negative Proben in %	Nach dreimonatiger Durchführung der totalen Coli-Betriebskontrolle in 1.0 ml negative Proben in %
Nach dem Erhitzer	83—96	100
Am Kühler	75—96	100
Tanks	75	92
Flaschenmilch	82	100
Kannenmilch	92	98
Buttermilch	57	94
Säurewecker (Butterei)	100	100
Kakaotrunk	32	96
Schichtkäse	20	78

„Man ersieht daraus, daß sich bereits nach 3 Monaten die Anzahl der coli-negativen Proben (in 1 ml) erhöht hat. Besonders stark war die Qualitätsverbesserung bei Kakaotrunk, Buttermilch und Schichtkäse. Außerdem sei erwähnt, daß dieser Betrieb trotz alter Erhitzungsapparate nach Einführung der „Totalen Colikontrolle" in der amtlichen Trinkmilchkontrolle 20 Punkte im Jahresdurchschnitt erreichte."

[1] SCHULZ, M. E., E. VOSS u. E. WARNECKE: Molkerei u. Käserei-Ztg. Hildesheim 4, 4 (1953).

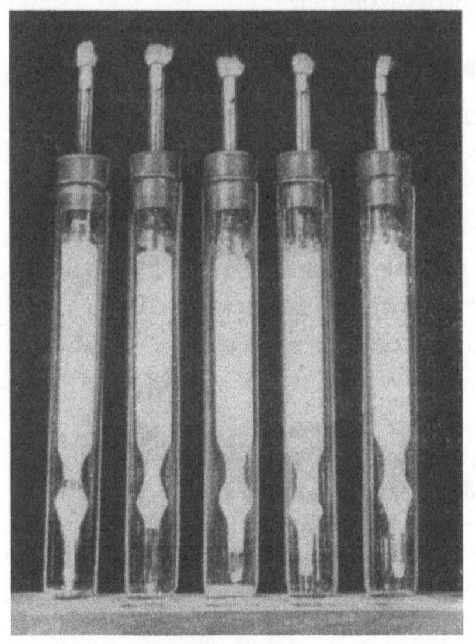

Abb. 170

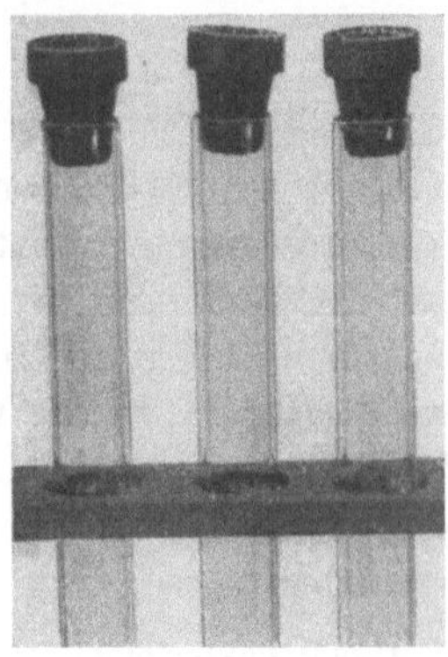

Abb. 173

Abb. 170. Reagenzgläser mit dazu passenden Pipetten für die Probenahme

Abb. 171. Verschließen der Pipetten mit einem Wattestopfen

Abb. 172. Coli-Gärrohr, rechts: Glasrohr-Gummistopfen, Coli-Glöckchen

Abb. 173. Gärröhrchen mit Astell-Siegel-Verschlüssen

Abb. 174. KAPSENBERG-Verschluß

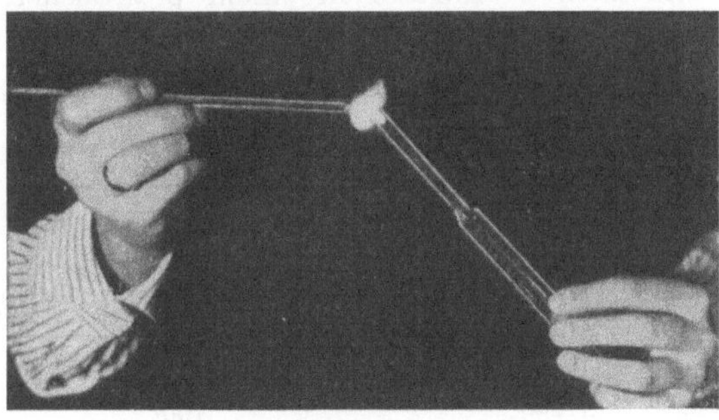

Abb. 171

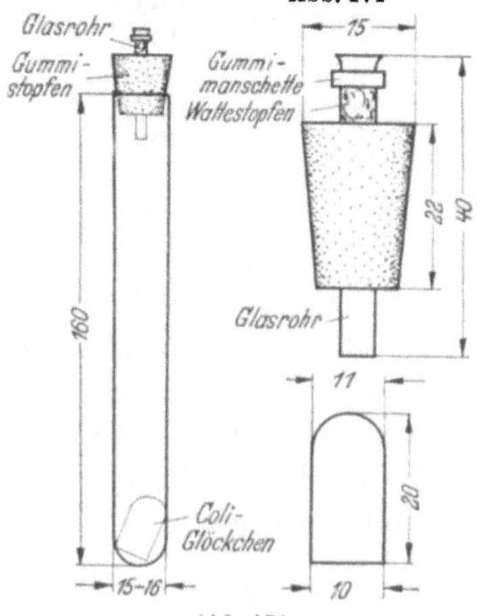

Abb. 172

Abb. 172

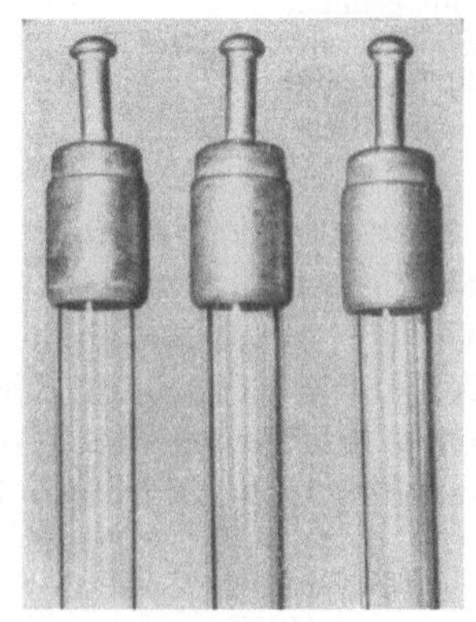

Abb. 174

Abb. 175. Kronkorkflaschen für die Abfüllung von Nährböden

Rechts:
Abb. 176. Übereinandergestellte Stative mit Prüfröhren

Abb. 170—176. Durchführung der totalen Coli-Kontrolle

B. Mikroskopische Betriebskontrolle

Das wichtigste Gerät für die mikroskopische Betriebskontrolle ist das Mikroskop.

1. Geschichtliches aus der Mikroskopie

Es ist ungefähr 270 Jahre her, daß der Holländer VAN LEEUWENHOEK zum ersten Male in einem Wassertropfen eine der Menschheit bisher unbekannte Welt entdeckte, die Welt der Mikroben, der Kleinlebewesen (Bakterien, Hefen und Schimmel). Diese Mikroben waren viel zu klein, als daß sie mit dem menschlichen Auge entdeckt werden konnten. Es bedurfte der Vergrößerung durch das Mikroskop, um diese Mikroorganismen in die menschliche Blicksphäre zu bringen.

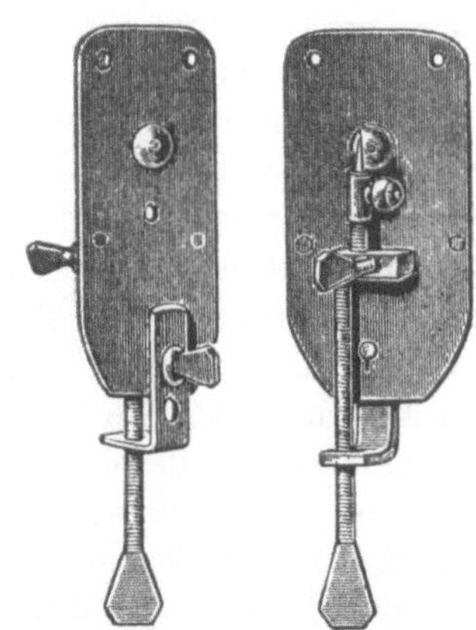

Abb. 177. Mikroskop v. LEEUWENHOEK (aus DE KRUIF: Mikrobenjäger)

Mikroskope gibt es ungefähr seit 1600. LEEUWENHOEK schliff die Linsen für seine

Mikroskope selbst. Er muß es für die damalige Zeit zu einer ziemlichen Vollendung in dieser Kunst gebracht haben. Aber argwöhnisch hütete er seine Errungenschaften. Wohl lieferte er der staunenden „Wissenschaftlichen Gesellschaft" in London Berichte darüber, was er mit seinen Mikroskopen alles sehen konnte. Das Ansinnen dieser Gesellschaft, eines seiner Mikroskope, mit dem er so wunderbare Dinge sehen konnte, zu verkaufen oder auszuleihen, wies er brüsk zurück. Sein Mikroskop (Abb. 177) vergrößerte ungefähr 250-mal, unsere heutigen Mikroskope (Abb. 178 und 179) geben uns Vergrößerungen, die 10-mal höher sind.

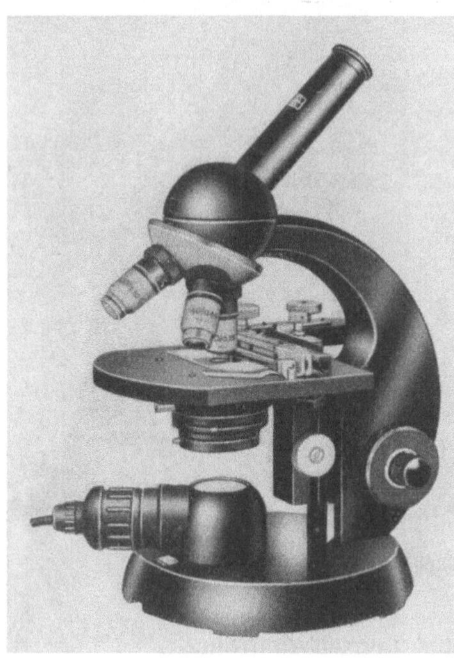

Abb. 178.
Mikroskop mit eingebauter Beleuchtungseinrichtung

Im Laufe der Zeit entwickelte sich das Mikroskop technisch mehr und mehr, und die Mikroskopie bzw. Bakteriologie konnte Triumphe über Triumphe feiern. Der Franzose Pasteur entdeckte die Milchsäurebakterien und konnte nachweisen, daß die Gärungsvorgänge im Wein und Bier von Mikroorganismen bewirkt werden. Groß sind die Verdienste des Chemikers Pasteur, wenn ihn auch sein Temperament manchmal zu verfrühten Behauptungen und Verallgemeinerungen hinriß, die einer vorsichtigen wissenschaftlichen Nachprüfung nicht immer standhielten. Hat er doch das Geheimnis der Zuckergärung entschleiert, die Winzer gelehrt, ihre Weine vor dem Verderben zu schützen und die Seidenraupenzucht Frankreichs gerettet. Er entwickelte ein Serum gegen die Tollwut, und mit der Theorie der Schutzimpfung ist sein Name unsterblich verknüpft. Früh auch ahnte er schon, daß die Erreger einer großen Zahl von Krankheiten Bakterien sein müssen.

Das Verdienst des deutschen Arztes Robert Koch ist es, festgestellt zu haben, daß gewisse Mikroben die Ursache bestimmter Krankheiten sind. Koch entdeckte 1881 den Tuberkulosebazillus und später den Erreger der Cholera. Auf diesem Wege folgten ihm andere Forscher, und bald waren die Erreger der meisten Infektionskrankheiten entdeckt.

Nachdem man erkannt hatte, daß Kleinlebewesen die Ursache der Gärungserscheinungen sind, ging man, um Fehlgärungen zu verhindern, bald dazu über, Reinkulturen von solchen Organismen zu verwenden. Solche Reinkulturen wurden zuerst in der Brauerei, später auch in der Weinindustrie angewendet, um dadurch die Gärung auszulösen.

Die Milchwirtschaft benutzte in den 90er Jahren des vorigen Jahrhunderts erstmalig Reinkulturen von Milchsäurebakterien zur Rahmsäuerung. Immer mehr finden in neuerer Zeit auch bei der Erzeugung der einzelnen Käsesorten und zur Herstellung von Milchpräparaten Reinkulturen der verschiedensten Mikroben Verwendung.

Das Ziel der milchwirtschaftlichen Forschung ist, aus pasteurisierter, nachträglich mit speziellen Reinkulturen versetzter Milch alle Käsesorten zu erzeugen, deren Herstellung früher an bestimmte Gegenden gebunden war.

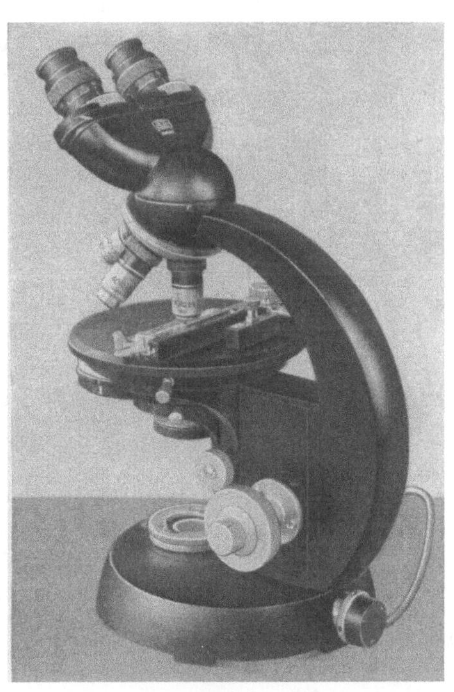

Abb. 179. Binokulares Mikroskop mit eingebauter Beleuchtungseinrichtung

2. Beschreibung des Mikroskopes (s. Abb. 180)

Die Hauptbestandteile eines Mikroskopes sind:

Das Stativ mit Tisch und Fuß, – der Tubus mit der Optik, – der Beleuchtungsapparat.

Das *Stativ* ist das Gerüst, an dem die übrigen Teile des Mikroskopes angebracht sind. Es besteht aus dem Fuß und dem oberen Teil mit dem Tubusträger, an dem sich die Einrichtungen zur groben und feinen Einstellung des Tubus befinden. Die grobe Einstellung besteht aus einer Zahn- und Triebbewegung in Schlittenführung, während die Feineinstellung durch eine Mikrometerschraube betätigt wird. Beide Vorrichtungen dienen dazu, den Tubus mit der Optik dem Objekt zu nähern oder von ihm zu entfernen.

Der Tisch, der auch Objekttisch genannt wird, dient zur Auflage des Objektträgers. Der Objektträger wird meist durch 2 Klammern festgehalten. Zur besseren Durchmusterung der Präparate war früher der Tisch verschiebbar. Heute finden Kreuztische Verwendung, die auf dem Tisch befestigt werden. Mit ihrer Hilfe kann das Präparat in zwei zueinander senkrecht stehenden Richtungen bewegt werden. Die Größe der Verschiebung kann genau abgelesen werden.

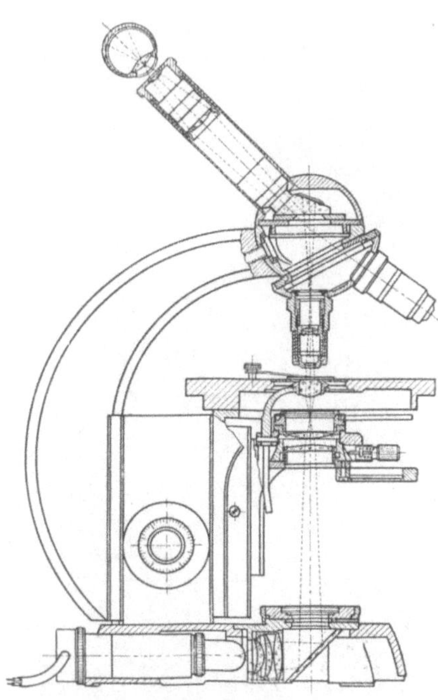

Abb. 180. Schematische Darstellung des Strahlenganges im Mikroskop

Der *Tubus mit der Optik* ist der wichtigste Teil des Mikroskopes. Die Optik ist ein Linsensystem, das im Tubus, einer Metallröhre, untergebracht ist. Das Linsensystem besteht aus zwei Teilen, die sich unten und oben am Tubus befinden. Der dem Auge zugewendete Teil wird Okular (lat. oculus = das Auge), der dem zu untersuchenden Gegenstand (Objekt) zugewendete Teil wird Objektiv genannt. Die einzelnen Okulare und Objektive unterscheiden sich durch ihre Eigenvergrößerungen. Die Gesamtvergrößerung des Mikroskopes ergibt sich aus der jeweiligen Kombination von Okular und Objektiv. Die einzelnen Okularvergrößerungen sind: 4-, 5-, 6-, 8-, 10-, 12-fach. Die gebräuchlichsten hiervon sind: 8- und 12-fach. Die gebräuchlichsten Objektivvergrößerungen sind: 10-, 46- und 100-fach. Okular 6-fach mit Objektiv 10-fach liefert also eine 60-fache Vergrößerung des Gegenstandes, da die Gesamtvergrößerung das Produkt der Eigenvergrößerungen ist.

Aus der jedem Mikroskop beigegebenen Vergrößerungstabelle kann man die den verschiedenen Kombinationen von Okular und Objektiv entsprechenden Gesamtvergrößerungen entnehmen.

Unter dem Tisch befindet sich der *Beleuchtungsapparat.* Er hat die Aufgabe, für eine günstige Beleuchtung des Objekts zu sorgen. Der unterste Teil ist ein doppelseitiger, beweglicher Spiegel (Hohl- und Planspiegel). Er muß so eingestellt werden, daß er Licht von einer Beleuchtungsquelle (Lampe oder Tageslicht) auffängt und auf das Objekt wirft. Damit nun dieses Licht auf einen Punkt konzentriert wird, werden die von dem Planspiegel reflektierten Strahlen durch ein Linsensystem (Kon-

Tabelle 31. *Vergrößerungstabelle für Mikroskop Nr. ...*
250 mm Sehweite und 170 mm Tubuslänge

Objektive	Okulare II (6 ×)	Okulare IV (10 ×)	Okulare V (12 ×)
3 (10×)	60	100	120
7 (46×)	276	460	552
Öl-Imm. 1,8 mm (100×) 1/12	600	1000	1200

densor) gesammelt und durch die Öffnung des Objekttisches auf das Objekt geworfen. Durch eine verstellbare Irisblende kann man die Menge des auf das Objekt fallenden Lichtes regeln.

3. Handhabung des Mikroskopes

a) Beleuchtung

Ein gleichmäßig bewölkter Himmel liefert die beste Beleuchtung für das Mikroskopieren. Direktes Sonnenlicht ist nur zur Beobachtung wenig durchsichtiger Objekte zu verwenden. Verwendet man künstliches Licht, so kann man eine blaue oder mattweiße Glasplatte in den unter der Blende befindlichen Ring einsetzen. Bei Benutzung schwacher Objektive nimmt man den Hohlspiegel, während man für die stärkeren Objektive den Planspiegel mit Kondensor verwendet. Handelt es sich um Auflösung feiner Strukturen, so kann man statt der üblichen senkrechten Beleuchtung die sog. schiefe Beleuchtung anwenden. Hierzu ist der Spiegelarm auch seitlich verschiebbar oder die Blende auf einem seitlich beweglichen Schlitten angebracht.

Um die Augen zu schonen, muß das Licht zweckmäßig abgeblendet werden. Häufig erreicht man auch durch die Abblendung ein stärkeres Heraustreten der Konturen. Diese Abblendung ermöglicht die am Kondensor befindliche Irisblende.

b) Einstellung der Objekte

Man gewöhne sich daran, mit beiden Augen abwechselnd zu arbeiten und stets das Auge möglichst nahe an das Okular zu bringen. Im allgemeinen empfiehlt es sich, Okular 6-fach als Arbeitsokular zu verwenden, während man die stärkeren mehr zum Messen und Zählen benutzt. Wie im einzelnen später ausgeführt wird, ist die Wahl des Objektivs davon abhängig, welche Größe das zu untersuchende Objekt hat.

Bevor man das Objektiv in den Strahlengang einschaltet, blickt man in den offenen Tubus und sucht den Spiegel derart zu stellen, daß die Mitte der Tischöffnung gleichmäßig hell erleuchtet ist. Will man nun zum Beispiel ein Objekt unter dem Mikroskop betrachten, das die Größe von

Milchpulver hat, von dem es häufig zu entscheiden gilt, ob es nach dem Walzen- oder KRAUSE-Verfahren getrocknet wurde, so verwendet man das schwächste Objektiv. Das gleiche gilt, wenn man die Kolonien auf dem Nährboden einer Petrischale unter dem Mikroskop betrachtet. Ist das Objektiv eingesetzt und ein schwaches Okular aufgesteckt, so dreht man mittels der großen Schrauben den Tubus so lange dem Objekt entgegen, bis das Bild erscheint. Zuvor hat man eine Spur des Milchpulvers auf einen Objektträger gebracht und so über die Öffnung der Tischplatte gelegt, daß das Pulver gut beleuchtet wird. Ist das Bild im Gesichtsfeld erschienen, dann wird es mittels der Mikrometerschraube scharf eingestellt. Für derartige Objekte genügt im allgemeinen eine 60-fache Vergrößerung, d.h. Okular 6-fach und Objektiv 10-fach.

Will man nun aber kleinere Objekte, wie z.B. die Fetttröpfchen der Milch im Mikroskop betrachten, so benötigt man hierzu eine stärkere Vergrößerung, z.B. 276-fach, also Okular 6-fach und Objektiv 46-fach. Mit einer Platinöse, die sich an einem Halter (Kollehalter) befindet, gibt man ein Tröpfchen Milch auf einen Objektträger und legt ein Deckgläschen darauf. Ein Deckgläschen ist ein dünnes, quadratisches Glasplättchen, das eine Seitenlänge von etwa 18 mm hat. Nun führt man den Tubus mittels der Grobeinstellung so lange nach unten, bis die Linse des Objektivs das Deckgläschen fast berührt. Dabei schaut man nicht in das Okular, sondern seitlich auf den Objekttisch und das Objekt. Ein Druck darf auf das Deckgläschen nicht ausgeübt werden, da es sonst zertrümmert wird und hierdurch das Objektiv Schaden nehmen kann. Nun schaut man in das Mikroskop und dreht den Tubus mit der großen Schraube so lange vorsichtig nach oben, bis sich das Gesichtsfeld aufhellt und das Bild erscheint. Mit der Feineinstellung korrigiert man dann so lange, bis das Bild seine größte Deutlichkeit erreicht hat. Der Anfänger wird meistens zunächst die Stellung des Tubus, bei der das Bild erscheint, überdrehen. In diesem Falle schraube man den Tubus wieder in geschilderter Weise nach unten und versuche das Einstellen von neuem.

Auf diese Art kann man z.B. Säurewecker, Rundkäsereilab und Schimmelkulturen für die Käserei auf Reinheit untersuchen.

Durch das Auflegen des Deckgläschens wird natürlich das Objekt zerquetscht. Dadurch erhält man dann häufig, z.B. bei Schimmelpräparaten, nichtzusammenhängende Fäden (ganze Individuen), sondern nur Bruchstücke solcher Organismen. Bei Bakterien schadet dies weiter nichts; für die Erkennung von Schimmel ist es aber oft hinderlich.

Diesen Mißstand kann man durch die Untersuchung im hängenden Tropfen beseitigen. Hierbei gibt man ein Tröpfchen der zu untersuchenden Substanz auf ein Deckgläschen und legt dies auf die muldenartige Vertiefung eines hohlgeschliffenen Objektträgers, und zwar so, daß das Tröpfchen der Höhlung zugekehrt ist. Man verfährt nun, wie oben geschildert, nur muß man natürlich bei dem Einstellen des Objektivs viel vorsichtiger sein, da sonst das Deckgläschen zerbricht. Bei dieser Arbeitsweise kann man die Objekte in unbeschädigtem Zustande, Bakterien in freier Bewegung beobachten. Dem gleichen Zwecke dienen die von Professor LINDNER eingeführten Tröpfchen- und Federstrichkulturen (s. S. 35). Für Bakterienpräparate wählt man zweckmäßig eine 460-fache Vergrößerung, d.h. Okular 10-fach und Objektiv 46-fach.

In den meisten Fällen wird man aber zur Untersuchung von Bakterien gefärbte Präparate verwenden. Das auf dem Objektträger aufgestrichene Präparat wird an der Luft oder über einer kleinen Flamme getrocknet und darauf in eine Farblösung getaucht. Bakterien, Zellen und Gewebeteile färben sich dabei. Nach dem Färben wird die überschüssige Farbe durch Spülen in Wasser beseitigt und das Präparat getrocknet. Auf das getrocknete Präparat gibt man ein Tröpfchen Zedernholzöl (Immersionsöl) und führt die sog. Immersionslinse so weit in das Öl hinein, daß das Objektiv den Objektträger fast berührt. Nun dreht man den Tubus wieder in die Höhe, bis das Bild im Gesichtsfeld erscheint. Die Immersionslinse hat eine 100-fache Eigenvergrößerung und wird so genannt, weil sie in das Öl eintaucht. Man spricht vom Immersionssystem im Gegensatz zu den beiden bisher geschilderten Systemen, die man als Trockensysteme bezeichnet, weil hier kein Öl zur Anwendung kommt. Das Immersionssystem ermöglicht bei einer Okularvergrößerung von 10-fach eine Gesamtvergrößerung von 1000-fach. Diese starke Vergrößerung bedingt aus optischen Gründen, die hier nicht weiter diskutiert werden sollen, die Verwendung von Öl als Zwischenschicht zwischen Objekt und Objektiv. Für die Färbelösung kommen die verschiedensten Farbstoffe zur Verwendung, je nachdem man bestimmte Momente bei der Untersuchung berücksichtigen will. Es gibt Färbemethoden, die eine gewisse Differenzierung und Erkennung der einzelnen Bakteriengruppen ermöglichen.

Für die Untersuchung von Dickmilch, Joghurt, Kefir, Acidophilusmilch im Färbeausstrichpräparat gibt KELLERMANN folgende Anweisung:

„Von dem zu untersuchenden Material wird 1 Öse auf einen fettfreien Objektträger möglichst dünn ausgestrichen. Beim Kefir muß vorher ein Stück eines Knöllchens einige Minuten im Uhrschälchen mit n/10-Natronlauge zur Lösung des störenden Kaseins behandelt und dann mit Wasser ausgewaschen werden. Nachdem der Ausstrich an der Luft oder auf einem elektrischen Heizapparat vollständig getrocknet ist, wird er über der Flamme kurz fixiert und 2 Minuten mit wäßriger Methylenblaulösung gefärbt. Danach wird das Präparat mit Wasser abgespült, durch Andrücken an Filterpapier oberflächlich abgetrocknet und über der Sparflamme von den letzten Wasserresten befreit. Die Beobachtung im Mikroskop erfolgt nach Auftragen eines Tröpfchens Immersionsöl ohne Verwendung eines Deckglases.

Fortsetzung auf Seite 281

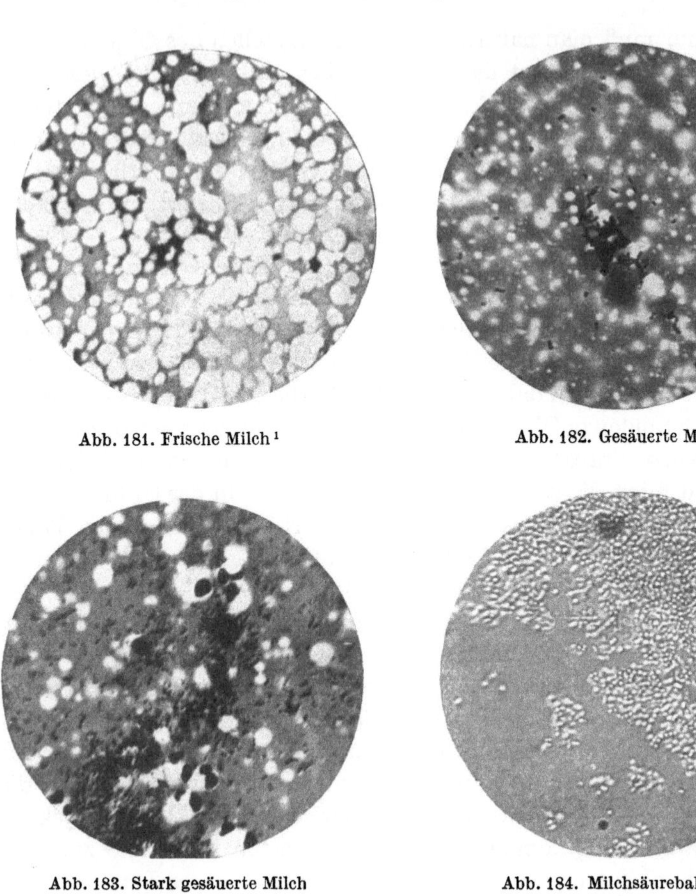

Abb. 181. Frische Milch[1]

Abb. 182. Gesäuerte Milch

Abb. 183. Stark gesäuerte Milch

Abb. 184. Milchsäurebakterien

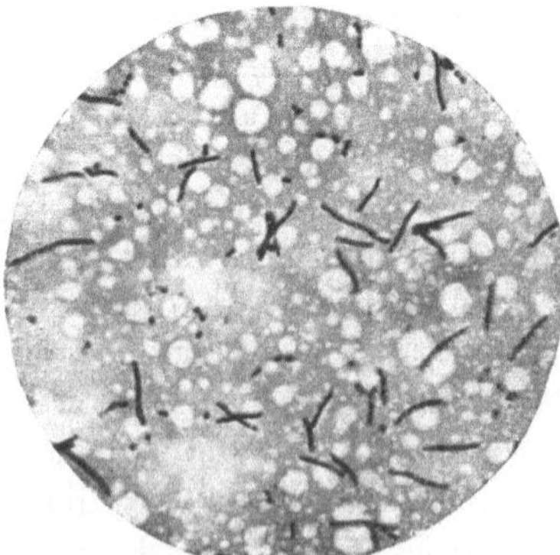

Abb. 185. Joghurt (vorherrschend Langstäbchen)

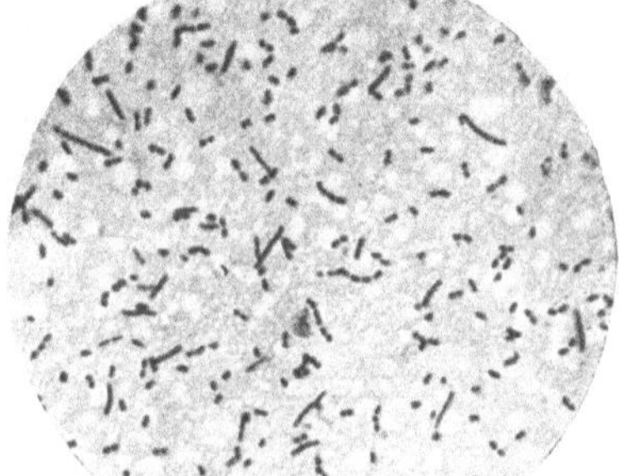

Abb. 186. Joghurt (vorherrschend Streptokokken)

[1] Erläuterungen s. S. 280.

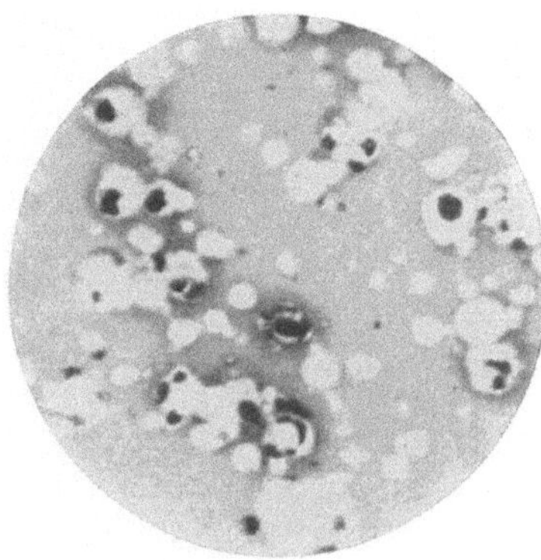

Abb. 187. Milch mit wenig Leukocyten (gesund)

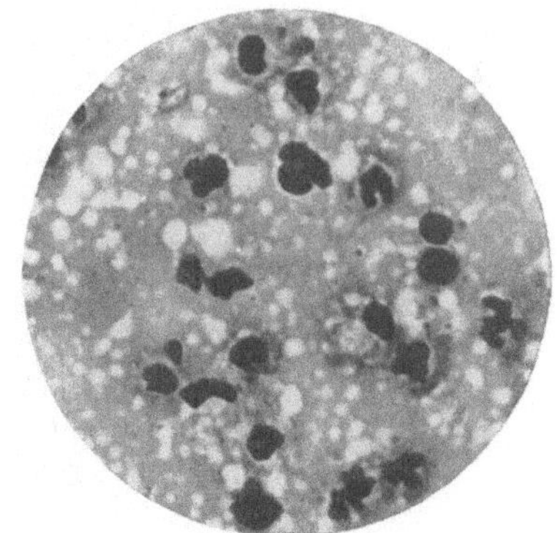

Abb. 188. Milch mit zahlreichen Leukocyten (gesund)

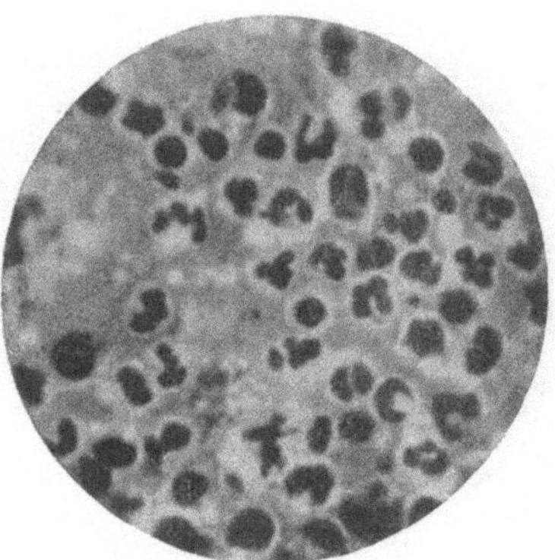

Abb. 189. Milch mit viel Leukocyten (krankheitsverdächtig)

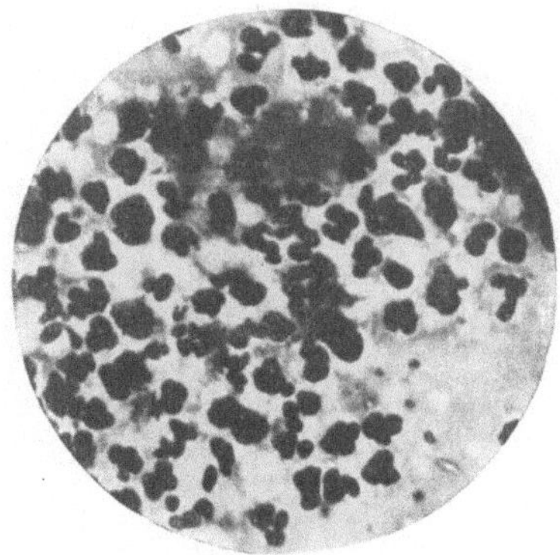

Abb. 190. Milch mit sehr viel Leukocyten (krankheitsverdächtig)

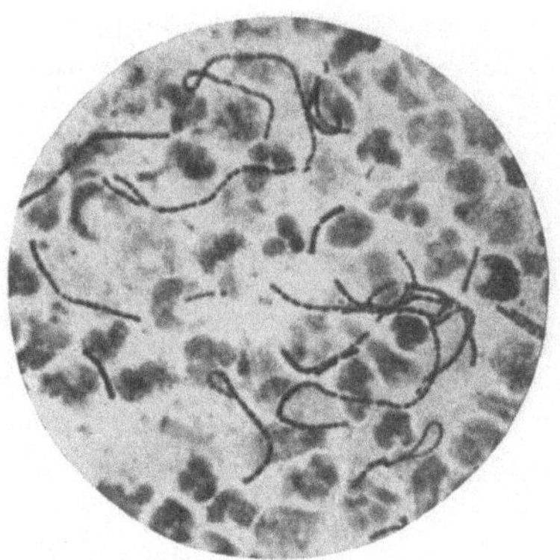

Abb. 191. Galtstreptokokken und Leukocyten (krank)

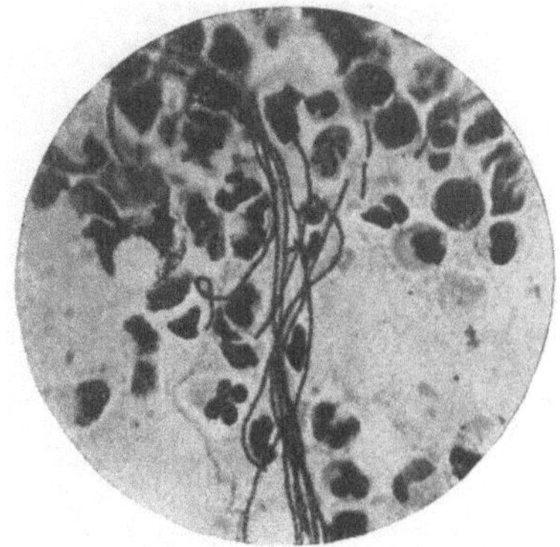

Abb. 192. Galtstreptokokken und Leukocyten (krank)

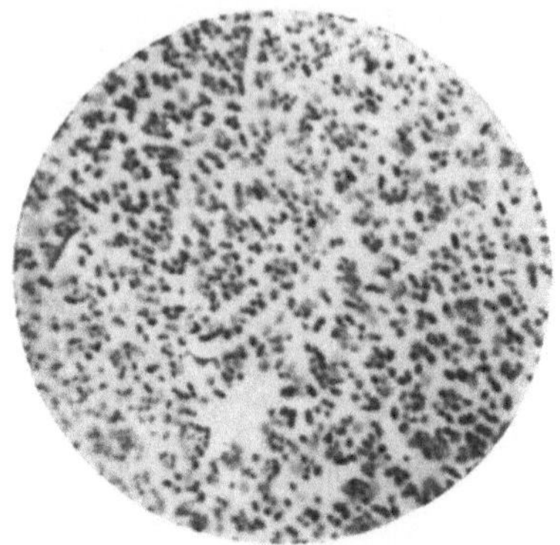

Abb. 193. Reinkultur von Colibakterien

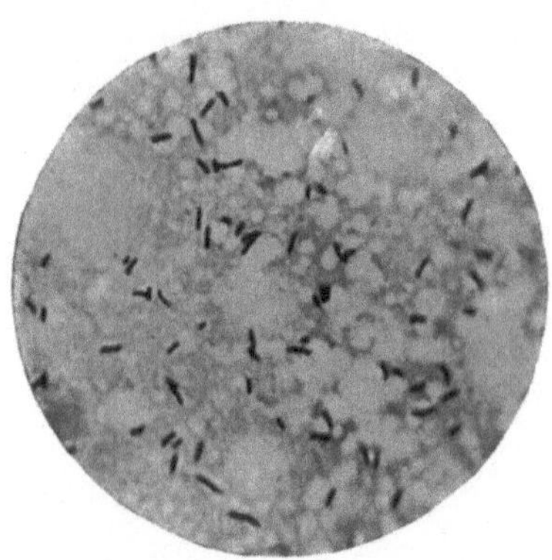

Abb. 194. Buttersäurebakterien

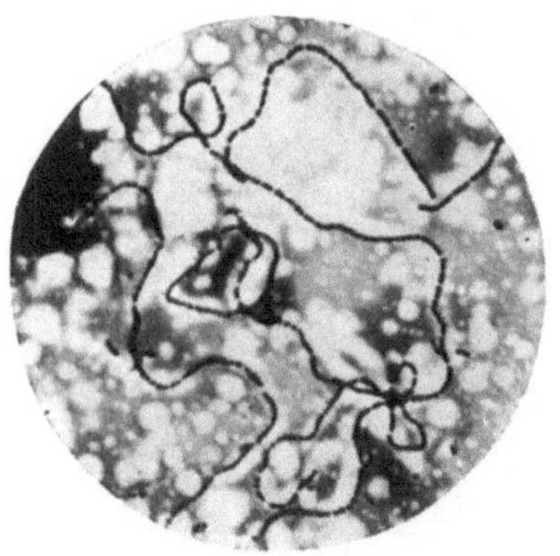

Abb. 195. *Streptococcus cremoris*

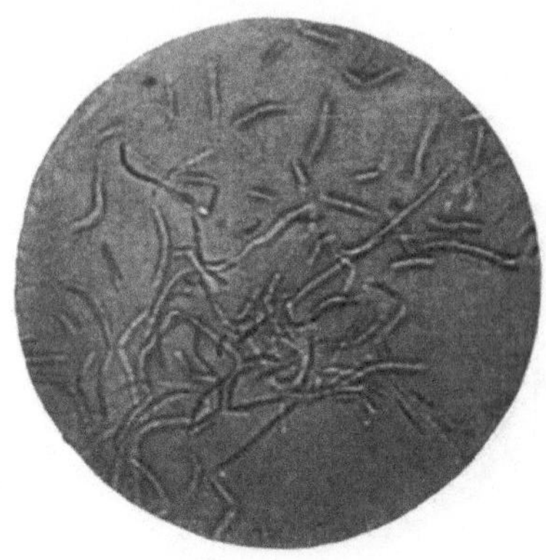

Abb. 196. *Thermobacterium helveticum*

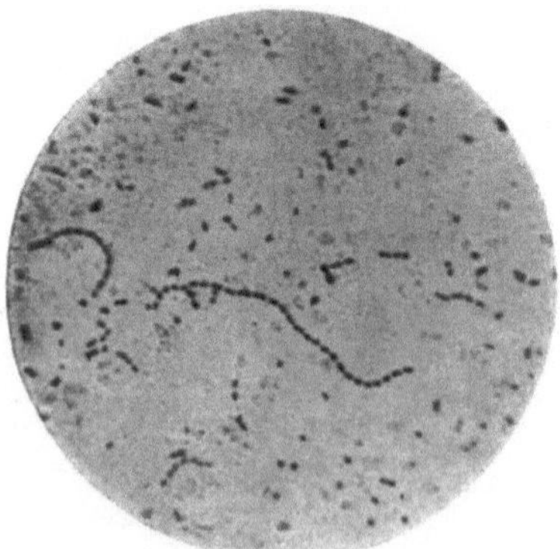

Abb. 197. Säurewecker, rein

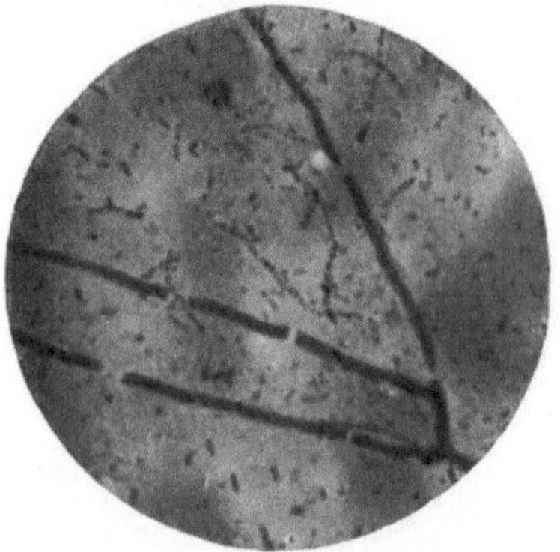

Abb. 198. Säurewecker, durch Schimmel verunreinigt

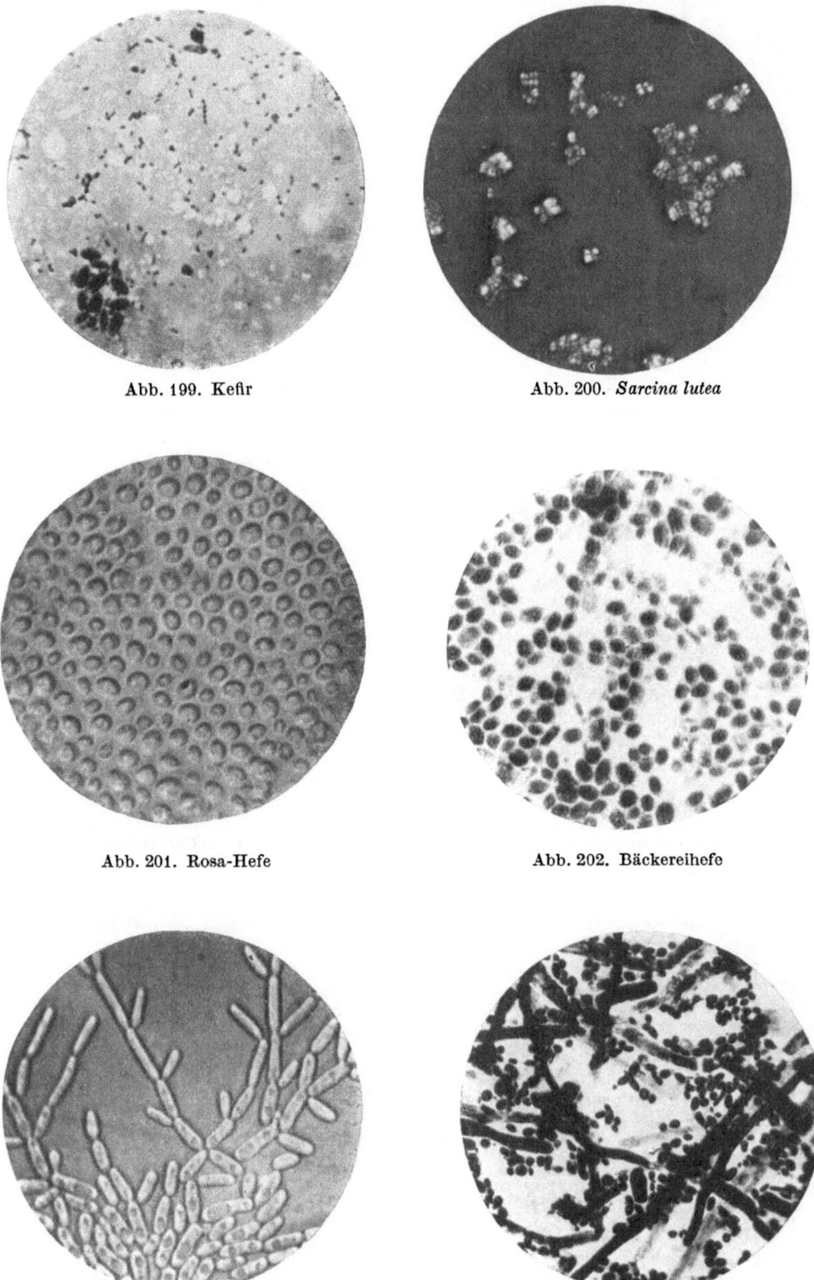

Abb. 199. Kefir

Abb. 200. *Sarcina lutea*

Abb. 201. Rosa-Hefe

Abb. 202. Bäckereihefe

Abb. 203. Kahmhefe

Abb. 204. Camembert-Schimmel, durch Hefe verunreinigt

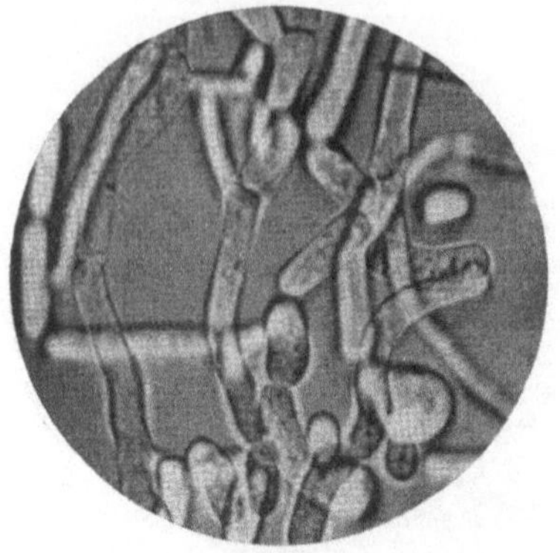

Abb. 205. Weißer Milchschimmel

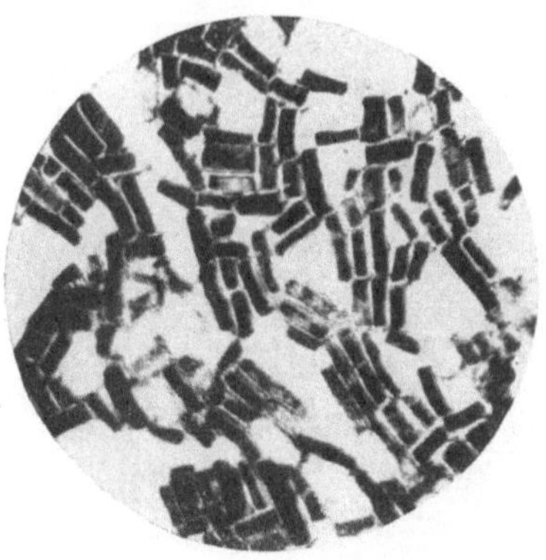

Abb. 206. Oidien von Milchschimmel

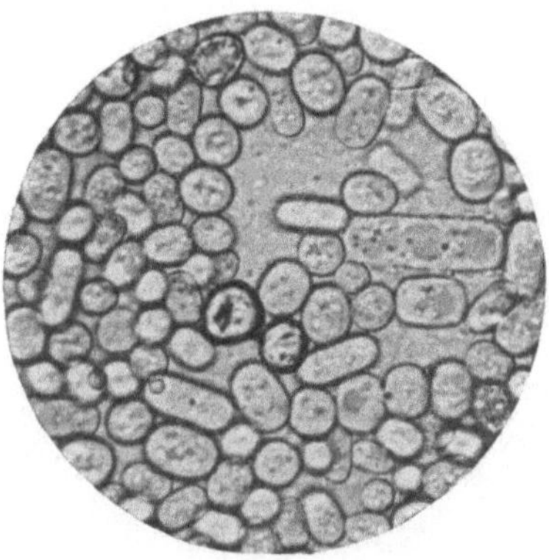

Abb. 207. Oidien von weißem Milchschimmel

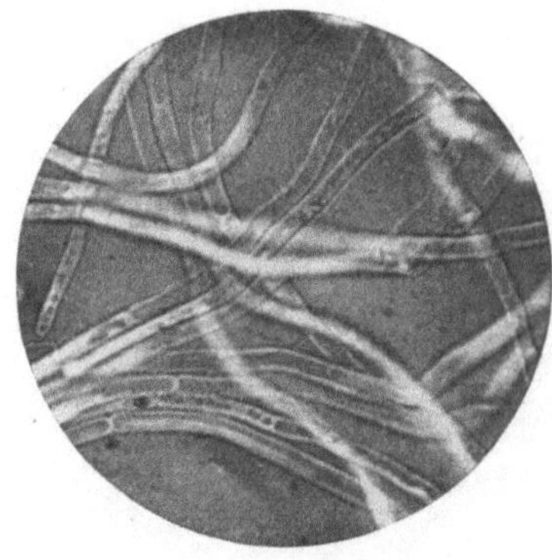

Abb. 208. Mycel von Camembert-Schimmel

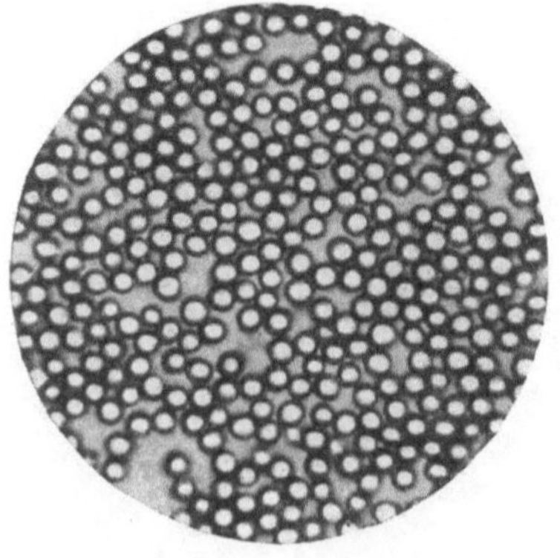

Abb. 209. Sporen von Camembert-Schimmel

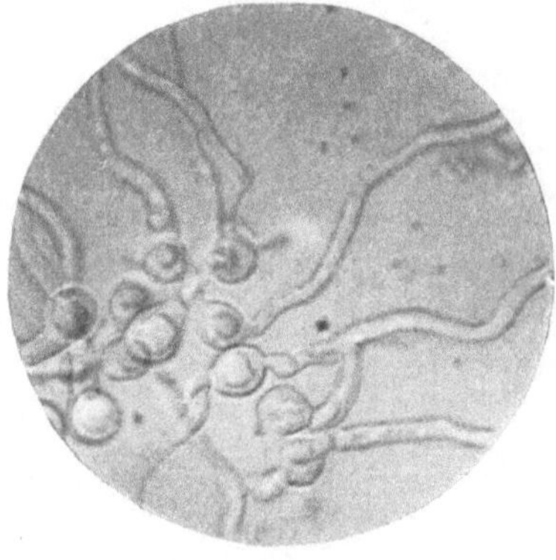

Abb. 210. Keimende Sporen von Camembert-Schimmel

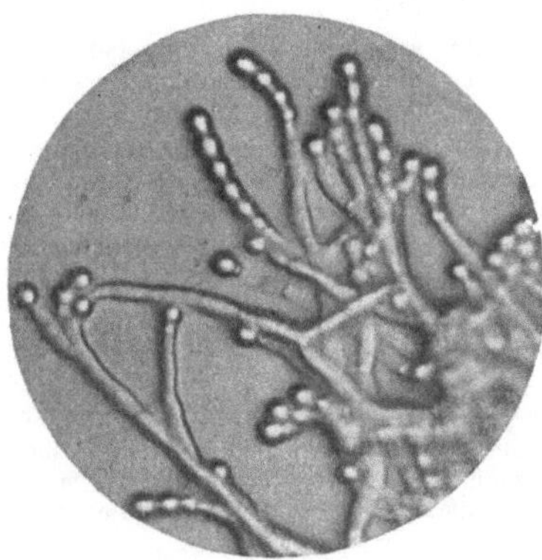

Abb. 211. Mycel von Roquefort-Schimmel mit Sporen

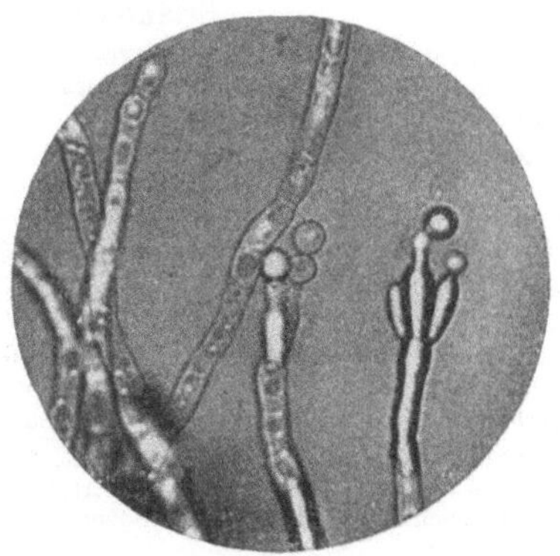

Abb. 212. Mycel von Roquefort-Schimmel mit Sporen

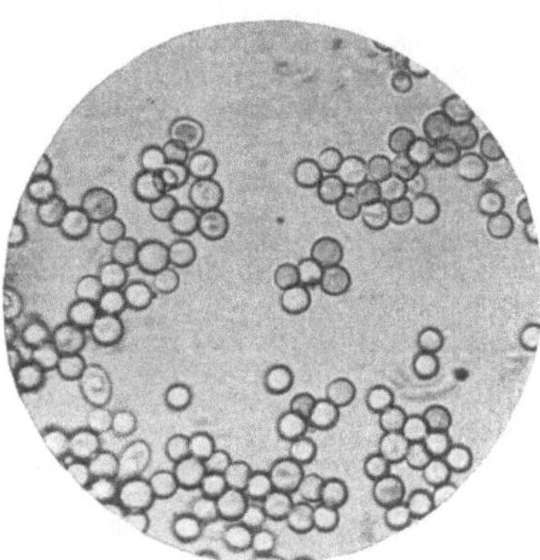

Abb. 213. Sporen von Roquefort-Schimmel

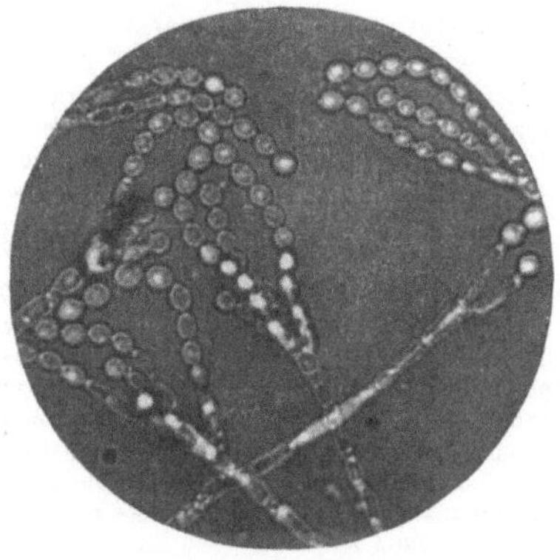

Abb. 214. Stinkschimmel mit Fruchtständen

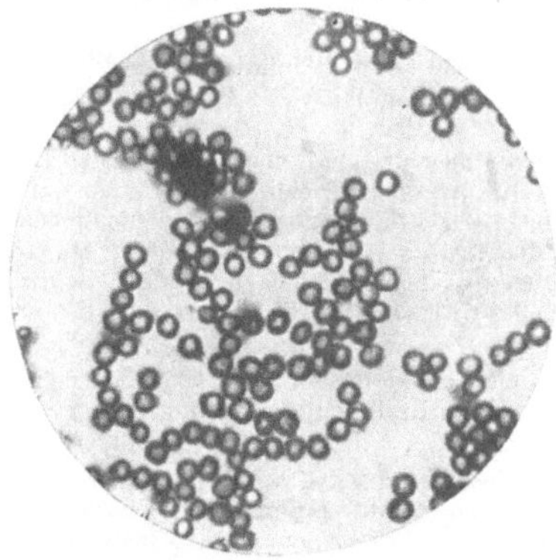

Abb. 215. Sporen von *Aspergillus niger*

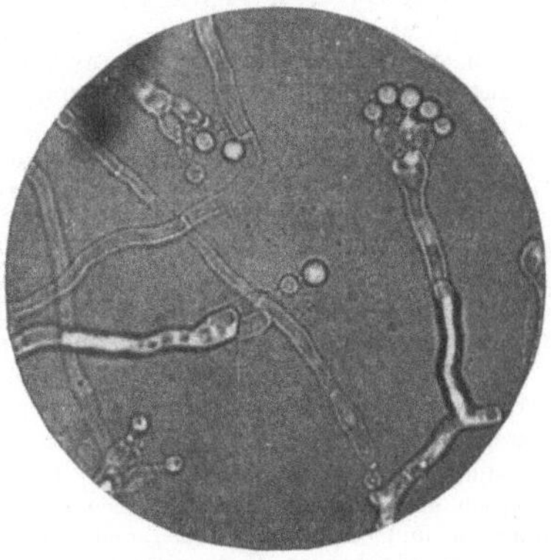

Abb. 216. *Aspergillus niger* mit Fruchtständen

Erläuterungen zu Abb. 181—216

Abb. 181. Färbepräparat einer frischen Milch. Die weißen kreisförmigen Gebilde sind Fettkügelchen, die keine Farbe annehmen. Das Eiweiß zwischen den Fettkügelchen ist leicht angefärbt, Bakterien sind nicht zu sehen.

Abb. 182. Färbepräparat einer gesäuerten Milch. Neben einzelnen Milchsäurebakterien (schwarze Punkte) sind in der Mitte Haufen von Milchsäurebakterien zu sehen. Die Milch zeigte bei der Titration einen Säuregrad von 17,5° SH.

Abb. 183. Färbepräparat einer stark gesäuerten Milch. Sehr viele Milchsäurebakterien (kleine schwarze Punkte), die teilweise Haufen bilden, und einzelne Leukocyten (größere schwarze Flecke) sind zu sehen.

Abb. 184. Federstrichpräparat von Streptococcus lactis (Milchsäurebakterium). Kugelförmiges Bacterium (Coccus), von dem häufig zwei (Diplococcus) oder mehr (Streptococcus) aneinander gelagert sind. Es kommt in jeder Milch vor und verwandelt den Milchzucker der Milch in Milchsäure.

Abb. 185. Färbepräparat von Joghurt. Joghurt ist eine Sauermilchart, die durch Zusatz einer Mischung von zwei Bakterienarten zu erhitzter Milch gewonnen wird. Neben dem stark säuernden Langstäbchen der weniger Säure bildende Streptococcus. In diesem Präparat herrschen die Langstäbchen vor.

Abb. 186. Ebenfalls Färbepräparat von Joghurt, in dem der Streptococcus vorherrscht. In einem guten Joghurt sollen auf 100 Langstäbchen rund 120—200 Streptokokken treffen.

Abb. 187—190. Färbepräparate von Milch gesunder und euterkranker Tiere, die steigende Mengen Leukocyten (darunter polymorphkernige = mehrkernige) enthält. Die Proben wurden bei 3000 Touren 5 Minuten geschleudert und die Sedimente ausgestrichen.

Abb. 191 u. 192. Färbepräparate von Milch euterkranker Tiere. Neben Leukocyten sieht man Ketten des Galtstreptococcus, des Erregers des gelben Galts (Streptokokken-Mastitis).

Abb. 193. Färbepräparat einer Reinkultur von Colibakterien. Colibakterien sind im ungefärbten Präparat häufig an ihrer Beweglichkeit zu erkennen. Da sie im Käse Blähungen und im Rahm einen schlechten Geschmack hervorrufen, gelten sie als Käserei- und Butterei-Schädlinge. In Vorzugsmilch dürfen in 1 ml nicht mehr als 30 Colibakterien enthalten sein.

Abb. 194. Färbepräparat von Milch mit Buttersäurebakterien, die im ungefärbten Präparat meist beweglich sind. Die mehr oder weniger langen Stäbchen sind häufig in der Mitte oder am Ende aufgetrieben. Auch sie können im Käse Blähungen verursachen.

Abb. 195. Färbepräparat einer Milch mit *Streptococcus cremoris*. Lange Schnüre von *Streptococcus cremoris* neben zahlreichen Fettkügelchen. *Streptococcus cremoris* wird zur Rahmsäuerung verwendet und findet sich daher im Säurewecker. Es ist zu beachten, daß keine Leukocyten zu sehen sind, weshalb eine Verwechslung mit dem ähnlichen Galtstreptococcus kaum möglich ist.

Abb. 196. Ungefärbtes Präparat einer Reinkultur von *Thermobacterium helveticum*. Das *Thermobakterium helveticum* (Schweizerkäse-Milchsäurepilz) bildet lange, oft im stumpfen Winkel abgebogene Stäbchen. Es ist für die Reifung des Emmentaler Käses sehr wichtig und muß im Rundkäsereilab enthalten sein.

Abb. 197. Färbepräparat eines einwandfreien Säureweckers. Neben *Streptococcus cremoris* ist *Streptococcus lactis* im Säurewecker enthalten.

Abb. 198. Färbepräparat eines durch Schimmel verunreinigten Säureweckers.

Abb. 199. Färbepräparat eines Handelskefirs. Neben Milchzuckerhefen zahlreiche Milchsäurebakterien.

Abb. 200: Federstrichkultur von *Sarcina lutea*. Kugelförmiges Bacterium, das sich in Ballen zu acht zusammenlagert und auf Milchzuckeragar gelbe Kolonien bildet. Da es Fett zersetzt, ist es ein Buttereischädling.

Abb. 201. Federstrichpräparat einer Rosa-Hefe. Hefen sind einzellige Lebewesen, die sich im Gegensatz zu Bakterien nicht durch Teilung, sondern durch Sprossung vermehren. Sie können entweder rund, eiförmig oder langgestreckt sein. Die häufig in der Milch vorkommenden rundlichen Torulahefen spalten Eiweiß nur langsam, Fett meist nicht. Die rote Torulahefe (Rosa-Hefe) ist an der roten Färbung ihrer Kolonien zu erkennen. Die Hefen sind um ein Vielfaches größer als die Bakterien. Nach Henneberg haben Milchsäurebakterien eine Größe von 2 : 1 μ (d. h. sie sind 0,002 mm lang und 0,001 mm breit), die Hefen von 10 : 5 μ.

Abb. 202. Färbepräparat einer Bäckereihefe. Bäckereihefen vergären Rohr-, Malz- oder Traubenzucker zu Alkohol und Kohlensäure und werden deshalb bei der Brotbereitung zur Lockerung des Teiges verwendet.

Abb. 203. Federstrichpräparat einer Kahmhefe. Kahmhefen sind meist langgestreckte Zellen, sie haben kein Gärvermögen, wachsen in Sproßverbänden, bilden auf sauren Flüssigkeiten eine Kahmhaut und verzehren Säure. Da sie Eiweiß zersetzen können, verursachen sie das Ablaufen der Harzerkäse. Wegen ihres Fettspaltungsvermögens können sie als Buttereischädlinge auftreten. Nicht alle Kahmhefen besitzen diese Eigenschaft.

Abb. 204. Färbepräparat aus der Rinde eines Camembert-Käses. Neben den Fäden des Camembert-Schimmels sind zahlreiche unerwünschte Hefen zu sehen.

Abb. 205. Federstrichpräparat von *Oospora lactis* (weißer Milchschimmel). Der Milchschimmel wächst in langen Fäden, die an den Enden rechteckige oder runde Zellen abspalten. Diese nennt man Oidien, sie stellen die Fortpflanzungszellen dar, aus denen sich neue Organismen bilden. *Oospora lactis* siedelt sich beim Stehen der Milch (offen) auf der Oberfläche an. Der Schimmel verzehrt Milchsäure und ist beinahe auf jedem frischen Käse zu finden. Schimmel sind mehrzellige Lebewesen, die meist baumartig verzweigte Gebilde darstellen. Man unterscheidet im allgemeinen Schimmelfäden (Mycel) und Fortpflanzungszellen (Konidien oder Sporen). Einzelne Schimmel bilden besondere Früchte (Sporenkapsel), in denen sich zahlreiche Sporen entwickeln. Das vorliegende Bild zeigt Mycel und Oidien.

Abb. 206. Färbepräparat von *Oospora lactis*, hauptsächlich Oidien, die durch das Trocknen und Färben etwas deformiert sind.

Abb. 207. Ungefärbtes Präparat von *Oospora lactis*, hauptsächlich Oidien. Das Präparat ist durch Bakterien verunreinigt.

Abb. 208. Federstrichpräparat von Camembert-Schimmel. Das Präparat zeigt ausschließlich Mycel.

Abb. 209. Ungefärbtes Präparat von Sporen des Camembert-Schimmels.

Abb. 210. Federstrichpräparat von keimenden Sporen des Camembert-Schimmels.

Abb. 211 u. 212. Federstrichpräparate von Roquefort-Schimmel (Fäden mit Konidien).

Abb. 213. Ungefärbtes Präparat von Sporen von Roquefort-Schimmel. Wie der Camembert-Schimmel wird auch Roquefort-Schimmel in Reinkultur gezüchtet und der Kesselmilch in der Camembert- bzw. Roquefort-Käserei zugesetzt.

Abb. 214. Federstrichpräparat von *Penicillium glaucum* (Stinkschimmel). Dieser Schimmel gehört zu der Klasse der Pinselschimmel, da er pinselförmige Fruchtstände bildet, wie aus dem Präparat ersichtlich ist. Wegen seines Fettspaltungsvermögens ist er ein Buttereischädling.

Abb. 215. Ungefärbtes Präparat von Sporen von *Aspergillus niger*.

Abb. 216. Federstrichpräparat von *Aspergillus niger*. Schimmelfäden mit Fruchtträgern. Der Schimmel wird auch bei einer Methode zur Bestimmung des Kali- und Phosphorsäurebedürfnisses des Bodens verwendet.

Fortsetzung von S. 273

Herstellung der Methylenblaulösung: Methylenblau wird in 96-proz. Alkohol bis zur Sättigung gelöst (Stammlösung). Zum Gebrauch wird die Stammlösung mit der neunfachen Menge destillierten Wassers verdünnt.“ Das Färbeausstrichpräparat dient vor allem zur Vorprüfung, ob die für das betreffende Sauermilchgetränk nötigen Kleinlebewesen in ausreichender Menge und richtigem Verhältnis vorhanden sind.

Allgemein kann gesagt werden, daß man sich bei der Untersuchung eines Präparates nicht mit der Betrachtung einer Stelle begnügen soll. Um kleinere Teile des Präparates zu überschauen, verwendet man die seitliche Verschiebungsmöglichkeit des Objekts. Will man größere Flächen durchmustern, so bewegt man den Objektträger vorsichtig mit der Hand unter dem Objektiv hinweg oder verwendet einen Kreuztisch. Bei Anwendung des Immersionssystems ist es ratsam, an verschiedenen Stellen Öltröpfchen aufzusetzen und die Betrachtung des Präparates an diesen Stellen vorzunehmen.

c) Einstellung der Beleuchtungsvorrichtung

Besonders bei den stärkeren Vergrößerungen kommt es auf die richtige Stellung des Kondensors an. Diese wird folgendermaßen geprüft: Nachdem das Objektiv auf das Präparat eingestellt ist, nimmt man das Okular aus dem Tubus heraus, öffnet die Irisblende ganz und sieht in den

Tubus hinein. Man muß nun eine kreisrunde Öffnung, die gleichmäßig hell erscheint, die sog. Austrittspupille des Objektivs, sehen. Ist die Objektträgerstärke normal, dann kann es vorkommen, daß der Kondensor zu hoch steht. In diesem Falle muß er gesenkt werden, bis die Pupille gleichmäßig frei erscheint. Durch Drehen des Planspiegels kann der häufig auftretende Fehler, daß die Pupille nur einseitig frei ist, korrigiert werden. Bei richtiger Stellung des Kondensors muß der Kreis der Austrittspupille groß und gleichmäßig hell sein.

d) Deckglasdicke und Tubuslänge

Wenn auch bei schwächeren Objektiven die Leistung des Mikroskops kaum von der Deckglasdicke abhängig ist, so ist bei den stärkeren Vergrößerungen die richtige Einhaltung der Deckglasdicke eine unerläßliche Voraussetzung. Die normale Deckglasdicke beträgt 0,17 mm. Die Ölimmersion ist von der Deckglasdicke unabhängig. Bei ihrer Anwendung gebraucht man meist kein Deckgläschen.

e) Behandlung des Mikroskopes

Das Mikroskop muß stets schonend behandelt werden, besonders ist darauf zu achten, daß die Linsen sauber sind. Verunreinigungen der Linsenoberflächen machen sich beim Arbeiten störend bemerkbar. Staubteilchen auf der unteren Linse des Okulars bemerkt man, wenn man in das Okular hineinsieht. Ist man sich darüber im unklaren, ob Flecke im Gesichtsfeld von einem unsauberen Okular oder Objektiv herrühren, so dreht man das Okular im Tubus um die optische Achse. Bewegt sich der Fleck im Gesichtsfeld, so ist das Okular verunreinigt, bleibt er an derselben Stelle, dann befindet er sich im Objektiv. Nimmt man das Okular aus dem Tubus heraus und beschaut es von der unteren Seite gegen das Licht, so kann man leicht Unsauberkeiten oder Beschlagensein der oberen Okularlinse erkennen. Mittels eines feinen Haarpinsels entfernt man den Staub von den nach außen gelegenen Linsenflächen. Kommt man so nicht zum Ziele, so feuchtet man ein altes, gewaschenes, weiches Leinwandläppchen mit wenig Wasser an oder haucht auf die zu säubernde Linse und wischt mit dem Läppchen sanft darüber hinweg.

Auch die beiden Linsenflächen des Objektivs müssen stets sauber gehalten werden. Zu ihrer Untersuchung benutzt man am besten eine Lupe oder ein schwaches Objektiv, das man als Lupe benutzt. Die hintere, nach innen gelegene Objektivfläche muß sehr vorsichtig behandelt werden. Xylol, Äther und andere Kitt angreifende Flüssigkeiten dürfen nicht angewendet werden, sie lösen nämlich die Kittschicht und erzeugen Trübungen der Linsen. Objektive werden am besten nicht auseinander geschraubt, sondern gegebenenfalls an die Lieferfirma zur Reinigung eingesandt.

Beim Arbeiten mit der Ölimmersion wird die Frontlinse des Objektivs nach Gebrauch mit einem mit Xylol oder Benzin befeuchteten Läppchen von dem anhängenden Immersionsöl befreit.

Die Reinigung des Stativs erfolgt mit einem weichen Läppchen, das evtl. mit etwas Benzin befeuchtet wird. Das Abwischen muß stets in der Richtung der Politurstriche erfolgen. Alkohol, der die Lackierung angreifen würde, darf hierbei nicht verwendet werden.

Läppchen oder Leder, die zum Abwischen des Stativs benutzt werden, dürfen nicht zum Reinigen der Linsen verwendet werden. Die Tubusschlittenführung sowie etwaige Gleitflächen am Beleuchtungsapparat sind in größeren Zeitabständen mit einem Benzinläppchen abzuwischen. Sie werden ebenso wie die Bewegungsschrauben am Tisch und am Kondensor mit nur wenig säurefreiem Uhrenöl eingefettet. Das Instrument wird, um dauernd gebrauchsfertig zu sein, zweckmäßig unter einer Glasglocke, wo es vor Staub geschützt ist, aufbewahrt. Die Objektive läßt man am besten am Revolver und ein Okular stets am Tubus. Hierdurch wird das Tubusinnere gut vor Staub geschützt.

f) Spezielle mikroskopische Verfahren

Die bisher aufgezeigten Grundlagen gelten für normale mikroskopische Untersuchungen im *Durchlicht-Hellfeld*, wie sie auch bei Milchuntersuchungen den größten Teil der anfallenden Arbeiten ausmachen. Darüber hinaus aber sind die Mikroskope in ihrer Anwendungsfähigkeit erweitert worden auf spezielle Untersuchungsverfahren, die auch im Milchlaboratorium eine zunehmende Verbreitung erfahren.

Allen Hellfeld-Verfahren stehen die *Dunkelfeld*-Verfahren gegenüber. Mittels besonderer Kondensoren wird dabei das Objekt durch eine starke Lichtquelle so schräg beleuchtet, daß kein Lichtstrahl vom Kondensor unmittelbar in das Objektiv eintreten kann. Das Gesichtsfeld bleibt also, wenn man durch das Okular blickt, dunkel. Trifft ein Lichtstrahl dagegen auf diesem Weg auf ein ablenkendes Teilchen, z. B. Fetttröpfchen, so wird er nach allen Seiten hin gestreut, d. h. von diesem Teilchen gehen allseitig infolge der Lichterregung Strahlen aus, die zum Teil vom Objektiv aufgenommen werden. Das Teilchen leuchtet also auf dunklem Grund hell auf. Obwohl sich aus der Art des abgelenkten Lichtstrahles kein Rückschluß auf die Form des ablenkenden Teilchens ziehen läßt, führt die Summierung solcher Vorgänge an den Grenzflächen lichtablenkender Objekte zu einer Abbildung der Objektform. Das Verfahren, das sich besonders für die Feststellung kleiner, in einer durchsichtigen Flüssigkeit suspendierter Teilchen eignet, bezeichnet man als *Dunkelfeldmikroskopie*. Für die Erzeugung des dazu erforderlichen Strahlenganges werden besondere Dunkelfeldkondensoren geliefert, die an Stelle der normalen Kondensoren angesetzt werden. Die zweckmäßige, für die Erzeugung eines wirklich vollständig abgedunkelten Untergrundes notwendige Apertur des Objektivs wird für die einzelnen Dunkelfeldkondensoren stets angegeben. Die Objektivapertur darf diesen Wert nicht überschreiten und muß gegebenenfalls durch eine Blende (Teilblendenzwischenstück für Ölimmersionen) auf den erforderlichen Betrag reduziert werden.

Zunehmende Bedeutung gewinnt in der Milchuntersuchung auch die *Phasenkontrast-Mikroskopie*[1]. Das Grundprinzip dieses Verfahrens beruht

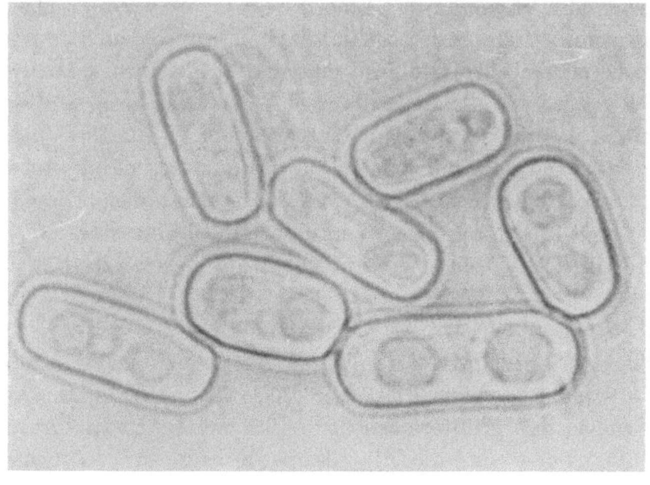

Abb. 217. Hellfeld

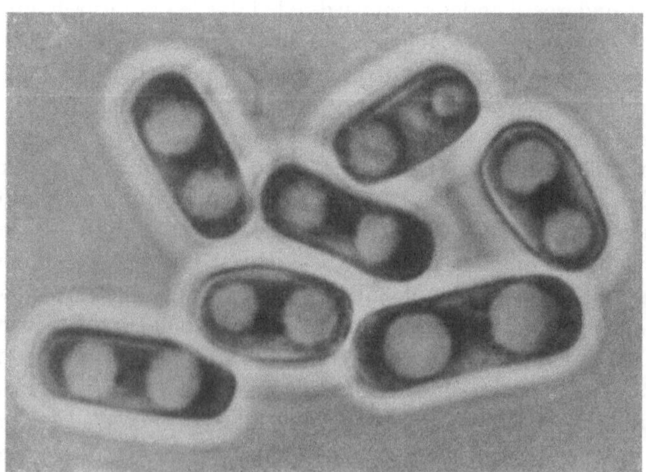

Abb. 218. Phasenkontrast

[1] Winkler, A.: Z. Naturforschg. **6**, 72 (1951).

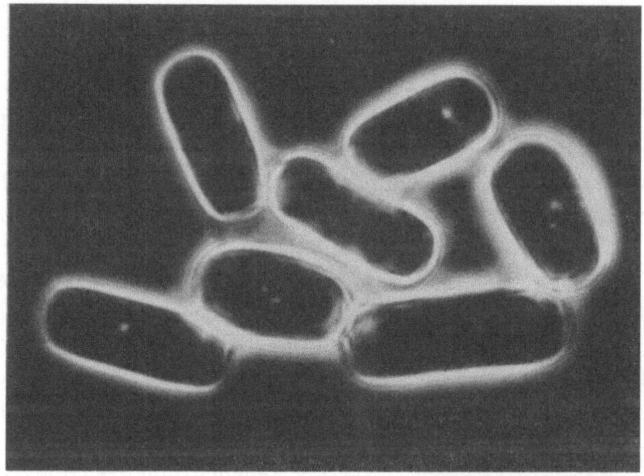

Abb. 219. Dunkelfeld

Abb. 217—219. Vergleich zwischen Hellfeld, Dunkelfeld und Phasenkontrast unter Verwendung einer Kultur *Oospora lactis*

darauf, daß normal vom Auge nicht aufnehmbare Lichtbrechungsunterschiede durch eine in den Strahlengang des Mikroskopes eingesetzte Phasenplatte als Helligkeitsdifferenzen sichtbar gemacht werden. Die Phasenkontrast-Mikroskopie erlaubt es also, in Gemischen von ungefärbten, aber durch die Lichtbrechung voneinander abweichenden Stoffen, wie sie die meisten plasmatischen Gebilde, Suspensionen u. a. darstellen, ohne störenden Eingriff mittels eines Färbeverfahrens im lebenden bzw. unbeeinflußten Zustand die Anordnung der einzelnen Strukturelemente zu erkennen. Sie ist deshalb vor allem ein Verfahren der Lebendmikroskopie und bietet z. B. in der Milchuntersuchung durch den Wegfall von Zentrifugierungs- und anderer Isolierverfahren den Vorteil rascher Arbeitsmöglichkeit.

Die Ausrüstung eines Phasenkontrast-Mikroskopes besteht in der Anwendung eines besonderen Kondensors. Für die Phasenkontrast-Bilderzeugung sind besondere Objektive erforderlich, die den oben erwähnten Phasenring enthalten, die jedoch bei geeigneter Kondensorstellung auch als Hellfeld- und Dunkelfeldobjektive gebraucht werden können.

Ein wichtiges Erfordernis bei allen mikroskopischen Arbeiten ist die Möglichkeit, das subjektiv gesehene Bild dokumentarisch festhalten zu können. Das geschieht entweder durch eine *gezeichnete* oder eine *photographierte* Abbildung. Während in der Zeichnung vom Beobachter entschieden wird, welche Einzelheiten er für die Darstellung besonders betonen will, liefert das photographische Bild, die Mikrophotographie, eine objektive Wiedergabe des erzeugten Bildes, bei dem die Eigenschaften des photographischen Aufnahmematerials über die Wiedergabe aller Teilstrukturen entscheiden. Die Zeichnung wird deshalb stets einen hohen didaktischen Wert, die Mikrophotographie einen besonderen dokumentarischen Wert besitzen.

Zur Anfertigung von Zeichnungen nach mikroskopischen Bildern dienen *Zeichenapparate*, die durch ein in den Strahlengang (meist zwischen Okular und Auge) eingeschaltetes Prisma die Zeichenfläche und den Zeichenstift in das mikroskopische Bild hineinprojizieren, so daß es leicht gelingt, Konturen, Größenverhältnisse usw. objektiv richtig auf der Zeichenfläche wiederzugeben. Bei genügend starker Beleuchtung des Objektes kann jedoch auch das erzeugte mikroskopische Bild durch ein Ablenkprisma, ein sog. Zeichenprisma, auf eine im abgedunkelten Raum angebrachte Zeichenfläche projiziert werden und auf dieser Fläche mit dem Zeichenstift nachgefahren werden.

Abb. 220. Mikroskop-Aufsatz für mikrophotographische Aufnahmen

Bei der mikroskopischen Photoaufnahme wird an Stelle des Auges eine photographische Kamera angebracht. In der bequemsten Form geschieht dies durch eine Aufsetzkamera, die durch entsprechende Zusatzgeräte für die Aufnahme des mikroskopischen Bildes ergänzt ist (Abb. 220).

4. Mikroskopische Untersuchung der Lieferantenmilch einer Molkerei auf gelben Galt

Da das Reichsmilchgesetz Milch beanstandet, die Eiter und Galtstreptokokken enthält, liegt es im Interesse der Molkerei, ihre Milch in dieser Hinsicht einer dauernden Kontrolle zu unterwerfen. Die einzelnen Lieferanten, die solche Milch liefern, müssen von der Molkerei festgestellt werden. Mit Schnellmethoden, wie Alizarol-, Thybromol-, Katalaseprobe usw., ist hier nichts auszurichten. Nur die Untersuchung der Milch mit der Trommsdorff-Probe auf Eiter und die nachfolgende Untersuchung des Sediments mit Hilfe des Mikroskopes können hier zum Ziele führen. Es ist nun in einer Molkerei, die Hunderte von Lieferanten hat, nicht gut möglich, die Milch sämtlicher Lieferanten an einem Tag zu untersuchen. Die Arbeit muß daher auf mehrere Tage verteilt werden. Der Untersuchungsvorgang gestaltet sich zweckmäßig folgendermaßen:

Aus den einzelnen Kannen eines Lieferanten nimmt man nach gutem Durchmischen eine Durchschnittsprobe, so daß von einem Stalle eine Probe zur Untersuchung kommt.

Von der so entnommenen Probe gibt man 10 ml bzw. 25 ml in eine TROMMSDORFF-, EHRLICH- oder SCHÖNBERG-Röhre und zentrifugiert bei einer Umdrehungszahl von 3000 10 Minuten lang. Durch die Wirkung der Zentrifugalkraft werden Eiter, Bakterien und Gewebe der Milch niedergeschlagen und sammeln sich in der engen Röhre (Kapillare), in welche die TROMMSDORFF-Röhre ausläuft. Aus der Menge des Sediments lassen sich schon gewisse Schlüsse auf die Güte der Milch ziehen. Nun gießt man die überstehende Milch aus dem weiteren Teil (Korpus) der Röhre ab und entnimmt mit einem ausgeglühten Draht den Inhalt der Kapillare, bringt ihn auf einen Objektträger und streicht ihn dort auf einer Fläche von einigen cm^2 aus. Die einzelnen Objektträger werden dann in ein Stativ gebracht und auf den Trockenofen (Abb. 95) gesetzt. Sind die Präparate trocken, so werden sie $1/2$ Minute in ein Färbebad getaucht und in einem Wasserbad von der überschüssigen Farbe befreit. Als Färbelösung kann man Methylviolett- oder LÖFFLERsche Methylenblaulösung verwenden. Häufig wird auch eine Spezialfärbung, die sog. modifizierte *Gram*färbung angewendet. Nach dem Spülen werden die Objektträger einige Minuten getrocknet. Die Präparate sind nun für die mikroskopische Prüfung fertig. Die Untersuchung der einzelnen Präparate, die man zweckmäßig in einem Präparatenkasten staubsicher aufbewahrt, kann nun sofort oder erst Stunden oder Tage später erfolgen. Sie wird unter Verwendung der Ölimmersion ausgeführt, und zwar in der früher geschilderten Weise. Für den Anfänger gilt es zu beachten, daß das Fett sich nicht färbt. In dem Präparat zeigen sich also in den kolloiden, schwachgefärbten Eiweißmassen die hellen Fettkugeln. Das Licht kann hier ungehindert durchgehen. Die Milchsäurebakterien, Streptokokken und Zellen treten als blaue Punkte, Stäbchen, Ketten und ähnliche Gebilde in Erscheinung.

Milchsäurebakterien werden sich in jeder Milch finden. Je mehr die Milch gesäuert ist, desto zahlreicher werden solche Bakterien auftreten. Auch einzelne Leukocyten werden beinahe in jeder Milch vorhanden sein. Grundsätzlich muß man natürlich beachten, daß das Bild einer Sammelmilch anders aussieht als das einer Einzelmilch und auch dementsprechend zu werten ist. Milch von einem kranken Tier zeigt natürlich sehr viel Leukocyten, während eine Sammelmilch, wenn ihr Milch von galtkranken Tieren beigemischt ist, weniger Leukocyten aufweisen wird. Interessant ist es auch, das Präparat einer nicht zentrifugierten Milch mit dem einer zentrifugierten zu vergleichen. Finden sich in dem Präparat der nicht zentrifugierten Milch nur einzelne Bakterien und Leukocyten, so wird man natürlich in einem Präparat der gleichen Milch, die zentrifugiert wurde, zahlreiche Bakterien und Leukocyten finden.

Auf die Form der etwa auftretenden Ketten (Streptokokken) ist besonders zu achten. Es gibt nämlich neben den typischen Galtstreptokokken auch harmlose Bakterien, die in Kettenform auftreten. *Streptococcus cremoris*, der zur Rahmsäuerung verwendet wird, ist ein solcher Organismus. Vor Verwechslungen kann man sich schon dadurch schützen, daß man berücksichtigt, daß in Milch von erkrankten Tieren nicht nur Streptokokken, sondern auch zahlreiche Leukocyten (weiße Blutkörperchen) auftreten. Der Galtstreptococcus bildet sehr lange Ketten, die wie Perlschnüre aussehen, wobei die einzelnen Glieder quer gelagert sind, weshalb man von einer staketenförmigen Anordnung spricht. Bei der mikroskopischen Prüfung kommt es nicht nur auf die Zahl, sondern auch auf die Art der Zellen an. Vor allem ist zwischen gewöhnlichen und polymorphkernigen Leukocyten zu unterscheiden. Besonders letztere sind für eine positive Diagnosestellung auf gelben Galt wichtig. Ein erhöhter Zellgehalt von gewöhnlichen Leukocyten kann nämlich auch von einer Milchstauung herrühren und schon bei einer späteren Untersuchung verschwunden sein.

Da nach dem RMG. Milch, die lediglich ,,mikroskopisch nachweisbaren Eiter'' enthält, nach Reinigung und ausreichender Erhitzung zu Milcherzeugnissen verarbeitet werden darf, sei hier der Begriff definiert. Im Sediment gilt als Grenzwert die Zahl von 40–100 Leukocyten je Gesichtsfeld. (Kieler Methode: 10 ml Milch, 10 Minuten, 3000 Touren, 3 mm Platinöse, 3 cm², Färbung mit Toluidinblau.)

5. Untersuchung der Milch auf Keimgehalt nach der Breedschen Methode

Auch für dieses Verfahren, das auf S. 129–131 geschildert ist, benötigt man ein Mikroskop.

Eine Übersicht über die einzelnen bei den verschiedenen Erzeugnissen in Frage kommenden bakteriologischen und mikroskopischen Verfahren gibt Tab. IX.

XII. Kurze Gebrauchsanweisungen für die gebräuchlichsten Untersuchungsmethoden

A. Prüfung der Milch auf gesundheitliche Beschaffenheit

Alizarolprobe: 2 ml Milch, – 2 ml Alizarol, – Milch erkrankter Tiere: violette Farbtöne.

Thybromolprobe: 5 ml Milch, 1 ml Thybromol, – Resultat an der Farbtafel ablesen.

Indikatorpapier zum Nachweis euterkranker Tiere: Einen dünnen Strahl des Anfanggemelkes aus jedem Strich auf den zugehörigen Farbfleck bringen. Beurteilung nach 5 Minuten an Hand der Farbtafel.

Katalaseprobe: 15 ml Milch, – 5 ml 1-proz. Wasserstoffsuperoxydlösung, – Untersuchungstemperatur: 20°, – Beurteilung nach 2 Stunden, Grenzwert für gute Milch: 4 ml Gas.

Chlorgehaltsbestimmung: 1. 10 ml Milch, – 5 ml 25-proz. Salpetersäure, – 5 ml 0,1-n · Silbernitratlösung, – 1 ml gesättigte Eisenalaunlösung, – Titrieren mit 0,1-n · Rhodanammoniumlösung bis zur Rotfärbung. – Bürette gibt mg Chlor je 10 ml Milch an.

2. 10 ml Milch, – 5 ml 0,1-n · Silbernitratlösung nach MARTIUS-LÜTTKE, – weiter wie bei 1. – Grenzwert für gesunde Milch: etwa 120 mg Chlor/100 ml Milch.

Katalase-Thybromol-Probe: 5 ml Milch, – 1 ml Katalase-Thybromol, – Farbton an Hand der Farbtafel und Gasbildung beobachten. Katalasezahl über 40 verdächtig.

B. Untersuchung der Milch auf Veränderungen nach dem Melken

Konservierung: 2 Tabletten Kaliumdichromat auf 100 ml Milch, – 10 Tropfen gesättigte Kaliumdichromatlösung auf 100 ml Milch, – 1 Messerspitze Kaliumdichromat in Pulverform auf 100 ml Milch, – 5 Tropfen 40-proz. Formalinlösung auf 500 ml Milch, – 20 Tropfen 3-proz. Formalinlösung auf 100 ml Milch.

Reinheitsprobe: Angewendet wird ½ Liter Milch. Je cm^2 Filterfläche müssen 100 cm^3 Milch filtrieren.

Säuregradbestimmung durch Titration: 50 ml Milch, – 2 ml 2-proz. Phenolphthaleinlösung, – ¼-n · Natronlauge zufließen lassen, bis Rosafärbung eintritt. Anzahl der verbrauchten ml Natronlauge mit 2 multipliziert = ° SH.

Rote-Lauge-Probe: Einstellung z. B. auf 8,5° SH., – 7,7 ml Stammlauge, – 10 ml Phenolphthaleinlösung. – Im Meßkolben mit destilliertem Wasser auf 250 ml auffüllen.

Ausführung: 2 ml Milch, – 2 ml Rote Lauge, – Schütteln, – Rosa: unter 8,5° SH., – Weiß: über 8,5° SH., – Rote Lauge jeden Tag neu ansetzen.

Kochprobe: Milch erhitzen, – Milch mit mehr als 11–12° SH. zeigt Gerinnung.

Alkoholprobe: 2 ml Milch, – 2 ml 68-proz. Alkohol, – Milch mit mehr als 9° SH. zeigt Gerinnung.

Doppelte Alkoholprobe: 2 ml Milch, – 4 ml 68-proz. Alkohol, – Milch mit mehr als 8° SH. zeigt Gerinnung.

Alizarolprobe: 2 ml Milch, – 2 ml Alizarol. – Aus Gerinnung und Färbung (Farbtafel) Säuregrad ermitteln.

Reduktionsprobe: Temperatur: 37°, – 10 ml Milch, – 1 ml Methylenblaulösung, – Entfärbungsdauer beobachten.

Resazurinprobe: 10 ml Milch, – 1 ml Resazurin, – Temperatur: 37°, – Ergebnis an Hand einer Farbtafel spätestens nach 1 Stunde feststellen.

Keimzählung: *1. Plattenmethode.* Nährboden: Milchzuckeragar nach RMG, Milch in Verdünnungen von 1 : 10 bis 1 : 10000000 in Platten geben, mit Nährboden von 45° C vermischen. Platten umgekehrt im Brutschrank 2 Tage bei 30° C bebrüten. Die Zahl der Kolonien auf der Platte, mit Verdünnungsfaktor multipliziert, ergibt die Keimzahl/ml.

2. Rollkultur. Nährboden im gebrauchsfertigen Rollröhrchen verflüssigen und auf 45° abkühlen lassen. $^{1}/_{1000}$ ml Milch (BURRI-Öse) einimpfen, Röhrchen 3 Minuten ausrollen, 2 Tage bei 30° bebrüten. Zahl der Kolonien, mit 1000 multipliziert, ergibt die Keimzahl/ml.

3. Burri-Methode. $^{1}/_{1000}$ ml Milch (BURRI-Öse) auf schräg erstarrtem Agar ausstreichen. 2 Tage bei 30° bebrüten. Zahl der Kolonien, mit 1000 multipliziert, ergibt die Keimzahl/ml.

4. Breed-Methode. 0,01 ml Milch auf 1 cm² ausstreichen, färben. Mit dem Mikroskop die Bakterien in $^{1}/_{3000}$ cm² (Gesichtsfeld) auszählen. Mittel aus 20–30 Zählungen mit 300000 multiplizieren = Keimzahl.

Gärprobe: 40 ml Milch im Wasserbad bei 38° bebrüten. Nach 12 bzw. 24 Stunden an Hand einer Gärprobentafel die Käsereitauglichkeit beurteilen.

Labgärprobe: 40 ml Milch mit 2 ml Lablösung (1 HANSENsche Labtablette in 500 ml sterilem Wasser lösen) versetzen, im Wasserbad bei 38° bebrüten. Nach 12 Stunden an Hand einer Labgärproben-Tafel Käsereitauglichkeit beurteilen.

Milchagar-Schüttelkultur nach Hüttig: 5 ml Milch mit 5 ml etwa 60° warmem Bouillonagar vermischen. Proben bei 20–30° aufbewahren. Beurteilung auf Käsereitauglichkeit nach 12–24 Stunden.

Nachweis von Säure- und Alkalibildnern: Platten- oder Rollkultur unter Verwendung von Chinablau-Milchzucker-Agar. Säurebildner: Blaue Kolonien, Alkalibildner: Helle Kolonien.

Nachweis von Gasbildnern: Erkennung an Gasbildung bei 1–2-tägiger Bebrütung bei 37° in zuckerhaltigen flüssigen Nährböden (Gärkölbchen nach DANNHOFER, DURHAM-Röhrchen, KIELER-Röhrchen).

Nachweis von Bakterien der *Coli-Aerogenes*-Gruppe: Nachweis auf Grund der Gasbildung in Spezialnährböden (Gentianaviolett-Lactose-Galle-Pepton-Wasser). Einimpfen der Milch in fallenden Konzentrationen. Nach 48-stündiger Bebrütung bei 37° feststellen, welche Verdünnung noch positiv ist.

Nachweis von Bakterien der *Coli-Aerogenes*-Gruppe in Kindermilch nach RMG. 0,1 ml Milch auf Lactose-Bromthymolblau-Trypaflavin-Platte ausstreichen. Nach 18-stündiger Bebrütung Kolonien auszählen.

Nachweis der Erhitzung der Milch

1. Amtliches Guajakreagens „Neu“: 5 ml Milch, – 0,5 ml Guajakreagens, – verschließen und schütteln, – nach 3 Minuten beobachten, – unzureichend hocherhitzte Milch: blau, – genügend hocherhitzte Milch: farblos.

2. Hocherhitzungsreagens „N 3“: 5 ml Milch, – Zugabe von zwei verschiedenfarbigen Ampullen, – Ampullen mit Glasstab zerdrücken, – durchmischen, Beobachtung nach 3 Minuten, – Vergleich des Farbtons mit der Farbtafel.

3. Hocherhitzungsreagens „Traventol“: 5 ml Milch, – 0,5 ml Reagens, – durchmischen, – nach 2 Minuten Vergleich mit der Farbtafel.

Nachweis der Dauererhitzung mit Hilfe der Phosphatase (Laktognost): 10 ml Wasser (37–39° C), – Tablette 1 und 2 zufügen, – 1 ml Milch, – Vergleichsprobe mit erhitzter Milch, – beide Proben 1 Stunde bei 37° C bebrüten, – Zugabe von Laktognost III mit Dosierlöffel, – nach 10 Minuten durchmischen, – nach weiteren 3–5 Minuten Beurteilung der Blaufärbung nach beigefügtem Schema.

C. Untersuchung der Milch auf Fettgehalt

Fettbestimmung nach Röse-Gottlieb: Etwa 10 g Milch, – 1 ml Ammoniak (10-proz.), – 10 ml Alkohol (96-proz.), – 25 ml Äther, – 25 ml Petroläther (Siedepunkt nicht über 60°), – abhebern der Äther-Fett-Lösung, verdunsten des Äthers und gewichtsmäßige Ermittlung des Fettes.

Fettbestimmung nach Gerber: 10 ml Schwefelsäure (s = 1,82), – 11 ml Milch, – 1 ml Amylalkohol, – schütteln, zentrifugieren 5 Minuten bei 1000–1200 Umdrehungen, ablesen des Fettgehaltes in Gewichtsprozenten bei 65°.

D. Nachweis einer Verfälschung der Milch

Bestimmung des spezifischen Gewichtes: Milch in Standzylinder gießen, Spindel langsam einsinken lassen, Stand der Flüssigkeit an der Skala der Spindel ablesen. Bei Temperaturen über oder unter 15° richtigen Wert aus einer Korrektionstabelle entnehmen.

Berechnung der fettfreien Trockenmasse:

$$r = \frac{d}{4} + \frac{f}{5} + 0{,}26\,.$$

Nachweis einer Milchfälschung aus der Lichtbrechung des Milchserums: 30 ml Milch, – 0,25 ml Chlorcalciumlösung (s = 1,1375), –

15 Minuten im siedenden Wasserbad erhitzen, filtrieren, Serum bei 17,5° im Eintauchrefraktometer auf seine Lichtbrechung untersuchen, Refraktometerwert normaler Milch: 38–40°.

Nachweis einer Fälschung aus dem spezifischen Gewicht des Chlorcalciumserums der Milch: Bereitung des Chlorcalciumserums wie oben. – Spezifisches Gewicht des Serums normaler Milch: 1,025–1,027.

E. Untersuchung der Milcherzeugnisse

1. Magermilch

Bestimmung des Fettgehaltes: 10 ml Schwefelsäure (s = 1,82), – 11 ml Magermilch, – 1 ml Amylalkohol, – 2-mal je 5 Minuten schleudern, dazwischen im Wasserbad erwärmen, mittleren Meniskus ablesen. Ausführung sonst wie bei Vollmilch. Bei SIEGFELD-Butyrometern doppelte Mengen anwenden.

Bestimmung des spezifischen Gewichtes: Mit demselben Laktodensimeter wie bei Vollmilch. – Mittleres spezifisches Gewicht der Magermilch 1,034.

2. Buttermilch

Bestimmung des Fettgehaltes: In Vollmilchbutyrometern wie bei Vollmilch.

Bestimmung des Wasserzusatzes: 200 ml Buttermilch mit 100 ml Buttermilchlauge mischen, Mischung mehrmals umkippen. Mit Milchspindel spezifisches Gewicht ermitteln und dann in Tab. III Wasserzusatz ablesen.

3. Kondensmilch

Bestimmung des Wassergehaltes: 3–5 g Kondensmilch werden mit 25–30 g Seesand 6 Stunden bei 85–88° getrocknet.

Bestimmung des Fettgehaltes: Etwa 30 g Kondensmilch im Meßkolben mit Wasser auf 100 ml auffüllen, hiervon 11 ml im Vollmilchbutyrometer nach GERBER untersuchen. 2–3-mal zentrifugieren, dazwischen im Wasserbad erwärmen. Fettgehalt berechnen.

$$F = \frac{103 \cdot f}{a}.$$

F Fettgehalt der Kondensmilch in Prozent,
f abgelesener Fettgehalt,
a Gewicht der eingewogenen Kondensmilch in Gramm.

4. Rahm

Fettbestimmung: *1. Meßmethode* in Rahmbutyrometern: 10 ml Schwefelsäure (s = 1,82), – 5 ml Rahm (mit Spritze oder Pipette abgemessen), – 5 ml Wasser, 1 ml Amylalkohol, – Ausführung wie bei der Fettbestimmung in Milch. Beim Ablesen Fettsäule auf 0-Marke einstellen.

2. Wägemethode in Butyrometern mit Wägebecher: 5 g Rahm, Schwefelsäure ($s = 1{,}53$) bis zum Beginn der Skala, – 1 ml Amylalkohol, – schütteln, in Wasserbad von 70° stellen, nochmals schütteln, bis alles gelöst, wieder erwärmen und 5 Minuten zentrifugieren, ablesen bei 65°, dabei Einstellung der Fettsäule auf die 0-Marke.

Säuregradbestimmung: 1. wie unter Milch beschrieben. – 2. Verwendung von Spezialbüretten für Rahm, – 25 ml Rahm, – 1 ml Phenolphthaleinlösung 2-proz. – Ausführung wie bei der Säuregradbestimmung in Milch. Die Bürette ermöglicht eine direkte Ablesung des Säuregrades.

5. Schlagsahne

Prüfung der Schlagfähigkeit: 100 ml gealterte Sahne von 5° C im Schlagsahneprüfer schlagen. Schlagdauer mit Stoppuhr und Wattmeter ermitteln. Schlagdauer für gute Sahne 2–3 Minuten.

Bestimmung der Volumenzunahme: Volumenzunahme kann durch Eintauchen eines Meßstabes in den Becher ermittelt werden.

Prüfung der Festigkeit: Die Festigkeit wird dadurch geprüft, daß man ermittelt, in welcher Zeit ein Stempel von 30 g unter Verwendung von Zusatzgewichten 3 cm tief einsinkt.

6. Butter

Nachweis einer Verfälschung: Reaktion auf Sesamöl (nach GRIMMER): 2–3 ml geschmolzenes Butterfett, – 2–3 ml Salzsäure, 25-proz., – Rosafärbung: Butter künstlich gefärbt.

Nach Abheben des Butterfettes Zusatz von 2 ml Salzsäure ($s = 1{,}19$), – 2–3 Tropfen 2-proz. alkoholische Furfurollösung. – Rosafärbung: Sesamöl (Margarine).

Bestimmung des Wassergehaltes: *1. mit einer 2-schaligen Waage (Novita)*. Rechts Aluminiumbecher, links 50-g-Gewicht. Blauen Tarierreiter auf 10 und 1-g-Reiter auf 0-Marke. Mit blauem Reiter Tara ermitteln. Links 10-g-Gewicht, rechts 10 g Butter. Wasser verdampfen. Nach Erkalten mit 1-g-Reiter Wassergehalt auf Reiterlineal feststellen.

2. Mit einer 1-schaligen Waage (Perplex). Über den Becher 10-g-Gewicht hängen, tarieren, 10-g-Gewicht abnehmen, durch Butter ersetzen, Wasser verdampfen. Nach Erkalten Wasserverlust durch Aufsetzen der Reiter auf den Waagebalken ausgleichen. Großer Reiter: ganze %, kleiner Reiter: zehntel Prozent.

Bestimmung des Kochsalzgehaltes: 10 g Butter, – 20–30 ml heißes destilliertes Wasser. – In 250-ml-Meßkolben mit heißem destillierten

Wasser überführen und zur Marke auffüllen. – 25 ml der Lösung. – 3–4 Tropfen Kaliumchromatlösung (5-proz.). – Titration mit Silbernitrat. Bürette gibt Salzgehalt in % an.

Bestimmung des Säuregrades: 5 g Butter. – 30 ml Alkohol-Äther (1 : 1). – 1 ml alkoholische Phenolphthaleinlösung (1-proz.). – Titration mit 0,1-n·Alkali. – Verbrauch an 1-n·Alkali in ml auf 100 g Butter = Säuregrad.

Bestimmung des Farbgrades der Butter: Butter glatt streichen, Farbtafel auflegen und Farbstärke ermitteln.

7. Käse und Quark

Bestimmung des Fettgehaltes: 3 g Quark im Becher in VAN GULIK-Butyrometer einführen. Korpus dreiviertelvoll mit Schwefelsäure (s = 1,53) füllen. Auflösen der Käsemasse durch Erwärmen und Schütteln im Wasserbad von 65°. Von oben her Zusatz von 1 ml Amylalkohol, kräftig schütteln. Zusatz von Schwefelsäure bis zum Teilstrich 35, 5 Minuten im Wasserbad, schleudern (5 Minuten), ablesen des absoluten Fettgehaltes bei 65° (nicht Fettgehalt der Trockenmasse).

Bestimmung des Wassergehaltes: *1. mit einer 2-schaligen Waage (Novita).* Geschlossenen blauen Tarierreiter auf „10" des Reiterlineals. 0,5-g-Reiter (vernickelt) auf 0-Marke. Am Gehänge (linke Waagschale) weiteren 0,5-g-Reiter. Rechte Waagschale Aluminiumbecher mit 30–50 g Seesand. Auf linke Waagschale entsprechende g-Gewichte. Tara-Gewicht mit blauem Tarierreiter ermitteln. Links 5-g-Gewicht. Rechts zum Ausgleich Käse oder Quark. Probe entwässern. An Gehängehaken rechts Ausgleichgewicht (20, 40 oder 60%). Versetzen des 0,5-g-Reiters (von 0-Marke) bis Gleichgewicht. Ablesen des Wassergehaltes.

2. Mit einer 1-schaligen Waage (Perplex). Über den Becher 10-g-Gewicht hängen. Tarieren. 10-g-Gewicht durch 5-g-Gewicht ersetzen, Käse in den Becher bis Gleichgewicht. 5 g und Waagschale abnehmen, Glasstab und so viel Seesand in den Becher bis Gleichgewicht. Wasser verdampfen. Gewichtsverlust nach Erkalten durch Aufsetzen von Reitern auf Waagebalken ausgleichen. Große Reiter: ganze %, kleiner Reiter: zehntel Prozent.

Säuregradbestimmung: 10 g Käse oder Quark mit Wasser von 40 bis 45° anrühren, auf 100 ml mit Wasser auffüllen, 2 ml Phenolphthaleinlösung zusetzen, mit $\frac{1}{4}$-n·Natronlauge titrieren. Säuregrad = Anzahl der verbrauchten ml Lauge × 10.

Bestimmung des Eisengehaltes: *1. nach Schäffer-Drewes.* Quark mit Meßlöffel abmessen, in Reibschale mit Ammoniak (I) verreiben bis Geruch ammoniakalisch. 4 Tropfen Natriumsulfidlösung (II) zusetzen, durchrühren. Nach 10 Minuten Farbe mit Farbtafel vergleichen.

2. nach Butenschön. 10 g Quark, – 15 ml Salzsäure (25-proz.) (Reagens A), – 10 ml Rhodankaliumlösung (10-proz.) (Reagens B), – Farbton des Quarks mit Farbtrommel vergleichen.

Reifungsprobe: Proben im Brutschrank bei 30° bebrüten. Nach 1 bis 2 Tagen beurteilen.

F. Molkereihilfsstoffe

1. Wasser

Bestimmung des Eisengehaltes: 100 ml Wasser, – Kaliumchlorat (Messerspitze), – 3 ml Salzsäure, konzentriert, eisenfrei. – In Porzellanschale bis zur blauen Marke eindampfen. Inhalt in HEHNER-Zylinder bringen und mit 20 ml eisenfreiem Wasser nachspülen. – 5 ml Rhodanammoniumlösung (10-proz.) hinzu, – auf 100 ml auffüllen (Wasser eisenfrei).

Vergleichszylinder enthält: 50 ml Wasser (eisenfrei), 3 ml Salzsäure, konzentriert, eisenfrei, – 1 ml Vergleichseisenlösung, – 5 ml Rhodanammoniumlösung.

Mit eisenfreiem Wasser auf 100 ml auffüllen.

Zylinder evtl. durch Ablassen der Vergleichslösung auf Farbgleichheit einstellen. Aus der Schichthöhe im Vergleichszylinder Eisengehalt berechnen. Bei Verwendung von modernen Geräten s. die entsprechenden Gebrauchsanweisungen der Lieferfirmen.

2. Lab

Bestimmung der Labstärke: 1 g Lab oder 10 ml Labextrakt mit Wasser zu 100 ml verdünnen. – 100 ml frische Mischmilch, – 1 ml Lablösung.

Auf 35° im Wasserbad halten, Gerinnungszeit mit Stoppuhr bestimmen.

$$\text{Labstärke} = \frac{M \cdot 100 \cdot 2400}{l \cdot s}.$$

M Milchmenge in g bzw. ml,
l Labmenge in $^1/_{100}$ g bzw. $^1/_{100}$ ml,
s Gerinnungszeit in Sekunden.

Unter Labstärke versteht man die Gewichtsteile (Raumteile) Milch, die von 1 Gewichtsteil (Raumteil) Lab bei 35° in 40 Minuten zur Gerinnung gebracht werden.

XIII. Tabellen

Tabelle I. *Atomgewichte der Elemente mit Symbolen und Ordnungszahlen*

Symbol	Element	Ordnungszahl	Atomgewicht
Ag	Silber	47	107,880
Al	Aluminium	13	26,97
Am	Americium	95	241
An	Aktinon (Aktinium Emanation)	86	
Ar	Argon	18	39,944
As	Arsen	33	74,91
At	Astatin	85	1
Au	Gold	79	197,2
B	Bor	5	10,82
Ba	Barium	56	137,36
Be	Beryllium (Glucinium)	4	9,02
Bi	Wismut	83	209,00
Br	Brom	35	79,916
C	Kohlenstoff	6	12,010
Ca	Calcium	20	40,08
Cb	Columbium s. Nb		
Cd	Cadmium	48	112,41
Ce	Cer	58	140,13
Cl	Chlor	17	35,457
Cm	Curium	96	242
Co	Kobalt	27	58,94
Cp	Cassiopeium (Lutecium)	71	174,99
Cr	Chrom	24	52,01
Cs	Caesium	55	132,91
Ct	Celtium s. Hf		
Cu	Kupfer	29	63,57
D	Deuterium	1	2,0147
Dy	Dysprosium	66	162,46
Em	Emanation s. Rn		
Er	Erbium	68	167,2
Eu	Europium	63	152,0
F	Fluor	9	19,00
Fe	Eisen	26	55,85
Fr	Francium	87	223
Ga	Gallium	31	69,72
Gd	Gadolinium	64	156,9
Ge	Germanium	32	72,60
Gl	Glucinium s. Be		
H	Wasserstoff	1	1,0080
He	Helium	2	4,003
Hf	Hafnium (Celtium)	72	178,6
Hg	Quecksilber	80	200,61
Ho	Holmium	67	164,94
Il?	Illinium?	61	147
In	Indium	49	114,76
Ir	Iridium	77	193,1
J	Jod	53	126,92
K	Kalium	19	39,096
Kr	Krypton	36	83,7
La	Lanthan	57	138,92
Li	Lithium	3	6,940
Lu	Lutecium s. Cp		
Mg	Magnesium	12	24,32
Mn	Mangan	25	54,93
Mo	Molybdän	42	95,95
N	Stickstoff	7	14,008
Na	Natrium	11	22,997
Nb	Niob (Columbium)	41	92,91
Nd	Neodym	60	144,27
Ne	Neon	10	20,183
Ni	Nickel	28	58,69
Np	Neptunium	93	237
O	Sauerstoff	8	16,0000
Os	Osmium	76	190,2
P	Phosphor	15	30,98
Pa	Protaktinium	91	231
Pb	Blei	82	207,21
Pd	Palladium	46	106,7
Pr	Praseodym	59	140,92
Pt	Platin	78	195,23
Pu	Plutonium	94	239
Ra	Radium	88	226,05
Rb	Rubidium	37	85,48
Re	Rhenium	75	186,31
Rh	Rhodium	45	102,91
Rn	Radon (Radium Emanation)	86	222
Ru	Ruthenium	44	101,7
S	Schwefel	16	32,06
Sb	Antimon	51	121,76
Sc	Scandium	21	45,10
Se	Selen	34	78,96
Si	Silicium	14	28,06
Sm	Samarium	62	150,43
Sn	Zinn	50	118,70
Sr	Strontium	38	87,63
Ta	Tantal	73	180,88
Tb	Terbium	65	159,2
Tc	Technitium	43	99
Te	Tellur	52	127,61
Th	Thorium	90	232,12
Ti	Titan	22	47,90
Tl	Thallium	81	204,39
Tm	Thulium	69	169,4
Tn	Thoron (Thorium Emanation)	86	
U	Uran	92	238,07
V	Vanadium	23	50,95
W	Wolfram (Tungsten)	74	183,92
X	Xenon	54	131,3
Y	Yttrium	39	88,92
Yb	Ytterbium (Aldebaranium)	70	173,04
Zn	Zink	30	65,38
Zr	Zirkonium	40	91,22

Tabelle II. *Ermittlung des Alkoholgehaltes nach Gewichts- und Volumenprozenten von Äthylalkohol-Wasser-Gemischen bei 15° in Abhängigkeit von der Dichte $\varrho\frac{15}{15}$ nach den Tafeln von Windisch, Berlin 1893*

$\varrho\frac{15}{15}$	Gew.-%	Vol.-%	Gew.-%	Vol.-%	Gew.-%	Vol.-%	Gew.-%	Vol.-%	Gew.-%	Vol.-%	Gew.-%	Vol.-%	Gew.-%	Vol.-%	Gew.-%	Vol.-%	Gew.-%	Vol.-%	Gew.-%	Vol.-%
Hunderstel \ Tausendstel	0,000		0,001		0,002		0,003		0,004		0,005		0,006		0,007		0,008		0,009	
0,79											99,76	99,86	99,44	99,66	99,11	99,46	98,79	99,26	98,46	99,05
0,80	98,13	98,84	97,80	98,63	97,47	98,42	97,13	98,20	96,79	97,99	96,46	97,76	96,11	97,54	95,77	97,31	95,43	97,08	95,08	96,85
0,81	94,73	96,61	94,38	96,37	94,03	96,13	93,67	95,88	93,31	95,63	92,96	95,38	92,59	95,13	92,23	94,87	91,87	94,61	91,50	94,35
0,82	91,13	94,09	90,76	93,82	90,39	93,55	90,02	93,28	89,64	93,00	89,26	92,72	88,88	92,44	88,50	92,15	88,12	91,87	87,74	91,58
0,83	87,35	91,29	86,97	90,99	86,58	90,70	86,19	90,40	85,80	90,09	85,41	89,70	85,01	89,48	84,62	89,18	84,22	88,86	83,83	88,55
0,84	83,43	88,23	83,03	87,92	82,63	87,60	82,23	87,28	81,83	86,95	81,43	86,63	81,02	86,30	80,62	85,97	80,21	85,64	79,81	85,31
0,85	79,40	84,97	78,99	84,64	78,58	84,30	78,17	83,96	77,76	83,61	77,35	83,27	76,94	82,92	76,53	82,57	76,12	82,23	75,70	81,87
0,86	75,29	81,52	74,87	81,17	74,46	80,81	74,04	80,45	73,63	80,09	73,21	79,73	72,79	79,37	72,37	79,00	71,95	78,64	71,54	78,27
0,87	71,12	77,90	70,70	77,53	70,27	77,15	69,85	76,78	69,43	76,40	69,01	76,02	68,58	75,64	68,16	75,26	67,74	74,88	67,31	74,49
0,88	66,89	74,11	66,46	73,72	66,04	73,33	65,61	72,94	65,18	72,55	64,75	72,15	64,33	71,76	63,90	71,36	63,47	70,96	63,04	70,56
0,89	62,61	70,16	62,18	69,75	61,75	69,34	61,31	68,94	60,88	68,53	60,45	68,12	60,02	67,70	59,58	67,29	59,15	66,87	58,71	66,45
0,90	58,27	66,03	57,84	65,61	57,40	65,19	56,96	64,76	56,52	64,34	56,09	63,91	55,65	63,47	55,20	63,04	54,76	62,61	54,32	62,17
0,91	53,88	61,73	53,43	61,29	52,99	60,84	52,54	60,40	52,09	59,95	51,65	59,50	51,20	59,05	50,75	58,59	50,29	58,13	49,84	57,67
0,92	49,39	57,21	48,93	56,74	48,47	56,27	48,01	55,80	47,55	55,32	47,09	54,84	46,63	54,36	46,16	53,88	45,69	53,39	45,22	52,89
0,93	44,75	52,39	44,27	51,89	43,79	51,39	43,31	50,88	42,83	50,37	42,34	49,85	41,85	49,33	41,36	48,80	40,87	48,26	40,37	47,72
0,94	39,86	47,18	39,35	46,63	38,84	46,07	38,33	45,50	37,80	44,93	37,28	44,35	36,75	43,77	36,21	43,17	35,66	42,57	35,11	41,95
0,95	34,56	41,33	33,99	40,70	33,42	40,06	32,84	39,40	32,25	38,74	31,66	38,06	31,65	37,37	30,43	36,67	29,81	35,95	29,17	25,22
0,96	28,52	34,47	27,86	33,71	27,19	32,93	26,51	32,14	25,81	31,32	25,09	30,49	24,37	29,64	23,63	28,76	22,87	27,87	22,10	26,96
0,97	21,32	26,03	20,52	25,08	19,71	24,12	18,89	23,14	18,07	22,16	17,23	21,16	16,40	20,15	15,56	19,14	14,73	18,14	13,90	17,14
0,98	13,08	16,14	12,28	15,16	11,48	14,20	10,71	13,25	9,94	12,32	9,20	11,41	8,48	10,52	7,77	9,66	7,08	8,81	6,41	7,99
0,99	5,76	7,18	5,13	6,40	4,51	5,63	3,90	4,88	3,31	4,14	2,73	3,42	2,17	2,72	1,61	2,02	1,06	1,34	0,53	0,67

Tabelle III. *Ermittlung des Wassergehaltes der Buttermilch durch Spindeln nach Alkalisierung*

Spindelgrad der alkalisierten Buttermilch	Unter Bezugnahme auf							
	29,0	29,5	30,0	30,5	31,0	31,5	32,0	32,5
	als normal (= unverwässert) ergeben sich folgende Wasserwerte:							
	%	%	%	%	%	%	%	%
32,4								0,3
32,2								0,9
32,0							0	1,5
31,8							0,6	2,2
31,6							1,2	2,8
31,4						0,3	1,9	3,4
31,2						1,0	2,5	4,0
31,0					0	1,6	3,1	4,6
30,8					0,7	2,2	3,8	5,2
30,6					1,3	2,9	4,4	5,8
30,4				0,3	1,9	3,5	5,0	6,5
30,2				1,0	2,6	4,2	5,6	7,1
30,0			0	1,6	3,2	4,8	6,3	7,7
29,8			0,7	2,3	3,9	5,4	6,9	8,3
29,6			1,3	3,0	4,5	6,1	7,5	8,9
29,4		0,3	2,0	3,6	5,2	6,7	8,1	9,5
29,2		1,0	2,7	4,3	5,8	7,3	8,8	10,1
29,0	0	1,7	3,3	4,9	6,5	7,9	9,4	10,8
28,8	0,7	2,4	4,0	5,6	7,1	8,6	10,0	11,4
28,6	1,4	3,1	4,7	6,2	7,8	9,3	10,6	12,0
28,4	2,1	3,7	5,3	6,9	8,4	9,9	11,3	12,6
28,2	2,8	4,4	6,0	7,5	9,0	10,5	11,9	13,2
28,0	3,4	5,1	6,7	8,2	9,7	11,1	12,5	13,8
27,8	4,1	5,8	7,3	8,8	10,3	11,8	13,1	14,5
27,6	4,8	6,4	8,0	9,5	11,0	12,4	13,8	15,1
27,4	5,5	7,1	8,6	10,1	11,6	13,0	14,4	15,7
27,2	6,2	7,8	9,3	10,8	12,2	13,7	15,0	16,3
27,0	6,9	8,5	10,0	11,4	12,9	14,3	15,6	16,9
26,8	7,6	9,2	10,7	12,1	13,5	14,9	16,2	17,6
26,6	8,3	9,8	11,4	12,8	14,2	15,6	17,9	18,2
26,4	9,0	10,5	12,0	13,4	14,8	16,2	17,5	18,8
26,2	9,7	11,2	12,7	14,0	15,4	16,8	18,1	19,4
26,0	10,2	11,9	13,4	14,7	16,1	17,5	18,8	20,0
25,8	11,0	12,6	14,0	15,4	16,7	18,1	19,4	20,6
25,6	11,7	13,2	14,7	16,0	17,4	18,7	20,0	21,2
25,4	12,4	13,9	15,3	16,7	18,0	19,4	20,7	21,8
25,2	13,1	14,6	16,0	17,4	18,7	20,0	21,3	22,5
25,0	13,8	15,3	16,7	18,0	19,4	20,7	21,9	23,1
24,8	14,5	16,0	17,4	18,7	20,0	21,3	22,5	23,7
24,6	15,2	16,6	18,0	19,4	20,6	21,9	23,2	24,3
24,4	15,9	17,3	18,7	20,0	21,3	22,6	23,8	24,9
24,2	16,6	18,0	19,4	20,7	21,9	23,2	24,4	25,6

Tabelle IV. *Ermittlung des Milchzuckergehaltes nach der Menge des gefundenen Kupfers bzw. Kupfer(II)- oder (I)-oxyds*

Kupfer mg	Kupfer-(II)-oxyd mg	Kupfer-(I)-oxyd mg	Milch-zucker mg	Kupfer mg	Kupfer-(II)-oxyd mg	Kupfer-(I)-oxyd mg	Milch-zucker mg
100	125,2	112,6	71,6	152	190,3	171,1	110,3
101	126,4	113,7	72,4	153	191,5	172,3	111,1
102	127,7	114,8	73,1	154	192,8	173,4	111,9
103	128,9	116,0	73,8	155	194,0	174,5	112,6
104	130,2	117,1	74,6	156	195,3	175,6	113,4
105	131,4	118,2	75,3	157	196,5	176,8	114,1
106	132,7	119,3	76,1	158	197,8	177,9	114,9
107	133,9	120,5	76,8	159	199,0	179,0	115,6
108	135,2	121,6	77,6	160	200,3	180,1	116,4
109	136,4	122,7	78,3	161	201,5	181,3	117,1
110	137,7	123,8	79,0	162	202,8	182,4	117,9
111	138,9	125,0	79,8	163	204,0	183,5	118,6
112	140,2	126,1	80,5	164	205,3	184,6	119,4
113	141,4	127,2	81,3	165	206,5	185,8	120,2
114	142,7	128,3	82,0	166	207,8	186,9	120,9
115	143,9	129,5	82,7	167	209,0	188,0	121,7
116	145,2	130,6	83,5	168	210,3	189,1	122,4
117	146,4	131,7	84,2	169	211,5	190,3	123,2
118	147,7	132,8	85,0	170	212,8	191,4	123,9
119	149,0	134,0	85,7	171	214,0	192,5	124,7
120	150,2	135,1	86,4	172	215,3	193,6	125,5
121	151,5	136,2	87,2	173	216,5	194,8	126,2
122	152,7	137,4	87,9	174	217,8	195,9	127,0
123	154,0	138,5	88,7	175	219,0	197,0	127,8
124	155,2	139,6	89,4	176	220,3	198,1	128,5
125	156,5	140,7	90,1	177	221,5	199,3	129,3
126	157,7	141,9	90,9	178	222,8	200,4	130,1
127	159,0	143,0	91,6	179	224,1	201,5	130,8
128	160,2	144,1	92,4	180	225,3	202,7	131,6
129	161,5	145,2	93,1	181	226,6	203,8	132,4
130	162,7	146,4	93,8	182	227,8	204,9	133,1
131	164,0	147,5	94,6	183	229,1	206,0	133,9
132	165,2	148,6	95,3	184	230,3	207,2	134,7
133	166,5	149,7	96,1	185	231,6	208,3	135,4
134	167,7	150,9	96,9	186	232,8	209,4	136,2
135	169,0	152,0	97,6	187	234,1	210,5	137,0
136	170,2	153,1	98,3	188	235,3	211,7	137,8
137	171,5	154,2	99,1	189	236,6	212,8	138,5
138	172,7	155,4	99,8	190	237,8	213,9	139,3
139	174,0	156,5	100,5	191	239,1	215,0	140,0
140	175,2	157,6	101,3	192	240,3	216,2	140,8
141	176,5	158,7	102,0	193	241,6	217,3	141,6
142	177,7	159,9	102,8	194	242,8	218,4	142,3
143	179,0	161,0	103,5	195	244,1	219,5	143,1
144	180,2	162,1	104,3	196	245,3	220,7	143,9
145	181,5	163,2	105,1	197	246,6	221,8	144,6
146	182,7	164,4	105,8	198	247,8	222,9	145,4
147	184,0	165,5	106,6	199	249,1	224,0	146,2
148	185,2	166,6	107,3	200	250,3	225,2	146,9
149	186,5	167,8	108,1	201	251,6	226,3	147,7
150	187,8	168,9	108,8	202	252,8	227,4	148,5
151	189,0	170,0	109,6	203	254,1	228,5	149,2

Tabelle IV (Fortsetzung)

Kupfer mg	Kupfer-(II)-oxyd mg	Kupfer-(I)-oxyd mg	Milchzucker mg	Kupfer mg	Kupfer-(II)-oxyd mg	Kupfer-(I)-oxyd mg	Milchzucker mg
204	255,3	229,7	150,0	256	320,4	288,2	189,4
205	256,6	230,8	150,7	257	321,7	289,3	190,2
206	257,9	231,9	151,5	258	322,9	290,5	191,0
207	259,1	233,0	152,2	259	324,2	291,6	191,8
208	260,4	234,2	153,0	260	325,4	292,7	192,5
209	261,6	235,3	153,7	261	326,7	293,8	193,3
210	262,9	236,4	154,5	262	327,9	295,0	194,1
211	264,1	237,6	155,2	263	329,2	296,1	194,9
212	265,4	238,7	156,0	264	330,4	297,2	195,7
213	266,6	239,8	156,7	265	331,7	298,3	196,4
214	267,9	240,9	157,5	266	332,9	299,5	197,2
215	269,1	242,1	158,2	267	334,2	300,6	198,0
216	270,4	243,2	159,0	268	335,5	301,7	198,8
217	271,6	244,3	159,7	269	336,7	302,8	199,5
218	272,9	245,4	160,4	270	338,0	304,0	200,3
219	274,1	246,6	161,2	271	339,2	305,1	201,1
220	275,4	247,7	161,9	272	340,5	306,2	201,9
221	276,6	248,8	162,7	273	341,7	307,4	202,7
222	277,9	249,9	163,4	274	343,0	308,5	203,5
223	279,1	251,1	164,2	275	344,2	309,6	204,3
224	280,4	252,2	164,9	276	345,5	310,7	205,1
225	281,6	253,3	165,7	277	346,7	311,9	205,9
226	282,9	254,4	166,4	278	348,0	313,0	206,7
227	284,1	255,6	167,2	279	349,2	314,1	207,5
228	285,4	256,7	167,9	280	350,5	315,2	208,3
229	286,6	257,8	168,6	281	351,7	316,4	209,1
230	287,9	258,9	169,4	282	353,0	317,5	209,9
231	289,1	260,1	170,1	283	354,2	318,6	210,7
232	290,4	261,2	170,7	284	355,5	319,7	211,5
233	291,6	262,3	171,6	285	356,7	320,9	212,3
234	292,9	263,4	172,4	286	358,0	322,0	213,1
235	294,1	264,6	173,1	287	359,2	323,1	213,9
236	295,4	265,7	173,9	288	360,5	324,2	214,7
237	296,7	266,8	174,6	289	361,7	325,4	215,5
238	297,9	267,9	175,4	290	363,0	326,5	216,3
239	299,2	269,1	176,2	291	364,2	327,6	217,1
240	300,4	270,2	176,9	292	365,5	328,7	217,9
241	301,7	271,3	177,7	293	366,7	329,9	218,7
242	302,9	272,4	178,5	294	368,0	331,0	219,5
243	304,2	273,6	179,3	295	369,2	332,1	220,3
244	305,4	274,7	180,1	296	370,5	333,2	221,1
245	306,7	275,8	180,8	297	371,8	334,4	221,9
246	307,9	277,0	181,6	298	373,0	335,5	222,7
247	309,2	278,1	182,4	299	374,3	336,6	223,5
248	310,4	279,2	183,2	300	375,5	337,8	224,4
249	311,7	280,3	184,0	301	376,8	338,9	225,2
250	312,9	281,5	184,8	302	378,0	340,0	225,9
251	314,2	282,6	185,5	303	379,3	341,1	226,7
252	315,4	283,7	186,3	304	380,5	342,3	227,5
253	316,7	284,8	187,1	305	381,8	343,4	228,3
254	317,9	286,0	187,9	306	383,0	344,5	229,1
255	319,2	287,1	188,7	307	384,3	345,6	229,8

Tabelle IV (Fortsetzung)

Kupfer mg	Kupfer-(II)-oxyd mg	Kupfer-(I)-oxyd mg	Milchzucker mg	Kupfer mg	Kupfer-(II)-oxyd mg	Kupfer-(I)-oxyd mg	Milchzucker mg
308	385,5	346,8	230,6	355	444,4	399,7	268,0
309	386,8	347,9	231,4	356	445,6	400,8	268,8
310	388,0	349,0	232,2	357	446,9	401,9	269,5
311	389,3	350,1	232,9	358	448,1	403,0	270,4
312	390,5	351,3	233,7	359	449,4	404,1	271,2
313	391,8	352,4	234,5	360	450,6	405,3	272,2
314	393,0	353,5	235,3	361	451,9	406,4	272,9
315	394,3	354,6	236,1	362	453,1	407,6	273,7
316	395,5	355,8	236,8	363	454,4	408,7	274,5
317	396,8	356,9	237,6	364	455,6	409,8	275,3
318	398,0	358,0	238,4	365	456,9	410,9	276,2
319	399,3	359,1	239,2	366	458,1	412,1	277,1
320	400,5	360,3	240,0	367	459,4	413,2	277,9
321	401,8	361,4	240,7	368	460,6	414,3	278,8
322	403,0	362,5	241,5	369	461,9	415,4	279,6
323	404,3	363,6	242,3	370	463,1	416,6	280,5
324	405,6	364,8	243,1	371	464,4	417,7	281,4
325	406,8	365,9	243,9	372	465,6	418,8	282,2
326	408,1	367,0	244,6	373	466,9	419,9	283,1
327	409,3	368,2	245,4	374	468,1	421,1	283,9
328	410,6	369,3	246,2	375	469,4	422,2	284,8
329	411,8	370,4	247,0	376	470,6	423,3	285,7
330	413,1	371,5	247,7	377	471,9	424,4	286,5
331	414,3	372,7	248,5	378	473,1	425,6	287,4
332	415,6	373,8	249,2	379	474,4	426,7	288,2
333	416,8	374,9	250,0	380	475,6	427,8	289,1
334	418,1	376,0	250,8	381	476,9	428,9	289,9
335	419,3	377,2	251,6	382	478,1	430,1	290,8
336	420,6	378,3	252,5	383	479,4	431,2	291,7
337	421,8	379,4	253,3	384	480,7	432,3	292,5
338	423,1	380,5	254,1	385	481,9	433,5	293,4
339	424,3	381,7	254,9	386	483,2	434,6	294,2
340	425,6	382,8	255,7	387	484,4	435,7	295,1
341	426,8	383,9	256,5	388	485,7	436,8	296,0
342	428,1	385,0	257,4	389	486,9	438,0	296,8
343	429,3	386,2	258,2	390	488,2	439,1	297,7
344	430,6	387,3	259,0	391	489,4	440,2	298,5
345	431,8	388,4	259,8	392	490,7	441,3	299,4
346	433,1	389,5	260,6	393	491,9	442,5	300,3
347	434,3	390,7	261,4	394	493,2	443,6	301,1
348	435,6	391,8	262,3	395	494,4	444,7	302,0
349	436,8	392,9	263,1	396	495,7	445,8	302,8
350	438,1	394,0	263,9	397	496,9	447,0	303,7
351	439,3	395,2	264,7	398	498,2	448,1	304,6
352	440,6	396,3	265,5	399	499,4	449,2	305,4
353	441,8	397,4	266,3	400	500,7	450,3	306,3
354	443,1	398,5	267,2				

Tabelle V. *Berechnung des Prozentgehaltes der Milch an Trockenmasse t aus dem spezifischen Gewicht s und dem prozentischen Fettgehalt f*[1]

a) zur Berechnung von 1,2 f

f	1,2 f	f	1,2 f	f	1,2 f	f	1,2 f	f	1,2 f
1,00	**1,200**	**1,50**	**1,800**	**2,00**	**2,400**	**2,50**	**3,000**	**3,00**	**3,600**
01	1,212	51	1,812	01	2,412	51	3,012	01	3,612
02	1,224	52	1,824	02	2,424	52	3,024	02	3,624
03	1,236	53	1,836	03	2,436	53	3,036	03	3,636
04	1,248	54	1,848	04	2,448	54	3,048	04	3,648
05	1,260	55	1,860	05	2,460	55	3,060	05	3,660
06	1,272	56	1,872	06	2,472	56	3,072	06	3,672
07	1,284	57	1,884	07	2,484	57	3,084	07	3,684
08	1,296	58	1,896	08	2,496	58	3,096	08	3,696
09	1,308	59	1,908	09	2,508	59	3,108	09	3,708
1,10	**1,320**	**1,60**	**1,920**	**2,10**	**2,520**	**2,60**	**3,120**	**3,10**	**3,720**
11	1,332	61	1,932	11	2,532	61	3,132	11	3,732
12	1,344	62	1,944	12	2,544	62	3,144	12	3,744
13	1,356	63	1,956	13	2,556	63	3,156	13	3,756
14	1,368	64	1,968	14	2,568	64	3,168	14	3,768
15	1,380	65	1,980	15	2,580	65	3,180	15	3,780
16	1,392	66	1,992	16	2,592	66	3,192	16	3,792
17	1,404	67	2,004	17	2,604	67	3,204	17	3,804
18	1,416	68	2,016	18	2,616	68	3,216	18	3,816
19	1,428	69	2,028	19	2,628	69	3,228	19	3,828
1,20	**1,440**	**1,70**	**2,040**	**2,20**	**2,640**	**2,70**	**3,240**	**3,20**	**3,840**
21	1,452	71	2,052	21	2,652	71	3,252	21	3,852
22	1,464	72	2,064	22	2,664	72	2,264	22	3,864
23	1,476	73	2,076	23	2,676	73	3,276	23	3,876
24	1,488	74	2,088	24	2,688	74	3,288	24	3,888
25	1,500	75	2,100	25	2,700	75	3,300	25	3,900
26	1,512	76	2,112	26	2,712	76	3,312	26	3,912
27	1,524	77	2,124	27	2,724	77	3,324	27	3,924
28	1,536	78	2,136	28	2,736	78	3,336	28	3,936
29	1,548	79	2,148	29	2,748	79	3,348	29	3,948
1,30	**1,560**	**1,80**	**2,160**	**2,30**	**2,760**	**2,80**	**3,360**	**3,30**	**3,960**
31	1,572	81	2,172	31	2,772	81	3,372	31	3,972
32	1,584	82	2,184	32	2,784	82	3,384	32	3,984
33	1,596	83	2,196	33	2,796	83	3,396	33	3,996
34	1,608	84	2,208	34	2,808	84	3,408	34	4,008
35	1,620	85	2,220	35	2,820	85	3,420	35	4,020
36	1,632	86	2,232	36	2,832	86	3,432	36	4,032
37	1,644	87	2,244	37	2,844	87	3,444	37	4,044
38	1,656	88	2,256	38	2,856	88	3,456	38	4,056
39	1,668	89	2,268	39	2,868	89	3,468	39	4,068
1,40	**1,680**	**1,90**	**2,280**	**2,40**	**2,880**	**2,90**	**3,480**	**3,40**	**4,080**
41	1,692	91	2,292	41	2,892	91	3,492	41	4,092
42	1,704	92	2,304	42	2,904	92	3,504	42	4,104
43	1,716	93	2,316	43	2,916	93	3,516	43	4,116
44	1,728	94	2,328	44	2,928	94	3,528	44	4,128
45	1,740	95	2,340	45	2,940	95	3,540	45	4,140
46	1,752	96	2,352	46	2,952	96	3,552	46	4,152
47	1,764	97	2,364	47	2,964	97	3,564	47	4,164
48	1,776	98	2,376	48	2,976	98	3,576	48	4,176
49	1,788	99	2,388	49	2,988	99	3,588	49	4,188
1,50	**1,800**	**2,00**	**2,400**	**2,50**	**3,000**	**3,00**	**3,600**	**3,50**	**4,200**

Für Tausendstel von	1	2	3	4	5	6	7	8	9
f ist zu addieren	0,001	0,002	0,004	0,005	0,006	0,007	0,008	0,010	0,011

[1] Nach der Formel von FLEISCHMANN: $t = 1{,}2\,f + 2{,}665\,\frac{100\,s - 100}{s}$

Tabelle Va (Fortsetzung)

f	1,2 f	f	1,2 f	f	1,2 f	f	1,2 f	f	1,2 f
3,50	**4,200**	**4,00**	**4,800**	**4,50**	**5,400**	**5,00**	**6,000**	**5,50**	**6,600**
51	4,212	01	4,812	51	5,412	01	6,012	51	6,612
52	4,224	02	4,824	52	5,424	02	6,024	52	6,624
53	4,236	03	4,836	53	5,436	03	6,036	53	6,636
54	4,248	04	4,848	54	5,448	04	6,048	54	6,648
55	4,260	05	4,860	55	5,460	05	6,060	55	6,660
56	4,272	06	4,872	56	5,472	06	6,072	56	6,672
57	4,284	07	4,884	57	5,484	07	6,084	57	6,684
58	4,296	08	4,896	58	5,496	08	6,096	58	6,696
59	4,308	09	4,908	59	5,508	09	6,108	59	6,708
3,60	**4,320**	**4,10**	**4,920**	**4,60**	**5,520**	**5,10**	**6,120**	**5,60**	**6,720**
61	4,332	11	4,932	61	5,532	11	6,132	61	6,732
62	4,344	12	4,944	62	5,544	12	6,144	62	6,744
63	4,356	13	4,956	63	5,556	13	6,156	63	6,756
64	4,368	14	4,968	64	5,568	14	6,168	64	6,768
65	4,380	15	4,980	65	5,580	15	6,180	65	6,780
66	4,392	16	4,992	66	5,592	16	6,192	66	6,792
67	4,404	17	5,004	67	5,604	17	6,204	67	6,804
68	4,416	18	5,016	68	5,616	18	6,216	68	6,816
69	4,428	19	5,028	69	5,628	19	6,228	69	6,828
3,70	**4,440**	**4,20**	**5,040**	**4,70**	**5,640**	**5,20**	**6,240**	**5,70**	**6,840**
71	4,452	21	5,052	71	5,652	21	6,252	71	6,852
72	4,464	22	5,064	72	5,664	22	6,264	72	6,864
73	4,476	23	5,076	73	5,676	23	6,276	73	6,876
74	4,488	24	5,088	74	5,688	24	6,288	74	6,888
75	4,500	25	5,100	75	5,700	25	6,300	75	6,900
76	4,512	26	5,112	76	5,712	26	6,312	76	6,912
77	4,524	27	5,124	77	5,724	27	6,324	77	6,924
78	4,536	28	5,136	78	5,736	28	6,336	78	6,936
79	4,548	29	5,148	79	5,748	29	6,348	79	6,948
3,80	**4,560**	**4,30**	**5,160**	**4,80**	**5,760**	**5,30**	**6,360**	**5,80**	**6,960**
81	4,572	31	5,172	81	5,772	31	6,372	81	6,972
82	4,584	32	5,184	82	5,784	32	6,384	82	6,984
83	4,596	33	5,196	83	5,796	33	6,396	83	6,996
84	4,608	34	5,208	84	5,808	34	6,408	84	7,008
85	4,620	35	5,220	85	5,820	35	6,420	85	7,020
86	4,632	36	5,232	86	5,832	36	6,432	86	7,032
87	4,644	37	5,244	87	5,844	37	6,444	87	7,044
88	4,656	38	5,256	88	5,856	38	6,456	88	7,056
89	4,668	39	5,268	89	5,868	39	6,468	89	7,068
3,90	**4,680**	**4,40**	**5,280**	**4,90**	**5,880**	**5,40**	**6,480**	**5,90**	**7,080**
91	4,692	41	5,292	91	5,892	41	6,492	91	7,092
92	4,704	42	5,304	92	5,904	42	6,504	92	7,104
93	4,716	43	5,316	93	5,916	43	6,516	93	7,116
94	4,728	44	5,328	94	5,928	44	6,528	94	7,128
95	4,740	45	5,340	95	5,940	45	6,540	95	7,140
96	4,752	46	5,352	96	5,952	46	6,552	96	7,152
97	4,764	47	5,364	97	5,964	47	6,564	97	7,164
98	4,776	48	5,376	98	5,976	48	6,576	98	7,176
99	4,788	49	5,388	99	5,988	49	6,588	99	7,188
4,00	**4,800**	**4,50**	**5,400**	**5,00**	**6,000**	**5,50**	**6,600**	**6,00**	**7,200**

Für Tausendstel von	1	2	3	4	5	6	7	8	9
f ist zu addieren	0,001	0,002	0,004	0,005	0,006	0,007	0,008	0,010	0,011

Tabelle V (Fortsetzung)

b) zur Berechnung von $2{,}665 \cdot \frac{d}{s}$

s Tausendstel	$2{,}665 \cdot \frac{d}{s}$	s Tausendstel	$2{,}665 \cdot \frac{d}{s}$	s Tausendstel	$2{,}665 \cdot \frac{d}{s}$	s Tausendstel	$2{,}665 \cdot \frac{d}{s}$	s Tausendstel	$2{,}665 \cdot \frac{d}{s}$
19,0	**4,967**	**23,0**	**5,992**	**27,0**	**7,006**	**31,0**	**8,013**	**35,0**	**9,012**
1	4,994	1	6,017	1	7,032	1	8,038	1	9,037
2	5,021	2	6,042	2	7,057	2	8,063	2	9,062
3	5,047	3	6,068	3	7,082	3	8,088	3	9,087
4	5,072	4	6,093	4	7,107	4	8,113	4	9,111
5	5,098	5	6,119	5	7,133	5	8,138	5	9,136
6	5,122	6	6,144	6	7,158	6	8,163	6	9,161
7	5,149	7	6,170	7	7,183	7	8,188	7	9,186
8	5,173	8	6,195	8	7,208	8	8,213	8	9,211
9	5,199	9	6,221	9	7,234	9	8,239	9	9,236
20,0	**5,225**	**24,0**	**6,246**	**28,0**	**7,259**	**32,0**	**8,264**	**36,0**	**9,261**
1	5,251	1	6,271	1	7,284	1	8,289	1	9,285
2	5,277	2	6,297	2	7,309	2	8,314	2	9,310
3	5,302	3	6,322	3	7,334	3	8,339	3	9,335
4	5,328	4	6,348	4	7,360	4	8,364	4	9,360
5	5,353	5	6,373	5	7,385	5	8,389	5	9,385
6	5,379	6	6,398	6	7,410	6	8,414	6	9,409
7	5,405	7	6,424	7	7,435	7	8,439	7	9,434
8	5,430	8	6,449	8	7,460	8	8,464	8	9,459
9	5,456	9	6,475	9	7,485	9	8,489	9	9,484
21,0	**5,481**	**25,0**	**6,500**	**29,0**	**7,511**	**33,0**	**8,514**	**37,0**	**9,509**
1	5,507	1	6,525	1	7,536	1	8,539	1	9,533
2	5,532	2	6,551	2	7,561	2	8,563	2	9,558
3	5,558	3	6,576	3	7,586	3	8,588	3	9,583
4	5,584	4	6,601	4	7,611	4	8,613	4	9,608
5	5,609	5	6,627	5	7,636	5	8,638	5	9,632
6	5,635	6	6,652	6	7,662	6	8,663	6	9,657
7	5,660	7	6,677	7	7,687	7	8,688	7	9,682
8	5,686	8	6,703	8	7,712	8	8,713	8	9,707
9	5,711	9	6,728	9	7,737	9	8,738	9	9,732
22,0	**5,737**	**26,0**	**6,753**	**30,0**	**7,762**	**34,0**	**8,763**	**38,0**	**9,756**
1	5,762	1	6,779	1	7,787	1	8,788	1	9,781
2	5,788	2	6,804	2	7,812	2	8,813	2	9,806
3	5,813	3	6,829	3	7,837	3	8,838	3	9,830
4	5,839	4	6,855	4	7,863	4	8,863	4	9,855
5	5,864	5	6,880	5	7,888	5	8,888	5	9,880
6	5,890	6	6,905	6	7,913	6	8,912	6	9,904
7	5,915	7	6,930	7	7,938	7	8,937	7	9,929
8	5,941	8	6,956	8	7,963	8	8,962	8	9,954
9	5,966	9	6,981	9	7,988	9	8,987	9	9,979
23,0	**5,992**	**27,0**	**7,006**	**31,0**	**8,013**	**35,0**	**9,012**	**39,0**	**10,003**

Tabelle VI

Umrechnung der Titrationswerte von 110 ml Destillat auf die Buttersäurezahl

Titrationswert	0	.1	.2	.3	.4	.5	.6	.7	.8	.9
	Buttersäurezahl									
0	0,0	0,1	0,3	0,4	0,6	0,7	0,8	1,0	1,1	1,3
1	1,4	1,5	1,7	1,8	2,0	2,1	2,2	2,4	2,5	2,7
2	2,8	2,9	3,1	3,2	3,4	3,5	3,6	3,8	3,9	4,1
3	4,2	4,3	4,5	4,6	4,8	4,9	5,0	5,2	5,3	5,5
4	5,6	5,7	5,9	6,0	6,2	6,3	6,4	6,6	6,7	6,9
5	7,0	7,1	7,3	7,4	7,6	7,7	7,8	8,0	8,1	8,3
6	8,4	8,5	8,7	8,8	9,0	9,1	9,2	9,4	9,5	9,7
7	9,8	9,9	10,1	10,2	10,4	10,5	10,6	10,8	10,9	11,1
8	11,2	11,3	11,5	11,6	11,8	11,9	12,0	12,2	12,3	12,5
9	12,6	12,7	12,9	13,0	13,2	13,3	13,4	13,6	13,7	13,9
10	14,0	14,1	14,3	14,4	14,6	14,7	14,8	15,0	15,1	15,3
11	15,4	15,5	15,7	15,8	16,0	16,1	16,2	16,4	16,5	16,7
12	16,8	16,9	17,1	17,2	17,4	17,5	17,6	17,8	17,9	18,1
13	18,2	18,3	18,5	18,6	18,8	18,9	19,0	19,2	19,3	19,5
14	19,6	19,7	19,9	20,0	20,2	20,3	20,4	20,6	20,7	20,9
15	21,0	21,1	21,3	21,4	21,6	21,7	21,8	22,0	22,1	22,3
16	22,4	22,5	22,7	22,8	23,0	23,1	23,2	23,4	23,5	23,7
17	23,8	23,9	24,1	24,2	24,4	24,5	24,6	24,8	24,9	25,1
18	25,2	25,3	25,5	25,6	25,8	25,9	26,0	26,2	26,3	26,5
19	26,6	26,7	26,9	27,0	27,2	27,3	27,4	27,6	27,7	27,9
20	28,0	28,1	28,3	28,4	28,6	28,7	28,8	29,0	29,1	29,3

Tabelle VII

Titerverbrauch 0 · 1-n · HCl für 100 ml Milch ml	Säuregrad	Titerverbrauch 0 · 1-n · HCl für 100 ml Milch ml	Säuregrad	Titerverbrauch 0 · 1-n · HCl für 100 ml Milch ml	Säuregrad	Titerverbrauch 0 · 1-n · HCl für 100 ml Milch ml	Säuregrad
5,0	6,0	11,5	8,5	18,0	10,9	24,5	13,9
5,5	6,3	12,0	8,7	18,5	11,15	25,0	14,1
6,0	6,5	12,5	8,8	19,0	11,4	25,5	14,5
6,5	6,7	13,0	9,0	19,5	11,6	26,0	14,8
7,0	6,9	13,5	9,15	20,0	11,8	26,5	15,1
7,5	7,0	14,0	9,3	20,5	12,1	27,0	15,4
8,0	7,2	14,5	9,5	21,0	12,3	27,5	15,8
8,5	7,4	15,0	9,65	21,5	12,5	28,0	16,1
9,0	7,6	15,5	9,8	22,0	12,7	28,5	16,5
9,5	7,8	16,0	10,0	22,5	13,0	29,0	16,8
10,0	8,0	16,5	10,2	23,0	13,2	29,5	17,0
10,5	8,2	17,0	10,4	23,5	13,4	30,0	17,4
11,0	8,35	17,5	10,7	24,0	13,7		

Tabelle VIII. *Berechnung des spezifischen Gewichtes von Vollmilch bei 15° C aus den spezifischen Gewichten bei 0–30° C.*

Laktodensimetergrade

Temperatur der Milch	14	15	16	17	18	19	20	21	22	23	24	25	26	27	28	29	30	31	32	33	34	35	Temperatur der Milch
0	12,9	13,9	14,9	15,9	16,9	17,8	18,7	19,6	20,6	21,5	22,4	23,3	24,3	25,2	26,1	27,0	27,9	28,8	29,7	30,6	31,5	32,4	0
1	12,9	13,9	14,9	15,9	16,9	17,8	18,7	19,6	20,6	21,5	22,4	23,3	24,3	25,3	26,2	27,1	28,0	28,9	29,8	30,7	31,6	32,5	1
2	12,9	13,9	14,9	15,9	16,9	17,8	18,7	19,7	20,7	21,6	22,5	23,4	24,4	25,4	26,3	27,2	28,1	29,0	29,9	30,8	31,7	32,6	2
3	13,0	14,0	15,0	16,0	17,0	17,9	18,8	19,7	20,7	21,7	22,6	23,5	24,5	25,5	26,4	27,3	28,2	29,1	30,0	30,9	31,8	32,7	3
4	13,0	14,0	15,0	16,0	17,0	17,9	18,8	19,7	20,7	21,7	22,7	23,6	24,6	25,6	26,5	27,4	28,3	29,2	30,1	31,0	31,9	32,8	4
5	13,1	14,1	15,1	16,1	17,1	18,0	18,9	19,8	20,8	21,8	22,8	23,7	24,7	25,7	26,6	27,5	28,4	29,3	30,3	31,1	32,1	33,0	5
6	13,1	14,1	15,1	16,1	17,1	18,1	19,0	19,9	20,9	21,9	22,9	23,8	24,8	25,8	26,7	27,6	28,5	29,5	30,4	31,3	32,2	33,1	6
7	13,1	14,1	15,1	16,1	17,1	18,1	19,0	20,0	21,0	22,0	23,0	23,9	24,9	25,9	26,8	27,7	28,6	29,6	30,5	31,4	32,3	33,2	7
8	13,2	14,2	15,2	16,2	17,2	18,2	19,1	20,1	21,1	22,1	23,1	24,0	25,0	26,0	26,9	27,8	28,7	29,7	30,6	31,6	32,5	33,4	8
9	13,3	14,3	15,3	16,3	17,3	18,3	19,2	20,2	21,2	22,2	23,2	24,1	25,1	26,1	27,0	27,9	28,8	29,8	30,8	31,8	32,7	33,6	9
10	13,4	14,4	15,4	16,4	17,4	18,4	19,3	20,3	21,3	22,3	23,3	24,2	25,2	26,2	27,1	28,1	29,0	30,0	31,0	32,0	32,9	33,8	10
11	13,5	14,5	15,5	16,5	17,5	18,5	19,4	20,4	21,4	22,4	23,4	24,3	25,3	26,3	27,2	28,2	29,2	30,2	31,2	32,2	33,1	34,0	11
12	13,6	14,6	15,6	16,6	17,6	18,6	19,5	20,5	21,5	22,5	23,5	24,5	25,5	26,5	27,4	28,4	29,4	30,4	31,4	32,4	33,3	34,2	12
13	13,7	14,7	15,7	16,7	17,7	18,7	19,6	20,6	21,6	22,6	23,6	24,6	25,6	26,6	27,6	28,6	29,6	30,6	31,6	32,6	33,5	34,4	13
14	13,8	14,8	15,8	16,8	17,8	18,8	19,8	20,8	21,8	22,8	23,8	24,8	25,8	26,8	27,8	28,8	29,8	30,8	31,8	32,8	33,8	34,7	14
15	14,0	15,0	16,0	17,0	18,0	19,0	20,0	21,0	22,0	23,0	24,0	25,0	26,0	27,0	28,0	29,0	30,0	31,0	32,0	33,0	34,0	35 0	15
16	14,1	15,1	16,1	17,1	18,1	19,1	20,1	21,1	22,2	23,2	24,2	25,2	26,2	27,2	28,2	29,2	30,2	31,2	32,2	33,2	34,2	35,2	16
17	14,2	15,2	16,3	17,3	18,3	19,3	20,3	21,4	22,4	23,4	24,4	25,4	26,4	27,4	28,4	29,4	30,4	31,4	32,4	33,4	34,4	35,4	17
18	14,4	15,4	16,5	17,5	18,5	19,5	20,5	21,6	22,6	23,6	24,6	25,6	26,6	27,6	28,6	29,6	30,6	31,7	32,7	33,7	34,7	35,7	18
19	14,6	15,6	16,7	17,7	18,7	19,7	20,7	21,8	22,8	23,8	24,8	25,8	26,9	27,9	28,9	29,9	30,9	32,0	33,0	34,0	35,0	36,0	19
20	14,8	15,8	16,9	17,9	18,9	19,9	20,9	22,0	23,0	24,0	25,0	26,0	27,1	28,2	29,2	30,2	31,2	32,3	33,3	34,3	35,3	36,3	20
21	15,0	16,0	17,1	18,1	19,1	20,1	21,1	22,2	23,2	24,2	25,2	26,2	27,3	28,4	29,4	30,4	31,4	32,5	33,6	34,6	35,6	36,6	21
22	15,2	16,2	17,3	18,3	19,3	20,3	21,3	22,4	23,4	24,4	25,4	26,4	27,5	28,6	29,6	30,6	31,6	32,7	33,8	34,9	35,9	36,9	22
23	15,4	16,4	17,5	18,5	19,5	20,5	21,5	22,6	23,6	24,6	25,6	26,6	27,7	28,8	29,9	30,9	31,9	33,0	34,1	35,2	36,2	37,2	23
24	15,6	16,6	17,7	18,7	19,7	20,7	21,7	22,8	23,8	24,8	25,8	26,8	27,9	29,0	30,1	31,2	32,2	33,3	34,4	35,5	36,5	37,5	24
25	15,8	16,8	17,9	18,9	19,9	20,9	21,9	23,0	24,1	25,1	26,1	27,1	28,2	29,3	30,4	31,5	32,5	33,6	34,7	35,8	36,8	37,8	25
26	16,0	17,0	18,1	19,1	20,1	21,1	22,1	23,2	24,3	25,3	26,3	27,3	28,4	29,5	30,6	31,7	32,7	33,8	34,9	36,0	37,1	38,1	26
27	16,2	17,2	18,3	19,3	20,3	21,3	22,3	23,4	24,5	25,5	26,5	27,5	28,6	29,7	30,8	31,9	33,0	34,1	35,2	36,3	37,4	38,4	27
28	16,4	17,4	18,5	19,5	20,5	21,5	22,5	23,6	24,7	25,7	26,7	27,7	28,9	30,0	31,1	32,2	33,3	34,4	35,5	36,6	37,7	38,7	28
29	16,6	17,6	18,7	19,7	20,7	21,7	22,7	23,8	24,9	26,0	27,0	28,0	29,2	30,3	31,4	32,5	33,6	34,7	35,8	36,9	38,0	39,1	29
30	16,8	17,8	18,9	20,0	21,0	22,0	23,0	24,1	25,2	26,3	27,3	28,3	29,5	30,6	31,7	32,8	33,9	35,1	36,2	37,3	38,4	39,5	30

Tabelle IX. *Übersicht über die einzelnen, bei den verschiedenen Erzeugnissen zur Anwendung kommenden, bakteriologischen und mikroskopischen Verfahren*

	Keimzahl	*Coli-Aerogenes*	Klatschpl.	Fäulnis-B. Pepton-W.	Anaerob. Weinzirl	Hefen Schimmel	Nicht Milchsäure B.	Federstrich-kultur	Färbe-ausstrich	Reduktions-probe	Gärpr.	Lab-Gärpr.	Katal.	Milch A. Sch. K.	Haltbarkeit Pr.	Reinheit Pr.	Reifungs-probe
Voll- und Magermilch, Süßrahm	+	+		+	+		+	+	+	+	+	+	+	+	+	+	
Kondensmilch	+	+			+										+		
Trockenmilch, Nährkasein	+	+			+	+					+						
Milchmischgetränke	+	+															
Säurewecker, gesäuerter Rahm, Buttermilch, Molke		+		+		+	+										
Joghurt, Dickmilch, Kefir, Acidophilus		+				+		+	+								
Butter		+		+		+	+										
Speisequark, Schichtkäse		+		+		+	+										
Sauermilchquark		+		+		+			+								+
Kochkäse		+		+	+		+								+		
Käse, Käsebruch			+				+	+	+								
Wasser	+	+		+		+		+									
Lab	+	+				+	+		+								
Salz, Butter- und Käsefarbe	+	+				+											
Einschlagpapier			+														
Sterilmilch	+	+			+					+					+		
Speiseeis	+	+			+												

Elektronische Geräte im Laboratorium[1]

A. Einleitung

Als elektronische Geräte werden im folgenden Geräte geschildert, die unter Verwendung von Elektronenröhren oder Photozellen arbeiten. Sie werden im Rahmen dieses Buches deshalb kurz beschrieben, weil zu erwarten ist, daß sie, soweit sie nicht ohnehin schon im fortschrittlichen Molkereilaboratorium Anwendung finden, in nicht allzuferner Zeit für die Untersuchung von Milch und Milcherzeugnissen Bedeutung erlangen. Ein Teil des Inhaltes dieses Abschnittes könnte deshalb unter das Motto gesetzt werden: „Von kommenden Dingen".

Behandelt werden:

1. Elektronische p_H-Meßgeräte,
2. Geräte für optisch-analytische Verfahren,

a) Geräte für Absorptionsanalyse (Kolorimeter und Spektralphotometer); — b) Geräte für Emissionsanalyse; — c) Flammenphotometer;

3. Elektronenmikroskop,
4. Geräte zum Strahlennachweis.

Da bei sämtlichen Geräten Elektronenröhren oder Photozellen Verwendung finden, soll zuerst das Wesen dieser beiden geschildert werden.

B. Die Elektronenröhre

1. Als Gleichrichterorgan

Die Erfindung der Elektronenröhre beruht auf einer Beobachtung von Edison. Als er im Rahmen eines Versuches in eine gewöhnliche Glühbirne eine Metallplatte (Elektrode) einfügte, und diese mit einem Draht nach außen ableitete, der über eine Batterie mit der Glühkathode verbunden war, so daß diese Elektrode unter Spannung stand, beobachtete er, daß seltsamerweise über die Elektroden ein Strom floß, den er an einem zwischengeschalteten Instrument messen konnte (Abb. 221). Eine Erklärung konnte er für die Erscheinung noch nicht geben. Der Vorgang wird heute wie folgt gedeutet: Um die Glühkathode, so nennen wir den Heizfaden der abgeänderten Glühbirne, die wir als Elektronenröhre bezeichnen, bildet sich eine Wolke von Elek-

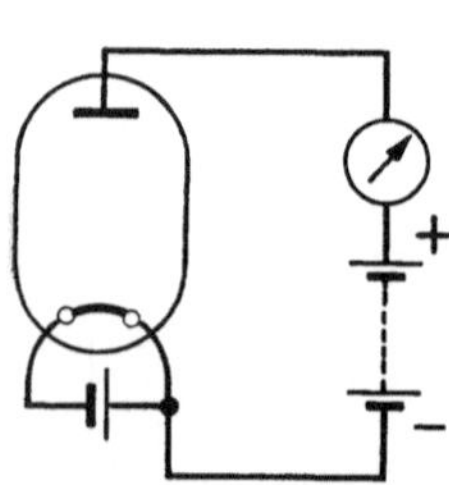

Abb. 221. Versuchsanordnung von Edison

[1] Harley, J. H., u. St. E. Wiberley: Instrumental Analysis, New York: John Wiley & Sons 1954.

tronen, die aus dem Draht (Glühkathode) austreten, wenn er erhitzt wird. Elektronen sind negativ geladen. Durch die positive Ladung der Anode, wie die eingeführte Elektrode genannt wird, werden sie angezogen und durch den Draht nach außen geführt. Je größer die Anodenspannung ist, desto stärker ist der Strom der Elektronen, der Anodenstrom, der von der Kathode zur Anode, von hier nach außen und zurück zur Glühkathode fließt. Wird nun die Batterie zwischen Anode und Kathode umgepolt, so daß die Anode negativ gegenüber der Kathode wird, kann kein Strom mehr fließen, da die Elektronen nicht von der Anode angezogen, ja sogar abgestoßen werden.

Eine Elektronenröhre dieser Art läßt also nur in einer Richtung einen Strom durch. Diesen Effekt kann man ausnutzen, um eine Wechselspannung in eine Gleichspannung umzuformen. Legt man z.B. zwischen Anode und Kathode eine Wechselspannung, so fließen über die Röhre nur die Ströme, die den positiven Halbwellen der Wechselspannung entsprechen. An einem in die Anodenzuleitung geschalteten Widerstand entsteht dann eine Spannung, die nur positiv sein kann, die Röhre wirkt als „Gleichrichter".

Die Batterie an der Glühkathode dient nur zur Erzeugung von hinreichend vielen Elektronen für den Anodenstrom, sie „heizt" die Kathode, damit die Elektronen heraustreten können.

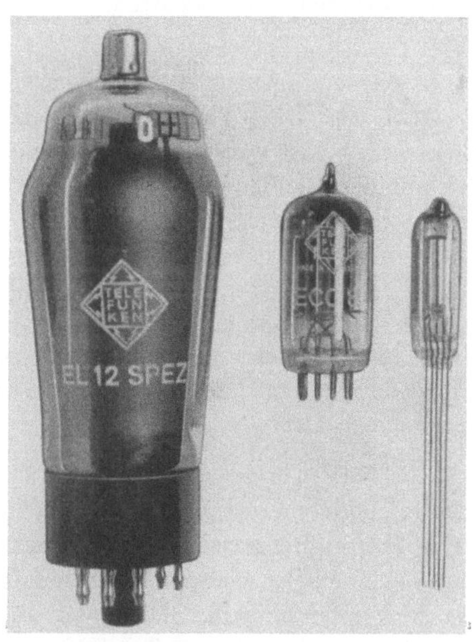

Abb. 222. Elektronenröhren verschiedener Größe

2. Verstärkereffekt[1]

Fügt man zwischen Anode und Kathode eine zweite, meist gitterartige Elektrode und erteilt ihr eine hohe negative Spannung gegenüber der Kathode, so wird dadurch der Strom der Elektronen von der Glühkathode zur Anode ganz abgeriegelt (da sowohl Gitter als Elektronen negative Ladungen aufweisen). Eine geringe negative Spannung des Gitters läßt noch einen beträchtlichen Elektronenstrom durch. Durch Änderung der negativen Gitterspannung kann man also den Elektronen-

[1] Bartels, H.: Grundlagen der Verstärkertechnik, Stuttgart: S. Hirzel 1954.

strom beeinflussen oder steuern. Man spricht deshalb vom *Steuergitter*. Gibt man auf das Gitter zu der normalen Arbeitsspannung ein schwaches Wechselstromsignal (z. B. durch ein Mikrophon in elektrische Wechselspannung umgewandelte Sprechschwingungen), so wird dieses Signal, verzerrungsfrei verstärkt, an einem im Anodenkreis befindlichen Widerstand wiedergegeben. Wir haben hiermit die zweite wichtige Funktion der Elektronenröhre, den *Verstärkereffekt*, von dem in vielen Formen in Wissenschaft und Technik Gebrauch gemacht wird. Während die erstgeschilderte Röhre nur zwei Elektroden aufweist, besitzt diese Röhre bereits drei Elektroden. Nach der Zahl der Elektroden bezeichnen wir die erste Röhre als Diode, die zweite als Triode. Im Laufe der Entwicklung der Elektronenröhre ist die Zahl der Elektroden weiter gesteigert worden. Dies führte zu Elektronenröhren mit 4 und mehr Elektroden. Man bezeichnet sie nach der Zahl der Elektroden als Tetroden, Pentoden, Hexoden usw.

Der Verstärkungsfaktor liegt bei einer Triode etwa bei 30. Bei Pentoden erreicht man eine 1000–4000fache Verstärkung.

Will man noch höher verstärken, so kann man mehrere Verstärkerstufen hintereinander schalten.

3. Schwingungserzeugung

Auch zur Erzeugung von ungedämpften Schwingungen kann die Elektronenröhre Verwendung finden. Wir haben hiermit den 3. Effekt, der mit der Elektronenröhre erreicht werden kann, die *Erzeugung von Schwingungen* (Senderöhre).

4. Verbundröhren

Mit diesem Namen bezeichnet man Elektronenröhren, bei denen in einem Röhrenkolben mehrere voneinander unabhängige Röhrensysteme untergebracht sind. Es sind also sozusagen mehrere Elektronenröhren unter einem Dach.

5. Elektrometerröhren

Als Elektrometerröhren bezeichnet man Röhren, bei denen der Gitterstrom (Stromfluß zwischen Gitter und Glühkathode) äußerst gering ist. Dies ist eine sehr wichtige Eigenschaft, wenn man die Röhre für Meßzwecke verwenden will. Gleichspannungen bei der p_H-Messung und elektrometrischen Titration müssen bis $^1/_{10}$ ja $^1/_{100}$ mV genau gemessen werden. Sie werden, wie bereits früher beschrieben (S. 103), an das Gitter der Röhre gelegt. Die von ihnen verursachte Beeinflussung des Anodenstroms ermöglicht ihre Messung. Es ist leicht einzusehen, daß man hierbei möglichst geringe Verluste durch den nicht zu vermeidenden Gitterstrom haben will. Dieser beträgt bei einer gewöhnlichen Elektrometerröhre 10^{-7}

bis 10^{-8} A. Bei den modernsten Elektrometerröhren ist es gelungen, ihn auf 10^{-12}–10^{-14} A herunter zu drücken. Sowohl die Elektrometerröhren

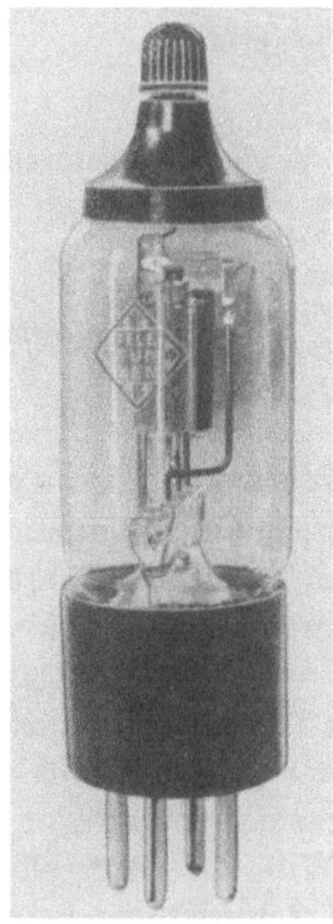

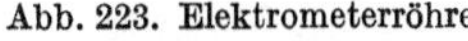

Abb. 223. Elektrometerröhre

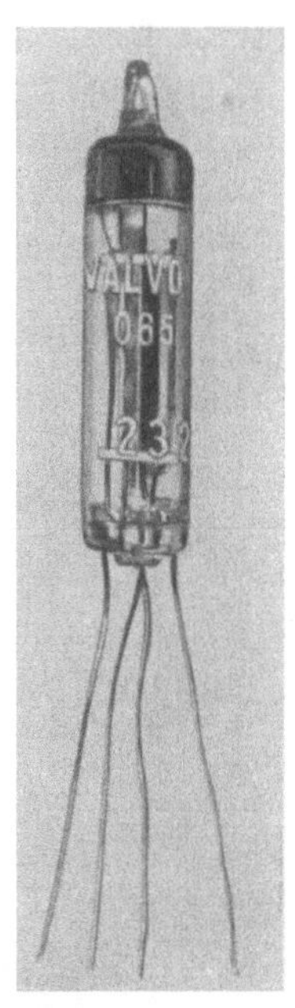

Abb. 224. Elektrometerröhre

als auch die gewöhnlichen Röhren sind im Zuge der Entwicklung sehr verkleinert worden, wie aus den beigefügten Abbildungen zu ersehen ist (Miniaturröhren, Subminiaturröhren).

C. Photozelle

Wie bereits erwähnt, findet neben der Elektronenröhre bei elektronischen Geräten für das Laboratorium auch die Photozelle Verwendung. Deshalb soll hier kurz Prinzip und Wirkungsweise der Photozelle beschrieben werden. Ihr liegt der äußere lichtelektrische Effekt zugrunde. Hierunter versteht man die Erscheinung, daß durch Licht aus Metalloberflächen Elektronen frei gemacht werden können. Es findet also hierbei sozusagen eine Transformation von Licht in Elektrizität statt. Die verschiedenen Metalle reagieren nun beim lichtelektrischen Effekt nicht einheitlich auf die einzelnen Wellenlängen des eingestrahlten Lichtes. Man verwendet deshalb für bestimmte Spektral- oder Wellenbereiche die aus Tab. 32 ersichtlichen Photozellen.

Tabelle 32[1]

Spektralbereich mμ	Geeignete Photozellen	
30– 600	Selen-Photoelemente	
270– 300	Cadmium-	Photozellen
300– 450	Natrium-	Photozellen
350– 500	Kalium-	Photozellen
500– 800	Cäsium-	Photozellen
600–1000	Kunstschicht-	Photozellen
370– 500	Kadmiumsulfid-	Photowiderstände
600– 900	Selen-Tellur-	Photowiderstände
400–1100	Thalofid-	Photowiderstände
700–2500	PbS- und PbSe-	Photowiderstände

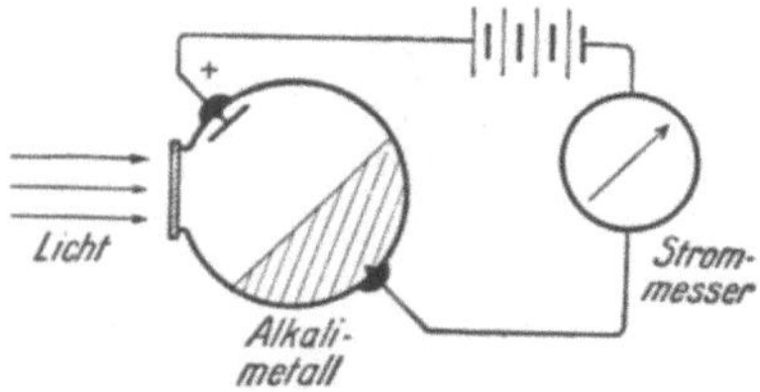

Abb. 225. Alkali-Photozelle, schematisch (nach R. W. Pohl)

Wie aus Tab. 32 zu entnehmen ist, reicht der Empfindlichkeitsbereich der aufgeführten Photozellen von 30 mμ bis 2500 mμ, d. h. von weicher Röntgenstrahlung (30 mμ) über das sichtbare Gebiet (400–800 mμ) bis ins nahe Ultrarot oder Infrarot (2500 mμ).

Wie die Aufstellung zeigt, unterscheidet man bei den Photozellen:

Photoelemente (Sperrschicht-Photozellen); – die eigentlichen Photozellen (Alkalizellen); – Widerstandszellen (Photowiderstände).

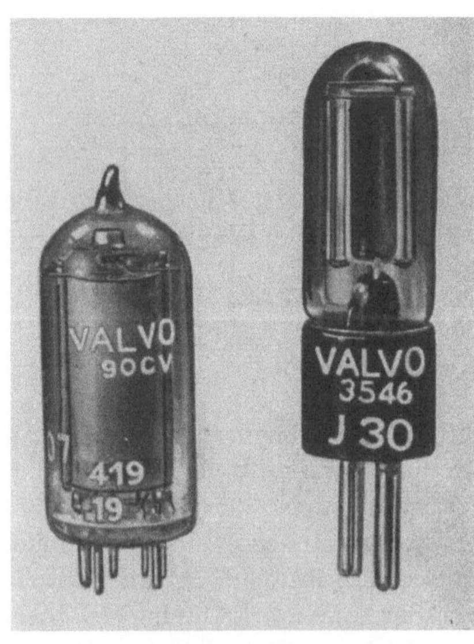

Abb. 226. Alkali-Photozelle

Die Alkalizellen ähneln in ihrem Aufbau einer einfachen Elektronenröhre. Das Alkalimetall, die bestrahlte, aktive Elektrode, bildet die Kathode. Als Anode wirkt eine metallische Gegenelektrode. Unter dem Lichteinfluß werden aus dem Alkalimetall Elektronen frei gemacht, die sich unter der Wirkung einer Saugspannung zur Anode bewegen.

Die Alkaliphotozellen benötigen zur Erzeugung ihrer Saugspannung eine Hilfsspannung.

[1] Mohler, H.: Chemische Optik, Aarau: H. R. Säuerländer & Co., 1951.

Bei der Widerstandszelle wird die Änderung der elektrischen Leitfähigkeit, die bei der Belichtung auftritt, ausgenützt.

Photoelemente nennt man eine Anordnung, bei der Grenzschichten (z. B. die Berührungsschicht Selen-Eisen) gebildet werden, an denen durch Strahlen Elektronen ausgelöst werden. Charakteristisch ist hierbei, daß die Elektronen diese Grenzschicht nur in einer Richtung (Sperrschicht) durchdringen können. Die Photoelemente werden deshalb auch als Sperrschicht-Photozellen bezeichnet. Weil die Elektronen aus dieser Grenzschicht nur in einer Richtung austreten können, entsteht zwischen den beiden Schichten ein Spannungsunterschied. Verbindet man nun diese beiden Schichten, so erhält man im Außenkreis einen Strom, der ein Maß für das eingestrahlte Licht liefert. Ein besonderer Vorzug der Photoelemente liegt darin, daß sie keine Hilfsspannung zusätzlich wie die Alkalizellen benötigen.

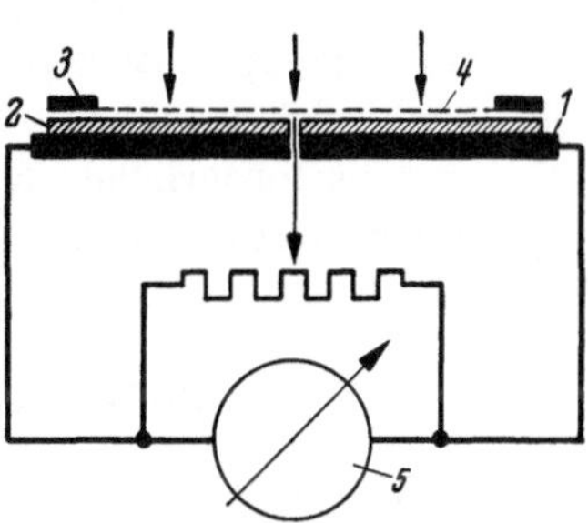

Abb. 227. Sperrschicht-Photozelle, schematisch (aus KRETZSCHMAR: Hefe und Alkohol)

Bei einfachen Photometern (s. S. 315) finden deshalb häufig Photoelemente Verwendung. Für empfindliche Messungen im blauen, violetten und ultravioletten Gebiet kommen Alkaliphotozellen zur Anwendung, zur Messung im nahen Ultrarot Photowiderstände. Mit ihnen kann man Messungen bis 2500 mμ durchführen. Neuerdings erlangt die Messung im Ultra- oder Infrarot bis 25000 mμ im chemischen Laboratorium große Bedeutung (Infrarotgeräte). Hierzu benötigt man Thermosäulen besonderer Konstruktion.

Eine Steigerung des Photoeffektes erzielt man durch die Sekundär-Elektronen-Vervielfachung. Hierbei verwendet man die Erscheinung, daß in einem Hochvakuumrohr mit zahlreichen Elektroden ein auf der ersten Elektrode durch eingestrahltes Licht freigemachtes Elektron auf einer zweiten Elektrode bereits eine Anzahl von Sekundärelektronen auslösen kann. Jedes dieser Elektronen löst wieder weitere Elektronen auf der nächsten Elektrode aus. Durch Vervielfachung dieses Effekts kann man Verstärkungen elektrischer Impulse bis zu 10^{10} erzielen.

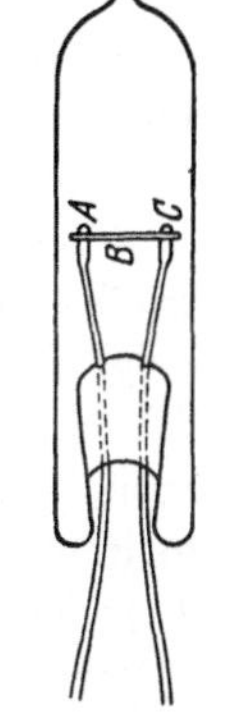

Abb. 228. Thermoelement (nach MOHLER)

D. Elektronische Geräte zur p_H-Messung

Nach KRATZ[1] besitzt das Wasserstoffion, das kleinste aller Ionen, infolge seiner Häufigkeit und Reaktionsfreudigkeit einen fundamentalen

[1] KRATZ, E.: Die Glaselektrode, Darmstadt: Steinkopff 1952.

Einfluß auf zahlreiche chemische und biologische Vorgänge. Seine Konzentration bzw. ihr negativer Logarithmus, der p_H-Wert, stellt eine der wichtigsten Kennzahlen wasserhaltiger Lösungen dar. Ihre Bestimmung darf heute als die am meisten ausgeführte physikalisch-chemische Untersuchung angesprochen werden. Bereits CLARK[1] hat diese Entwicklung in seinem Buch „The Determination of Hydrogenions" schon im Jahre 1928 vorausgesagt. Elektronische Geräte zur p_H-Messung liegen zur Zeit in zahlreichen und verschiedenen Ausführungen vor. Auf diese Geräte und die erforderlichen Elektroden verschiedener Art soll hier nicht eingegangen werden, da sie auf S. 102—116 eingehend beschrieben worden sind.

E. Geräte für optisch-analytische Verfahren[2, 3]

Von den optisch-analytischen Verfahren haben die Kolorimetrie und die Photometrie die weiteste Verbreitung gefunden. Leider ist der Begriff der Kolorimetrie nicht immer genau gegenüber der Photometrie abgegrenzt worden. Wir definieren wie folgt: Bei der Kolorimetrie handelt es sich um ein Untersuchungsverfahren zur quantitativen Ermittlung eines Stoffes, das auf einem Farbvergleich beruht. Ursprünglich stellte man sich Vergleichslösungen mit verschiedenen Farbstufen her, mit denen die zu untersuchende Lösung verglichen wurde. Als Farbstandard wurden später haltbare, gefärbte Flüssigkeiten, teilweise auch gefärbte Folien oder gedruckte Farbtafeln, verwendet. Die einfachen Kolorimeter sind paarig aufgebaut und bestehen aus 2 Glaszylindern mit ebenem Boden. Die Messung geschieht durch Veränderung der Schichtdicke in einem Zylinder. Dies kann man dadurch erreichen, daß man z.B. die Flüssigkeit mit Hilfe eines Hahnes aus dem einen Zylinder so lange abfließen läßt, bis in der Durchsicht in beiden Zylindern die gleiche Farbintensität beobachtet wird. Es sind sehr viele Ausführungsarten von Kolorimetern entwickelt worden. Große Verbreitung haben Kolorimeter nach DUBOSCQU gefunden. Bei diesen Geräten taucht in beide Küvetten ein Glaskörper ein, der durch Zahn und Trieb verstellbar ist. Hierdurch kann man sich beliebige Schichtdicken herstellen. Das Maß der Verschiebung der Glaskörper kann an den Skalen abgelesen werden. Der Farbvergleich wird mit dem Auge durchgeführt. Man spricht deshalb von visueller Kolorimetrie. Durch verschiedene Maßnahmen versuchte man, die Genauigkeit der Kolorimeter zu steigern. Man kompensierte die Eigenfarbe der Lösungen, man schaltete Lichtfilter vor oder verwandte

[1] CLARK, W. M.: The Determination of Hydrogenions 3rd. Edition, Baltimore 1928.

[2] KORTÜM, G.: Kolorimetrie, Photometrie und Spektrometrie, 3. Aufl., Berlin/Göttingen/Heidelberg: Springer 1955.

[3] LANGE, B.: Kolorimetrische Analyse, Weinheim: Verlag Chemie 1956.

monochromatisches Licht (Licht einer Wellenlänge). Hierdurch ist es gelungen, Einstellfehler bei dieser subjektiven Methode von $\pm 5\%$ auf $\pm 1\%$ zu reduzieren. Die große Bedeutung der Kolorimetrie für den Chemiker ergibt sich schon daraus, daß nach MOHLER in den USA im Jahre 1939 bereits 25000 Kolorimeter in Gebrauch waren. Die Entwicklung führt aber über die Kolorimetrie zur Photometrie.

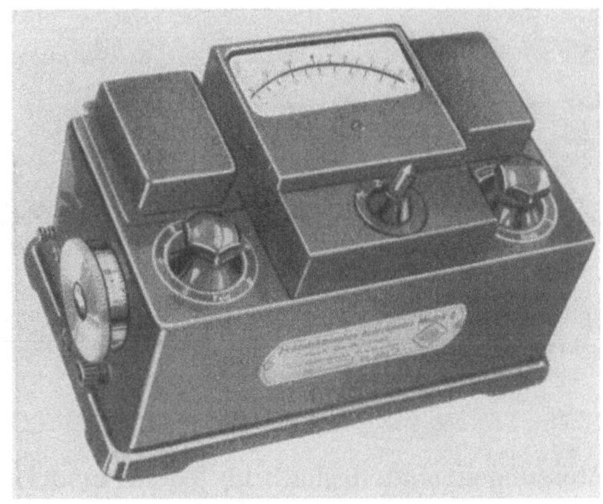

Abb. 229. Lichtelektrisches Kolorimeter, 2-zellig

Unter Photometer versteht man Geräte, bei denen man die Extinktion (Auslöschung des Lichtes in einer Lösung) mißt. Auch diese Geräte arbeiteten früher visuell, d.h. das menschliche Auge wurde zur Messung des absorbierten Lichtes zu Hilfe genommen. Da Ermüdungserscheinungen und begrenzte Sehtüchtigkeit Fehler bei der visuellen Methode verursachen, ist man immer mehr dazu übergegangen, das menschliche Auge durch Photozellen (eigentliche Photozellen, Sperrschichtphotozellen, Photowiderstände) oder Thermosäulen zu ersetzen.

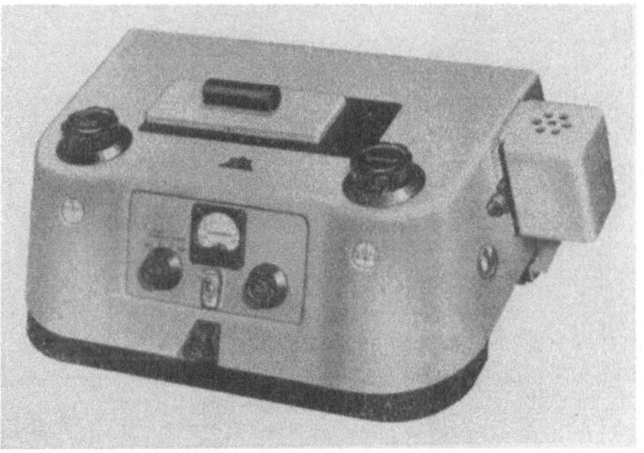

Abb. 230. Lichtelektrisches Spektral-Photometer

Während früher unter Verwendung von Tageslicht photometriert wurde, benutzte man später Glasfilter, die nur einen Teil des Lichtes durchließen, so daß man mit Licht bestimmter Wellenlängen messen konnte. Für hohe Ansprüche stehen heute Geräte zur Verfügung, die mit Monochromatoren arbeiten. Ein Monochromator ist ein Prisma oder ein Gitter, mit dem man beliebige Wellenlängen des gewöhnlichen Lichtes ausblenden und zur Messung verwenden kann. Man ist also in der Lage, die Extinktion nicht nur für eine, sondern für mehrere Wellenlängen zu messen und erhält auf diese Weise eine Extinktionskurve, die für die untersuchte Substanz charakteristisch ist. Für bescheidene Ansprüche, insbesondere für Kolorimeter, die für die quantitative chemische Analyse Verwendung finden, genügen in den meisten Fällen Geräte ohne Monochromatoren. Die Messung beschränkt sich aber heute nicht mehr wie früher auf das sichtbare Spektralgebiet. Große Bedeutung haben für den Chemiker Messungen im ultravioletten und infraroten Bereich. Geräte zur Durchführung solcher

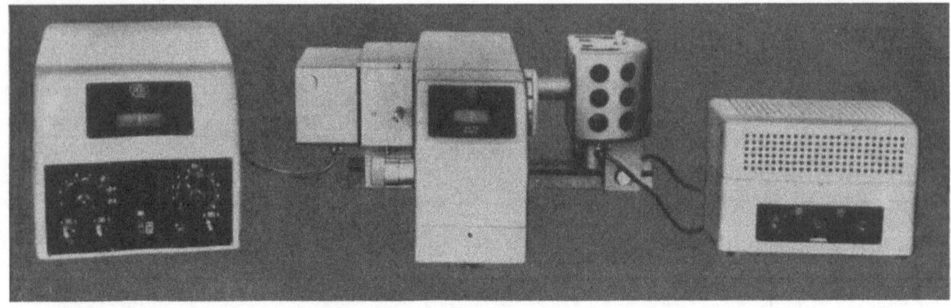

Abb. 231. Lichtelektrisches Spektral-Photometer

Messungen sind deshalb in jedem modernen Entwicklungs- oder Forschungslaboratorium vorhanden, ja sie haben auch bereits Eingang in die Betriebslaboratorien gefunden. Hochgezüchtete Geräte dieser Art haben in den letzten 10 Jahren große Verbreitung gefunden und sind

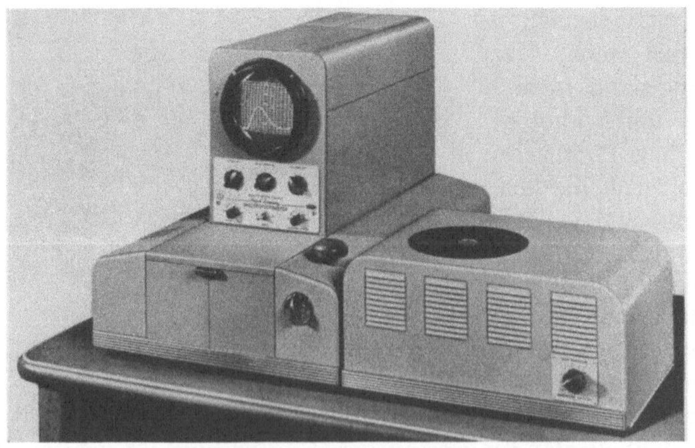

Abb. 232. Lichtelektrisches Spektral-Photometer, direkt anzeigend

als Ultraviolett- und Infrarotspektrometer auf dem Markt. Ein Spektrometer besteht aus einem Monochromator, der das Licht spektral zerlegt, einer Küvette zur Aufnahme der zu untersuchenden Lösung (man kann aber auch feste Substanzen untersuchen) und einer Aufnahmeapparatur, die Photozellen oder Thermosäulen enthält. Die Aufnahmegeräte ermöglichen die quantitative Ermittlung des durchgelassenen Lichtes der einzelnen Wellenlängen. Meist werden die elektrischen Impulse, die diese Apparate unter dem Lichteinfluß liefern, durch elektronische Verstärkeranlagen sehr verstärkt, so daß sie auf Registriertrommeln aufgeschrieben werden können. Es gibt sogar Instrumente, bei denen die Extinktionskurven auf dem Leuchtschirm eines Oszillographen zur Darstellung kommen. Die Preise für solche Geräte schwanken je nach den Ansprüchen. Spektrometer für die Messung im sichtbaren und im ultravioletten Gebiet kosten rund 5000 DM, während Infrarotspektrometer sich im Preise zwischen 40–80000 DM bewegen.[1,2]

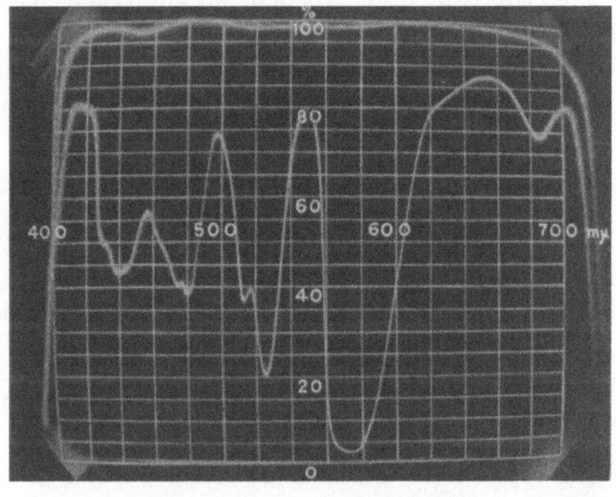

Abb. 233. Leuchtschirm eines direkt anzeigenden lichtelektrischen Photometers

Sowohl bei der Kolorimstrie als auch bei der Photometrie macht man vom LAMBERT-BEERschen Gesetz Gebrauch. Dies besagt: Die Lichtabsorption ist unabhängig davon, auf welche Schichtdicke sich eine bestimmte Menge eines absorbierenden Stoffes verteilt. Man erhält also in einer gefärbten Lösung bei Verdünnung auf die doppelte

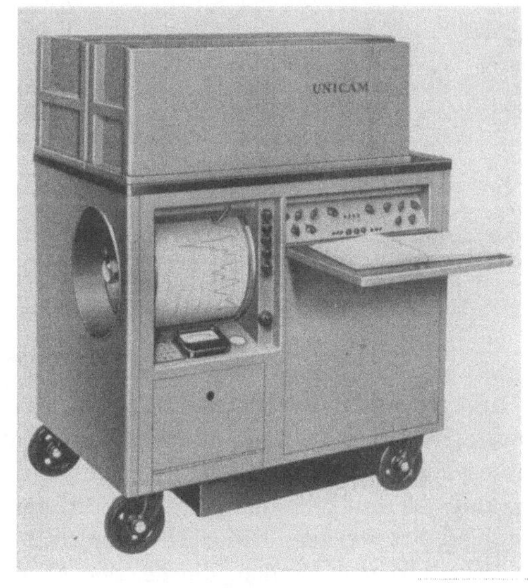

Abb. 234. Ultrarot-Spektrograph

---

[1] BRÜGEL, W.: Einführung in die Ultrarotspektroskopie, Darmstadt: Steinkopff 1954.

[2] BELLAMY, L. J.: Ultrarot-Spektrum und chemische Konstitution, Darmstadt: Steinkopff 1955.

Menge bei Verdopplung der Schichtdicke die gleiche Absorption. *Nur Lösungen, bei denen dieses Gesetz erfüllt ist, sind ohne Anbringung von Korrekturgrößen spektralphotometrisch zu messen.* Da bei der Photometrie die Extinktion bzw. Absorption gemessen wird, spricht man auch von der Absorptions-Spektralanalyse.

Emissions-Spektralanalyse. Hier macht man von der Erscheinung Gebrauch, daß die einzelnen Elemente bei erhöhter Temperatur (z.B. im

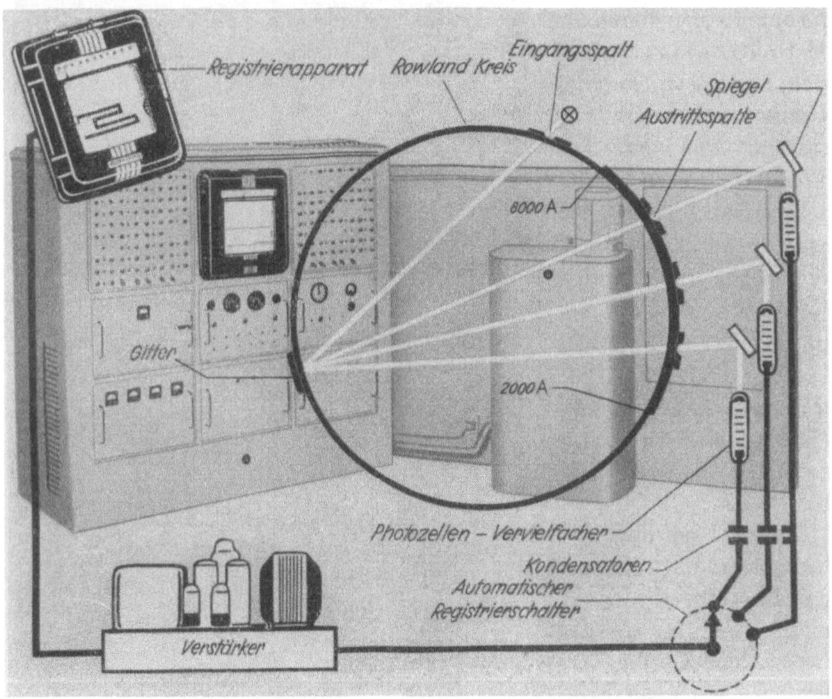

Abb. 235. Spektrograph für Emissions-Analyse (Quantometer)

Lichtbogen) Licht charakteristischer Wellenlängen aussenden. Mit Hilfe eines Spektralapparates kann man diese identifizieren. Da die Menge des ausgesandten Lichtes von der Menge des anwesenden Elementes abhängig ist, kann hiermit eine quantitative Bestimmung der einzelnen Elemente durchgeführt werden. Die Spektralapparate bzw. Spektrographen sind im Prinzip denen ähnlich, die bei der Absorptionsanalyse Verwendung finden. Die zu untersuchende Substanz wird als Elektrode in die Lichtquelle (Bogenlampe) gebracht. Das emittierte Licht wird durch Prisma oder Rowland-Gitter spektral zerlegt und im Aufnahmegerät quantitativ erfaßt. Als Aufnahmegerät fand früher die photographische Platte Verwendung. Die Schwärzung der einzelnen Wellenlängen auf der Platte wurde mit Photozellen quantitativ ausgewertet. Moderne Geräte ermöglichen aber durch Verwendung von (Multiplier-)Photozellen und elektronischer Verstärkung die direkte Anzeige. Den Gipfel dieser Entwicklung stellt das Quantometer dar, ein Gerät, das es ermöglicht, ein Stahlstück innerhalb weniger Minuten auf 20 verschiedene Elemente zu analysieren. Die Spektralanalyse hat in den Betrieben der metallverarbeitenden Industrie große Bedeutung erlangt. Es gibt Geräte einfachster Konstruktion für rasche Vorprüfung über verschiedene mittlere Geräte hinweg bis zum Quantometer, das 100–200000 DM kostet. Das erste Quantometer in Deutschland wurde im Rheinland aufgestellt.

Das Flammenphotometer. Auch dieses Gerät ist ein neues Hilfsmittel für den Chemiker zur schnellen qualitativen und quantitativen Ermittlung einzelner Elemente. Es handelt sich um eine Abwandlung der Emmissions-Spektral-Analyse, die im Vorangehenden kurz beschrieben wurde. Die zu untersuchende Substanz wird gelöst und fein zerstäubt in die Flamme eines Bunsenbrenners gebracht. Als „Zerstäuber“ finden Spezialgeräte aus Glas Verwendung, mit denen man die Lösung aus einem

Abb. 236. Flammenphotometer

Behälter in einem feinen Sprühregen in die Flamme bringt. Viele der in der Lösung befindliche Elemente senden infolge der Erwärmung charakteristische Linien, d.h. Licht bestimmter Wellenlängen, aus. Durch Vorschalten von Glasfiltern ist man in der Lage, bestimmte Wellenlängen des ausgesandten Spektrums herauszufiltrieren. Untersucht man beispielsweise auf Kalium, so verwendet man ein Filter, das nur die für das

Kalium charakteristischen Wellenlängen durchläßt. Läßt man das durchgegangene Licht auf eine Photozelle wirken, so erhält man an einem eingeschalteten Meßinstrument einen Photostrom, der ein Maß für den Gehalt der untersuchten Lösung an Kalium liefert. Das Flammenphotometer findet heute bereits häufig bei der Untersuchung des Ackerbodens auf Kali Verwendung. Es ermöglicht die Durchführung von etwa 1000 Kalibestimmungen je Tag. Auch für die Untersuchung von Milch kann dieses Gerät Verwendung finden, wie bereits früher von amerikanischen Forschern und neuerdings auch von SCHWARZ[1] und Mitarbeitern gezeigt wurde, die berichten, daß Bestimmungen von Kalium, Natrium und Calcium in Milch mit dem Flammenphotometer in einigen Sekunden durchgeführt werden können.

F. Das Elektronen-Mikroskop[2, 3, 4]

Beim Elektronen-Mikroskop macht man von der Eigenschaft des Elektrons Gebrauch, durch magnetische oder elektrische Felder beeinflußt zu werden. Man ist also in der Lage, was im Prinzip bereits im Jahre 1890 bekannt war, Elektronenstrahlen zu bündeln, wie es eine Glaslinse mit Lichtstrahlen tut. Die grundsätzliche Anordnung des E.-M. gleicht der des Lichtmikroskops. Die Glaslinsen sind beim E.-M. durch elektrische oder magnetische Felder ersetzt. An Stelle von Glaslinsen verwendet man sozusagen elektrische Linsen, an Stelle der Lichtstrahlen arbeitet man mit Elektronenstrahlen. Da ein Zusammenhang besteht zwischen der Wellenlänge und der Möglichkeit einen Gegenstand abzubilden (der Gegenstand darf nicht kleiner sein als die Wellenlänge der verwendeten Strahlen), bestehen für das Lichtmikroskop Grenzen der Abbildungsmöglichkeit. Mit dem Lichtmikroskop kann man 2000-fach vergrößern. Da die Elektronenstrahlen Wellenlängen aufweisen, die 50000-mal kleiner sind als die der Lichtstrahlen, kann man mit dem E.-M. viel kleinere Objekte abbilden. Die heute mit dem E.-M. erzielbare optische Leistungsfähigkeit, seine „Auflösung“, ist durch die bildliche Trennung zweier punktförmiger Objekteinzelheiten im Abstand von nur 10^{-6} mm gekennzeichnet. Hierbei werden elektronisch bis 10^5-mal vergrößerte Bilder des Objekts auf dem Leuchtschirm erzeugt bzw. photographisch aufgenommen. Das E.-M. ermöglicht es also dem Menschen in Dimensionen einzudringen, die ihm bisher verschlossen waren. Viele Arbeitsgebiete werden in Zukunft Nutzen aus der Anwendung dieses Gerätes ziehen. Manche haben bereits Früchte

---

[1] SCHWARZ, G., u. Mitarb.: Milchwiss. 7, 130 (1952).

[2] ARDENNE, M. VON: Elektronen-Übermikroskopie, Berlin: Springer 1940.

[3] BORRIES, B. VON: Die Übermikroskopie, Berlin: Dr. Werner Sänger 1949.

[4] MCFARLANE, A. S.: Elektronenmikroskopie von Bakterien und Viren, Naturwiss. Rdsch. 6, 250 (1950), dort zahlreiche Literatur.

aus diesem Fortschritt der Wissenschaft geerntet. Besonders genannt seien hier die Mikrobiologie, die Virusforschung, die Medizin, die Materialprüfung, die Botanik. Einer allgemeinen Einführung von E.-M. steht vorläufig der hohe Preis im Wege. Viele Länder haben E.-M. eigener

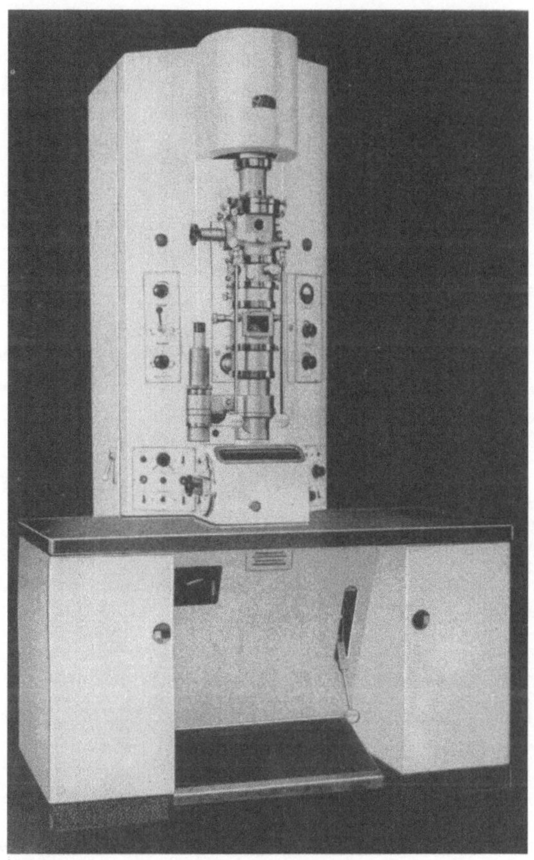

Abb. 237. Elektronen-Mikroskop

Konstruktion. Die beiden deutschen Mikroskope, die von *Carl Zeiss* und von *Siemens* in zwei verschiedenen Ausführungen gebaut werden, kosten etwa 100000 DM. Es sei hier noch erwähnt, daß auch die Bundesforschungsanstalt für Milchwirtschaft in Kiel wieder über ein E.-M. verfügt. In dem Buch „Mikroben der Milch“ von LEMBKE[1], sind zahlreiche Aufnahmen von Mikroben enthalten, die mit dem E.-M. hergestellt sind.

[1] LEMBKE, A.: Mikroben in der Milch, Kempten: Volkswirtschaftlicher Verlag 1947.

Im wesentlichen besteht ein E.-M. aus einer evakuierten Röhre, eigentlich einer vergrößerten Elektronenröhre, welche die gleichen Elemente wie eine Elektronenröhre, nämlich Glühkathode, Gitter, Anode und außerdem einen Bildschirm enthält. Der Vorgang der Erzeugung der Elektronen, ihre Beschleunigung durch das Gitter und die Saugwirkung

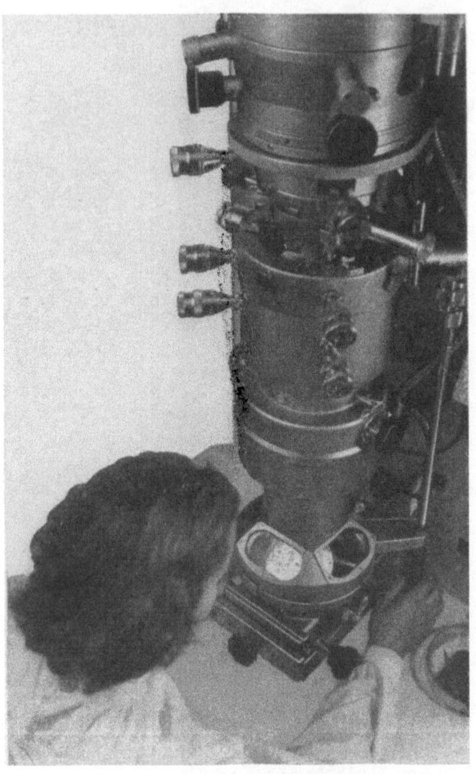

Abb. 238. Elektronen-Mikroskop

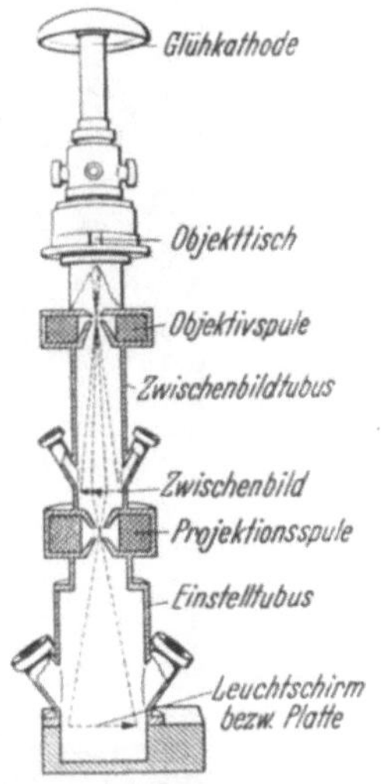

Abb. 239. Elektronen-Mikroskop, schematisch

der Anode sind im Prinzip schon bei der Beschreibung der Elektronenröhre geschildert worden. Wie bereits erwähnt, finden zusätzlich elektrische bzw. magnetische Felder (Elektronenlinsen) Verwendung. Abb. 239 zeigt die Ähnlichkeit zwischen Licht- und E.-M. Die Abbildung soll demonstrieren, welche Leistungsfähigkeit ein solches Gerät besitzt (s. Abb. 240 u. 241). Die Möglichkeiten des E.-M. sind noch nicht ausgeschöpft. Man darf nicht vergessen, daß die Geschichte des Lichtmikroskopes von Leuwenhoek bis heute einen Zeitraum von 300 Jahren umspannt, während das E.-M. mit seiner 20-jährigen Geschichte sich erst im Jugendstadium seiner Entwicklung befindet.

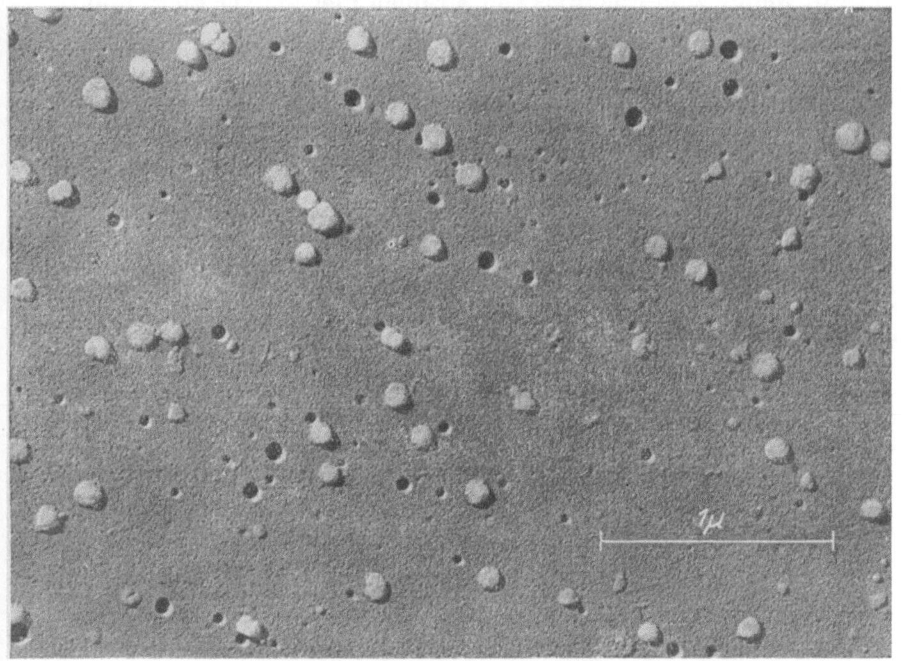

Abb. 240. Virus der klassischen Geflügelpest. Vergr. 30 000-fach. Aufnahme W. Schäfer

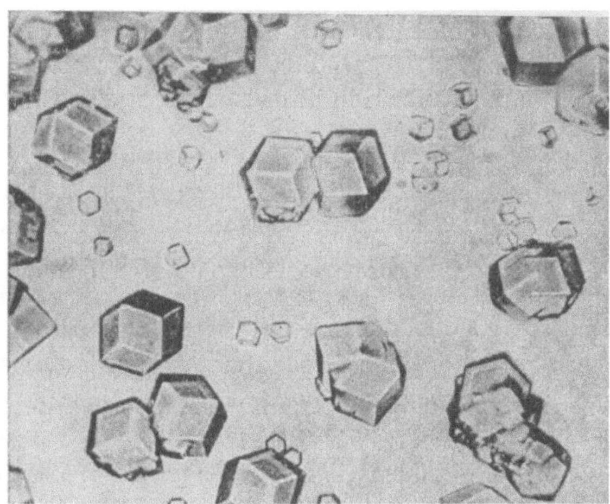

Abb. 241. Kristalle des Bushy-stunt-Virus. Vergr. etwa 300-fach, nach BAWDEN

G. Geräte zum Nachweis von Strahlen radioaktiver Elemente[1]

Die Strahlen radioaktiver Elemente haben als α-, β- und γ-Strahlen vielseitige Anwendung gefunden. Nachdem die künstliche Herstellung die Anzahl der verfügbaren radioaktiven Elemente außerordentlich vergrößerte, haben diese ein breites Anwendungsgebiet in der Chemie, Medizin, Landwirtschaft und Materialprüfung, insbesondere bei Forschungsaufgaben, gefunden. Erinnert sei nur an die Indikator-Methode, die mit radioaktiven Elementen arbeitet, und an den Ausspruch eines bekannten Mediziners, der behauptete, daß die Anwendung der radioaktiven Isotopen in der Medizin in ihrer Bedeutung der Einführung des Mikroskopes gleichkomme.

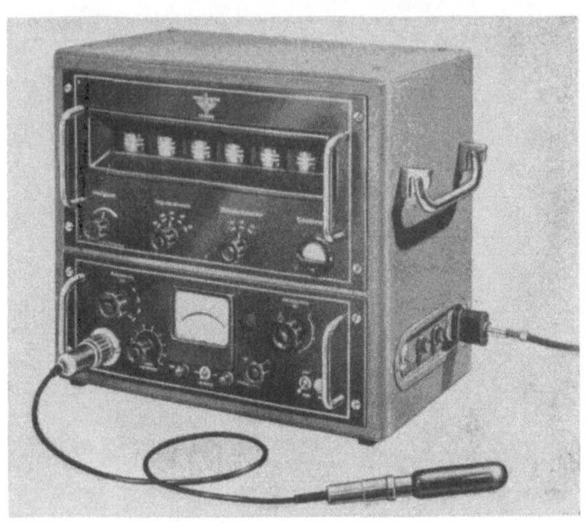

Abb. 242. Nachweisgerät für α-, β- und γ-Strahlen mit Zählrohr

Bald ergab sich nach der Anwendung dieser Strahlen die Notwendigkeit, sie qualitativ und quantitativ nachweisen zu können. Bereits Rutherford und Geiger schufen zum Nachweis solcher Strahlen ein Gerät. Dieses beruht darauf, daß die α-Strahlen (Heliumkerne) und die β-Strahlen (Elektronen) die Luft ionisieren, d.h. die neutralen Moleküle in positiv und negativ geladene Atome und Elektronen spalten. Legt man nun in eine Röhre (evakuiert) zwei Elektroden, nämlich eine Anode und eine Kathode, die unter einer Spannung stehen, die unter der Zündspannung liegt, so geht kein Strom über. Ionisiert man dann durch Einwirkung von α- oder β-Strahlen die Luft oder das zur Füllung der Röhre

[1] Dreblow, W., u. W. Stremme: Z. Naturforschg. **7b**, 161 (1954).

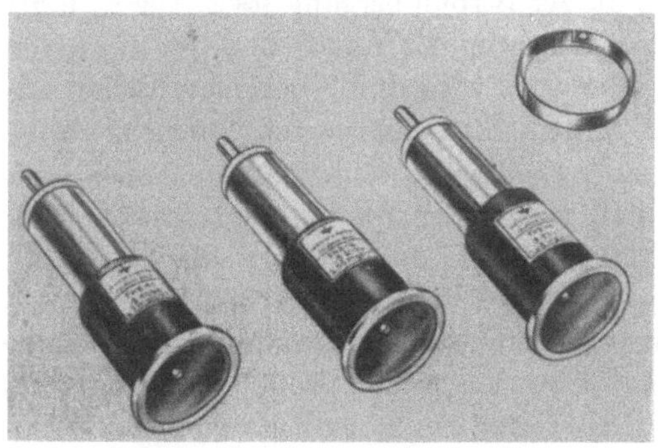

Abb. 243a

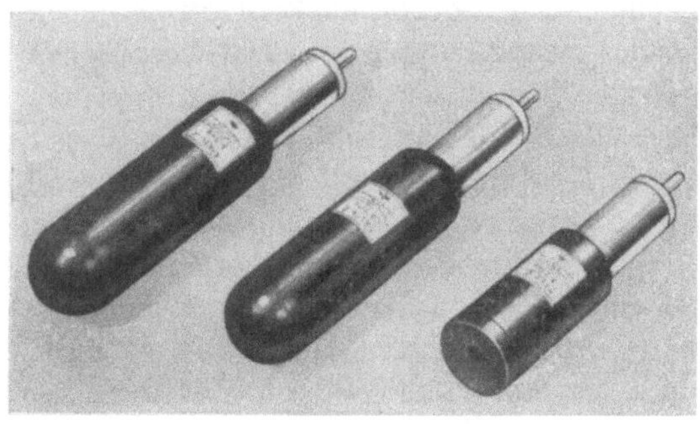

Abb. 243b

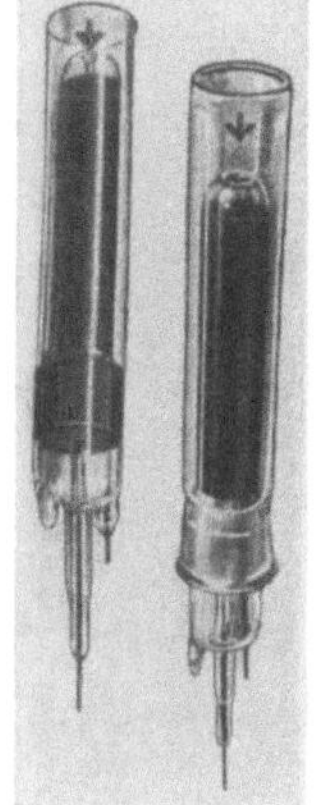

Abb. 243c

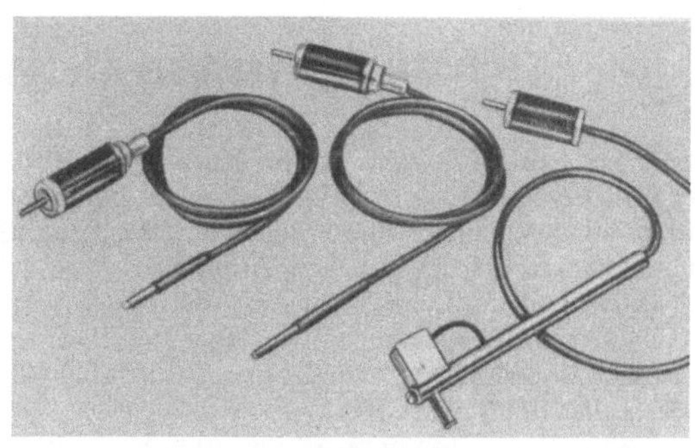

Abb. 243d

Abb. 243a

α-, β- und γ-Zählrohre (Typ eines Glockenzählrohres mit endständigem Glimmerfenster). Ungefähre Länge 8 cm

Abb. 243b

γ-Zählrohre. Ungefähre Länge 13,5 cm

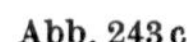

Abb. 243c

Zwei Typen Flüssigkeitszählrohren. Ungefähre Länge 16 cm

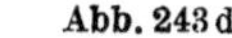

Abb. 243d

Miniatur-Zählrohr. Ungefähre Länge des Zählrohres 30 mm

Abb. 243a—d. Zählrohre verschiedener Größe und Konstruktion

verwendete Gas, so findet ein kurzer Stromübergang statt. Dieser führt zum Übergang der positiven Teilchen an die Anode und der negativen an die Kathode. Der kurze Stromstoß wird durch geeignete Schaltvorrichtungen angezeigt. Nach Übergang eines ionisierten Teilchens an die entsprechende Elektrode wird der elektrische Widerstand der nicht ionisierten Luft wieder so groß, daß die Zündspannung überschritten wird. Erst durch Neueintritt von Strahlen wird der Effekt wieder ausgelöst. Das nach diesem Prinzip arbeitende Gerät enthält neben seiner elektrischen Schaltung eine nach seinen Erfindern als GEIGER-MÜLLER-Zählrohr benannten Bauteil und hat in dieser Form eine große Verbreitung gefunden. Mit der wachsenden Bedeutung der künstlich erzeugten radioaktiven Elemente sind auch verbesserte Zählrohre und Nachweisgeräte entwickelt worden. Es entstanden Zusatzgeräte, mit deren Hilfe die durch die Strahlung im Zählrohr ausgelösten Impulse verstärkt werden, so daß die Zahl der einfallenden Teilchen auch bequem mit Zählvorrichtungen mechanischer Art zu zählen oder zu registrieren ist. Die eigentlichen Zählrohre sind ebenfalls in letzter Zeit wesentlich verbessert worden. Besonders durch Auswahl der Füllgase für das Rohr, durch den Zusatz von Halogenen konnten bessere Leistungen erzielt werden. Während früher die Zählrohre ziemlich groß waren und meistens einzeln angefertigt werden mußten, werden heute Zählrohre serienmäßig hergestellt. Die Ausmaße betragen nur 2-mal 3 cm. Die Lebensdauer ist ebenfalls wesentlich erhöht worden. Mit solchen Geräten (s. Abb.243) ist man in der Lage, Impulse von $1-10^6$ je Sekunde bequem zu zählen, d.h. das Gerät ist in der Lage, den Einfall von einem bis herauf zu Tausenden von α- oder β-Teilchen je Sekunde zu registrieren. Das bedeutet natürlich einen großen Fortschritt und fördert die Anwendung radioaktiver Elemente auf allen Arbeitsgebieten.

Quellenverzeichnis der Abbildungen

American Optical Company, New York, USA, Abb. 232, 233.
Applied Research Laboratories, Lausanne, Schweiz, Abb. 235.
Beckman Instruments Inc., Fullerton, USA, Abb. 28, 79.
Bellingham & Stanley, London, Abb. 161.
Birka-Regulator, Berlin-Wannsee, Abb. 13.
Brabender, o. H., Duisburg, Abb. 30.
Chemisches Institut der Bundesanstalt für Milchwirtschaft, Kiel, Abb. 170–176.
Colemann, USA, Abb. 78.
Dennert & Pape, Hamburg-Altona, Abb. 8.
Deutsche Philips GmbH., Hamburg, Abb. 46, 80, 224, 226.
Dinckelacker, Mainz, Abb. 29.
N. Elten, Cuxhaven, Abb. 1.

Ernst Abbe, VEB, Jena, Abb. 135, 160.
Farbenfabriken Bayer AG., Leverkusen, Abb. 68.
Farbwerke Hoechst, Frankfurt a. M., Abb. 49, 50, 51, 52.
Fisher, Scientific Company, Washington, USA, Abb. 2, 3, 4, 139.
Frieseke & Hoepfner, Erlangen, Abb. 240, 241.
P. Funke & Co., GmbH., Berlin N 65, Abb. 19, 37, 38, 39, 42, 44, 44a, 55, 56, 61, 64, 65, 66, 67, 69, 70, 87, 88, 89, 92a, 92b, 93, 94, 94b, 95, 102, 103, 104, 106, 110a u. b, 112, 114, 119, 120, 121, 123, 132, 133, 134, 136, 137, 148, 149, 150, 151, 152, 153, 154, 155, 156, 158, 164, 168, 181–216.
N. Gerber GmbH., München, Abb. 43, 45, 47, 48, 53, 54, 57, 58, 59, 60, 63, 86, 91, 105, 107, 109, 113, 115, 116, 117, 118, 122, 124–131, 140, 141–145, 157, 166, 167.
Gesellschaft für Linde's Eismaschinen AG., Abb. 17.
P. Haack, Wien, Abb. 138.
Gebr. Haake KG., Berlin-Steglitz, Abb. 14.
Hartmann & Braun AG., Frankfurt a. M., Abb. 34, 77.
H. Hauptner, Solingen, Abb. 41, 15.
W. C. Heraeus GmbH., Platinschmelze, Hanau, Abb. 15, 35.
Institut für Gärungsgewerbe, Berlin S 65, Abb. 26.
Janke & Kunkel KG., Staufen i. Breisgau, Abb. 21, 22.
N. Knick, Berlin-Nikolassee, Abb. 81.
E. F. G. Küster GmbH., Berlin N 65, Abb. 36.
W. Lambrecht, Göttingen, Abb. 169.
B. Lange, Berlin-Zehlendorf, Abb. 229.
F. & M. Lautenschläger, München, Abb. 75a, 82.
Margarine-Union AG., Hamburg, Abb. 31, 32.
E. Merck, Darmstadt, Abb. 62.
E. Mettler, Zürich, Abb. 10.
Mojonnier Bros. Co., Chicago, USA, Abb. 108.
Patwin Instruments, USA, Abb. 236.
Phywe, Göttingen, Abb. 20a.
Polymetron AG., Zürich, Abb. 73, 83.
Porzellan-Manufaktur, Berlin, Abb. 7.
Radiometer, Kopenhagen, Dänemark, Abb. 84, 85.
Sartorius-Werke, AG. & Co., Göttingen, Abb. 11, 40a, 40b.
A. Sauter K.G., Ebingen, Abb. 9, 12.
Schott u. Genossen, Mainz, Abb. 5, 6, 23, 27, 71, 75b.
Siemens & Halske AG., Abb. 72a, 72b, 238.
W. Stock, Marburg, Abb. 20.
Telefunken, Berlin, Abb. 222, 223.
Unicam Instruments, Cambridge, England, Abb. 230, 234.
Zeiß-Opton, Oberkochen, Abb. 231, 237.
Zeiß-Winkel, Göttingen, Abb. 33, 162, 178, 179, 180, 217, 218, 219, 220.

Namenverzeichnis

Sachverzeichnis

721/33/55

Dr.N.GERBER
ORIGINAL
Apparate und Instrumente zur Untersuchung von
Milch - Rahm
Butter
Käse - Quark.
Dr. N. GERBER GMBH MÜNCHEN 8 ANZINGERSTR.1